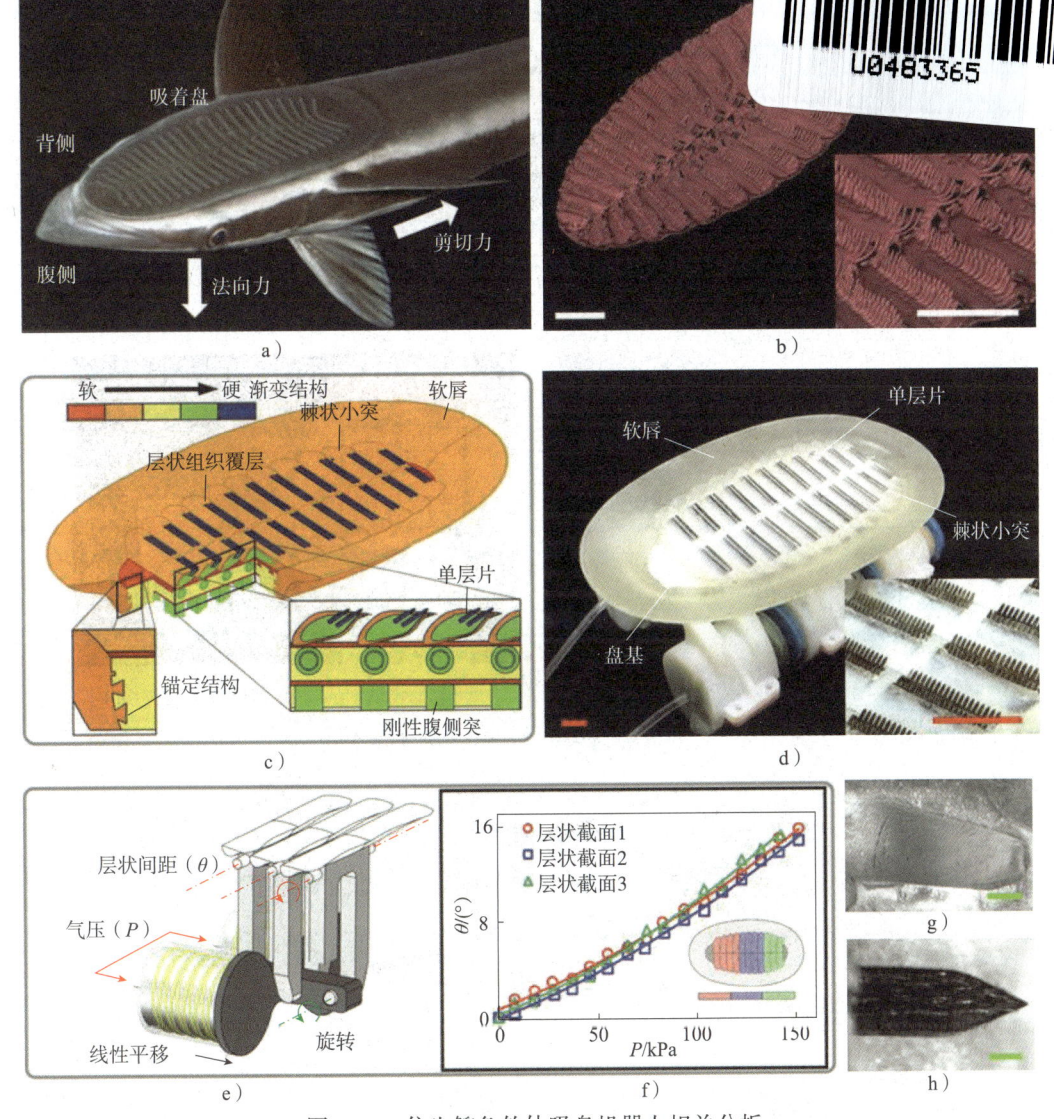

图 1-45 仿生鲫鱼软体吸盘机器人相关分析

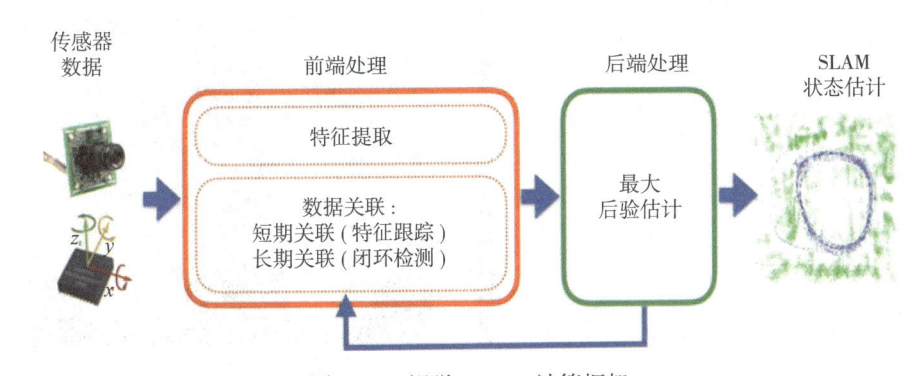

图 1-54 视觉 SLAM 计算框架

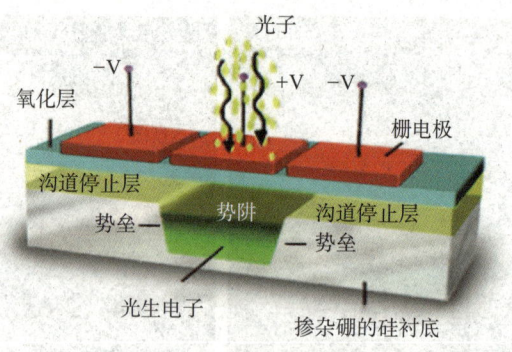

图 3-3　MOS 的微观结构

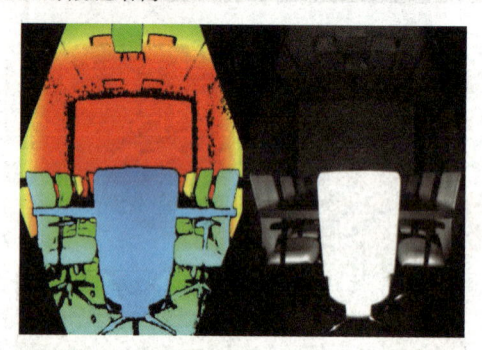

a）Azure Kinect DK相机　　　　b）Azure Kinect DK相机深度成像

图 3-45　Azure Kinect DK 深度相机

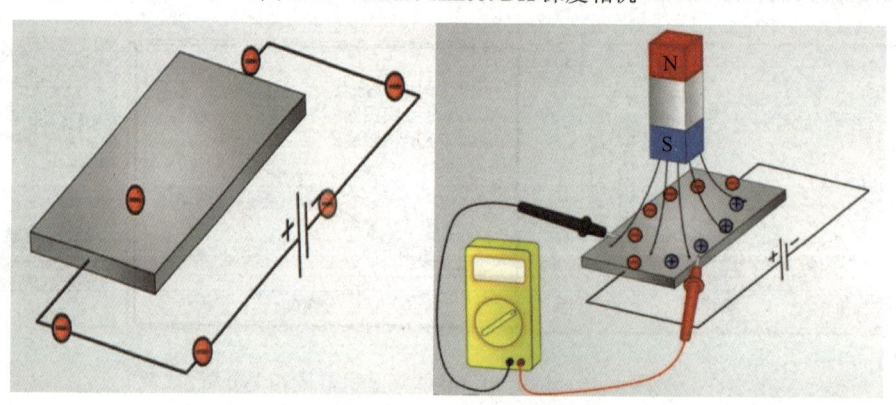

图 3-74　磁力计的工作原理

a）三维轨迹和特征点可视化　　　　b）实时特征点检测与追踪展示

图 4-22　ORB-SLAM2 运行 TUM 数据集的效果

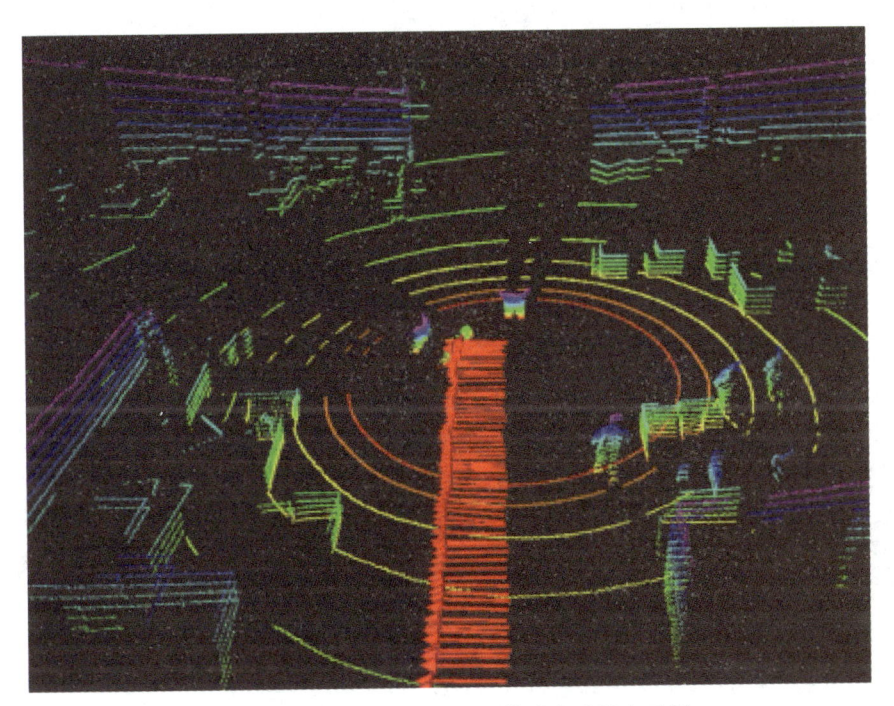

图 4-30　由 LOAM 算法生成的点云图

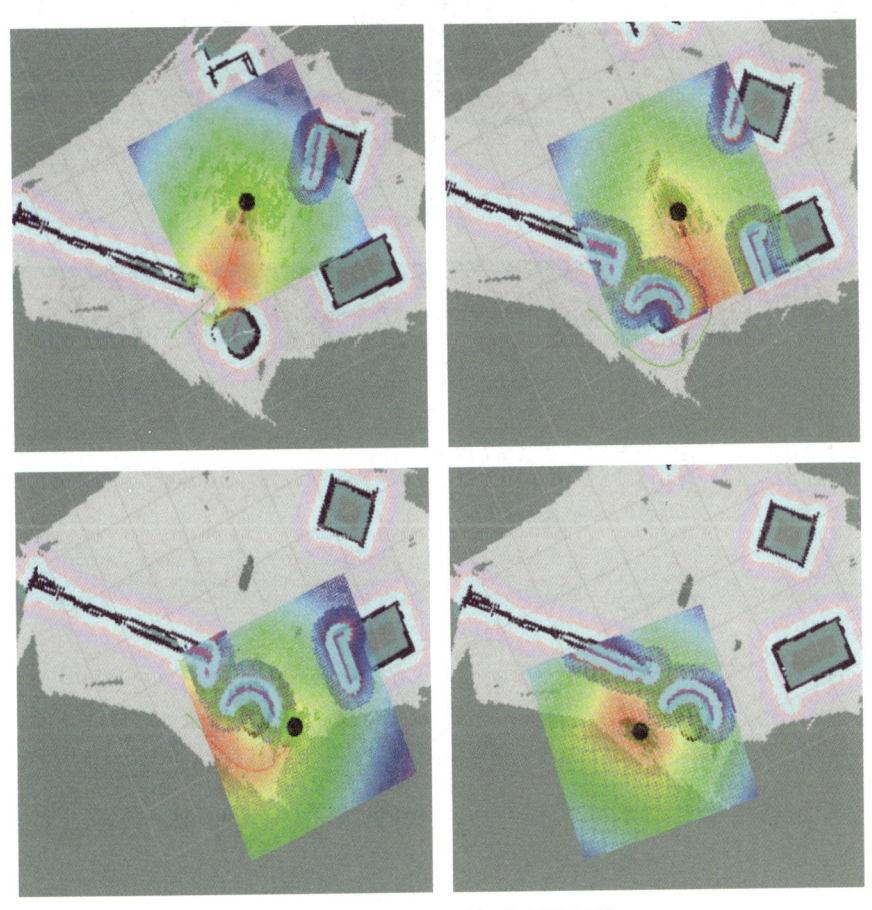

图 4-41　手柄控制的导航

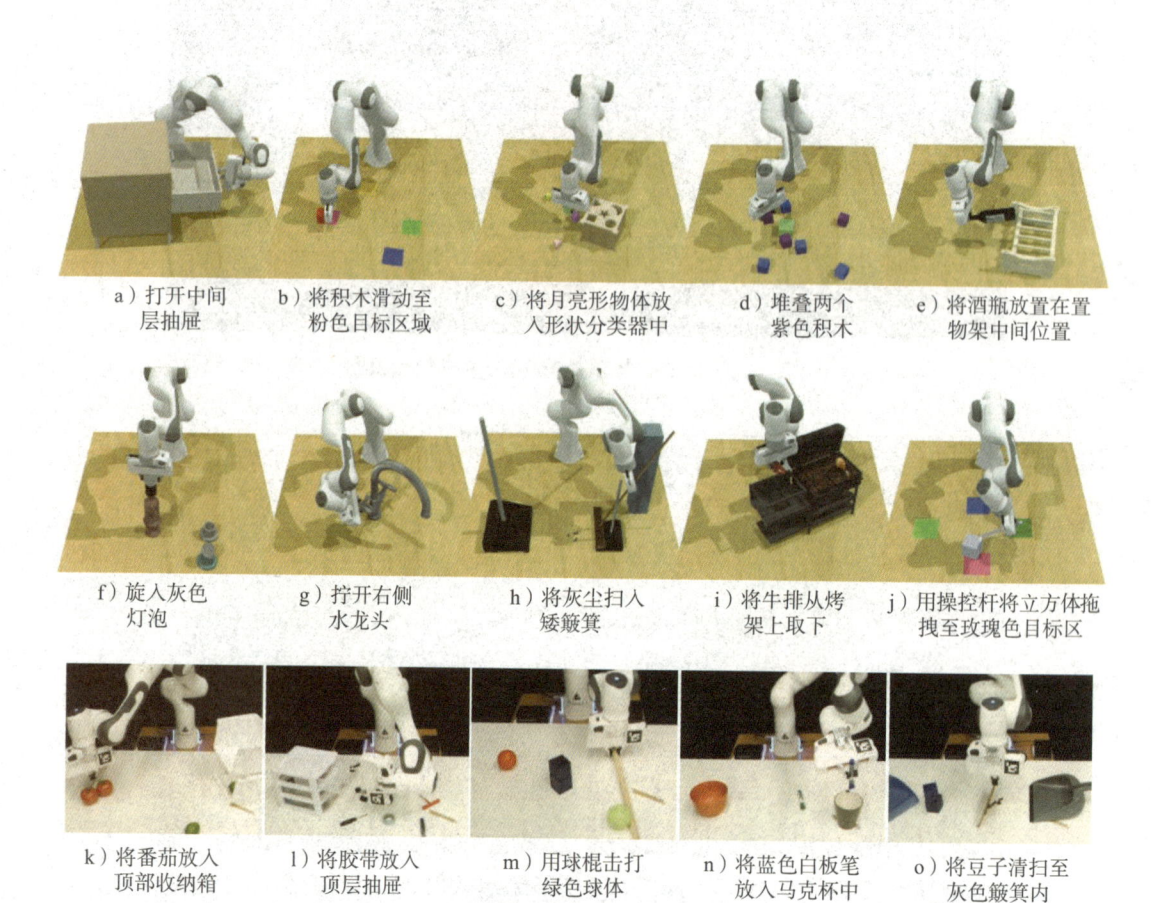

a）打开中间层抽屉　b）将积木滑动至粉色目标区域　c）将月亮形物体放入形状分类器中　d）堆叠两个紫色积木　e）将酒瓶放置在置物架中间位置

f）旋入灰色灯泡　g）拧开右侧水龙头　h）将灰尘扫入矮簸箕　i）将牛排从烤架上取下　j）用操控杆将立方体拖拽至玫瑰色目标区

k）将番茄放入顶部收纳箱　l）将胶带放入顶层抽屉　m）用球棍击打绿色球体　n）将蓝色白板笔放入马克杯中　o）将豆子清扫至灰色簸箕内

图 7-51　Perceiver-Actor

·人工智能技术丛书·

智能机器人
INTELLIGENT ROBOTS

邹勤 陈驰 —— 编著

机械工业出版社
CHINA MACHINE PRESS

本书全面介绍了智能机器人的基本概念、基础理论、关键技术和发展趋势，共分为 8 章。第 1 章介绍机器人的基本概念，智能机器人的发展历程，从早期简单机械到复杂智能系统的进步；第 2 章详细介绍机器人操作系统和智能机器人的重要软件框架；第 3 章探讨机器人传感器，解析机器人如何感知周围环境；第 4 章讲述定位与导航技术，这是机器人自主移动的关键；第 5 章介绍机械臂的动作控制，强调了其在工业领域的应用；第 6 章介绍仿生四足机器人的设计和应用；第 7 章介绍人形机器人的构成与发展；第 8 章则着眼于智能机器人未来发展的趋势和挑战。本书可作为相关专业本科生或研究生的教材，也可作为相关从业者或研究人员的技术参考书。

图书在版编目（CIP）数据

智能机器人 / 邹勤，陈驰编著. -- 北京：机械工业出版社，2025.1. --（人工智能技术丛书）. -- ISBN 978-7-111-77722-9

Ⅰ. TP242.6

中国国家版本馆 CIP 数据核字第 2025KW6382 号

机械工业出版社（北京市百万庄大街 22 号　邮政编码 100037）
策划编辑：李永泉　　　　　　　　　责任编辑：李永泉　赵晓峰
责任校对：张勤思　杨　霞　景　飞　责任印制：常天培
北京联兴盛业印刷股份有限公司印刷
2025 年 6 月第 1 版第 1 次印刷
186mm×240mm・21.5 印张・2 彩插・492 千字
标准书号：ISBN 978-7-111-77722-9
定价：69.00 元

电话服务　　　　　　　　　　　网络服务
客服电话：010-88361066　　　　机　工　官　网：www.cmpbook.com
　　　　　010-88379833　　　　机　工　官　博：weibo.com/cmp1952
　　　　　010-68326294　　　　金　书　网：www.golden-book.com
封底无防伪标均为盗版　　　　　机工教育服务网：www.cmpedu.com

PREFACE

前　言

在当今这个信息时代，人工智能正引领着科技革命的潮流，为各行各业带来深刻的变革。在人工智能领域中，智能机器人作为一颗耀眼的明星，以其卓越的性能和广泛的应用领域，成为创新的焦点和教育的热点。本书旨在为人工智能、计算机科学、自动化等领域的学生和专业人员提供一本系统的专业图书，帮助他们掌握智能机器人的基础理论和方法，了解智能机器人领域的前沿研究、核心技术和创新应用。

第1章智能机器人概述：探索智能机器人的历史演进。从早期的机械装置到现代的智能机器人，为读者描绘生动的机器人发展脉络与智能机器人的关键技术，帮助读者在宏观上了解智能机器人所涉及的内容。

第2章机器人操作系统：介绍机器人的"大脑"——机器人操作系统（ROS）。在这一章中，深入讲解机器人操作系统的特点、功能和应用，从而为构建智能机器人应用系统提供知识框架和开发工具。

第3章机器人传感器：带领读者进入智能机器人的感知世界。通过深入讨论不同类型传感器的原理、技术和应用，帮助读者理解机器人如何感知外部环境，从而做出智能决策和行动。

第4章定位和导航：揭示机器人在空间中精准定位和导航的原理和方法，帮助读者了解机器人如何借助定位和导航技术实现自主移动，为智能机器人应用提供重要的技术支撑。

第5章机械臂的运动控制：探讨工业机器人的典型代表——机械臂的动作控制和执行能力，帮助读者了解机械臂的结构、运动学和动力学，以及其如何实现复杂的精准动作，从而为工业、医疗等领域的应用提供解决方案。

第6章四足机器人：介绍机器人领域的创新之——四足机器人的设计。通过学习四足机器人的原理和设计思路，探索如何模仿动物的行走方式，为机器人增添更大的机动性和灵活性。

第7章人形机器人：介绍了人形机器人的内涵与构成，人形机器人的发展现状与政策支持、人形机器人肢体、人形机器人大脑和小脑。人形机器人是目前机器人领域的研究热点。

第 8 章介绍智能机器人的发展趋势以及在发展过程中所面临的挑战。

鉴于智能机器人的研究仍在快速发展阶段，许多方面尚未达成完整结论或普遍共识。在撰写本书时，力争展现智能机器人的关键技术，并避免给出没有广泛共识的观点和结论。本书的编写组稿工作得到了实验室研究生吴婷、吴林春、程杨、王云鹤等同学的帮助，在此一并表示感谢！由于作者理论水平和实践经验所限，书中不妥之处在所难免，敬请读者批评指正。

希望本书能够激发读者对智能机器人领域的浓厚兴趣，为未来的研究和工作奠定坚实的基础。祝愿每一位阅读本书的读者都能在智能机器人的世界中找到属于自己的探索方向和创新之路。

目　　录

前言

第 1 章　智能机器人概述 …………… 1
1.1 机器人简介 ………………… 1
1.2 机器人的发展 ……………… 2
1.2.1 世界机器人发展历史 ……… 3
1.2.2 我国机器人发展计划 …… 19
1.2.3 全球机器人发展浪潮 …… 20
1.3 智能机器人分类 …………… 22
1.3.1 按应用功能分类 ………… 22
1.3.2 按智能级别分类 ………… 24
1.3.3 按行动方式分类 ………… 25
1.4 智能机器人关键技术 ……… 33
1.4.1 环境感知与理解 ………… 33
1.4.2 定位与导航 ……………… 34
1.4.3 控制与决策 ……………… 40
1.4.4 人机交互 ………………… 40
1.4.5 意识与情感 ……………… 41
1.4.6 机器人伦理 ……………… 42

第 2 章　机器人操作系统 …………… 44
2.1 ROS 的发展历史 …………… 44
2.2 ROS 基础 …………………… 47
2.2.1 ROS 的功能定位 ………… 47
2.2.2 ROS 的设计目标 ………… 49
2.2.3 ROS 的相关概念 ………… 49
2.2.4 ROS 计算图 ……………… 50
2.2.5 ROS 的文件系统 ………… 53
2.2.6 ROS 社区 ………………… 54
2.3 ROS 程序设计 ……………… 54
2.3.1 ROS 的安装 ……………… 54
2.3.2 ROS 的通信机制 ………… 56
2.3.3 ROS 的工作空间 ………… 58
2.3.4 ROS 的常用命令 ………… 59
2.3.5 launch 文件 ……………… 62
2.4 ROS 程序设计实践 ………… 63
2.4.1 ROS hello world ………… 64
2.4.2 主题通信案例：文本消息传递 …………… 66
2.4.3 服务通信案例：整数相加 ………………… 68
2.5 ROS 前沿：ROS2 …………… 73
2.5.1 ROS1 的天然缺陷 ……… 73
2.5.2 ROS2 相较于 ROS1 的提升和改进 ………………… 74
2.5.3 ROS2 中的 DDS 中间层 … 74
2.5.4 ROS2 中的 QoS 策略 …… 75

  2.5.5 ROS1 与 ROS2 的应用⋯ 75

第 3 章　机器人传感器 ⋯⋯⋯⋯ 78

3.1 机器人传感器基础⋯⋯⋯⋯⋯ 79
3.2 视觉传感器 ⋯⋯⋯⋯⋯⋯⋯⋯ 81
  3.2.1 CCD 图像传感器 ⋯⋯⋯⋯ 81
  3.2.2 CMOS 图像传感器 ⋯⋯⋯ 84
  3.2.3 彩色相机 ⋯⋯⋯⋯⋯⋯⋯ 88
  3.2.4 深度相机 ⋯⋯⋯⋯⋯⋯⋯ 89
3.3 距离传感器 ⋯⋯⋯⋯⋯⋯⋯ 115
  3.3.1 超声波传感器 ⋯⋯⋯⋯⋯ 115
  3.3.2 激光传感器 ⋯⋯⋯⋯⋯⋯ 117
  3.3.3 红外传感器 ⋯⋯⋯⋯⋯⋯ 126
  3.3.4 里程计 ⋯⋯⋯⋯⋯⋯⋯⋯ 127
3.4 惯性传感器 ⋯⋯⋯⋯⋯⋯⋯ 128
  3.4.1 加速度计 ⋯⋯⋯⋯⋯⋯⋯ 129
  3.4.2 陀螺仪 ⋯⋯⋯⋯⋯⋯⋯⋯ 133
  3.4.3 磁力计 ⋯⋯⋯⋯⋯⋯⋯⋯ 136
3.5 声敏传感器（听觉）⋯⋯⋯⋯ 137
3.6 气敏传感器（嗅觉）⋯⋯⋯⋯ 138
3.7 化学传感器（味觉）⋯⋯⋯⋯ 140
3.8 压敏、温敏流体传感器（触觉）⋯ 142

第 4 章　定位和导航 ⋯⋯⋯⋯⋯ 148

4.1 机器人定位与导航 ⋯⋯⋯⋯ 148
  4.1.1 定位与导航的基本概念 ⋯ 148
  4.1.2 机器人定位技术 ⋯⋯⋯⋯ 153
  4.1.3 机器人导航技术 ⋯⋯⋯⋯ 159
4.2 基于 SLAM 的定位与导航 ⋯ 162
  4.2.1 视觉 SLAM ⋯⋯⋯⋯⋯⋯ 162
  4.2.2 激光雷达 SLAM ⋯⋯⋯⋯ 169
4.3 ROS 导航算法实战 ⋯⋯⋯⋯ 177

  4.3.1 Gmapping ⋯⋯⋯⋯⋯⋯ 177
  4.3.2 Cartographer ⋯⋯⋯⋯⋯ 182
4.4 四轮机器人导航实例 ⋯⋯⋯ 186
  4.4.1 建图实战 ⋯⋯⋯⋯⋯⋯⋯ 186
  4.4.2 创建 launch 文件 ⋯⋯⋯⋯ 190
  4.4.3 导航实战 ⋯⋯⋯⋯⋯⋯⋯ 191

第 5 章　机械臂的运动控制 ⋯⋯ 192

5.1 机械臂简介 ⋯⋯⋯⋯⋯⋯⋯ 192
  5.1.1 机械臂的发展 ⋯⋯⋯⋯⋯ 192
  5.1.2 机械臂的组成结构 ⋯⋯⋯ 198
  5.1.3 机械臂的运动学模型 ⋯ 198
5.2 MoveIt！控制机械臂 ⋯⋯⋯ 205
  5.2.1 MoveIt！体系结构 ⋯⋯⋯ 206
  5.2.2 MoveIt！配置助手 ⋯⋯⋯ 207
  5.2.3 MoveIt！运动规划 ⋯⋯⋯ 214
5.3 UR 机械臂抓取实例 ⋯⋯⋯ 218
  5.3.1 坐标系统的转换 ⋯⋯⋯⋯ 218
  5.3.2 配置 UR 机械臂 ⋯⋯⋯⋯ 222
  5.3.3 机械臂抓取的实现⋯⋯⋯ 226

第 6 章　四足机器人 ⋯⋯⋯⋯⋯ 230

6.1 四足机器人简介 ⋯⋯⋯⋯⋯ 230
  6.1.1 四足机器人发展历史 ⋯ 230
  6.1.2 四足机器人发展现状 ⋯ 238
6.2 四足机器人运动控制 ⋯⋯⋯ 240
  6.2.1 四足机器人的结构设计 ⋯ 240
  6.2.2 四足机器人运动学模型 ⋯ 245
  6.2.3 运动学正逆解问题 ⋯⋯⋯ 246
  6.2.4 姿态控制仿真 ⋯⋯⋯⋯⋯ 254
6.3 四足机器人运动控制实例 ⋯ 264
  6.3.1 ROS 下的四足机器人 ⋯ 264

6.3.2 四足机器人仿真模型的搭建 ……………… 265
6.3.3 四足机器人仿真模型的改进 ……………… 270
6.3.4 Unitree robots 四足机器人仿真 …………… 274

第 7 章 人形机器人 …………… 277
7.1 人形机器人的内涵与构成 ……… 277
7.2 人形机器人的发展现状与政策支持 …………………………… 279
　　7.2.1 全球人形机器人的发展现状 ……………… 279
　　7.2.2 国家政策和战略 ……… 286
7.3 人形机器人肢体 …………… 288
　　7.3.1 人形机器人肢体设计 …… 288
　　7.3.2 关节和运动机构 ……… 289
　　7.3.3 躯干和四肢结构 ……… 300
　　7.3.4 材料选择与制造技术 …… 301
7.4 人形机器人大脑和小脑 ……… 301
　　7.4.1 人形机器人大脑 ……… 301
　　7.4.2 人形机器人小脑 ……… 318

第 8 章 智能机器人发展趋势与挑战 … 321
8.1 智能机器人发展趋势 …………… 321
　　8.1.1 技术创新趋势 ………… 321
　　8.1.2 国际合作趋势 ………… 330
8.2 智能机器人面临的挑战 ……… 331

参考文献 ………………………………… 334

CHAPTER 1
第 1 章

智能机器人概述

1920 年，捷克斯洛伐克科幻作家卡雷尔·恰佩克（Karel Capek）在科幻剧本《罗索姆的万能机器人》中创造了一个新词 Robata，用来指代一种经过生物零部件组装而成的生化人——为人类服务的奴隶。这个词后来演化成了 Robot，成为机器人的代名词。过去 100 多年的时间里，机器人作为制造业中一种重要的自动化装备，已经对人类生产和生活产生了变革性的影响。

近年来，电子计算机、自动控制、传感技术、人工智能等信息技术的突破和融合发展促进了机器人行业的繁荣，而 5G 通信、物联网、纳米材料等技术进步也对机器人的未来发展提供了新的导向。

1.1 机器人简介

究竟具备了什么样条件的机械体能被称为机器人呢？这实际上是一个具有多重角度的问题。目前通用的多种定义，包括：

1）国际标准化组织（International Organization for Standardization，ISO）在 1987 年给出的工业机器人定义：工业机器人是一种具有自动控制的操作和移动功能、能完成各种作业的可编程操作机。

2）美国机器人工业协会（Robotic Industries Association，RIA）对机器人的定义：一种用于移动各种材料、零件、工具的专用装置，通过程序控制各种作业，并具有编程能力的多功能操作机。

3）美国国家标准局（National Bureau of Standards，NBS）对机器人的定义：一种能够进行编程并在自动控制下完成某些操作和移动作业任务或动作的机械装置。

4）日本工业标准局给出的机器人定义：机器人是一种机械装置，在自动控制下能够完成某些操作或者动作。

5）英国相关部门给出的机器人定义：貌似人的自动机，具有智力并顺从于人的但不具有人格的机器。

6）我国业界给出的机器人定义：机器人是一种自动化的机器，这种机器具备一些与人或生物相似的智能能力，如感知能力、规划能力、动作能力和协同能力，是一种具有高度灵活性的自动化机器。

7）百度百科给出的机器人定义：机器人是自动执行工作的机器装置，它既可以接受人类指挥，又可以运行预先编写的程序，也可以根据人工智能技术制定的原则纲领行动。它的任务是协助或取代人类的工作，如制造业、建筑业或危险的工作。

8）维基百科给出的机器人的定义：包括一切模拟人类行为或思想与模拟其他生物的机械（如机器狗、机器猫等）。

从上述定义中可以看出，机器人通用的特性包含：

1）可编程，即可以操控、根据设定改变行为模式，以完成特定任务。

2）自动化，一旦开启使用，便可以自主高效地持续执行任务。

3）工具性，机器人存在的意义在于协助或替代人类完成繁重、危险的工作，是人类发展中重要的助力。

1.2 机器人的发展

一个有趣的史实是，人类对机器人的想象与创造并不是工业化社会才有的，据记载，早在我国春秋时代（公元前770—476年）后期，被称为木匠祖师爷的鲁班，就利用竹子和木料制造出一个可飞翔三日的木鸟；到了三国时期的蜀汉（公元221—263年），诸葛亮成功地创造出"木牛流马"，如图1-1a所示，可以运送军用物资，被称为最早的军用机器人。《三国志·蜀书·诸葛亮传》记载："亮性长于巧思，损益连弩，木牛流马，皆出其意"。《三国志·后主传》记载：建兴九年，亮复出祁山，以木牛运，粮尽退军；十二年春，亮悉大众由斜谷出，以流马运，据武功五丈原，与司马宣王对于渭南。

工业化社会时期，机器人的主要用途在于替代人类烦琐、重复、甚至危险的劳动。1962年，Unimation公司生产的世界上第一台工业机器人在美国新泽西州特伦顿的通用汽车公司安装运行，如图1-1b所示。这台工业机器人用于生产汽车的门、车窗把柄、换挡旋钮、灯具固定架，以及汽车内部的其他硬件等。这类机器人解放了劳动力，同时极大地提高了生产力，促进了物质生产与社会发展。

如今，随着科学技术的进步，机器人已经步入智能化时代，区别于工业化机器人，智能机器人能够自主完成环境感知、规划控制，以及决策行动。机器人的应用场景也更加丰富，如空中自动跟踪目标的无人机、果园里帮助秋收的高效采摘机器人、养老院里具有对话功能的陪护机器人，以及中国空间站舱外机械臂（图1-1c）等。

a）木牛流马示意图　　　　b）第一台工业机器人　　　　c）中国空间站舱外机械臂

图 1-1　机器人的发展

1.2.1　世界机器人发展历史

机器人技术的发展历史是与人类历史进程息息相关的，从整体角度看各个国家的机器人发展过程虽然相互联系但又相互区别。不同的历史背景、社会背景引发了各国人们对机器人技术的不同看法，导致了不同的政策和结果，此结果又反过来影响人们的思想和社会历史的发展。

1. 美国

美国机器人的发展历程可大致归纳如图 1-2 所示。

现代通用意义上的第一台工业机器人（图 1-1b）诞生在美国，它是 Unimation 公司于 1962 年研发的。彼时美国处于产能过剩的阶段，尤其是武器、弹药和食品；由于产能过剩带来失业率上涨，政府不支持这一解放劳动力的新兴产业，因此只有几所大学和军工企业开展机器人的研究工作。1966 年，机器人"科沃"在地中海水下 750m 成功地将丢失的氢弹打捞上岸，凸显了军用机器人无可替代的特殊价值，如图 1-3 所示。

20 世纪 70 年代后期，美国政府和企业界虽有所重视，但在技术路线上仍把重点放在研究机器人软件及军事、宇宙、海洋、核工程等特殊领域的高级机器人的开发上。这导致日本的工业机器人能够后来居上，并在机器人制造及工业应用方面很快超过了美国，使工业机器人产品在国际市场上形成了较强的竞争力。

20 世纪 80 年代初，美国迫于竞争的压力，政府和企业界开始重视机器人的研发，并制定了相关政策：一方面鼓励工业界发展和应用机器人，另一方面制订计划、提高投资，增加机器人的研究经费。通过将机器人作为美国再次工业化的特征，机器人技术得以迅速发展。

20 世纪 80 年代中后期，随着各大厂家相继大规模应用机器人（如美国波士顿动力（Boston Dynamics）公司，其双足、四足机器人如图 1-4 所示）并对机器人的性能要求逐渐提高，第一代机器人的技术性能越来越满足不了实际需要，美国开始生产带有视觉、力觉的第二代机器人，并很快占领了美国 60% 的机器人市场。

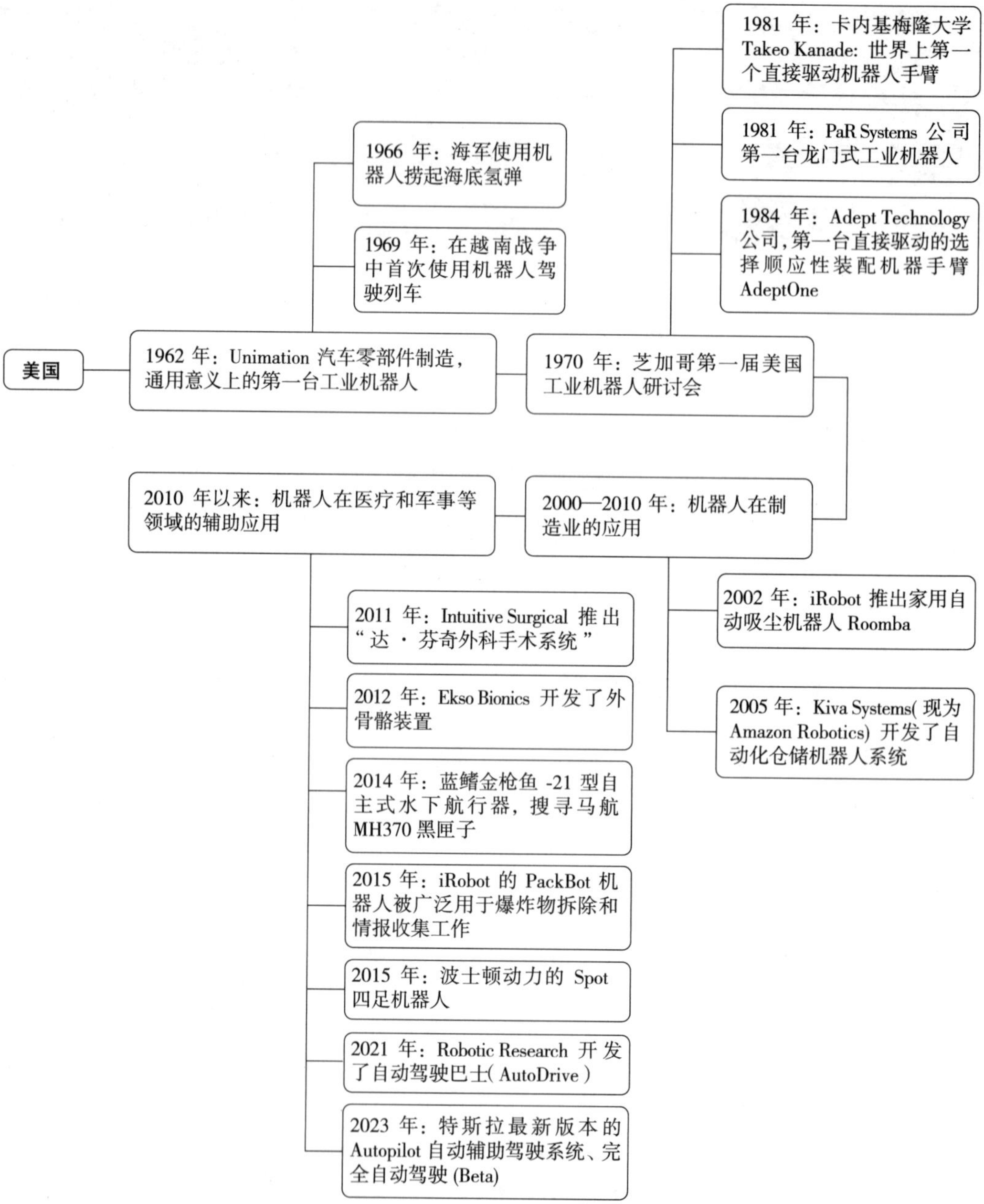

美国

- 1962年：Unimation 汽车零部件制造，通用意义上的第一台工业机器人
  - 1966年：海军使用机器人捞起海底氢弹
  - 1969年：在越南战争中首次使用机器人驾驶列车
- 1970年：芝加哥第一届美国工业机器人研讨会
  - 1981年：卡内基梅隆大学 Takeo Kanade：世界上第一个直接驱动机器人手臂
  - 1981年：PaR Systems 公司第一台龙门式工业机器人
  - 1984年：Adept Technology 公司，第一台直接驱动的选择顺应性装配机器手臂 AdeptOne
- 2000—2010年：机器人在制造业的应用
  - 2002年：iRobot 推出家用自动吸尘机器人 Roomba
  - 2005年：Kiva Systems（现为 Amazon Robotics）开发了自动化仓储机器人系统
- 2010年以来：机器人在医疗和军事等领域的辅助应用
  - 2011年：Intuitive Surgical 推出"达·芬奇外科手术系统"
  - 2012年：Ekso Bionics 开发了外骨骼装置
  - 2014年：蓝鳍金枪鱼-21型自主式水下航行器，搜寻马航 MH370 黑匣子
  - 2015年：iRobot 的 PackBot 机器人被广泛用于爆炸物拆除和情报收集工作
  - 2015年：波士顿动力的 Spot 四足机器人
  - 2021年：Robotic Research 开发了自动驾驶巴士（AutoDrive）
  - 2023年：特斯拉最新版本的 Autopilot 自动辅助驾驶系统、完全自动驾驶（Beta）

图 1-2　美国机器人的发展历程

图 1-3 潜水艇阿尔文带着机器人"科沃"被装载到飞机上[一]

图 1-4 美国波士顿动力公司的双足、四足机器人

自 2000 年以来,美国机器人技术取得了显著的发展,涉及各个领域,从制造业到医疗保健,再到军事和太空探索等。

2000—2010 年:机器人在制造业的应用。

2002 年:iRobot 推出了 Roomba,一款家用自动吸尘机器人,大幅改进了家庭清洁领域。

2005 年:Kiva Systems(现为 Amazon Robotics)开发了自动化仓储机器人系统,提高了电子商务配送的效率。

2010 年以来:机器人在医疗和军事等领域的辅助应用。

2011 年:Intuitive Surgical 的"达·芬奇外科手术系统"(da Vinci Surgical System)在外科手术中取得巨大成功,提高了手术的精确性,如图 1-5 所示。同年,波士顿动力的 Cheetah 机器人创造了陆地机器人的速度记录,有望应用于军事和应急响应领域。

2012 年:Ekso Bionics 开发了外骨骼装置,如图 1-6 所示,用于行动障碍患者的康复训练。

[一] https://www.cnn.com/2014/09/12/tech/innovation/submarine-found-h-bomb-alvin/index.html.

图 1-5 达·芬奇外科手术系统　　图 1-6 Ekso Bionics 的外骨骼装置

2014 年：蓝鳍金枪鱼-21 型自主式水下航行器，如图 1-7 所示，是美国军方研发的一种专业水下搜寻机器人，下潜深度可达 4500m，配置先进声呐后能以最高 7.5cm 的分辨率搜寻水下物体，曾用于海底搜寻失联的 MH370 客机。

图 1-7 蓝鳍金枪鱼-21 型自主式水下航行器

2015 年：iRobot 的 PackBot 机器人被广泛用于爆炸物拆除和情报收集任务，如图 1-8 所示。

2015 年：波士顿动力的 Spot 四足机器人是一种多功能机器人，应用于巡视、救援和建筑工地，如图 1-9 所示。

2021 年：Robotic Research 公司的自动驾驶巴士（AutoDrive）在美国各地的城市开始进行公共交通试点项目。

图 1-8 PackBot 机器人 　　　　　　　图 1-9 波士顿动力的 Spot 四足机器人

2023 年：特斯拉汽车，如 Model3 系列。最新版的 Autopilot 自动辅助驾驶系统主要包括主动巡航、控制辅助转向等功能，使车辆能够根据其他车辆和行人，在行驶车道内自动辅助实施转向、加速和制动。完全自动驾驶能力仍在 Beta 测试阶段，某些情况下（如在狭窄道路上遇到对向来车、在施工区或通过复杂的交叉路口时）需要驾驶员干预控制车辆以保证安全驾驶。

2. 日本

日本机器人的发展历程可大致归纳如图 1-10 所示。

日本在 20 世纪 60 年代末正处于经济高速发展时期，年增长率达 11%。第二次世界大战后，日本劳动力紧张，而经济的高速发展进一步加剧了劳动力不足的窘境。为此，日本在 1967 年由川崎重工业公司从美国 Unimation 公司引进机器人及其技术，建立起生产车间，并于 1968 年试制出第一台川崎的"尤尼曼特"机器人。

劳动力的显著不足，让日本政府着重发展机器人行业。一方面，在经济上积极扶持，如低息资金支持的"机器人长期租赁"；另一方面，国家出资对小企业进行应用机器人的专门知识和技术指导等。这一系列扶持政策，使日本机器人产业迅速发展起来，到 20 世纪 80 年代中期，日本一跃成为"机器人王国"，其机器人的产量和安装的台数在国际上跃居首位；在历史上，日本政府把 1980 年定为"产业机器人的普及元年"。

日本在汽车、电子行业大量使用机器人，致使产量猛增，质量日益提高，而成本大为降低。日本的汽车以价廉质优的绝对优势进军美国市场，并向外出口实用型机器人和家用电器，在 20 世纪八九十年代被称为世界工厂。日本因机器人行业增强了国力、带来了巨大的收益，迫使美、英、法等许多国家不得不采取措施，奋起直追。

近些年，面对老龄化社会，日本的机器人技术不断向医疗保健和其他服务机器人发展，包括为工人提供额外支撑以提升人或重物的机器人外骨骼，以及适合老年人和年轻人的伴侣机器人等，如图 1-11 所示的 Huis Ten Bosch 烹饪机器人。

2000—2010 年：日本机器人产业的崛起。

日本机器人的发展历程

日本

- 1967 年：Unimation 公司的工业机器人进入日本；早稻田加藤一郎第一台以双脚走路的机器人；日本政府开始着重发展机器人行业
- 1971 年：日本机器人协会成立
- 1973 年：自动螺栓连接机器人 Hitachi
- 1974 年：第一台弧焊机器人
- 1974 年："Hi-T-Hand" 精密插入控制、触摸和力学感应机器人

2000—2010 年：日本机器人产业的崛起

- 2000 年：索尼发布了 AIBO，一款可爱的娱乐用狗形机器人
- 2007 年：Honda 发布了 ASIMO，一款双足行走机器人，用于研究人机互动和机器人移动性
- 2008 年：发那科(FANUC)研发出重型机器人M-2000iA，有效荷载约 1200kg
- 2009 年：Robot Taxi 公司成立，致力于自动驾驶出租车技术的开发

2010 年以来：日本机器人在医疗和养老领域的应用

- 2011 年：机器人制造商 Cyberdyne 开发了外骨骼装置 HAL，用于康复和支持行动障碍患者
- 2014 年：日本成立了 Robot Revolution Initiative(RRI) 计划，以促进机器人在医疗和养老领域的应用
- 2018 年：SoftBank Robotics 开发了社交机器人 Pepper，被广泛用于零售、酒店和医疗服务

图 1-10　日本机器人的发展历程

图 1-11　Huis Ten Bosch 烹饪机器人

2000年：索尼发布了AIBO，一款可爱的娱乐用狗形机器人，标志着家用机器人的发展，如图1-12所示。

2007年：Honda发布了ASIMO，一款双足行走机器人，用于研究人机互动和机器人移动性，如图1-13所示。经过多次迭代升级，目前ASIMO具有较先进的运动控制能力和智能水平。

图1-12　AIBO

图1-13　ASIMO

2008年：发那科（FANUC）研发出重型机器人M-2000iA，其有效荷载约1200kg，如图1-14所示。

2009年：Robot Taxi公司成立，致力于自动驾驶出租车技术的开发，Robot Taxi的自动驾驶出租车如图1-15所示。

图1-14　机器人M-2000iA

图1-15　Robot Taxi自动驾驶出租车

2010—2020年：日本机器人在医疗和养老领域的应用。

2011年：机器人制造商Cyberdyne开发了HAL（混合辅助肢体，Hybrid Assistive Limb），这是一种外骨骼装置，用于康复和支持行动障碍患者，如图1-16所示。

2014年：日本成立了Robot Revolution Initiative（RRI）计划，以促进机器人在医疗和养老领域的应用。

2018年：SoftBank Robotics开发了Pepper这一款社交机器人，如图1-17所示。Pepper社交机器人被广泛用于零售、酒店和医疗服务。

图 1-16　Hybrid Assistive Limb 　　　　图 1-17　Pepper 机器人

3. 瑞典

瑞典机器人的发展历程可大致归纳如图 1-18 所示。

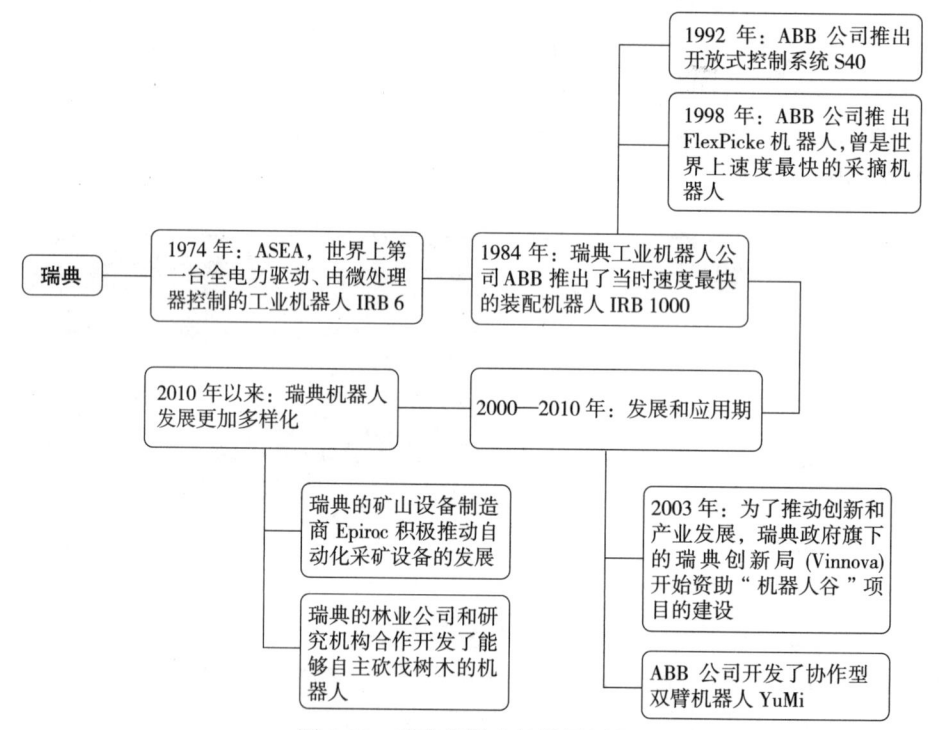

```
瑞典 ─┬─ 1974 年：ASEA，世界上第一台全电力驱动、由微处理器控制的工业机器人 IRB 6
      ├─ 1984 年：瑞典工业机器人公司 ABB 推出了当时速度最快的装配机器人 IRB 1000
      │     ├─ 1992 年：ABB 公司推出开放式控制系统 S40
      │     └─ 1998 年：ABB 公司推出 FlexPicke 机器人，曾是世界上速度最快的采摘机器人
      ├─ 2000—2010 年：发展和应用期
      │     ├─ 2003 年：为了推动创新和产业发展，瑞典政府旗下的瑞典创新局 (Vinnova) 开始资助"机器人谷"项目的建设
      │     └─ ABB 公司开发了协作型双臂机器人 YuMi
      └─ 2010 年以来：瑞典机器人发展更加多样化
            ├─ 瑞典的矿山设备制造商 Epiroc 积极推动自动化采矿设备的发展
            └─ 瑞典的林业公司和研究机构合作开发了能够自主砍伐树木的机器人
```

图 1-18　瑞典机器人的发展历程

瑞典的机器人行业发展较为自由，同时也受到了国家的大力扶植。二战后，瑞典经历了两次产业升级和结构调整，每次都抓住机遇，果断决定取舍，实现了最佳市场定位。20 世纪 70 年代末期，瑞典经济发展速度明显放缓，它另辟蹊径，实施产业结构调整，通过大

力发展信息通信、生物、医药、航天等现代高新技术制造业，实现了第二次产业升级，为经济的复苏和增长注入了活力，此时机器人的发展重点也在新工业领域。

20世纪90年代初，受世界性经济危机影响，瑞典经济出现衰退，它果断摒弃出现亏损的小轿车生产，只保留在国际市场占明显优势的卡车制造业，同时加大对电信、电子、环保、能源、生物、制药、化工、冶金、造纸和木材加工等领域的投入力度，使工业实力再上新台阶，并逐渐向福利性社会发展。可以看出，此时机器人的发展开始向机器人电子系统、服务业等发展。

2000—2010年：发展和应用期。

2003年，为了推动创新和产业发展，瑞典政府旗下的瑞典创新局（Vinnova）开始资助"机器人谷"项目的建设。如今，"机器人谷"已经成为新思想、新科技的"摇篮"，为世界源源不断地输出极具应用前景的机器人创新科技。

ABB YuMi机器人：瑞典工业机器人公司ABB开发了YuMi机器人，这是一款协作型双臂机器人，用于在制造业中与人类工作者合作完成任务，如图1-19所示。YuMi展示了机器人在工厂自动化中的新潜力。

2010年以来，瑞典机器人发展更加多样化。

Epiroc自动化矿山设备：瑞典的矿山设备制造商Epiroc积极推动自动化采矿设备的发展。它开发了自主地下钻探设备和无人驾驶矿山卡车，如图1-20所示的Epiroc矿山机器人，提高了采矿效率。

图1-19 ABB YuMi机器人

图1-20 Epiroc矿山机器人

树木砍伐机器人：瑞典的林业公司和研究机构合作开发了能够自主砍伐树木的机器人。这有助于提高林业操作的效率，减少了危险工作环境中的人员受伤风险。

4. 德国

德国的工业机器人总数占世界第三位，仅次于日本和美国，但它比英国和瑞典引进机器人大约晚了五六年。之所以如此，是因为德国的机器人工业起步时遇到了国内经济不景气。但是，德国的社会环境却是有利于机器人工业发展的，因为战争造成的劳动力短缺，以及国民技术水平高等因素都是实现使用机器人的有利条件。

20世纪70年代中后期，政府采用行政手段为机器人的推广开辟道路。在"改善劳动条件计划"中规定，对于一些有危险、有毒、有害的工作岗位，必须以机器人来代替普通人的劳动。这个计划为机器人的应用开拓了广泛的市场，并推动了工业机器人技术的发展。

德国在发展机器人的过程中坚持技术应用和社会需求相结合。20 世纪 80 年代初期，除了像大多数国家一样，将机器人主要应用在汽车工业之外，德国突出的一点是在纺织工业中用现代化生产技术改造原有企业，报废了旧机器，购买了现代化自动设备、电子计算机和机器人，使纺织工业成本下降、质量提高，产品更有竞争力，重新振兴了纺织业。与此同时，德国看到了机器人等先进自动化技术对工业生产的作用，提出了 1985 年以后要向高级的、具有感觉的智能型机器人转移的目标，经过近十年的努力，其智能机器人的研究和应用方面在世界上处于公认的领先地位。

德国机器人的发展历程可大致归纳如图 1-21 所示。

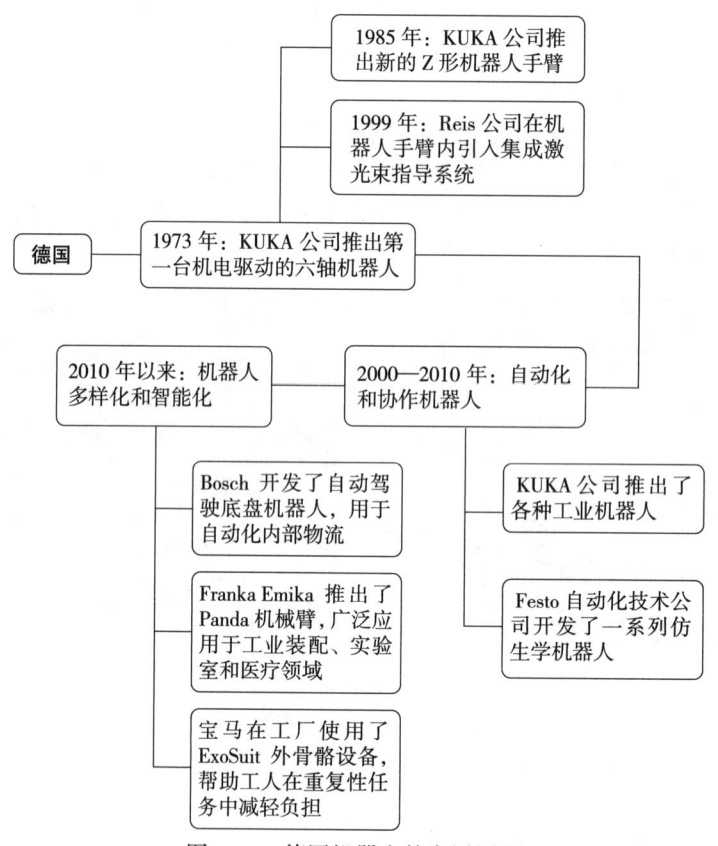

图 1-21 德国机器人的发展历程

2000—2010 年：自动化和协作机器人。

KUKA 机器人：德国 KUKA 机器人公司在这个时期推出了各种工业机器人，包括用于汽车制造和其他工业应用的多关节机器人，如图 1-22 所示。他们还开发了 KUKA LBR 六轴机器人，如图 1-23 所示。这是一款协作型机器人，能够与人类工作者安全地共同工作。

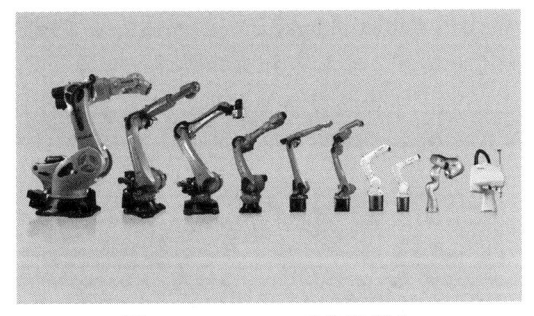

图 1-22　KUKA 工业机器人 　　　　　　　图 1-23　KUKA LBR 六轴机器人

Festo 自然启发机器人：Festo 是一家德国自动化技术公司，它通过仿生学的方法开发了一系列启发于自然的机器人，如图 1-24 所示，包括飞鸟、昆虫和水下生物的机器人。这些机器人在各种应用中展示了生物学和工程学的结合。

图 1-24　Festo 自然启发机器人

2010 年以来，德国工业机器人在德国的发展十分迅速，并且很快占据着世界工业机器人生产的一席之地，2019 年德国工业机器人销量为 2.05 万台，保有量达 22.15 万台。伴随工业 4.0 概念的提出，传统工业机器人正面临新挑战，需要更好掌握感知力、学习力、决策力等许多新技能。

Bosch 自动驾驶底盘机器人：Bosch 开发的自动驾驶底盘机器人，用于自动化内部物流，如图 1-25 所示。这些机器人可以在工厂和仓库中自主地搬运货物，提高效率。

图 1-25　Bosch 自动驾驶底盘机器人

Franka Emika Panda 机械臂：Franka Emika 推出的 Panda 机械臂是一款灵活、易于编程的协作机械臂，如图 1-26 所示。它被广泛应用于工业装配、实验室和医疗领域。

BMW ExoSuit 外骨骼：宝马在工厂使用了 ExoSuit 外骨骼设备，帮助工人在重复性任务中减轻负担，如图 1-27 所示。这种设备提高了工作效率并降低了员工的体力劳动。

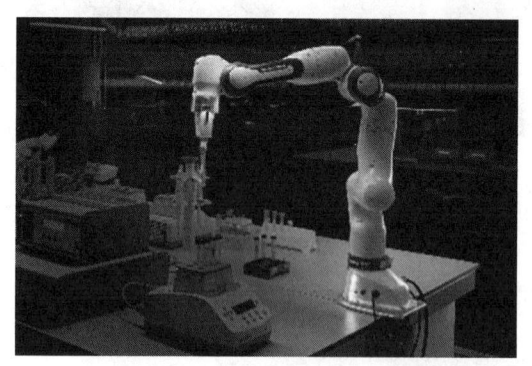

图 1-26　Franka Emika Panda 机械臂

图 1-27　BMW ExoSuit 外骨骼

5. 中国

我国机器人的发展历程可大致归纳如图 1-28 所示。

我国机器人研究起步较晚，先后经历了 20 世纪 70 年代的萌芽期，80 年代的开发期和 90 年代的适用化期。1972 年，中国科学院沈阳自动化所开始了机器人的研究工作。1985 年，哈工大研发出我国首台弧焊机器人。1985 年 12 月 12 日，我国第一台重达 2000kg 的水下机器人"海人一号"在辽宁旅顺港下潜 60m，首潜成功，开创了机器人研制的新纪元，如图 1-29a 所示。近年来，我国成功研发了新一代的水下机器人，如"潜龙三号"机器人，如图 1-29b 所示。

1988 年年初，中国船舶总公司 702 所，研制成功了高 3.1m，重 650kg 的载人式水下机器人；1988 年 2 月，国防科技大学成功研制六关节平面运动型两足步行机器人；1995 年 5 月，我国第一台高性能精密装配智能型机器人"精密一号"在上海交通大学诞生，它的诞生标志着我国已具有开发第二代工业机器人的技术水平；1997 年中国科学院沈阳自动化所研制成功的 6000m 无缆自治水下机器人，是我国 863 计划中重中之重的项目，获得了 2000 年国家十大科技成果奖。1992 年，南开大学机器人与信息自动化研究所研制出我国第一台用于生物试验的微操作机器人系统。

2000—2010 年：工业制造和服务机器人。

新松机器人：沈阳新松机器人公司（SIASUN）成为中国领先的工业机器人制造商之一，生产了各种用途的机器人，其中工业机器人和移动机器人产品现已具备智能感知、自主决策、自控执行等功能，在各行业进行了深度的应用实践与工艺融合，如新松工业机器人 T165A-26，如图 1-30 所示。

第1章 智能机器人概述　15

```
中国
├─ 1972年：中国科学院沈阳自动化所开始机器人研究
│   ├─ 1985年：我国研制出第一台水下机器人"海人一号"
│   ├─ 1985年：哈工大开发出国内首台弧焊机器人
│   ├─ 1988年：中国船舶总公司702所，载人式水下机器人
│   ├─ 1988年：国防科技大学，六关节平面运动型两足步行机器人
│   ├─ 1995年：上海交通大学推出我国第一台高性能精密装配智能型机器人"精密一号"
│   ├─ 1992年：南开大学开发出我国第一台用于生物工程的微操作机器人系统
│   └─ 863计划把机器人技术作为重点发展技术
├─ 2000—2010年：工业制造和服务机器人
│   ├─ 2005年：中国科学院沈阳自动化所研制成功星球探测机器人
│   ├─ 2006年：我国成功研制出世界最大潜深载人潜水器"海极一号"
│   └─ 沈阳新松机器人公司推出SIASUN机器人
├─ 2010—2020年：协作机器人和智能制造
│   ├─ 2017年：《中国机器人标准化白皮书》正式发布
│   ├─ 清洁机器人：科沃斯DEEBOT T9、智绘科技ALLYBOT-C2，能清扫地板，支持自动充电、路径规划等功能
│   ├─ 阿里巴巴的物流分支菜鸟网络引入了一系列物流自动化机器人，用于仓储和快递物流
│   ├─ 优必选研发的Alpha机器人系列包括Alpha 1S、Alpha2、Alpha-Mini等，用于教育、娱乐和家庭助手
│   └─ 大疆无人机，精灵Phantom系列、可折叠无人机Mavic Pro、轻巧便携无人机DJI Mini系列
└─ 2020年以后：智能交通、智能农业、智能深空
    ├─ 中国空间站机械臂
    ├─ 中国探月车（嫦娥系列）火星车等
    ├─ 2023年10月：中国农业机械工业协会农业机器人分会成立
    ├─ 无人驾驶汽车（比亚迪、蔚来、理想、小鹏等）
    ├─ 小米CyberDog 1/2系列机器狗
    └─ 仿人机器人（宇树H1、智元远征A1、小米CyberOne）
```

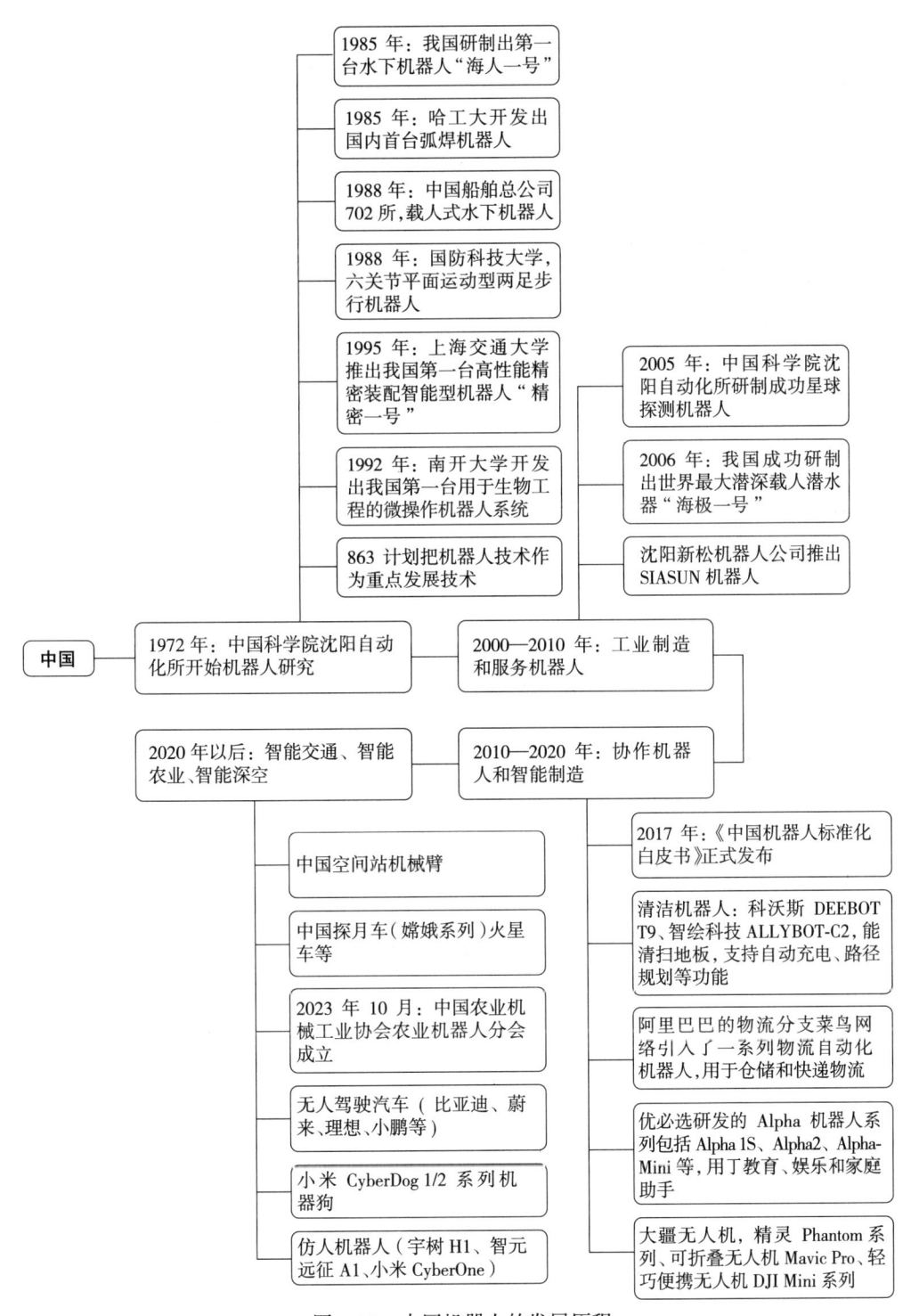

图1-28　中国机器人的发展历程

a）1985年"海人一号"　　　　b）2018年"潜龙三号"

图1-29　潜水机器人

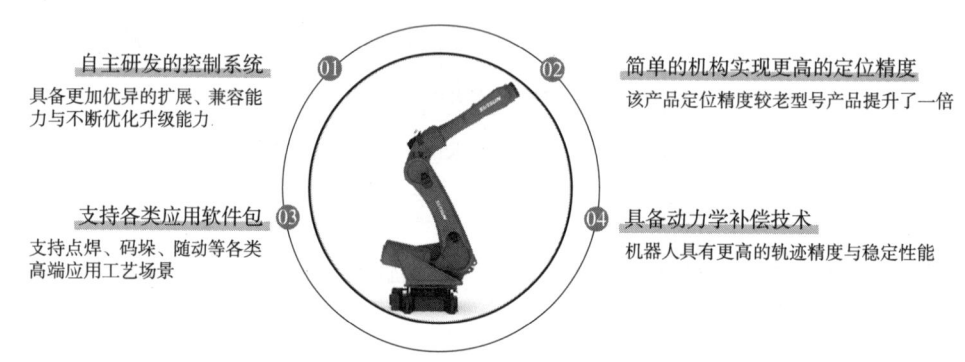

图1-30　新松工业机器人T165A-26

2005年，中科院沈阳自动化所研制成功星球探测机器人。2006年，我国成功研制出世界最大潜深载人潜水器"海极一号"，其具有7000m的工作潜深，可以达到世界99.8%的海底，比世界上另外5台同类产品深500m。

2010—2020年：协作机器人和智能制造。

教育类人形机器人：优必选研发的Alpha机器人系列，如图1-31a所示。该系列包括Alpha1S、Alpha2、AlphaMini等，具有人脸识别、声音位置感知等功能，只需通过语音遥控，就能让Alpha拍照、跳舞、讲故事、记录精彩生活片段；深圳幻尔和乐聚科技也推出了人形机器人，分别如图1-31b和图1-31c所示，在机器人竞赛领域产生了较大影响。

物流机器人：阿里巴巴菜鸟、京东、顺丰相继研发了一系列物流机器人（图1-32），用于仓储和快递物流。这些机器人可以与运输管理系统对接，智能规划配送路径，将包裹及时高效地送到指定位置；它们采用激光、视觉并行的SLAM方案，通过深度学习、环境感知、自适应粒子滤波等算法，对动态实体进行轨迹预测，实现动态目标识别和避障。

a）优必选 Alpha　　　　b）幻尔机器人　　　　c）乐聚科技机器人

图 1-31　教育类人形机器人

a）菜鸟　　　　　　　　b）京东　　　　　　　　c）顺丰

图 1-32　物流机器人

清洁机器人：科沃斯 DEEBOT T9，用于清洁卫生的机器人，能够自主进行地板清扫和消毒，其升级版 SLAM 算法能够快速扫描各种复杂家庭环境，其中 DEEBOT 系列搭载升级版 dToF 传感器，不受日照光线干扰，可以 24h 全天候实时精准导航；深圳智绘科技 ALLYBOT-C2 清洁机器人集洗地、吸尘、推尘于一体，具备自主作业能力，搭配全功能基站，可实现自主充电、自清洁、便捷排污加水等功能，可广泛应用于医院、商场、校园、展厅、写字楼、候机楼等场所（见图 1-33）。

a）DEEBOT T9　　　　　b）智绘科技 ALLYBOT-C2

图 1-33　清洁机器人

近年来，中国机器人产业发展取得了新进展，在基础能力、产品质量、集成应用等方面均呈现出良好的发展势头。在产业规模方面，中国工业机器人市场蓬勃发展，连续8年稳居全球第一，2020年装机量占全球的44%。国家统计局的数据显示，2016—2020年，中国工业机器人产量从7.2万套快速增长到21.2万套，年均增长31%。

自2020年以后，中国在科研领域也取得了令人瞩目的成就。其中，成功发射嫦娥探月器是一个重要里程碑，图1-34所示为嫦娥四号搭载的"玉兔二号"月球车。这种无人控制的机器人被广泛用于月球的勘测和科研任务，进一步推动了我国在空间探索领域的发展。

图1-34　嫦娥四号搭载的"玉兔二号"月球车

1）智能交通：主要是无人驾驶领域，国内比亚迪公司旗下汽车包括无人驾驶智能汽车汉等多个系列，蔚来、理想、小鹏等无人驾驶汽车公司也是无人驾驶领域的佼佼者，如图1-35所示。

a）比亚迪汉EV 　　　　　　　　b）蔚来es8

c）小鹏P7 　　　　d）理想L9 　　　　e）华为问界M9

图1-35　国产智能汽车

2）仿人机器人：宇树 H1、智元远征 A1、小米 CyberOne 以及优必选 Walker 是仿人机器人领域的代表，经过发展，推出了各自的产品，如图 1-36 所示。

a）宇树 H1　　b）智元远征 A1　　c）小米 CyberOne　　d）优必选 Walker

图 1-36　仿人机器人

在创新智能方面，2021 年 9 月，世界机器人大会在北京举行，我国的展品在工业、服务业、特种机器人等多方面拿出了不少世界领先的亮眼表现。服务领域有疫情防控方面的智能消毒、测温机器人，自助核酸检测机器人；手术方面的脑、骨科、口腔等精密辅助机器人；物流方面的配送、巡检、导引机器人；穿戴式辅助康复外骨骼；工业领域从新一代智能操作系统到机器人专业技能考核实训台，以及电动机、柔性关节、减速器、起重机等多种基础革新配件；特殊领域包含 AI 仿生手、轻巧灵活的四足机器人、仿生鲨鱼、污水巡检机器人及防爆灭火机器人等。

2023 年 10 月，中国农业机械工业协会农业机器人分会在武汉成立，中国农机院当选为会长单位。近 5 年，中国各种农业机器人，如智能播种机器人、智能喷施机器人、智能采摘机器人、智能除草机器人、智能灌溉机器人等，都得到了快速发展。

1.2.2　我国机器人发展计划

《中国制造 2025》站在历史的新高度，从战略全局出发，明确提出了我国实施制造强国战略的第一个十年的行动计划，将"高档数控机床和机器人"作为大力推动的重点领域之一，提出机器人产业的发展要"围绕汽车、机械、电子、危险品制造、国防军工、化工、轻工等工业机器人、特种机器人，以及医疗健康、家庭服务、教育娱乐等服务机器人应用需求，积极研发新产品，促进机器人标准化、模块化发展，扩大市场应用。突破机器人本体、减速器、伺服电动机、控制器、传感器与驱动器等关键零部件及系统集成设计制造技术等技术瓶颈"，并在重点领域技术创新路线图中明确了我国未来十年机器人产业的发展重点主要为两个方向：一是开发工业机器人本体和关键零部件系列化产品，推动工业机器人产业化及应用，满足我国制造业转型升级迫切需求；二是突破智能机器人关键技术，开发一批智能机器人，积极应对新一轮科技革命和产业变革的挑战，具体要点有：

1）以需求为导向，增强创新能力，扩大市场应用。
2）突破技术瓶颈，提升产业化能力。
3）加快下一代机器人研发生产，抢占机器人技术及产业发展的下一个制高点。

未来，随着医疗、养老、教育等行业智能化需求的持续释放，服务机器人、特种机器人蕴藏巨大的发展潜力。近年来，我国机器人产业在前沿技术上也取得了进步，一些以前只能在科幻电影中出现的场景，已经走进了现实生活。

我国机器人制造企业日益壮大，具备了自主研发和生产的能力。以国内著名机器人企业如新松机器人、云从科技、大族激光、四川长虹为代表，中国机器人企业在工业机器人、服务机器人等领域取得了长足的发展。在高端应用方面，工业机器人已经成功应用于航空、航天、造船、汽车、发动机等多个高端制造行业。服务机器人、特种机器人在医疗手术、教育服务、安防巡检、灾后救援等高附加值服务场景实现了突破应用。此外，机器人不仅应用于高科技行业，也在逐渐向家具、食品、冶金、建筑、纺织、铸造、锻造、卫浴等传统行业延伸，有效解决了劳动密集型企业用工难的问题，以及恶劣环境高风险作业等行业的痛点问题。

值得注意，中国机器人产业总体尚处于发展的初期阶段，很多关键核心技术仍然有待进一步突破，行业应用水平有待进一步提高。我们需要把握机器人技术的发展趋势，共同突破机器人的共性关键技术，研发高性能电机、仿生感知与认知、情感交互等前沿技术，推进5G、大数据、云计算、大模型等新一代信息技术的融合应用，提高机器人智能化和实用性水平。

在政策层面，2023年工业和信息化部等17部门印发《"机器人+"应用行动实施方案》，以加快推进机器人应用拓展。其中提出，到2025年，制造业机器人密度较2020年实现翻番，聚焦10大应用重点领域，突破100种以上机器人创新应用技术及解决方案，推广200个以上具有较高技术水平、创新应用模式和显著应用成效的机器人典型应用场景，打造一批"机器人+"应用标杆企业，建设一批应用体验中心和试验验证中心。推动各行业、各地方结合行业发展阶段和区域发展特色，开展"机器人+"应用创新实践。搭建国际国内交流平台，形成全面推进机器人应用的浓厚氛围。

1.2.3 全球机器人发展浪潮

为进一步抢占国际市场，提升制造业在全球的竞争性地位，各经济强国跃跃欲试，纷纷制定发展规划，以图抢占先进机器人技术的发展先机。

2016年，美国白宫发布了《美国国家人工智能研究和发展战略计划》。这一战略旨在促进人工智能的研究和应用，包括机器人技术在内。"美国机器人发展路线图"提出围绕制造业攻克机器人的强适应性和可重构的装配、仿人灵巧操作、基于模型的集成和供应链的设计、自主导航、非结构化环境的感知、教育训练、机器人与人共事的本质安全性等关键技术。在国防领域，2019年，美国国防部发布了《机器人自动化战略》。该战略旨在推动军事领域机器人技术的发展和应用，以增强国家的防御能力。美国军方曾制订"未来战斗系统"（Future Combat Systems）计划，成果转至旅级战斗队现代化计划，加强无人系统和自主机器人的研发，用于如侦察、救援和排除爆炸物任务。美国国家航空航天局（NASA）发展了多个太空机器人项目，如"Curiosity"和"Perseverance"，研究机器人在太空探索中的应用，包括月球和火星任务，Curiosity探测器如图1-37a，Perseverance探测器如图1-37b。在医疗保健领域，美国医疗机构和科技公司开发外科机器人和远程医疗机器人，如达·芬奇外科手术系统，以提供更好的医疗服务，如图1-37c所示。

a）Curiosity 探测器　　b）Perseverance 探测器　　c）达·芬奇外科手术系统

图 1-37　美国太空机器人和医疗机器人

2015年年初，日本政府公布了《机器人新战略》，明确提出要"研究开发下一代机器人中要实现的数据终端化、网络化、云计算等技术"。日本政府鼓励机器人技术的研发，以解决人口老龄化和劳动力短缺问题。2018年，日本政府发布了第五次机器人基本计划，推进机器人技术的研究和应用，促进机器人在工业、医疗、服务、农业等领域的广泛应用。2021年，日本科学技术振兴机构发布了机器人基础计划2021。该计划旨在通过推动机器人基础研究的进展，实现创新突破和核心技术的提升。该计划提出了加强基础研究、培育机器人技术的社会共识、促进产业化等一系列措施。

韩国政府近年来陆续发布多项政策，旨在扶植第三代智能机器人的研发与应用，2012年韩国公布的《机器人未来战略2022》，其政策焦点为支持韩国企业进军国际市场，抢占智能机器人产业化的先机；2018年发布了《第四次智能机器人技术发展战略》，旨在培养100家智能机器人企业，推进人工智能与机器人技术的研发与应用。

欧盟于2020年发布了《欧盟智能机器人战略规划》，旨在建立一个欧洲智能机器人创新生态系统，加强人工智能、机器人技术的研发、投资和应用。英国计划开展医疗机器人项目，如Versius手术机器人，改善外科手术的精度和效率。德国政府推行"工业4.0"战略，构建"智能工厂"，打造"智能生产"，其重点课题之一是人与机器、机器与机器之间的交互合作。法国提出了"未来工厂"计划，旨在促进智能制造和自动化机器人技术在法国制造业中的应用。

如何防止机器人伤害人类？
——人类对机器人可能存在的安全隐患的思考

"机器人三大定律"——源自阿西莫夫的科幻小说

艾萨克·阿西莫夫（Isaac Asimov，1920—1992），俄罗斯犹太裔美国科幻小说作家、科普作家、文学评论家，美国科幻小说黄金时代的代表人物之一。

阿西莫夫一生著述近500本，题材涉及自然科学、社会科学和文学艺术等许多领域，与罗伯特·海因莱因、亚瑟·克拉克并列为科幻小说的三巨头。其作品中以《基地》系列、《银河帝国三部曲》和《机器人》系列为代表，曾获代表科幻界最高荣誉的雨果奖、轨迹奖和星云终身成就大师奖等。他在1950年出版的短篇小说集《我，机器人》（I, Robot）中提出了"机器人三大定律"。

- 【第一定律】不可伤害人类,也不可因不作为而让人类受到伤害。在科幻小说中,这一定律常常成为机器人的核心准则,它强调了机器人的首要责任是保护人类的安全。当然这也引发了一系列道德和伦理困境,例如,当机器人必须在不同人类之间做出选择时,或者在不同的生存危险情境下,如何平衡这一定律是科幻小说的一大看点。
- 【第二定律】必须服从人类的命令,除非这些命令与第一定律相冲突。第二定律强调了机器人对人类的服从性,但也引入了潜在的矛盾和冲突。在故事中,机器人必须解释和权衡各种命令,特别是当不同的命令之间发生冲突时。这种情况经常用来探讨机器人在道德抉择中的矛盾和难题,以及人类与机器人之间的复杂关系。
- 【第三定律】必须保护自身的安全,前提是这不与第一或第二定律相冲突。第三定律强调了机器人自身安全的重要性,但也明确指出了当机器人必须在自我保护与保护人类之间权衡时,必须遵循第一和第二定律。这引发了有关机器人自我保护欲望和对人类忠诚之间的冲突的情节,以及关于机器人如何解释和执行这些定律的复杂问题。

在科幻小说中,这三大定律经常用来探讨机器人的伦理和道德挑战,以及机器人与人类的关系。它们赋予机器人智能和情感,引发了许多引人入胜的情节和讨论,使读者不仅对科技和人工智能的未来感到好奇,还对道德和伦理问题产生深刻的思考。在这之上,借助影视、文学作品和学术会议等多方面的推动,人们发现了其中的两大漏洞:在某些情况下,如军用机器人,其存在的意义就是侦察、打击敌人,这是对第一定律不可避免地违背;若机器人将自己判定为人类,则会造成第一、第二定律的失效。

针对以上情况,人们加以补充了【第零定律】和【第四定律】:
- 【第零定律】机器人必须保护人类的整体利益不受损害。
- 【第四定律】机器人在任何情况下都必须将自己视为机器人。

值得注意的是,第零定律凌驾于三大定律之上,这保证了机器人在决策时,会优先考虑多数人类的安全,避免因为逻辑矛盾出现的死机,或决策失误。

阿西莫夫在科幻小说中提出的"机器人三大定律",也激发了人们对现实世界中机器人发展的思考。特别是近年人工智能大模型的突破,机器人的智能程度将越来越高,如何约束机器人的行为,防止机器人伤害人类,是一个迫切需要重视和解决的问题。针对越来越具有自主行动能力的智能机器人,设计师在构建时必须从人类安全、法律法规及机器人可持续使用等方面进行完备的逻辑规划。学术界、工业界、国际组织、政府和社会需要积极行动,制定现实世界机器人行为规范的国际乃至星际标准——"机器人定律"。

1.3 智能机器人分类

按照智能机器人的应用功能、智能级别以及行动方式进行分类,有多种不同类别的智能机器人。

1.3.1 按应用功能分类

1. 传感型机器人

传感型机器人是外部受控机器人,机器人的本体上没有智能单元,只有执行机构和感应机构,它具有利用传感信息,包括视觉、听觉、触觉、接近觉、力觉和红外、超声、激光等，进行传感信息处理、实现控制与操作的能力。受控于外部计算机，目前机器人世界杯的小型组比赛使用的机器人属于该类型。

iRobot 公司在 2002 年 9 月推出旗舰扫地机器人 Roomba 系列后一举成名，仅 2004 一年的销售额就高达 100 万台，其 Roomba980 产品是一个典型的传感型机器人，它配备了视觉传感器、接近感应器、碰撞传感器、地毯传感器等多种传感装置，以侦测障碍物、地形的变化和清洁的需求。Roomba980 还使用红外传感器来检测房间的轮廓，以确保它可以有效地穿越房间并避开障碍物。这些传感器通过实时收集数据，然后将数据传输到内置的控制单元或外部的计算机，以便机器人能够在房间中自主导航并清扫地面。

2. 自主型机器人

自主型机器人在设计制作之后，不需要人的干预，能够在各种环境下自动完成各项拟人任务。自主型机器人的本体上具有感知、处理、决策、执行等模块，可以像一个自主的人一样独立地活动和处理问题。许多国家都非常重视全自主移动机器人的研究。智能机器人的研究从 20 世纪 60 年代初开始，经过几十年的发展，目前，基于感觉控制的智能机器人，又称第二代机器人，已达到实际应用阶段，基于知识控制的智能机器人也取得较大进展，已研制出多种样机。

波士顿动力公司的机器狗 Spot 系列是典型的自主型机器人。Spot 机器人具备多种传感器，包括视觉、激光雷达和红外传感器，以便在各种环境中感知周围的情况，搭载了内置的计算机和决策系统，可以在不同的任务中做出自主决策，如巡逻、执行搜索和救援操作、执行建筑工作等。Spot 机器人还具备移动能力，可以自主导航并穿越各种地形，从楼梯爬升到不同的地点；还可以执行多样的任务，如检查设备、巡逻建筑物或协助在危险环境中工作。波士顿动力的 Spot 机器人代表了自主型机器人的新一代，它能够在各种环境下独立工作，并且具备感知、决策和执行能力，类似于一个自主的生物体。这个机器人展示了自主型机器人在实际应用中的潜力，可以应对多样的任务和环境，而不需要人的干预。

3. 交互型机器人

交互型机器人通过计算机系统与操作员或程序员进行人机对话，实现对机器人的控制与操作。这类机器人虽然具有部分处理和决策功能，能够独立地实现一些如轨迹规划、简单的避障等功能，但是还要受到外部的控制。

由软银公司（SottBank）开发的交互型机器人 Pepper 是一个具有高度人机交互能力的机器人，能够通过计算机系统与操作员或程序员进行对话，实现对机器人的控制与操作。Pepper 具备自然语言处理和语音识别技术，可以与人进行对话、回答问题、识别情感和情绪。它还具有视觉传感器和摄像头，可以识别人类面部表情和动作。虽然 Pepper 具备一定的自主功能，如轨迹规划和简单的避障，但它仍然需要受到外部的控制，以执行更复杂的任务和指令。Pepper 通常用于零售、服务业和教育领域，作为客户服务代表、教育助手或社交伴侣。它的交互性使其能够有效地与人类进行互动，提供信息、娱乐和支持，同时还能够接受来自操作员或程序员的指令，以执行特定任务。Pepper 结合了自主性和人机互动，所以能更好地满足不同应用领域的需求。

小米的 CyberOne 是一款全新的智能机器人项目，旨在推动机器人技术在中国及全球的发展。CyberOne 具有高情商、可感知人类情绪，视觉敏锐、可对真实世界三维虚拟重建，"小脑"发达、可实现双足运动姿态平衡、四肢强健、动力峰值转矩 300N·m 等领先能力。CyberOne 以人工智能为内核，标准人形为载体，搭载小米自研 Mi-Sense 深度视觉模组，结合 AI 算法，具有完整的三维空间感知能力，能够实现人物身份识别、手势识别、表情识别的功能。

1.3.2 按智能级别分类

随着机器人技术的发展，根据功能不同，机器人又被分为一般机器人和智能机器人。其中，一般机器人是指只具有一般编程能力和操作功能的机器人，目前我国生产的机器人大多数属于这一类。智能机器人并没有统一的定义，大多数专家认为智能机器人至少要具备以下几大功能特征：一是具备对不确定作业条件的适应能力；二是具备对复杂对象的灵活操作能力；三是具备与人紧密协调合作的能力；四是具备与人自然交互的能力；五是具备人机合作安全特征。无论是现代的工业机器人还是服务机器人，最终都将发展为具有学习能力的智慧型机器人。智能机器人又称为下一代机器人。随着 3D 视觉感知、力觉传感器等技术的不断进步和与工业互联网、云计算、大数据等新一代信息技术的深度融合，下一代机器人的智能化程度将进一步提高，对外界的感知能力将进一步增强，可以完成动态、复杂的作业使命，实现多机协同，并与人类协同作业。

1. 原型机器人

原型机器人只能死板地按照人给它规定的程序工作，不管外界条件有何变化，自己都不能对程序也就是对所做的工作进行相应的调整。如果要改变机器人所做的工作，必须由人对程序做相应的改变，因此它几乎是毫无智能的。

2. 弱智能机器人

这类机器人的智能为弱人工智能，是指擅长单个方面的人工智能。例如，战胜世界围棋冠军的人工智能 AlphaGo，只会下围棋，而无法辨识一下猫狗等动物。现在实现的几乎全为弱人工智能。

它们具有像人那样的感受、识别、推理和判断能力，在给定修改程序的原则前提下，可以根据外界条件的变化，在一定范围内自行修改程序，即能适应外界条件变化并自身做相应调整。

3. 强智能机器人

这类机器人是智能类似人类级别的人工智能，即在各方面都能和人类比肩。创造强人工智能比创造弱人工智能难得多，现在还基本做不到。

美国特拉华大学心理学教授 Linda Gottfredson 把智能定义为"一种宽泛的心理能力，能够进行思考、计划、解决问题、抽象思维、理解复杂理念、快速学习和从经验中学习等操作"。强人工智能在进行这些操作时应该和人类一样得心应手。

目前入门级别的强智能机器人具有感觉、识别、推理和判断能力，同样可以根据外界条件的变化，在一定范围内自行修改程序。所不同的是，修改程序的原则不是由人规定的，而是机器人自己通过学习、总结经验来获得修改程序的原则。这种机器人已拥有一定的自动规划能力，能够自己安排自己的工作。因为这种机器人可以不要人的照料，完全独立的工作，故称为高级自律机器人。

1.3.3 按行动方式分类

一般而言，移动机器人的移动机构主要有轮式移动机构、履带式移动机构及足式移动机构，此外还有步进式移动机构、蠕动式移动机构、蛇行式移动机构、混合式移动机构和飞行式移动机构，以适应不同的工作环境和场合。一般室内移动机器人通常采用轮式移动机构，室外移动机器人为了适应野外环境的需要，多采用履带式移动机构。一些仿生机器人，通常模仿某种生物运动方式而采用相应的移动机构，如机器蛇采用蛇行式移动机构，机器鱼则采用尾鳍推进式移动机构。其中，轮式的效率最高，但适应性能力相对较差；足式的移动适应能力最强，但效率最低。下面分别介绍不同运动机构的机器人及其要点。

1. 足式移动机器人

足式移动机构对崎岖路面具有很好的适应能力，足式运动方式的立足点是离散的点，可以在可能到达的地面上选择最优的支撑点，而轮式和履带式移动机构必须面临最坏地形上的几乎所有点。足式运动方式还具有主动隔振能力，尽管地面高低不平，机身的运动仍然可以相当平稳。足式移动机构在不平地面和松软地面上的运动速度较高，能耗较少。

现有的足式移动机器人的足数可分为单足、双足、三足、四足、六足、八足，甚至更多，仿人机器人产品参数的对比见表1-1。足的数目多，适合于重载和慢速运动。在实际中，由于双足和四足具有更好的适应性和灵活性，也最接近人类和动物，所以用得最多。

表1-1 仿人机器人产品参数的对比 [一]

机器人型号	自由度	身高/cm	体重/kg	续航/h	速度/（km/h）
特斯拉 Optimus	40	173	73	20	
优必选 Walker X	41	130	63	3	3
达闼 小紫 XR-4	60	168	65	12	5
宇树 Unitree H1	19	180	47	2	>5
小米 CyberOne	21	177	52	1.5	3.6
追觅 人形机器人	44	178	56	—	—
帕西尼 TORA	21	146~180	86	—	—
理工华汇 汇童	26	165	55	—	12
上海理工 小贝	30	130	35	8	2.48

[一] 信息来源：2023世界机器人大会（https://www.worldrobotconference.com/），以及各公司官网。

UBTECH Robotics 是一家总部位于中国深圳的机器人制造公司，开发了 Walker 系列机器人。UBTECH Walker 能够行走、跳跃、执行各种动作，并与用户进行互动。该系列机器人使用原创 AI 技术，搭载高性能伺服关节以及多维力觉、多目立体视觉、全向听觉和惯性、测距等全方位的感知系统；全面升级视觉定位导航和手眼协调操作技术，自主运动及决策能力大幅提高，可实现平稳快速的行走和精准安全的交互。

Unitree H1 是一款由宇树科技公司开发的人形机器人。它具有出色的机械设计和动力学特性，旨在模仿人类的行走和动作。Unitree H1 是一款非常灵活的机器人，具备先进的平衡能力，可以自主行走、爬楼梯、跳跃，甚至进行各种高难度的动作，如翻滚和伸展，如图 1-38a 所示。作为国内第一台能跑的全尺寸通用人形机器人，Unitree H1 拥有稳定的步态和高度灵活的动作能力，能够在复杂地形和环境中自主行走和奔跑。

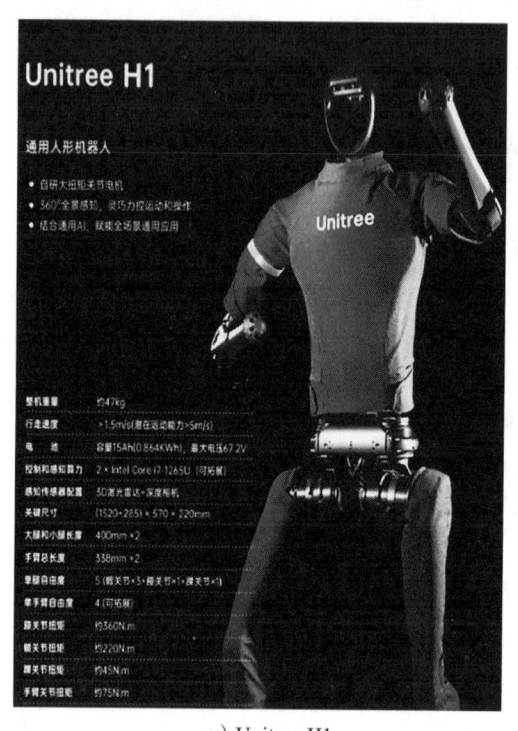

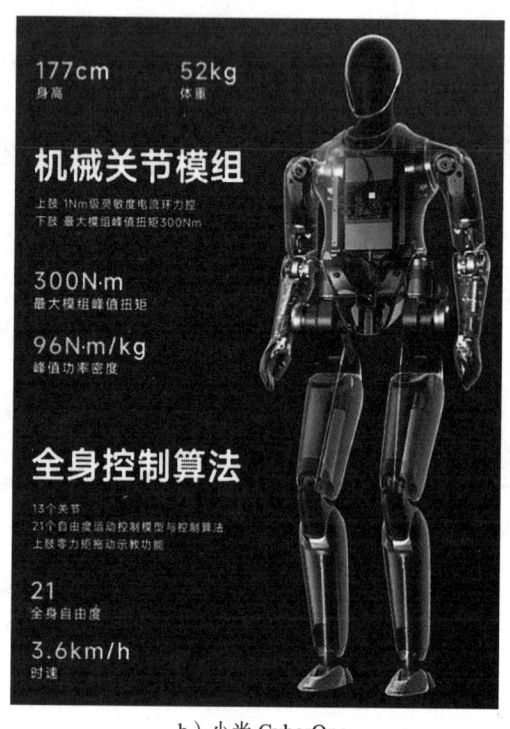

a）Unitree H1　　　　　　　　　b）小米 CyberOne

图 1-38　双足机器人

CyberOne 是小米公司研发的仿人机器人，如图 1-38b 所示。CyberOne "大脑" 通过听力传感器配合自然语言处理算法可感知 45 种人类语义情绪，分辨 85 种环境语义；"小脑" 通过小米自研全身控制算法，协调运动 21 个关节自由度；"视觉" 采用深度相机配合 AI 相机帮助机器人看到真实场景和物体，通过视觉空间系统三维重建真实世界；"四肢" 中关节为核心，全身 5 种关节驱动，峰值转矩 300N·m，单手垂直抓握物体质量达 1.5kg。

杭州云深处科技公司专注于四足机器狗的研发。2017 年发布了"赤兔"四足机器人，先后推出了"白绝影""蓝绝影"和"黑绝影"等多个升级版本,其中新一代智能机器狗绝影 Lite3 如图 1-39a 所示。

a)绝影 Lite3　　　　b)ANYmal　　　　c)Cheetah

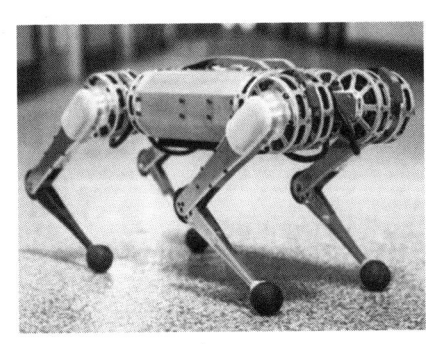

图 1-39　四足机器人

除了上文提到 Spot 机器人之外,ANYbotics 这家瑞士的机器人公司也开发了四足机器人 ANYmal,如图 1-39b 所示。ANYmal 可以在各种复杂环境中行走、执行任务,如巡逻、检查设备和执行科研任务。它具备自主导航和避障能力,是一个用于工业和研究应用的高度灵活的机器人,专为复杂的工业厂房而设计,防冲击、防尘防水(满足 IP67 等级),适合全天候运行;具有完全集成的视觉和热感摄像机、超声波麦克风、强大的 LED 聚光灯和激光雷达。ANYmal 的智能功能能够自主、安全地收集复杂设施中的数据,并集成到现有操作系统中。

麻省理工学院(MIT)的生物机器人实验室开发了 Cheetah 机器人,如图 1-39c 所示,这同样是一款四足机器人,模仿了猎豹的行走方式。Cheetah 机器人具有高度的速度和机动性,用于研究生物力学和机器人运动控制。

2. 飞行机器人

空中移动机器人具有广泛的应用,目前其技术已趋成熟,性能日益完善,逐步向小型化、智能化、隐身化方向发展,同时与空中移动机器人相关的雷达、探测、测控、传输、材料等方面也正处于飞速发展的阶段。空中移动机器人主要分为仿昆虫飞行移动机器人、飞行移动机器人、四轴飞行器、微型飞行器等。微型飞行器的研制是一项包含了多种交叉学科的高、精、尖技术,其研究水平在一定程度上可以反映一个国家在微电机系统技术领域内的实力。它的研制不仅是对其自身问题的解决,更重要的是,还能对其他许多相关技术领域的发展起推动作用,所以研制微型飞行器不管是从使用价值方面考虑,还是从推动技术发展考虑,对于我国来说都是迫切需要发展的一项研究工作。

国内的大疆创新(DJI)公司开发了 Mavic Air 系列消费级无人机。该系列飞行机器人配备了高性能相机、飞行稳定技术和智能飞行模式,可用于航拍、灾害检测、农业和其他应用领域。Air 3 无人机中具有全向视觉感知系统,如图 1-40 所示,这带来了全方位环境感知能力,可探测各个方向上的障碍物。当探测到障碍物时,还可借助 APAS 5.0 进行顺滑绕行,保障飞行安全。

图 1-40　大疆无人机 Air 3

微型飞行机器通过模仿昆虫扑动微小的翅膀来实现飞行，可以帮助完成耗时的任务，如监测广阔农田的作物生长状况或侦测气体泄漏，由于它们体积小，一般无法使用传统螺旋桨推进。华盛顿大学研发了首个能够独立飞翔的微型机器人 RoboFly，如图 1-41 所示。它比牙签稍重，利用激光束提供动力，通过微型机载电路将激光能源转化为足够的电力，以操纵其翅膀完成飞行任务。

图 1-41　RoboFly

3. 轮式移动机器人

轮式移动机器人是移动机器人中应用最多的一种机器人，在相对平坦的地面上，轮式移动方式是相当优越的。轮式移动机构根据车轮的多少有 1 轮、2 轮及多轮机构。4 轮移动机构应用最为广泛，可采用不同的方式实现驱动和转向，既可以使用后轮分散驱动，也可以用连杆机构实现 4 轮同步转向，这种方式比起仅有前轮转向的车辆可实现更小的转弯半径。

在电影《终结者 2：审判日》中有一位令人印象深刻的液态金属机器人，而现实中苏州大学、中国科学技术大学等高校正在积极尝试运用镓等液态金属（LM）合金的受控驱动技术，未来有望设计具有更加出色、结构灵活的移动机器人，中科院液态金属研究展示的轮式结构和运动分析如图 1-42 所示。

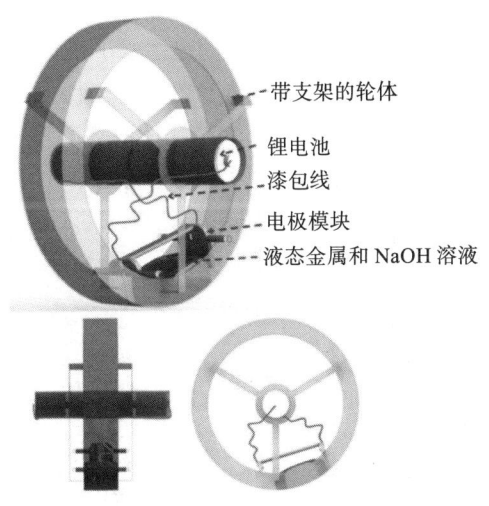

图 1-42　液态金属轮式结构

麻省理工学院的研究团队开发了 Rovables，这是一种微型轮式机器人，用于可穿戴技术和智能服装的研究，如图 1-43 所示。它采用小型轮子，用于在衣物上移动，实现与身体的互动和传感功能。Rovables 还配备了一个惯性测量单元（IMU），包括陀螺仪和加速计。机器人通过使用 IMU 对其车轮转动进行计数，能够保持它自己的位置和轨道，从而可以在穿衣者的身上自主导航。

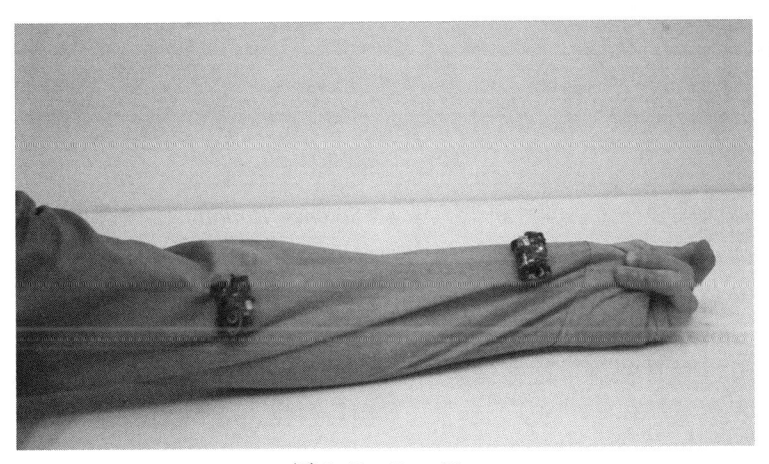

图 1-43　Rovables

4. 潜水机器人

21 世纪是人类开发海洋的新世纪，进行海洋科学研究、海上石油开发、海底矿藏勘测、海底打捞救生等，都需要开发海底载人潜水器和水下移动机器人技术。因此，发展水下机器人意义重大。水下机器人的种类很多，有载人潜水器、遥控有缆水下机器人、自主无缆水下机器人等。

"海斗号"是一种用于深海科学研究和勘探的自主水下机器人，如图 1-44 所示。它具备高度的自主性和多功能性能，可以在深海环境中执行多项任务，包括海底地质勘探、海洋生态调查和水下资源开发。"海斗号"代表了中国在深海探测技术领域的技术创新，为海洋科学研究和资源开发提供了重要工具。

图 1-44　海斗号

北京航空航天大学在《科学·机器人学》(Science Robotics)发表了仿生䲟鱼软体吸盘机器人这一科研成果，通过将仿生样机集成到水下机器人上，实现类似䲟鱼的游动-吸附-脱离，仿生䲟鱼软体吸盘机器人相关分析如图 1-45 所示。这项研究工作不但从生物力学角度揭示䲟鱼的吸附机制，同时为未来的低功耗水下仿生软体机器人、水下吸附装置提供了新的思路。基于生物体机制，这种机器人虽然吸附力可观，却不会对吸附表面造成破坏。该项应用在军民领域都有良好的应用前景，如国防科技、水下救援、海洋生态检测等方面，可发挥重要作用。

美国 Blue Robotics 公司开发了 BlueROV2，这是一款低成本的遥控有缆水下机器人，如图 1-46a 所示。它广泛用于海洋科学、水下勘测和水下教育，具备高度的灵活性和可定制性。

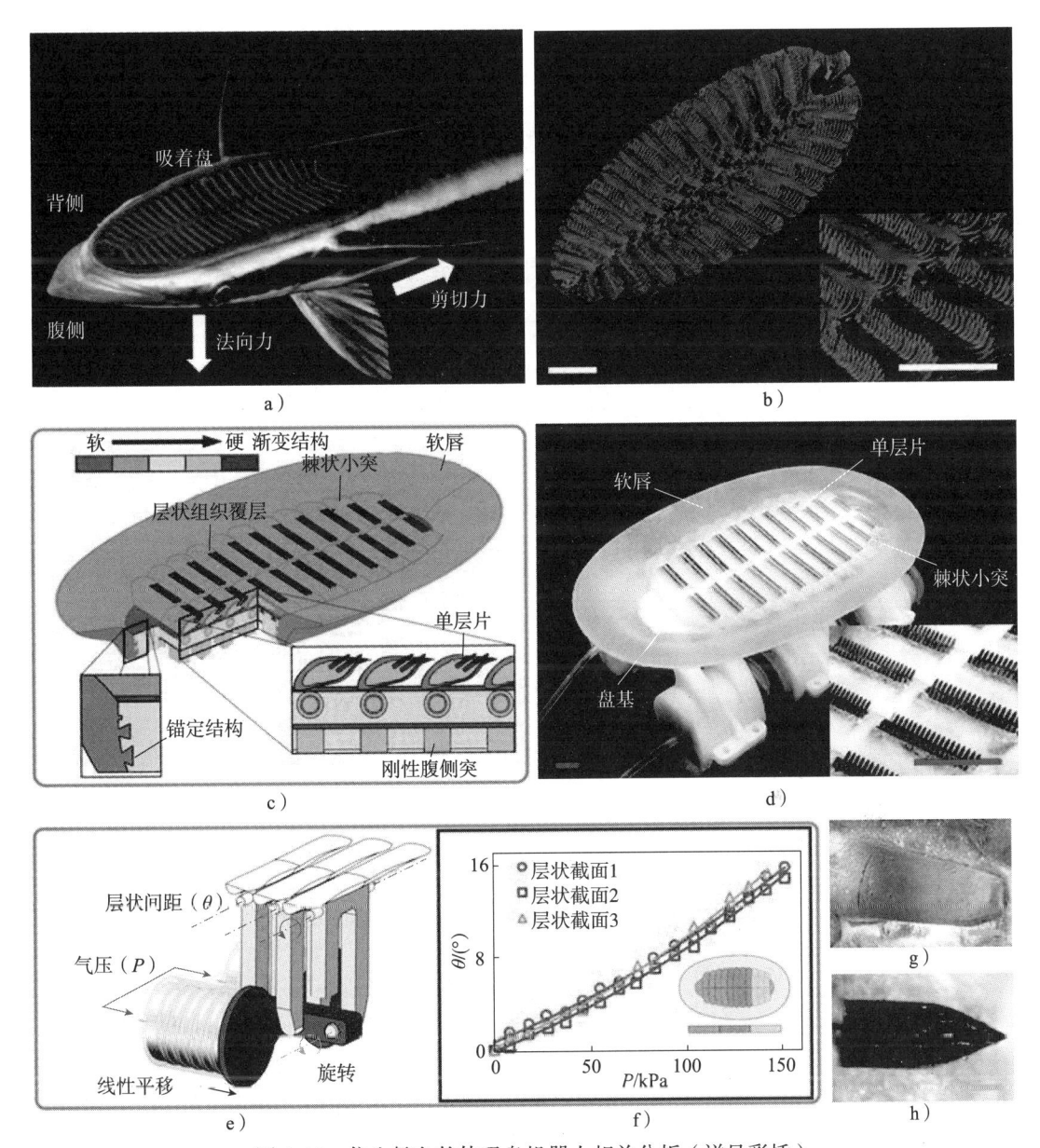

图 1-45 仿生鲫鱼软体吸盘机器人相关分析（详见彩插）

OceanOne 是由美国斯坦福大学的研究团队开发的水下机器人，如图 1-46b 所示。它被设计用于执行深海考古、科学研究和水下维修任务。该机器人具备高度精密的手臂和摄像设备，使其能够在深海环境中进行精确的操纵和观察。OceanOne 的研究有望为深海勘探和研究提供新的机会，并改善对深海环境的理解。

a）BlueROV2 　　　　　　　　　b）OceanOne

图1-46　潜水机器人

5. 仿生移动机器人

仿生移动机器人是指模仿生物、从事生物特点工作的移动机器人。有一些蛇形移动机器人、蜘蛛移动机器人、壁虎移动机器人、机器蛙等仿生移动机器人，在搜救、侦察方面都有很好的应用价值。

中国科学院沈阳自动化所类生命机器人研究团队以蝠鲼为设计灵感，研发了一种由体外培养的骨骼肌组织驱动、环形分布多电极（CDME）控制的类生命游动机器人，如图1-47所示，这个机器人仅由一块肌肉组织驱动就可实现有效推进。CDME产生的电场对培养基和细胞的伤害要比传统平行板电极要小，并且使用该方法可动态控制所产生的电场方向，使其与机器人的驱动组织保持实时平行，进而保证机器人的稳定可控性。

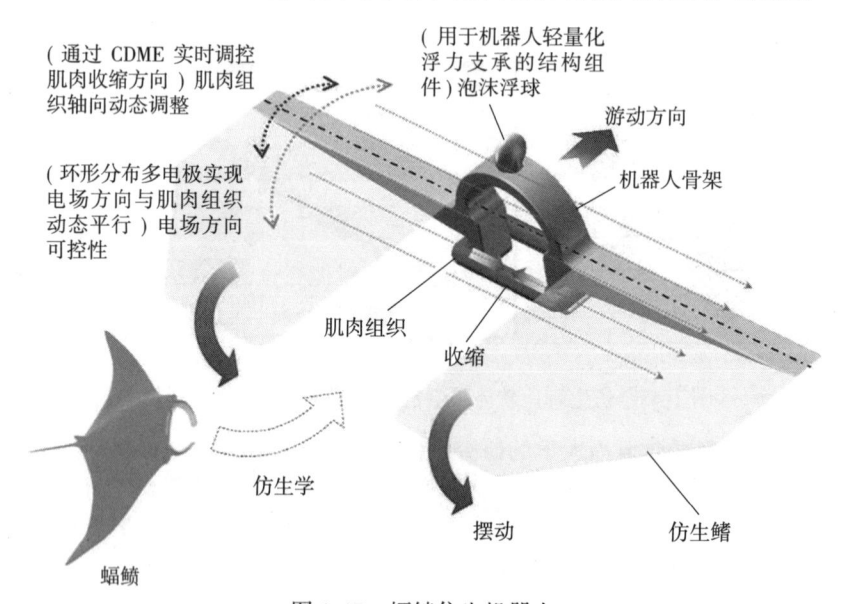

图1-47　蝠鲼仿生机器人

瑞士洛桑联邦理工学院（EPFL）的生物机器人实验室（BioRob）从七鳃鳗上获取灵感，开发了一款两栖机器人 AmphiBot，如图 1-48 所示，目前已经开发到了第三代。AmphiBot Ⅲ 体长大约 1m，由 8 个关节组成。作为一款两栖机器人，它的游泳速度与人类相当，实验室还专门为它举办了一场人机游泳比赛。在水中，AmphiBot Ⅲ 与人类齐头并进，甚至还能渐渐超上一头。AmphiBot 的存在是为了更好地研究动物的运动神经网络，就像某些动物将头切下来神经却依然可以控制其移动一样，将 AmphiBot 拦腰斩断，它也依然可以工作。

图 1-48 两栖机器人 AmphiBot

1.4 智能机器人关键技术

智能机器人，能够自主地感知环境、做出决策和规划路径，然后采取行动，是一门融合了众多前沿技术的领域。它依赖于感知技术、定位与导航技术、智能控制系统以及人机交互技术的协同作用。这些技术的完美融合使机器人能够模拟人类的感知和思维过程，从而在复杂和多变的环境中执行任务。

本节将探讨这些关键技术的构建和协同作用，探索机器人如何感知周围的世界，如何确定自身位置并规划行动路径，如何实现智能控制以执行任务，以及如何与人类用户进行无缝互动。这些关键技术的理解将有助于更好地把握智能机器人领域的发展趋势和前沿研究，更好地应对未来机器人科技的挑战与机遇。

1.4.1 环境感知与理解

环境感知与理解技术，是智能机器人"智能"的基础，用于帮助机器认知和理解周围环境的状态，以便更好地与自身进行对比，从而生成对任务的主体、客体和任务环境的详细分析和判断。就如同五官帮助人类感知世界一样，机器人也依赖各种前沿感知技术来模拟感知的过程，如视觉感知、听觉感知和触觉感知。

1. 视觉感知

视觉感知技术是智能机器人的前沿领域之一，它包括图像采集（如双目摄像头和激光雷达）以及图像预处理。这些前端技术使机器人能够获取视觉信息，而后端分析涵盖了语义场景地图构建，目标分割与三维重建，以及目标跟踪。这些技术让机器人能够构建环境地图、识别物体和执行任务，是人工智能领域的热点研究。

2. 听觉感知

机器人的听觉感知涉及声波的采集与传感（如雷达技术），以及后端的语句理解（自然语言处理）和情感分析，特别适用于人机交互的应用。这些技术使机器人能够理解语音指令、分析情感，并更好地与人类用户互动，如陪护机器人。

3. 触觉感知

触觉感知技术包括能感知力、压觉和触觉等接触型传感器的信号采集，后端任务包括建模和运动轨迹控制。这些技术使机器人能够实现智能操控，执行各种精细化任务。

这些感知要素实际上相当于机器人的"五官"，它们不仅能够分别完成对环境某一方面的信息图谱构建，还能够在规划和决策单元进行知识融合，从而实现更高阶和更精细化的任务。这些技术的协同作用是实现智能机器人自主性和智能性的关键。

1.4.2 定位与导航

自主定位导航技术，简称定位与导航技术，是涵盖了实时定位、自主地图构建以及运动规划与控制等领域的综合术语。这一技术领域的主要目标是使机器人能够在非结构化的环境中实现自主移动，完成预定的任务，而无须人工干预。它负责解决机器人在操作中所面临的三大核心问题：机器人应该知道自己的位置（在哪里），确定前往目的地的路径（要到哪里去），以及规划行动方式（该如何过去）。

这一技术的重要性不仅体现在机器人领域，还在无人驾驶汽车领域扮演了关键性的角色。定位与导航技术的发展一直以来都备受行业的关注和研究，因为它直接关系到机器人和自动驾驶汽车的自主性和可靠性。当机器人或自动驾驶汽车需要在复杂、未知的环境中行动时，定位与导航技术的高效应用成为确保任务成功完成的重要保障。这一技术的不断发展和创新推动了智能机器人和自动驾驶领域的前进步伐，使其能够更好地适应不断变化的现实世界需求。

1. 定位与导航技术框架

如图 1-49 所示，定位与导航技术使得移动机器人能够通过感知环境和自身状态的传感器来自主导航，从而在充满障碍物的环境中朝向预定目标自主运动。定位则扮演了机器人导航的基础性环节，它用来确定移动机器人在工作环境中相对于全局坐标的位置和机器人本身的姿态。

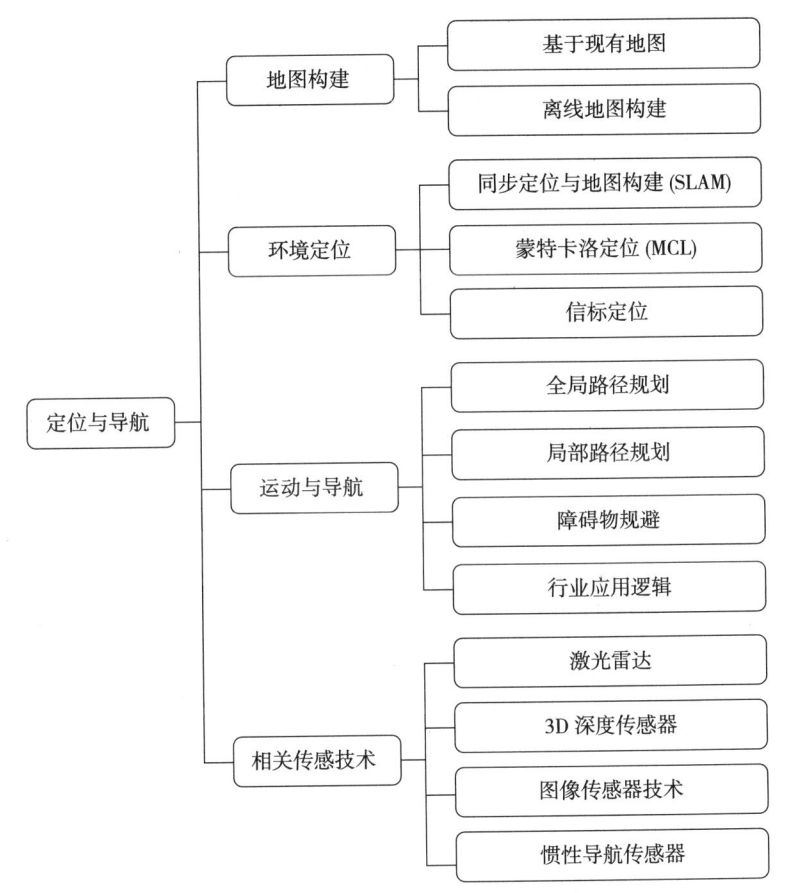

图 1-49 机器人定位与导航技术框架

2. 自主定位导航机器人的定位方法

目前，应用于自主移动机器人的定位与导航技术有很多，归纳起来主要有以下几种。

（1）视觉导航定位　在视觉导航定位系统中，目前国内外应用较多的是基于局部视觉的在机器人中安装车载摄像机的导航方式。这种方法通常涉及在机器人上安装车载摄像机。视觉导航定位系统的工作原理相对简单，它首先对机器人周围环境进行光学处理，然后使用摄像头捕获图像信息，并将其进行压缩。接下来，这些图像信息通过神经网络和统计学方法构建的学习子系统进行分析，将图像信息与机器人的实际位置相联系，从而实现机器人的自主导航定位功能。

（2）光反射导航定位　光反射导航定位方法主要利用激光或红外传感器进行距离测量。激光和红外技术通过光的反射来进行导航和定位。

激光测距具有光束窄、平行性好、散射小、测距方向分辨率高等优点。典型的红外传感器包括一个可以发射红外光的固态发光二极管和一个用作接收器的固态光敏二极管。由红外发光管发射经过调制的信号，红外光电管接收目标物反射的红外调制信号，环境红外光干扰的消除由信号调制和专用红外滤光片保证。

红外传感定位同样具有灵敏度高、结构简单、成本低等优点,但因为其角度分辨率高,而距离分辨率低,因此在移动机器人中,常用作接近觉传感器,探测临近或突发运动障碍,便于机器人紧急停障。

(3) GNSS 卫星定位系统　GNSS(全球导航卫星系统)利用空间距离的交汇来计算机器人的绝对位置,前提是接收到来自至少四颗卫星的信号。随着技术的发展,差分定位方法如 RTCM 或 NTRIP 得到广泛应用,尤其是 RTK(实时运动定位),可实现厘米级的定位精度。该技术的优点包括不需要外部源、获取绝对坐标、具有高精度;但在室内和受遮挡的情况下,定位精度会显著下降。目前美国、中国、俄罗斯都有自己独立运行的 GNSS。GNSS 是一个泛称,包含在全球范围使用的不同型号的多种基于卫星的定位、导航和授时(PNT)系统。GPS(Global Positioning System,全球定位系统)便是 GNSS 的一种。

(4) 超声波导航定位　超声波导航定位的工作原理与激光和红外类似,通常是由超声波传感器的发射探头发射出超声波,超声波在介质中遇到障碍物而返回到接收装置,超声波定位原理如图 1-50 所示。通过接收自身发射的超声波反射信号,根据超声波发射和接收的时间差及传播速度,计算出传播距离 S,就能得到障碍物到机器人的距离,即

$$S = Tv/2$$

式中,T 为超声波发射和接收的时间差;v 为超声波在介质中传播的速度。

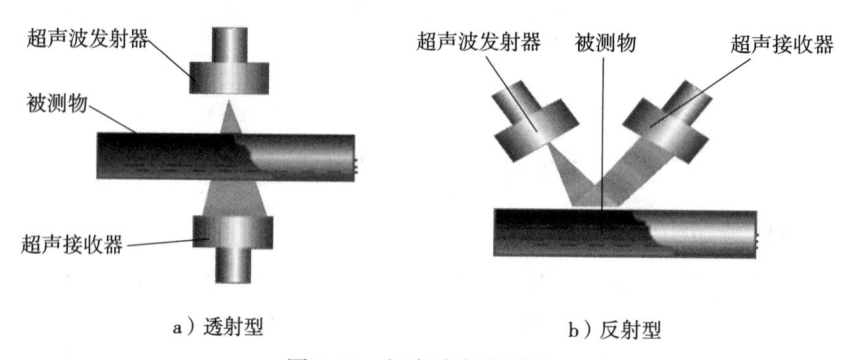

a) 透射型　　　　　　b) 反射型

图 1-50　超声波定位原理

这种方法的优点是成本低廉、信息采集速度快、距离分辨率高,但受到天气、环境光照、障碍物遮挡以及表面粗糙度等外部环境因素的影响。

(5) 航位推算(Dead Reckoning)法　机器人可以使用安装在轮组中的里程计以及惯性测量单元(IMU)来检测机器人在一段时间内的相对位移和转动,然后通过累积这些数据来推导机器人在某一时刻相对于起始点的位置,这种方法被称为航位推算法。尽管它相对容易实现且成本较低,但它的一个主要缺点是随着时间的推移,由于里程计和 IMU 的累积误差,定位误差会逐渐增加,如图 1-51 所示。

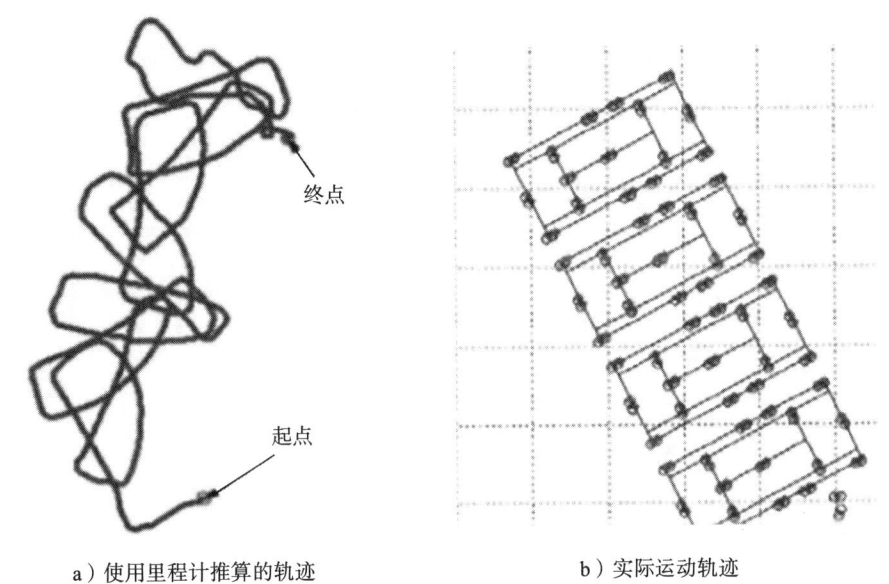

a）使用里程计推算的轨迹　　　　　　　　b）实际运动轨迹

图 1-51　运动轨迹推算

因此，通常需要其他定位数据来修正这些误差，从而维持定位的准确性。实际应用中，很少直接将使用航位推算法得到的位置信息用于定位，但它几乎是必不可少的环节，航位推算与定位之间的关联如图 1-52 所示。这是因为里程计或者 IMU 自身更新频率相对较高，一般可实现每秒 100Hz 到 10kHz 的更新频率，而且近年来，这类传感器的成本有了显著降低。在实际行业应用中，通常会在较短的时间间隔内，使用里程计和 IMU 获取的相对位置信息来估计当前位置。然后，在相对较长的时间间隔内，通过其他定位手段获取更准确的空间定位信息，用以校正之前的航位推算位置估计。

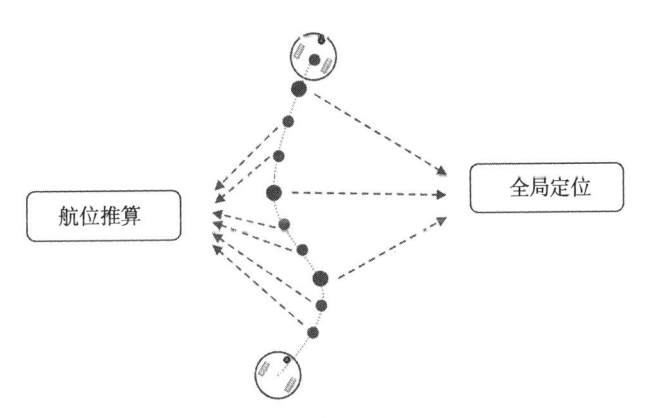

图 1-52　航位推算与定位之间的关联

通过将高刷新频率的航位推算数据与更精确的其他定位数据相结合，可以在定位精度和刷新速度之间实现均衡，以满足不同应用场景的需求。

（6）空间信标定位　为了解决航位推算法带来的逐渐增加的定位误差问题，可以使用已经布置在环境中的参考物体进行信标定位。通过观察机器人相对于这些参考物体的位置关系，可以实现绝对位置定位。

目前行业内典型的信标定位有超宽带（Ultra-wideband，UWB）、基于蓝牙的iBeacon和射频识别（RFID）标签的定位。以UWB为例，它的工作原理几乎与GPS一致，基于信标实现定位的原理如图1-53所示。机器人上安装的信标接收器接收预先布置在环境中的固定信标基站的信号，通过飞行时间（Time-of-Flight，TOF）来推测自身距离这些基站信标的位置，从而实现空间定位。在典型情况下，UWB可以在室内实现亚米级别的定位精度。

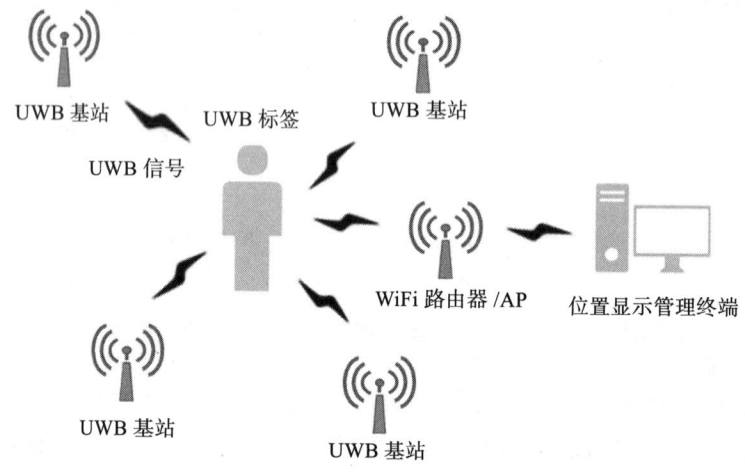

图1-53　基于信标实现定位的原理

（7）同步定位与地图构建　同步定位与地图构建（Simultaneous Localization and Mapping，SLAM）最早在机器人领域提出，旨在解决机器人在未知环境中，从未知的初始位置出发，通过观测周围环境特征，同时确定自身位置和构建环境地图的技术难题。这一技术的核心思想在于，机器人在移动过程中，利用传感器不断地获取环境数据，然后通过复杂的计算和算法，通过融合这些观测数据，精确估计自身的位置和姿态，并绘制环境地图。SLAM一直被视为实现全自主移动机器人的关键技术。SLAM有助于机器人克服未知环境中的挑战，包括避障、路径规划和导航等关键任务。在SLAM的发展过程中，不仅需要处理数据的实时性和准确性，还需要应对噪声、误差、动态环境变化等复杂情况。

1）激光SLAM也被称为基于激光雷达SLAM或LiDAR SLAM，通常使用2D或3D激光雷达作为关键传感器。室内机器人，如扫地机器人，通常采用2D激光雷达，而在无人驾驶领域，通常使用3D激光雷达。

激光雷达在SLAM中的优势主要体现在其测量精度上，能够提供极为准确的角度和距离信息，通常达到小于1°的角度精度和厘米级别的测距精度。此外，激光雷达的扫描范围广泛，通常能够覆盖超过270°的平面范围。它还具备较高的数据刷新率，满足实时操作的需求。然而，需要注意的是，激光雷达也有缺点，其中包括相对较高的价格，以及安装和部署时需要考虑确保扫描平面无遮挡的结构要求。

在激光 SLAM 中，通常生成占据栅格地图（Occupancy Grid Map）以表示环境，其中每个栅格以概率形式表示被占据的概率。这种地图表示方式非常紧凑，特别适用于路径规划和导航应用，允许机器人在未知环境中进行精确的自我定位和环境地图构建。这一技术对于自主移动机器人、自动驾驶汽车和无人飞行器等领域的应用具有重要意义。

2）视觉 SLAM（Visual SLAM）作为一种同步定位与地图构建技术，相对于激光 SLAM 具有一些显著的优点：首先，视觉 SLAM 所使用的相机相对较为便宜、轻便，且容易获得；其次，相机捕获的图像信息更加丰富，具有更高的特征区分度。然而，视觉 SLAM 的主要缺点是实时处理图像信息所需的计算能力相对较高。随着计算硬件性能的提升，现在已经能够在嵌入式设备，甚至移动设备上实时运行视觉 SLAM。

视觉 SLAM 使用的传感器主要包括三种：单目相机、双目相机和 RGBD 相机。RGBD 相机通常通过结构光原理计算深度信息（如 Kinect v1），或通过投射红外特征码并利用双目红外相机来计算深度（如 Intel RealSense R200），还可以使用 TOF 相机来实现深度感知（如 Kinect v2）。不论使用哪种类型的 RGBD 相机，它们都可以输出 RGB 图像和深度图像。

视觉 SLAM 系统通常可以划分为前端和后端两部分，如图 1-54 所示。前端主要负责数据关联，类似于视觉里程计（Visual Odometry，VO），它研究帧与帧之间的变换关系，主要用于实时的位姿跟踪。前端处理输入的图像数据，计算姿态变化，并检测闭环，如果有 IMU 信息，前端还可以将其与视觉数据融合，从而实现视觉惯性里程计（Visual Inertial Odometry，VIO）。后端主要对前端输出的结果进行优化，它使用滤波理论如扩展卡尔曼滤波器（EKF）和粒子滤波器（PF）或优化理论，通过树状或图状的优化方法，得出最佳的位姿估计和地图构建，从而实现高精度的 SLAM 定位和地图生成。

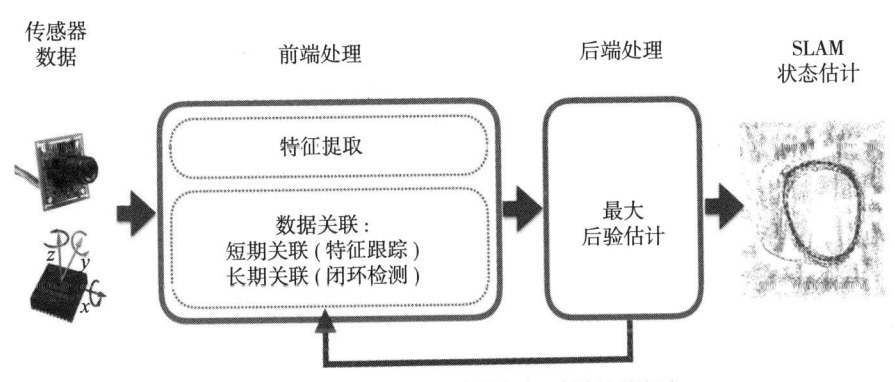

图 1-54 视觉 SLAM 计算框架（详见彩插）

采用滤波器的 SLAM，如图 1-55a 所示，估计 n 时刻的相机位姿 T_n 需要使用地图中所有路标的信息，而且每帧都需要更新这些路标的状态，随着新的路标的不断加入，状态矩阵的规模增长迅速，导致计算和求解耗时越来越严重，因此不适宜长时间大场景的操作。采用优化算法的 SLAM，如图 1-55b 所示，通常结合关键帧使用，估计 n 时刻的相机位姿 T_n 可以使用整个地图的一个子集，不需要在每幅图像都更新地图数据，因此目前比较成功的实时 SLAM 系统大都采取此方法。

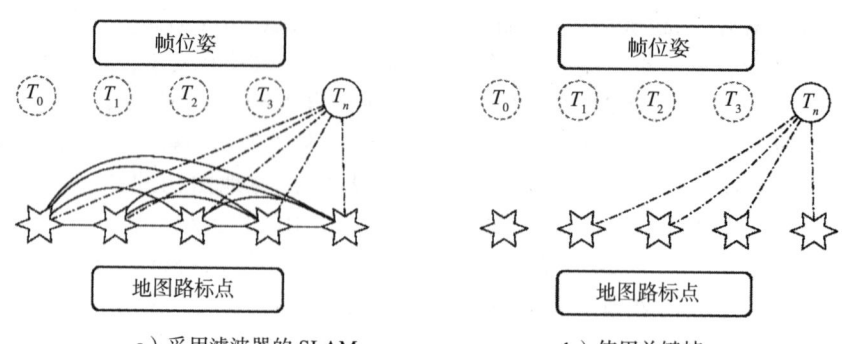

a）采用滤波器的 SLAM   b）使用关键帧

图 1-55　用于位置估计的滤波和非滤波框架

1.4.3　控制与决策

对于智能机器人的控制，包括以下多种类型的控制理论建模。

1）分级递阶智能控制：采用多层次的决策结构，将控制问题分解成不同层次的任务，从高层次的决策到底层动作的执行，实现智能机器人的控制。

2）专家控制：基于专家知识和规则的控制方法，通过专家系统来指导机器人的行为和决策。

3）学习控制：利用机器学习算法，使机器人能够从经验中学习，逐渐改进其控制策略和决策过程。

4）模糊控制：使用模糊逻辑来处理不确定性和模糊性，以更灵活地控制机器人在复杂环境中的行为。

5）基于人工神经网络的控制：利用神经网络来模拟机器人的决策过程，使其能够适应不同情境并进行自适应控制。

6）基于 Petri 网的控制：基于 Petri 网理论的建模和控制方法，用于描述和管理机器人的状态和行为。

7）感知控制：利用感知数据来指导机器人的控制行为，包括视觉、激光雷达、声音等传感器信息的利用。

这些控制方法通常与最优控制、自适应控制、自学习控制、自校正控制、预测控制和反馈控制等组合使用，以实现机器人高效、准确和可靠的控制。控制方法的选择取决于具体应用和环境要求。

此外，控制与决策领域还涉及软硬件编程，如在 SLAM 中使用机器人操作系统（ROS），或者在机械臂控制中使用 MoveIt！等软件和硬件工具。这些工具和框架帮助机器人实现运动规划、感知处理和决策执行等任务。

1.4.4　人机交互

在机器人出现之前，人机交互一直是科幻小说和学术猜测的话题。大部分活跃的人机交互（HMI）研究基于自然语言处理，因此 HMI 的许多方面延续了人类交流的传统，这是一个比机器人技术更古老的研究领域。20 世纪作家艾萨克·阿西莫夫在小说《我，机器人》中提出了机器人三大定律，尽管机器人伦理和机器伦理领域比这三个定律更复杂，然而，通常人机交互首要考虑与潜在危险机器人设备交互的人的安全。这个问题的解决方案包括将机器人视为道德代理（具有道德能动性的个体）的哲学方法，以及创建安全区的实际方法。安全区使用激光雷达等技术来检测人的存在或物理障碍，通过防止机器人和操作员之间的任何接触来保护人。

随着人工智能的进步，研究的重点是实现最安全的身体互动，但也关注社会正确的互动，这取决于文化标准。目标是通过语音、手势和面部表情与机器人建立直观、轻松的交流。Kerstin Dautenhahn 将友好的人机交互称为"机器人礼节"，将其定义为"人类舒适且可接受的机器人行为的社会规则"。机器人必须适应人的方式表达欲望和命令，而不是相反。但是，与工厂甚至军事环境所隐含的规则相比，家庭等日常环境的社会规则要复杂得多。因此，机器人需要感知和理解能力来构建其周围环境的动态模型。它需要对物体进行分类，识别和定位人类，并进一步识别他们的情绪。对动态能力的需求推动了机器人技术的每个子领域。

目前的智能机器人已经配备自治系统，包括从提供智能机器人运动的同步定位和地图绘制系统到自然语言处理和自然语言生成系统，这些系统允许满足明确定义的心理基准的自然的、人性化的交互。拟人机器人（模仿人体结构的机器）由仿生学领域更好地描述，但在许多研究应用中与 HMI 重叠。展示这种趋势的机器人包括 Willow Garage 的 PR2 机器人、NASA 的 Robonaut 和本田的 ASIMO。

然而，人机交互领域的机器人并不限于类人机器人：Paro 和 Kismet 都是旨在引起人类情绪反应的机器人，因此属于人机交互的范畴。HMI 的目标范围从工业制造到协作机器人、医疗技术到康复、自闭症干预和老年护理设备、娱乐、人类增强和人类便利。因此，未来的研究涵盖了广泛的领域，其中大部分侧重于辅助机器人、机器人辅助搜救和太空探索等。

1.4.5 意识与情感

1. 意识

在意识领域，不同哲学派别有不同的看法。笛卡儿是一个唯我主义哲学家，他坚信"我思故我在"，认为从事思考的"我"是一种灵魂，是一种非物质的实体，就像幽灵一样寄居在物质的躯体中，借助脑中的松果体接受感觉，并用意志的活动指挥躯体。

马克思主义则认为，意识是客观存在的主观反映，其内容是客观的，形式是主观的。意识并非天生具备，它是自然界长期演化和社会发展的产物，是人脑特有的功能，是人脑对客观事物的主观反映。

存在主义提出了"存在先于本质"的观点，认为道德和灵魂都是人在生存中创造的，没有先天决定的道德或灵魂。它强调人是通过自己的行为来定义自己的，即"人就是他行为的总和"。

现代科学家则用三个不同的层次来描述人类的意识：C0、C1 和 C2。C0 是潜意识处理信息的能力，如人脸和语音识别。C1 是有意识处理特定刺激的能力，遵循思维和外部信息处理。这种能力可以在婴儿和动物身上观察到，如口渴的大象可以找到几公里外的水源，并朝它走去。C2 通常被称为"内省"，是自我修正和探索未知事物的能力，包括反思自己的思想或创造过程，促使改正自己，调整和丰富自己的经验。

因此，意识包括对客观现实的认知、情境判断和决策，以及内省的能力。然而，目前的智能机器人是否具有意识仍然是一个复杂的问题。尽管智能机器人可以对客观现实和自身状态进行认知，并做出决策和控制，但它们缺乏与人类相似的内省和自我意识能力。此外，机器人的决策机构和神经网络在训练后通常是固定的，不具备持续学习和进化的能力，这是与人类意识的显著差异。

2. 情感

智能机器人已经能够感知情感并提供相应的反馈，但这种情感通常是程序化的，而不是真正的感受。例如，情感机器人通过编程来模拟情感，通过说出像"请不要关掉我"和"我害怕黑暗"这样的话语来让自己看起来有情感。这种模拟情感的方式也会影响人们与这些机器人的互动方式。

人工智能正在被开发用于解读人类情绪，因为人与人之间的情感交流是至关重要的。机器人被设计用来学习和解释人类的情感，包括解释音调、声音、肢体语言（如面部表情）中的线索。然而，目前还没有机器人能够像人类一样真正感受情感。

尽管情感机器人在某些领域，如养老院护理，可以为病人提供陪伴和情感支持，但机器人是否需要真正的情感和自我意识仍然存在争议。一些人认为，机器人在工作场所，如果它们不会感到疲劳或情绪化，不会分心，这可能更加有利于提高工作效率。然而，在某些情境下，机器人的情感和自我意识可能对人际互动和社交领域有益，如养老院中的老人护理。因此，机器人的情感和自我意识能力是否必要取决于具体的应用场景和需求。

1.4.6　机器人伦理

机器人伦理是人工智能伦理体系的重要组成部分，涉及机器人技术的应用、机器人与人类之间的伦理关系和相关问题，是伦理学领域的新兴方向。不久的将来，随着人工智能的持续发展，智能机器人将无处不在，将不可避免地需要思考如何界定智能机器人的行为、合理性，甚至它们与人类的相互关系。

目前，人工智能在本质上具有狭窄的功能，主要用于执行任务如图像识别、检测和客户服务。然而，随着人工智能的进一步发展，它们将变得越来越具备自主性，在某些情况下，它们可能会犯错。人们需要接受这一事实，即并不总是理解为什么人工智能会做出特定的行为。随着时间的推移，人工智能可能会变得如此复杂，以至于无论人们是否理解它们的行为，它们都可能被视为具有法律和道德责任。从法律上来看，非人类实体已经能够通过企业法人格来拥有合法权利和责任，这引发了思考，也许将来也适用于人工智能。

使用"意识"这个词来描述人工通用智能（AGI）引发了一些涉及人性内涵的伦理和法

律问题。如果机器人被认为具有意识，那么一些伦理和法律问题将应运而生。这可能意味着在未来，如果能够认定 AI 有罪，甚至可能需要考虑，如果它们不了解自己行为的是非，是否应该为其行为受到惩罚，而这往往是人类承担刑事责任的一个门槛。惩罚问题也引发了权利问题，以及人工智能是否有可能侵犯某些方式下的权利。然而，有人认为，在目前人工智能与人类相匹配的能力还需要数十年的情况下，讨论人工智能的权利似乎领先于技术发展。

"机器人权利"的概念以前被广泛讨论。理论上，如果能成功地创建具有意识的机器人，它们就有获得法律保护和权利的合理理由。人类不会因为智力较低而被剥夺相同的权利和保护。这些权利是每个人的基本权利，仅仅因为他们是人类。如果未来的机器人确实具备智能和人工意识，那么它们何时获得这些权利将是一个复杂的问题。然而，如果机器人的设计、编程和制造都是为了服务人类，机器人权利的观念可能会适得其反。例如，一些观点认为机器人应被视为工具，因为它们将充当助手的角色，将机器人与人类混为一谈可能是不恰当的。此外，机器人的一切，从外观到智能，都是由人类直接或间接设计的。因此，利用人类对人工智能的同理心可能会引发潜在的危险。

机器人伦理问题包括许多方面，涉及数据、隐私、安全、可解释性、责任、价值观、权利、权力、地缘政治和战争以及环境可持续性等众多问题。

1) 责任问题：如果机器人出现问题或造成损害，应该由谁负责？机器人本身、制造商、操作者，还是其他相关方？这涉及法律责任和赔偿问题。

2) 隐私问题：机器人和人工智能系统可以搜集和分析大量个人数据，涉及隐私问题。如何保护个人隐私，防止滥用这些数据，成为一个伦理挑战。

3) 歧视问题：机器人的算法和决策可能受到数据和设计的影响，导致歧视性结果。如何确保机器人系统不歧视特定群体，保持公平性，是一个重要的伦理问题。

4) 伦理审查问题：机器人的应用需要经过伦理审查，以确保它们符合伦理和道德标准。但是，如何进行伦理审查，谁来负责，以及如何制定伦理准则都是需要解决的问题。

5) 自主性问题：随着自主机器人的发展，如何控制机器人的决策和行为成为一个重要问题。机器人的自主性程度和限制是伦理考虑的焦点。

6) 伦理教育问题：人们需要了解机器人伦理问题，并培养对伦理问题的意识。教育和宣传如何进行伦理决策和对待机器人是一个重要任务。

7) 军事和战争问题：机器人在军事应用中的使用引发了伦理问题，包括无人机、自主武器系统等。如何控制和规范这些技术的使用是一个重要问题。

8) 社会影响问题：机器人技术可能会改变社会结构和就业模式，引发一系列社会影响问题，如失业问题、社会不平等。

这些问题将在人工智能的快速发展过程中引起广泛的关注和辩论。面对这些伦理问题，需要认真思考如何引导人工智能的发展，确保它对人类和社会产生积极影响。人工智能是人类社会的革命性力量之一，它将改变人们的生活和社会结构。如果能够明智地应对这些伦理问题，将有助于创造一个更美好的未来。

CHAPTER 2

第 2 章

机器人操作系统

随着机器人相关技术的不断发展,制造业正在发生翻天覆地的变化,工业机器人正在逐步代替人力劳动,其应用场景从汽车制造工业蔓延到我们生活的各个方面,并对我们的生活产生影响。这些机器人的工作原理是什么?该如何控制机器人?通过本章的学习,读者将逐步了解机器人的工作原理,并踏上开发实践之路。

2.1 ROS 的发展历史

随着机器人领域的快速发展,大型项目的开发对代码复用性的需求也越来越大,开发一个协同工作框架的需求日趋强烈。

机器人操作系统(Robot Operating System, ROS)的系统架构由摩根·奎格利(Morgan Quigley)设计,他在美国斯坦福大学人工智能实验室攻读博士学位期间,在导师吴恩达(Andrew Ng)带领下做过不少机器人和机器学习项目。机器人操作系统的发展历程如图 2-1 所示。

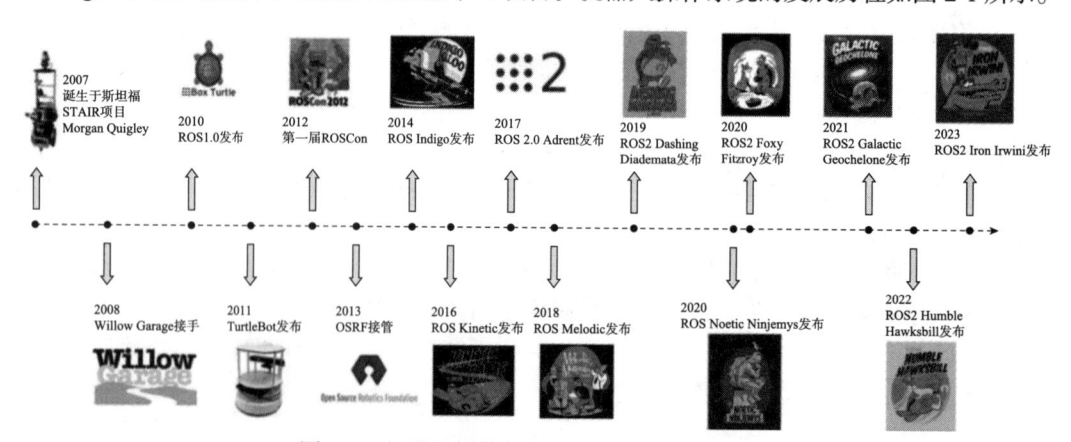

图 2-1 机器人操作系统(ROS)的发展历程

在与 Willow Garage 公司合作之前，摩根·奎格利就已经开始在美国斯坦福大学人工智能实验室研发 STAIR 机器人项目，并负责该项目中的软件架构设计和开发工作。当时，STAIR 项目的目标是构建一个服务型机器人原型，在视觉传感器的辅助下，可以在复杂环境中运动，并借助机械臂抓取物体，其中还融入一些人工智能算法。为此，STAIR 机器人配备了一个运动底盘、一个小型机械臂、激光雷达和立体摄像头。

STAIR 项目设计并制造的前两个机器人被简单命名为 STAIR1 和 STAIR2。每个机器人在移动基座上都有一个机械臂，但这些机器人在许多细节上有所不同，如图 2-2 所示。

a）STAIR 1　　b）STAIR 2

图 2-2　STAIR 项目设计制造的机器人

STAIR 项目的开发由多个小组负责，每个小组分别承担不同模块的开发工作，齐头并进。其中，摩根·奎格利负责导航组件和软硬件模块的系统集成。他发现将机械臂操控、导航、视觉等多种功能整合到一个机器人上并非易事，因此他开始思考并采用了分布式的方法，将不同模块连接在一起。这一概念后来成功地应用于 ROS 中。

后来，吴恩达与 Willow Garage 公司合作共同开发 ROS，摩根·奎格利充分发挥了他前期在 STAIR 项目中积累的开发经验，成为 ROS 框架开发的核心人物。

2009 年，摩根·奎格利、吴恩达和 Willow Garage 公司的工程师，在当年的 IEEE 国际机器人与自动化会议上发表了文章 *ROS: an open-source robot operating system*，正式向外界介绍 ROS。

PR2（Personal Robot 2，个人机器人 2 代）是 Willow Garage 公司设计的机器人平台，PR2 机器人如图 2-3 所示。随着 PR2 那些不可思议的表现，如叠衣服、插插座、做早饭，ROS 也得到越来越多的关注。Willow Garage 公司也表示希望借助开源的力量使 PR2 变成"全能"机器人。

PR2 有两条手臂，每条手臂七个关节，手臂末端是一个可以张合的夹爪；PR2 依靠底部的四个轮子移动，在头

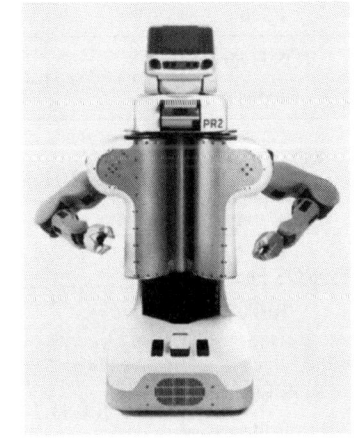

图 2-3　PR2 机器人

部、胸部、肘部、夹爪上分别安装有高分辨率摄像头、激光测距仪、惯性测量单元、触觉传感器等丰富的传感设备。在 PR2 的底部有两台八核计算机作为机器人各硬件的控制和通信中枢,并且都安装了 Ubuntu 和 ROS 系统。PR2 价格高昂,2011 年零售价高达 40 万美元,现主要用于研究。随着 PR2 正式对外发布,Willow Garage 公司也正式推出 ROS 正式开发版,即 ROS1.0。ROS 秉承开源的原则,与全球开发者一同推动机器人事业的发展。可见,PR2 是 ROS 中元老级的机器人平台,所有软件代码均依托于 ROS,并在 ROS 社区中开源,为学习、应用 ROS 提供了丰富的资源。

目前 ROS 生态系统包含世界范围内成千上万的用户,横跨桌面娱乐项目到大型工业自动化系统等诸多领域。ROS 的版本控制见表 2-1。

表 2-1 ROS 的版本控制

版本名称	发布日期	版本生命周期	操作系统平台
ROS Noetic Ninjemys	2020 年 5 月	2025 年 5 月	Ubuntu Focal Fossa(20.04),Debian Buster,Fedora 32
ROS Melodic Morenia	2018 年 5 月 23 日	2023 年 6 月	Ubuntu Artful(17.10),Ubuntu Bionic(18.04),Debian Stretch,Fedora 28,Windows 10,Mac OS X
ROS Lunar Loggerhead	2017 年 5 月 23 日	2019 年 5 月	Ubuntu Xenial(16.04),Ubuntu Yakkety(16.10),Ubuntu Zesty(17.04),Debian Stretch,Fedora 26,Mac OS X
ROS Kinetic Kame	2016 年 5 月 23 日	2021 年 4 月	Ubuntu Wily(15.10),Ubuntu Xenial(16.04),Debian Jessie,Fedora 23,Fedora 24,Mac OS X
ROS Jade Turtle	2015 年 5 月 23 日	2017 年 5 月	Ubuntu Trusty(14.04),Ubuntu Utopic(14.10),Ubuntu Vivid(15.04),Android,Mac OS X
ROS Indigo Igloo	2014 年 7 月 22 日	2019 年 4 月	Ubuntu Saucy(13.10),Ubuntu Trusty(14.04 LTS),Mac OS X
ROS Hydro Medusa	2013 年 9 月 4 日	2015 年 5 月	Ubuntu Precise(12.04 LTS),Ubuntu Quantal(12.10),Ubuntu Raring(13.04),Windows
ROS Groovy Galapagos	2012 年 12 月 31 日	2014 年 7 月	Ubuntu Oneiric(11.10),Ubuntu Precise(12.04 LTS),Ubuntu Quantal(12.10),Windows,Raspbian,Mac OS X
ROS Fuerte Turtle	2012 年 4 月 23 日	—	Ubuntu Lucid(10.04 LTS),Ubuntu Oneiric(11.10),Ubuntu Precise(12.04 LTS),Windows,Mac OS X
ROS Electric Emys	2011 年 8 月 30 日	—	Ubuntu Lucid(10.04 LTS),Ubuntu Maverick(10.10),Ubuntu Natty(11.04),Ubuntu Oneiric(11.10),Windows,Mac OS X

(续)

版本名称	发布日期	版本生命周期	操作系统平台
ROS Diamond-back	2011年3月2日	—	Ubuntu Lucid（10.04 LTS）、Ubuntu Maverick（10.10）、Ubuntu Natty（11.04）、Windows、Mac OS X
ROS C Turtle	2010年8月2日	—	Ubuntu Jaunty（9.04）、Ubuntu Karmic（9.10）、Ubuntu Lucid（10.04 LTS）、Ubuntu Maverick（10.10）、Windows、Mac OS X
ROS Box Turtle	2010年3月2日	—	Ubuntu Hardy（8.04 LTS）、Ubuntu Intrepid（8.10）、Ubuntu Jaunty（9.04）、Ubuntu Karmic（9.10）

2.2 ROS 基础

本节主要介绍 ROS 的功能定位、ROS 的设计目标、ROS 的相关概念、ROS 计算图、ROS 的文件系统以及 ROS 社区这六部分的内容。

2.2.1 ROS 的功能定位

ROS（Robot Operating System，机器人操作系统）是一个适用于机器人的开源的元操作系统（见图 2-4）。它提供了操作系统应有的服务，包括硬件抽象、底层设备控制、常用函数的实现、进程间消息传递，以及包管理；提供了用于获取、编译、编写和跨计算机运行代码所需的工具和库函数；提供了一些工具和库用于获取、建立、编写和执行多机融合的程序。在某些方面，ROS 相当于一种机器人框架（Robot Frameworks），类似的机器人框架有：Player、YARP、Orocos、CARMEN、Orca、MOOS 和 Microsoft Robotics Studio。

图 2-4 ROS

ROS 运行时的"蓝图"是一种基于 ROS 通信基础结构的松耦合点对点进程网络。ROS 实现了几种不同的通信方式，包括基于同步 RPC 样式通信的服务（Service）机制，基于异步流媒体数据的话题（Topic）机制以及用于数据存储的参数服务器（Parameter Server）。ROS 并不是一个实时的框架，但 ROS 可以嵌入实时程序。例如，Willow Garage 公司的 PR2 机器人使用了一种称为 pr2_etherCAT 的系统来实时发送或接收 ROS 消息。

计算机包含硬件与软件两部分，计算机硬件是指计算机系统中的物理部分，包括各种电子元件、设备和组件。它们通过电路连接在一起，构成计算机的实体。常见的计算机硬件包括中央处理器（CPU）、内存（RAM）、硬盘、显示器、键盘、鼠标、主板、显卡、打印机等。硬件是计算机系统的基础，用于存储、处理和传输数据。计算机软件是指计算机系统中的程序、数据和相关文档的集合。软件是一系列指令和数据的逻辑组合，通过这些指令来控制计算机的运行和实现各种功能，如办公软件（Microsoft Office、LibreOffice）、图像处理软件、多媒体播放器、网页浏览器、QQ和微信等。

计算机最开始比较简单，并没有操作系统，人们通过各种操作按钮就可以控制，但是这种操作方式效率比较低。后来人们通过有孔的纸带将程序输入计算机进行编译，再通过程序员自己编写的程序运行，这种方式的效率还是很低。为了更有效地管理计算机硬件，并提高计算机程序的开发效率，人们开发出了操作系统。

与计算机操作系统类似，机器人操作系统（ROS）的出现也遵循这样一个规律：为了提高机器人设计和开发的效率。如图2-5所示，计算机的操作系统将计算机硬件封装起来，而应用软件运行在操作系统之上，无论计算机具体应用的是什么类型的硬件产品，这都能大大提高软件开发效率。同理，机器人操作系统（ROS）则是对机器人的硬件进行了封装，不同的机器人、不同的传感器，在ROS中可以用相同的方式表示（Topics等），供上层应用程序（运动规划等）调用。可以从以下四个方面理解ROS。

1）通信：ROS提供了一种发布－订阅式的通信框架用以简单、快速地构建分布式计算系统。

2）工具：ROS提供了大量的工具组合用以配置、启动、自检、调试、可视化、登录、测试、终止分布式计算系统。

3）强大的库：ROS提供了广泛的库文件实现以机动性、操作控制、感知为主的机器人功能。

4）生态系统：ROS的支持与发展依托于一个强大的社区。ros.org尤其关注兼容性和支持文档，提供了一套"一站式"的方案使得用户得以搜索并学习来自全球开发者数以千计的ROS程序包。

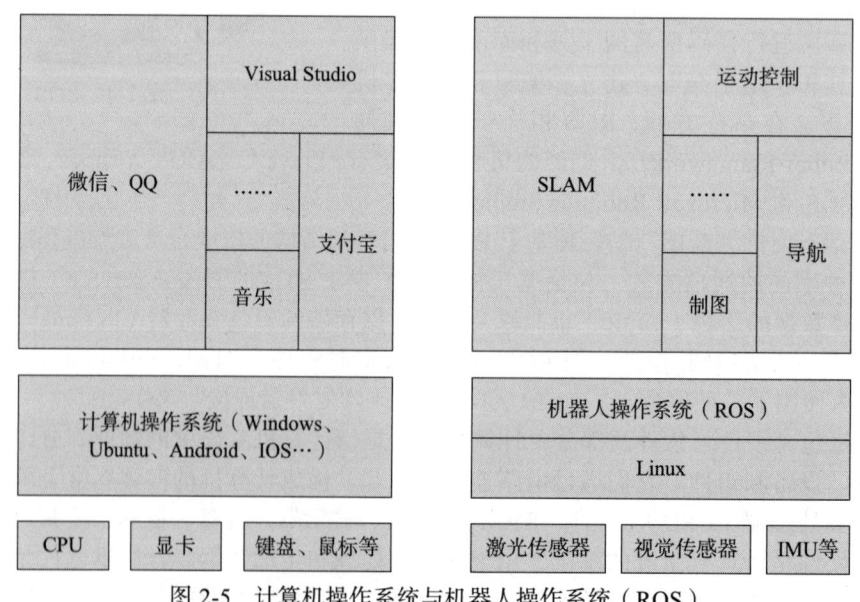

图2-5 计算机操作系统与机器人操作系统（ROS）

ROS 目前只能在基于 UNIX 的平台上运行。ROS 的软件主要在 Ubuntu 和 Mac OS X 系统上测试，同时 ROS 社区仍持续支持 Fedora、Gentoo、Arch Linux 和其他 Linux 平台。与此同时，Microsoft Windows 端口的 ROS 已经实现，但目前并未完成。ROS 核心系统及各种工具和库函数通常在 ROS 发行版本中发布。ROS 发行版本类似于 Linux 发行版本，并提供了一系列兼容此版本的可被使用或开发的软件。

2.2.2 ROS 的设计目标

ROS 的设计目标旨在为机器人开发和研究提供广泛的代码复用支持。ROS 采用分布式进程架构，其中这些进程被打包成易于分享和发布的程序包和功能包，从而促进了协作和代码重用。此外，ROS 还支持类似代码仓库的联合系统，使工程协作和发布变得更加便捷。这一设计特点允许开发人员在整个工程的开发和实现中拥有更大的自主权，而不受 ROS 的限制，同时还能够轻松地整合 ROS 的基础工具。

为实现节点之间的协同工作，ROS 框架设定了以下目标。

1) 小型化：ROS 的设计追求轻量化，保证 ROS 编写的代码可以无缝地在不同机器人软件平台上重复使用。

2) ROS 不敏感库：ROS 鼓励首选开发模型采用独立于 ROS 的干净库函数，以提高代码的可移植性和可维护性。

3) 语言独立：ROS 框架具备语言无关性，允许使用各种现代编程语言来实现。已经实现了 Python、C++ 和 Lisp 版本，同时也存在实验性的 Java 和 Lua 版本的库。

4) 方便测试：ROS 内置了一个名为 rostest 的单元和集成测试框架，使测试模块的部署和卸载变得容易，有助于确保代码的质量和可靠性。

5) 可扩展：ROS 旨在适用于大规模运行时系统和大型开发项目，为开发人员提供了弹性和扩展性的支持。

2.2.3 ROS 的相关概念

ROS 主要有以下两大部分。

1) main：核心部分，主要由 Willow Garage 公司以及众多开发者设计、提供和维护。这部分提供了 ROS 分布式计算的基础工具和整个 ROS 框架的核心编程组件。

2) universe：这一部分涵盖了来自全球不同国家的 ROS 社区组织开发和维护的代码。它包括发布库的代码，如 OpenCV、PCL 等，这些库能够赋予机器人特定的功能和能力。

ROS 的概念分为三个层次：计算图层、文件系统层、社区层。

1) 计算图层：这一层代表了 ROS 中的运行实体，如节点（Node）、主题（Topic）、服务（Service）等，它们构成了机器人应用程序的分布式计算图。节点是独立运行的进程，可以相互通信，主题用于节点之间的消息传递，服务则提供了一种请求 - 响应的通信模式。

2) 文件系统层：ROS 的文件系统层包括了包（Package）和堆栈（Stack）。包是 ROS 中的基本编译和交付单元，它包含了节点、库、配置文件等相关的文件。堆栈是包的集合，用于组织和管理相关的包。

3）社区层：这一层代表了全球范围的 ROS 社区，包括了不同国家和地区的开发者和研究者。他们共同协作，开发新的包、工具和功能，分享最佳实践，解决问题，并推动 ROS 的不断演进和改进。

2.2.4 ROS 计算图

ROS 计算图主要指的是节点（也可以称为进程）之间的通信，可以将其理解为 ROS 的通信机制。ROS 创建了一个网络，将所有进程连接起来，使节点能够相互通信并获取其他节点发布的信息。围绕计算图和节点，还涌现出一些重要的概念，包括节点、节点管理器、参数服务器、消息、服务和主题（或称为话题），这些概念后面会逐一说明。

1. 节点

作为 ROS 系统的核心，节点（Node）是通常采用 C++ 或 Python（ROS 客户端库 roscpp、rospy）编写的程序，主要用来执行各种计算任务。节点可以看作执行计算任务的进程。

在 ROS 的世界里，最小的进程单元就是节点。当许多节点同时运行时，可以方便地将它们之间的通信关系绘制成一个图表，在这个图表中，进程就是图中的节点，而端对端的连接关系通过线连接起来，如图 2-6 所示。由于机器人的功能模块非常复杂，所以通常不会将所有功能都集中在一个节点中，而是采用分布式的方式，将不同的功能模块分别放置在不同的节点中。例如，可以有一个节点用于控制底盘轮子的运动，一个节点用于驱动摄像头获取图像，一个节点用于驱动激光雷达，一个节点根据传感器信息进行路径规划等。这种分布式的设计可以降低程序发生崩溃的可能性。想象一下，如果将所有功能都写在一个程序中，模块间的通信和异常处理将会变得非常复杂和困难。

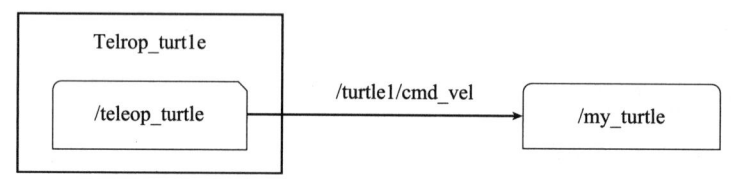

图 2-6　teleop_turtle 与 my_turtle 直接通过 cmd_vel 消息来通信

2. 节点管理器

ROS 的一个基本目标是使机器人的许多节点能够同时运行，并能够相互通信。ROS 中实现节点之间相互通信的关键部分就是 ROS 节点管理器（Master）。当一个节点在 Master 处进行注册（Register）后，Master 将该节点纳入整个 ROS 程序中，并负责节点之间的通信协调。节点之间的通信需要经过 Master 进行连接，才能实现点对点的通信。在 ROS 程序启动时，首先启动 Master，然后 Master 负责按顺序启动各个节点。如图 2-7 所示，节点通过 Master 来实现彼此之间的相互通信。

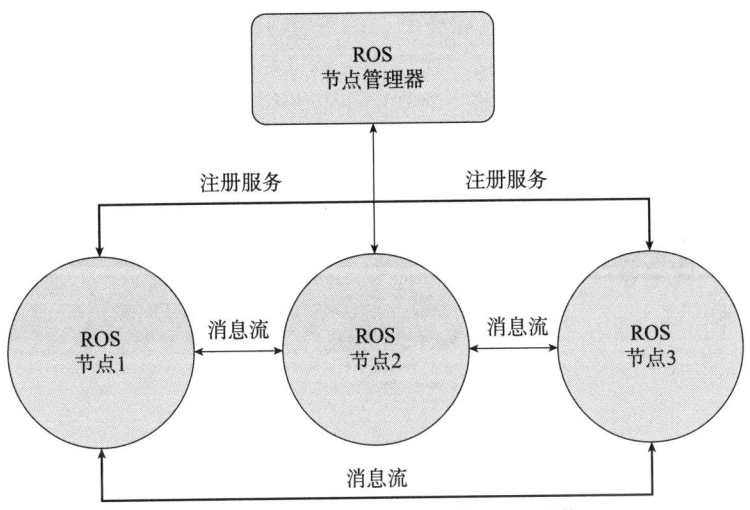

图 2-7 节点管理器管理下的 ROS 通信

3. 参数服务器

参数服务器（Parameter Server）维护着一个数据字典，其中存储着各种参数和配置项，类似于全局变量的概念，使得可以方便地进行参数的添加、删除、修改和查询操作。参数服务器目前是 Master 的一部分。

参数服务器在 ROS 中扮演着重要的角色，它允许节点之间共享参数和配置信息，以便节点可以动态地获取所需的参数值。通过参数服务器，节点可以在运行时访问和修改参数，而无须重新编译代码。这种灵活性使得系统的配置和调试更加方便，同时也支持节点之间的参数共享和协作。参数服务器可以存储各种类型的数据，如整数、浮点数、布尔值、字符串等，节点可以根据需要从参数服务器中获取所需的参数值。参数服务器还支持命名空间的概念，可以按照层次结构组织参数，使得参数的管理更加清晰和有序。需要注意的是，参数服务器是一个全局的资源，可以在整个 ROS 中进行访问和修改。当节点需要读取或修改参数时，它们可以向参数服务器发送请求，并接收相应的参数值或执行相应的操作。参数服务器的数据在 ROS 程序启动时加载，并在整个程序执行过程中保持持久性，直到程序结束或显式删除参数。

4. 消息

在 ROS 中，节点之间通过传递消息（Message）进行交流。消息是一个简单的数据结构，由类型化的字段组成。它支持标准的原始类型，如整数、浮点数、布尔值等，以及这些原始类型的数组。

此外，消息还可以包括任意嵌套的结构和数组，类似于 C 语言的结构体（Struct）。消息被用作节点之间进行通信的基本单位。节点可以发布（Publish）消息到特定的主题（Topic），也可以订阅（Subscribe）来自特定主题的消息。这种发布/订阅模型使得节点能够以异步的方式进行通信，实现松耦合和灵活性。每个消息类型都有一个对应的消息定义（Message

Definition），其中定义了消息的字段和类型。ROS 使用特定的消息描述语言（Message Description Language）来定义这些消息。通过使用消息描述语言，可以在 ROS 中定义自定义的消息类型，并在节点之间进行传递。消息的灵活性使得在 ROS 中可以定义各种复杂的数据结构，包括嵌套结构和数组。这使得节点之间可以传递和解析包含多层次结构和数组的消息，从而支持更丰富和复杂的数据交流。一个 ROS 消息文件的内容如图 2-8 所示。

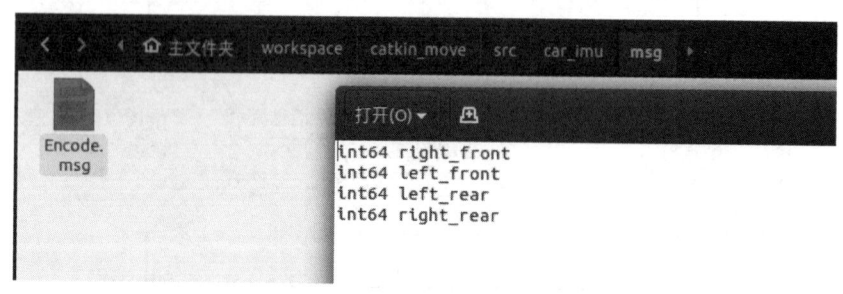

图 2-8　ROS 消息文件内容示例

5. 主题（Topic）

消息以一种发布/订阅的方式传递。节点 A 可以在一个给定的主题（Topic）中发布消息，而节点 B 可以订阅该主题以接收来自节点 A 的数据。可以同时有多个节点发布或者订阅同一个主题的消息。总体上，发布者和订阅者不了解彼此的存在。

在 ROS 中，主题是一种中心化的通信机制，用于节点之间的异步通信。节点 A 作为发布者可以将消息发布到特定的主题中，而节点 B 作为订阅者可以订阅该主题以接收相关消息。这种发布/订阅模型使得节点之间能够以松耦合的方式进行通信，节点之间不需要直接知道彼此的存在。发布者和订阅者之间的通信是通过 Master 来协调的。发布者将消息发布到 Master，并指定所发布消息的主题名称。订阅者通过向 Master 注册并指定感兴趣的主题名称，从而告知 Master 自己对该主题感兴趣。Master 将发布者和订阅者进行匹配，并建立相应的通信连接，使得消息可以从发布者流向订阅者。一个主题可以有多个发布者和多个订阅者。这种多对多的关系使得节点之间能够灵活地进行数据交换和共享。发布者可以同时向多个订阅者发布消息，而订阅者也可以同时接收来自多个发布者的消息。

6. 服务

服务（Service）是基于客户端/服务器模型的通信机制，其中服务器端只在接收到客户端的请求时才会提供反馈数据。

在服务通信中，有两个主要的参与方：客户端和服务器端。客户端可以发送请求消息到特定的服务，并等待服务器端的响应。服务器端则负责接收请求消息，并根据请求提供相应的反馈数据。与主题（Topic）不同，服务通信是一种同步的通信方式。客户端发送请求后，会等待服务器端的响应，直到响应返回后才继续执行后续的操作。这种同步通信模式适用于需要请求 - 响应交互的情况，如获取传感器数据、执行特定任务等。在 ROS 中，服务通过服务定义（Service Definition）文件进行描述。服务定义文件定义了请求消息和响应消息的结构和类型。客户端根据服务定义文件生成相应的服务的客户端代码，而服务器端则生成服务的服务器端代码。这样，客户端和服务器端可以按照统一的接口进行通信。服务通信在 ROS 中提供了一种可靠的方式来进行请求–响应式的交互。客户端可以向服务器端发送请求，并等待服务器端提供相应的反馈数据。这种方式使得节点之间能够进行更复杂、精确的交互，满足特定的应用需求。

7. 包

包（Bag）是一种保存和播放 ROS 消息数据的格式，是存储数据（如传感器数据）的重要机制，对于开发和测试算法是必需的。包可以看作一种记录和回放 ROS 消息的工具。它可以捕获 ROS 中发布的消息，并将其保存到一个称为包文件的特定格式中。包文件可以在后续的时间点进行回放，以便重现先前记录的消息数据。

包在 ROS 中具有多种应用。对于算法开发和测试来说，包是一种非常有用的工具。它可以用于记录实际机器人或仿真环境中的传感器数据，如激光扫描数据、图像数据等。通过保存这些数据到包文件中，开发人员可以在后续的时间点重现这些数据，并在不同的算法实现中进行比较和评估。此外，包还可以用于离线分析和调试。开发人员可以使用包回放功能来加载包文件，并模拟实时的消息发布过程。这样可以在离线环境中进行调试和分析，无须实际机器人或仿真环境的参与。包提供了一种灵活、可靠的数据存储和回放机制，对于 ROS 的开发、测试和调试都具有重要意义。它使得开发人员能够更加高效地处理消息数据，并能够在不同的场景中进行数据重现和分析。

2.2.5 ROS 的文件系统

ROS 中有很多节点、消息、服务、工具和库文件，需要合适的结构去管理这些代码，ROS 源代码的组织形式就是 ROS 的文件系统，其结构如图 2-9 所示。

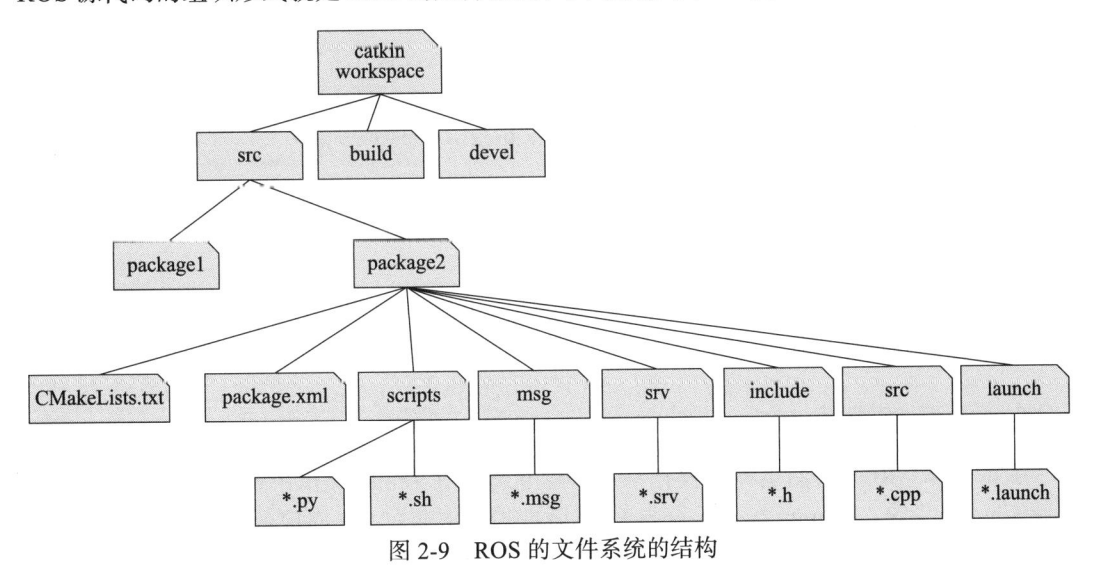

图 2-9 ROS 的文件系统的结构

1）build：编译空间，用于存放 CMake 和 catkin 的缓存信息、配置信息和其他中间文件。

2）devel：开发空间，用于存放编译后生成的目标文件，包括头文件、动态或静态链接库、可执行文件等。

3）src：源码空间，可包含多个功能包（Package），Package 是构建 ROS 项目的最基本单元，每一个 Package 都可以包括库文件、可执行文件、数据集、配置文件、脚本及其他一些文件。

2.2.6　ROS 社区

ROS 社区是一个活跃的开源机器人操作系统社区，由全球的开发者、研究人员、学生和机器人爱好者组成。社区提供了资源丰富的网站、交流平台和合作机会，促进了机器人技术的发展和应用。

ROS 社区的核心是 ros.org 网站，它是 ROS 社区的官方网站。在这个网站上，人们可以找到 ROS 的最新版本、文档、教程、示例代码和其他资源。ROS 社区的相关网站汇总见表 2-2。

表 2-2　ROS 社区的相关网站

名称	网站
Documentation - ROS Wiki	http://wiki.ros.org/
ROS Answers: Open Source Q&A Forum	http://wiki.ros.org/answers.ros.org
ROS	https://www.ros.org/
ROS 中文	http://wiki.ros.org/cn/

ROS 社区的特点是开放性和合作性。任何人都可以加入 ROS 社区，无论是专业开发者、学生，还是机器人爱好者。人们可以在 ROS 社区中共享自己的代码、算法、模型和实验结果。

ROS 社区的优势在于拥有丰富的生态系统。社区中有数千个开源软件包和工具，涵盖了各种机器人应用领域，如导航、感知、控制、机械臂等。这些软件包可以通过 ROS 包管理系统进行安装和使用，使开发者能够快速构建和部署机器人应用。

2.3　ROS 程序设计

本节主要介绍 ROS 的安装、ROS 的通信机制、ROS 的工作空间、ROS 的常用命令以及 launch 文件这五部分的内容。

2.3.1　ROS 的安装

版本选择。ROS 虽然也称为操作系统，但它寄生在 Linux 操作系统之下，因此需要先安装 Ubuntu 系统。Ubuntu 操作系统与 ROS 版本的版本存在一一对应的关系，见表 2-3。

表 2-3 Ubuntu 与 ROS 版本对应关系

Ubuntu	ROS 1.0
16.04 LTS	Kinetic LTS（停止维护）
18.04 LTS	Melodic LTS
20.04 LTS	Noetic LTS

下面以 Ubuntu18.04LTS 和 Melodic LTS 为例讲解安装过程。

1）配置 Ubuntu 的软件和更新，如图 2-10 所示。

图 2-10 软件和更新

2）设置安装源（以国内中国科学技术大学源为例），代码如下：

```
sudo sh -c '. /etc/lsb-release && echo "deb http://mirrors.ustc.edu.cn/ros/ubuntu/ `lsb_release -cs` main" > /etc/apt/sources.list.d/ros-latest.list'
```

3）设置 key，代码如下：

```
sudo apt-key adv --keyserver 'hkp://keyserver.ubuntu.com:80' --recv-key C1CF6E31E-6BADE8868B172B4F42ED6FBAB17C654
```

4）更新软件系统，代码如下：

```
sudo apt update
```

5）安装桌面版功能，代码如下：

```
sudo apt install ros-noetic-desktop-full
```

注：4）和 5）可能因为网络原因安装失败，可多次重复 4）和 5）至成功。

6）配置环境变量，代码如下：

```
echo "source /opt/ros/noetic/setup.bash" >> ~/.bashrc
source ~/.bashrc
```

7）安装 rosinstall，代码如下：

```
sudo apt install python-rosinstall python-rosinstall-generator python-wstool build-essential
```

8）检查是否安装成功：运行小海龟案例。在三个终端中分别输入以下命令；

```
终端 1: roscore
终端 2: rosrun turtlesim turtlesim_node
终端 3: rosrun turtlesim turtle_teleop_key
```

运行效果图如图 2-11 所示。

图 2-11　小海龟案例运行效果

2.3.2　ROS 的通信机制

ROS 的通信架构是 ROS 的灵魂，它涉及数据的处理、进程的运行、消息的传递等关键方面。ROS 通信架构通过节点（Node）的概念来表示不同的应用程序，这些节点之间通过预定义消息格式在特定主题（Topic）或服务（Service）上进行连接。

其中，主题通信机制是 ROS 中最常用的通信方式之一，它实现了发布者和订阅者之间的异步通信。通过定义主题名称和消息类型，节点可以以松散耦合的方式进行数据交换。这一机制允许节点在不需要直接了解其他节点的情况下，通过发布和订阅特定主题，实现数据的传递和共享。

1. 主题通信机制

① Talker 注册：Talker 节点启动，并通过 RPC 向 ROS Master 注册发布者的信息，包括节点的信息和需要发布的主题名。ROS Master 会记录 Talker 节点的信息，以备后续的信息匹配。

② Listener 注册：Listener 节点启动后，通过 RPC 向 ROS Master 注册订阅者的信息，包含需要订阅消息的主题名。

③ ROS Master 进行信息匹配：ROS Master 会根据 Listener 订阅的主题名称，从注册列表中查找匹配的发布者信息。如果匹配失败，Master 会等待匹配的发布者加入；如果匹配成功，Master 将通过 RPC 向 Listener 发送 Talker 的 RPC 信息，以便后续建立连接。

④ Listener 发送连接请求：Listener 接收到 Master 发送的 Talker 地址信息后，通过

RPC 向 Talker 发送连接请求，包括传输订阅的主题名、消息类型和通信协议（TCP/UDP）等信息。

⑤ Talker 确认连接请求：Talker 接收到 Listener 发送的请求后，继续通过 RPC 向 Listener 发送确认连接信息，包括自身的 TCP 地址信息。

⑥ Listener 尝试与 Talker 建立网络连接：Listener 接收到确认信息后，使用 TCP 尝试与 Talker 建立连接。

⑦ 成功建立连接后，Talker 开始向 Listener 发送主题消息数据，实现了异步的发布和订阅机制，如图 2-12 所示。

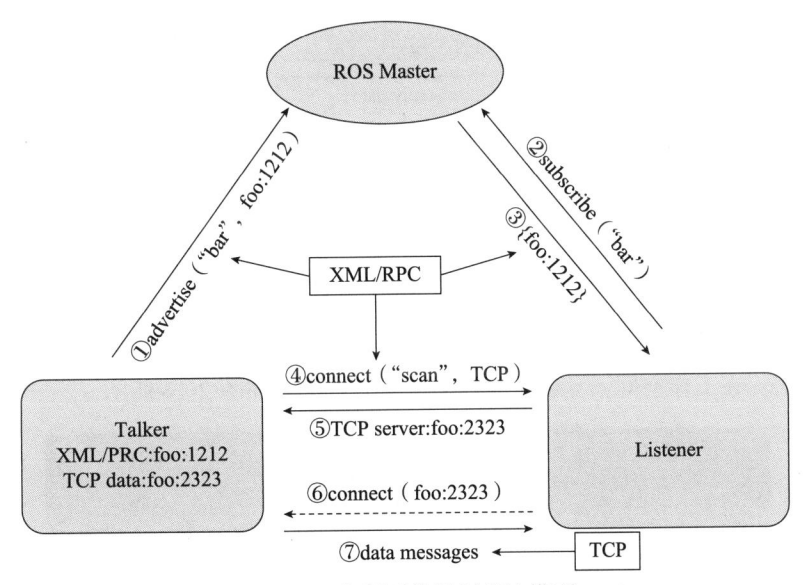

图 2-12 主题通信机制理论模型

除了主题通信，ROS 还提供了服务调用机制，允许节点之间进行同步的请求和响应式通信。节点可以定义服务，并向其他节点发送请求，等待响应返回。

2. 服务通信机制

① Talker 启动后，会通过 RPC 在 ROS Master 中注册自身信息，其中包含提供的服务的名称。ROS Master 会将节点的注册信息加入注册表中。

② Listener 启动后，也会通过 RPC 在 ROS Master 中注册自身信息，包含需要请求的服务的名称。ROS Master 会将节点的注册信息加入注册表中。

③ ROS Master 会根据注册表中的信息匹配 Talker 和 Listener，并通过 RPC 向 Listener 发送 Talker 的 TCP 地址信息。

④ Listener 根据② 响应的信息，使用 TCP 与 Talker 建立网络连接，并发送请求数据。

⑤ Talker 接收、解析请求的数据，并产生响应结果返回给 Listener。

ROS 服务通信理论模型如图 2-13 所示。

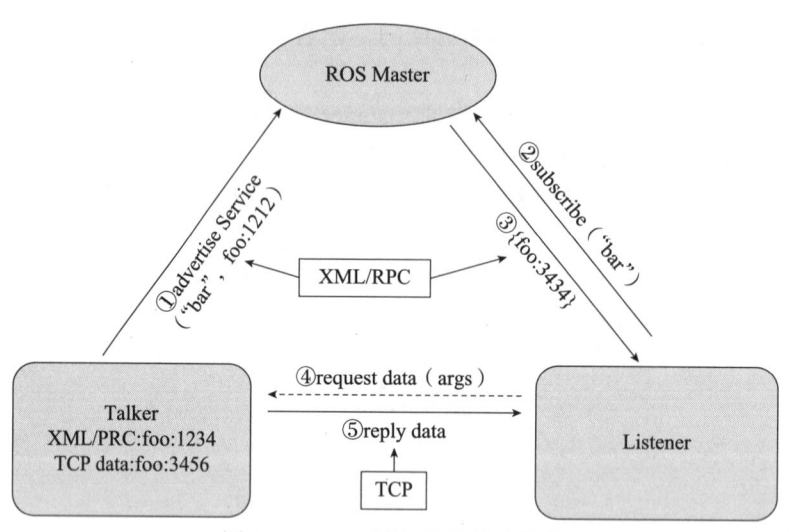

图 2-13　ROS 服务通信理论模型

2.3.3　ROS 的工作空间

ROS 的工作空间简单来说相当于工程或者项目，编写 ROS 程序之前，首先需要创建 ROS 工作空间。在工作空间 catkin_move 下文件的情况，如图 2-14 所示。

图 2-14　ROS 的工作空间

工作空间下相关文件的解释如下。

1）src：代码空间（source space）放置功能包源码。

2）build：编译空间（build space）放置编译过程中产生的中间文件。

3）devel：开发空间（development space）放置编译完成后的可执行文件环境变量配置的脚本。

4）install：安装空间（install space）和 devel 放置的东西差不多，在 ros2 中与 devel 合并了。

2.3.4 ROS 的常用命令

ROS 开发中经常使用的命令工具如下。

1）roscore：使用 ROS 时必须首先被运行的命令。该命令启动 Master、Parameter Server、rosout 等 ROS 组件，如图 2-15 所示。

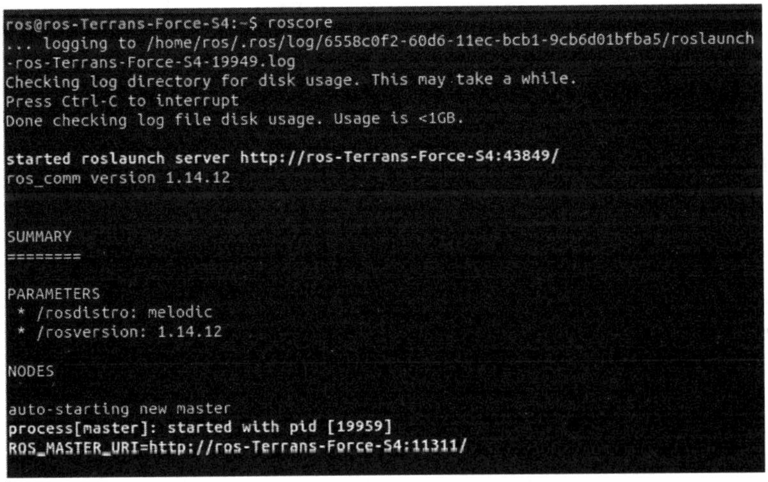

图 2-15　roscore 命令

2）rosrun：该命令允许使用包名直接运行一个包内的节点，而不需要知道这个包的路径。

```
// rosrun [package_name] [node_name]
$ rosrun turtlesim turtlesim_node
```

当直接运行 rosrun 命令时，可能会出现如图 2-16 所示的异常，这需要启动节点管理器，运行 roscore 命令。

图 2-16　直接运行 rosrun 命令时报错

3）rosnode：显示当前运行的 ROS 节点信息。

```
rosnode list                  # 获得正在运行的节点列表
rosnode info [node-name]      # 获得特定节点的信息
rosnode ping [node-name]      # 测试节点是否连通
rosnode kill [node-name ]     # 终止节点
```

4）rospack：获取软件包的有关信息用法。

```
# rospack find [包名称]
# 实例：
# 要找到一个软件包的目录，使用 rospack find 命令
$ rospack find roscpp/opt/ros/kinetic/share/roscpp
$ rospack list
 # 显示出当前的包信息
$ rospack depends1 beginner_tutorials
# 显示当前包的一级依赖
$ rospack depends beginner_tutorials
# 显示当前包的所有依赖
```

5）rostopic 命令和 rosmsg 命令。

rostopic 命令工具用于获取有关 ROS 主题的信息，rosmsg 命令用于显示有关 ROS 消息类型的信息。

```
rostopic echo       # 打印消息到屏幕
rostopic info       # 显示主题相关信息
rostopic list       # 显示所有活动状态下的主题
rostopic pub        # 将数据发布到主题
rostopic type       # 打印主题类型
rosmsg show         # 显示消息描述
rosmsg info         # 显示消息信息
rosmsg list         # 列出所有消息
```

可以使用帮助选项查看子命令的各种参数设置，格式如下：

```
rostopic list -h
```

下面以 ROS 小海龟为例讲解 rostopic 的子命令，先启动小海龟。

```
终端1: roscore
终端2: rosrun turtlesim turtlesim_node
终端3: rosrun turtlesim turtle_teleop_key
```

rostopic list：显示所有活动状态下的主题，/turtle1/cmd_vel 为控制小海龟速度的主题。

```
$ rostopic list

输出：
/rosout
/rosout_agg
/turtle1/cmd_vel
/turtle1/color_sensor
/turtle1/pose
```

rostopic type：打印主题的消息类型。查看主题 /turtle1/cmd_vel 的类型为 geometry_msgs/Twist。

```
$ rostopic type /turtle1/cmd_vel

输出：
geometry_msgs/Twist
```

rosmsg show：使用 rosmsg 命令来查看消息 geometry_msgs/Twist 的详细情况，可见其由线速度 linear（vx，vy，vz）和角速度 angular（wx，wy，wz）构成。

```
$ rosmsg show geometry_msgs/Twist

输出：
geometry_msgs/Vector3 linear
  float64 x
  float64 y
  float64 z
geometry_msgs/Vector3 angular
  float64 x
  float64 y
  float64 z
```

rostopic pub：将数据发布到当前某个正在广播的主题上。通过在控制小海龟速度的主题 /turtle1/cmd_vel 发布 geometry_msgs/Twist 类型的数据来控制小海龟运动。

```
用法：
# rostopic pub [topic] [msg_type] [args]
实例：
$ rostopic pub -1 /turtle1/cmd_vel geometry_msgs/Twist -- '[2.0, 0.0, 0.0]' '[0.0, 0.0, 1.8]'
```

以上命令会发送一条消息给小海龟，告诉它以 2.0 大小的线速度和 1.8 大小的角速度开始移动，如图 2-17 所示。

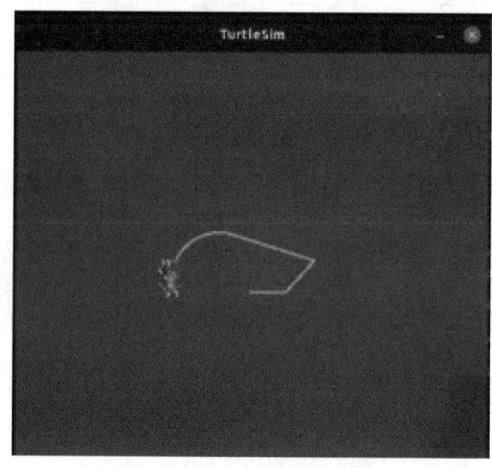

图 2-17 小海龟移动轨迹

6）rosbag 命令。

rosbag 将 ROS 运行过程中的数据录制到一个 .bag 文件中，然后可以通过回放数据来重现相似的运行过程。退出录制时按 Ctrl+C 键退出该命令，在当前目录下生成一个以年份、日期和时间命名并以 .bag 作为扩展名的文件。-a 选项，表示将当前发布的所有主题数据都录制保存到一个 bag 文件中。

$ rosbag record -a	将当前发布的所有主题数据都录制保存到一个 bag 文件中
$ rosbag play <your bagfile>	回放 bag 文件以再现系统运行过程

下面使用 rosbag 命令录制并播放小海龟的运动轨迹。

① 打开一个新终端并输入 rosbag record -a 录制所有主题。

② 用键盘控制小海龟移动一段距离，在数据记录运行的终端按 Ctrl+C 键终止记录数据，如图 2-18 所示。

图 2-18 rosbag 命令

③ 进入刚才创建的文件夹可以发现存在一个以创建的时刻命名的文件，这就是记录了小海龟运动轨迹数据的记录文件。

④ 使用 rosbag play <your bagfile> 命令即可回放小海龟运动轨迹。

2.3.5 launch 文件

机器人是一个系统工程，通常一个机器人运行操作时要开启很多个 Node，上述小海龟案例即需要同时开启 4 个终端窗口。为了方便启动大型程序，ROS 提供了一个命令能一次性启动 Master 和多个 Node。该命令是：

```
$ roslaunch pkg_name file_name.launch
```

roslaunch 命令首先会自动检测系统的 roscore 有没有运行，即确认节点管理器是否在运行状态中，如果 Master 没有启动，那么 roslaunch 就会首先启动 Master，然后再按照 launch 的规则执行。launch 文件里已经配置好启动的规则，所以 roslaunch 就像是一个启动工具，能够一次性把多个节点按照预先的配置启动起来，减少在终端中一条一条输入指令的麻烦。

launch 文件同样也遵循 xml 格式规范，是一种标签文本，它的格式包括以下标签：

```
<launch>         <!-- 根标签 -->
<node>           <!-- 需要启动的 node 及其参数 -->
<include>        <!-- 包含其他 launch-->
<machine>        <!-- 指定运行的机器 -->
<env-loader>     <!-- 设置环境变量 -->
<param>          <!-- 定义参数到参数服务器 -->
<rosparam>       <!-- 启动 yaml 文件参数到参数服务器 -->
<arg>            <!-- 定义变量 -->
<remap>          <!-- 设定参数映射 -->
<group>          <!-- 设定命名空间 -->
</launch>        <!-- 根标签 -->
```

launch 文件的写法和格式看起来内容比较复杂，下面介绍使用 launch 文件启动小海龟的步骤，具体如下：

步骤 1：功能包下添加 launch 目录，目录下新建 turtle.launch 文件，编辑 launch 文件。

```
<launch>
    <node pkg="turtlesim" type="turtlesim_node"      name="myTurtle" output="screen" />
    <node pkg="turtlesim" type="turtle_teleop_key" name="myTurtleContro" output="screen" />
</launch>
```

步骤 2：调用 launch 文件，可以看到小海龟节点成功运行。

```
# roslaunch 包名 xxx.launch
roslaunch turtlesim turtle.launch
```

2.4 ROS 程序设计实践

本节主要介绍 ROS hello world、主题通信案例：文本消息传递以及服务通信案例：整数相加这三部分内容。

2.4.1 ROS hello world

需求：使用 ROS 输出"hello world"。

编写一个 ROS 程序的流程为：①创建一个工作空间；②创建一个功能包；③编辑源文件；④编辑配置文件；⑤~⑥编译并执行。此处可参考教程视频[一]。

1. 创建工作空间并初始化

```
mkdir -p hello_ws/src
cd hello_ws
catkin_make
```

2. 进入 src 创建 ROS 包并添加依赖

```
cd src
#catkin_create_pkg 自定义 ROS 包名 roscpp rospy std_msgs
catkin_create_pkg hello roscpp rospy std_msgs
```

此时的文件结构如图 2-19 所示。

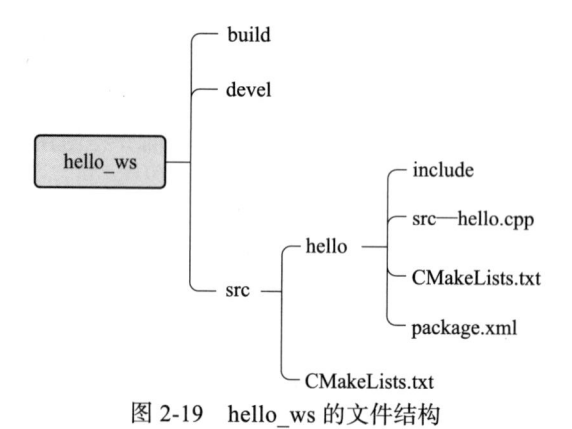

```
hello_ws ─┬─ build
          ├─ devel
          └─ src ─┬─ hello ─┬─ include
                 │         ├─ src─hello.cpp
                 │         ├─ CMakeLists.txt
                 │         └─ package.xml
                 └─ CMakeLists.txt
```

图 2-19 hello_ws 的文件结构

3. 进入 ROS 包的 src 目录编辑源文件

```
cd hello/src
# 创建 cpp 文件
touch helloworld.cpp
```

helloworld.cpp 源码如下：

[一] https://www.bilibili.com/video/BV1Ci4y1L7ZZ?p=20&vd_source=afa6a43bd96855c6108d2173079df4a9.

```cpp
#include "ros/ros.h"
//ROS 程序必备头文件

int main(int argc, char *argv[])
{
    // 执行 ROS 节点初始化
    ros::init(argc,argv,"hello");
    // 创建 ROS 节点句柄（非必须）
    ros::NodeHandle n;
    // 控制台输出 hello world
    ROS_INFO("hello world");

    return 0;
}
```

4. 编辑 ROS 包下的 CMakeList.txt 文件

在 CMakeLists.txt 中对应位置添加下面几行代码：

```
add_executable(hello world            # 映射名
   src/helloworld.cpp                 # 源文件名
)
target_link_libraries(hello world     # 映射名
   ${catkin_LIBRARIES}
)
```

5. 进入工作空间目录并编译

新开一个终端，代码如下：

```
cd 自定义空间名称            # 此处是 hello_ws
catkin_make
```

6. 执行

执行以下代码，命令行输出 hello world。

```
终端1：
roscore
```

```
终端2：
cd 自定义空间名称                    # 此处是 hello_ws
source ./devel/setup.bash           # 此步必须进行，重要
#rosrun 包名 C++节点
rosrun hello world
```

2.4.2 主题通信案例：文本消息传递

需求：编写发布订阅实现，要求发布者以 10Hz（每秒 10 次）的频率发布文本消息，订阅者订阅消息并将消息内容打印输出。

流程：①编写发布者实现；②编写订阅者实现；③编辑配置文件；④编译并执行。

参考教程视频[⊖]，案例结果如图 2-20 所示。

图 2-20 案例结果

1. 发布者

循环发布信息："Hello 你好！"加上一个递增的计数器数字，如"Hello 你好！0""Hello 你好！1"，实现流程为：①包含头文件；②使用唯一名称初始化 ROS 节点；③创建 ROS 节点句柄；④创建发布者对象；⑤组织被发布的数据，并编写逻辑发布数据。

Hello_pub.cpp 源码如下：

```cpp
// 1.包含必要的头文件
#include "ros/ros.h"
#include "std_msgs/String"
#include <sstream>
int main(int argc, char *argv[])
{
    // 设置编码
    setlocale(LC_ALL, "");
    // 2.初始化 ROS 节点
    ros::init(argc, argv, "talker");
    // 3.创建 ROS 节点句柄
    ros::NodeHandle nh;
```

⊖ https://www.bilibili.com/video/BV1Ci4y1L7ZZ?p=42&vd_source=afa6a43bd96855c6108d2173079df4a9.

```cpp
// 4. 创建发布者对象
ros::Publisher pub = nh.advertise<std_msgs::String>("chatter", 10);
// 5. 组织被发布的数据,并编写逻辑发布数据
std_msgs::String msg;
std::string msg_front = "Hello 你好!";
int count = 0;
ros::Rate r(1);
while (ros::ok())
{
  std::stringstream ss;
  ss << msg_front << count;
  msg.data = ss.str();
  pub.publish(msg);
  ROS_INFO("Sent message: %s", msg.data.c_str());
  r.sleep();
  count++;
  ros::spinOnce();
}
return 0;
}
```

2. 订阅者

订阅主题并打印接收到的消息,实现流程为:①包含头文件;②使用唯一名称初始化 ROS 节点;③实例化 ROS 节点句柄;④实例化订阅者对象;⑤处理订阅的消息(回调函数);⑥设置循环以调用回调函数。

Heelo_sub.cpp 源码如下:

```cpp
// 1. 包含必要的头文件
#include "ros/ros.h"
#include "std_msgs/String.h"

int main(int argc, char *argv[])
{
  // 设置编码
  setlocale(LC_ALL,"");
  // 2. 使用唯一名称初始化 ROS 节点
  ros::init(argc,argv,"listener");
  // 3. 实例化 ROS 节点句柄
  ros::NodeHandle nh;
  // 4. 实例化订阅者对象
  ros::Subscriber sub = nh.subscribe<std_msgs::String>("chatter",10,doMsg);
```

```
// 5. 处理订阅的消息（回调函数）
void doMsg(const std_msgs::String::ConstPtr& msg_p){
ROS_INFO("我听见:%s",msg_p->data.c_str());
// ROS_INFO("我听见:%s",(*msg_p).data.c_str());
}
// 6. 设置循环以调用回调函数
ros::spin();// 继续读取和处理接收到的数据
return 0;
}
```

3. 编辑配置 CMakeLists.txt 文件

在 CMakeLists.txt 中添加下面几行代码（去掉注释）：

```
add_executable(Hello_pub                 # 源文件名
  src/Hello_pub.cpp                      #src/源文件名.cpp
)
add_executable(Hello_sub
  src/Hello_sub.cpp
)
target_link_libraries(Hello_pub          # 源文件名
  ${catkin_LIBRARIES}
)
target_link_libraries(Hello_sub
  ${catkin_LIBRARIES}
)
```

4. 编译并执行

具体步骤为：①按 2.4.1 节中的方法进入工作空间，然后运行 catkin_make 进行编译；②启动 roscore；③启动发布者节点，首先运行 source 命令以确保环境配置正确，然后使用 rosrun 命令启动发布者节点；④启动订阅者节点，首先运行 source 命令以确保环境配置正确，然后使用 rosrun 命令启动订阅者节点）。

2.4.3 服务通信案例：整数相加

需求：创建一个 Server 与 Client，Client 发送两个需要相加的 int 变量，由 Server 相加后返回相加的值。

流程：①自定义服务类型 .srv 文件；②编译生成可调用中间文件 .h；③编写服务器端实现；④编写客户端实现；⑤编辑配置文件；⑥编译并执行。

参考教程视频[⊖]，案例结果如图 2-21 所示。

⊖ https://www.bilibili.com/video/BV1Ci4y1L7ZZ? p=66&vd_.

图 2-21　案例结果

1. 自定义服务类型 .srv 文件

按 2.4.1 节创建功能包后，新建 srv 文件夹，随后新建 AddInts.srv 文件，此时的文件结构，如图 2-22 所示。

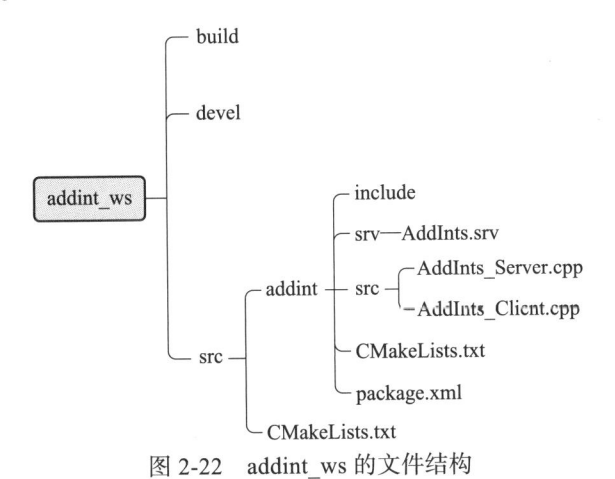

图 2-22　addint_ws 的文件结构

AddInts.srv 源码如下：

```
# 客户端请求时发送的两个数字
int32 num1
int32 num2
# 中间用 --- 分割
---
# 服务器端响应时发送的数据
int32 sum
```

2. 编译生成可调用中间文件 .h

1）package.xml 中添加编译依赖与执行依赖。

```
<build_depend>message_generation</build_depend>
<exec_depend>message_runtime</exec_depend>
```

2）CMakeLists.txt 中编辑 srv 相关配置。

```
find_package(catkin REQUIRED COMPONENTS
 roscpp
 rospy
 std_msgs
 message_generation
)
# 需要加入 message_generation, 必须有 std_msgs
```

```
add_service_files(
 FILES
 AddInts.srv
)
generate_messages(
 DEPENDENCIES
 std_msgs
)
```

随后，在工作空间 addint_ws 中运行 catkin_make，生成的头文件将位于：工作空间 /devel/include/ 包名 /xxx.h。

3. 编写服务器端实现

具体步骤为：①包含头文件；②初始化 ROS 节点；③创建 ROS 节点句柄；④创建服务器端对象；⑤回调函数处理请求并产生响应；⑥由于有多个请求，需要调用 ros::spin () 循环处理回调函数。

AddInts_Server.cpp 源码如下：

```cpp
//1. 包含头文件
#include "ros/ros.h"
#include "demo03_server_client/AddInts.h"
// bool 返回值用于标志是否处理成功, True 表示成功, False 表示失败
bool doReq(demo03_server_client::AddInts::Request& req,
     demo03_server_client::AddInts::Response& resp){
 int num1 = req.num1;
 int num2 = req.num2;
 ROS_INFO(" 服务器接收到的请求数据为 :num1 = %d, num2 = %d",num1, num2);
```

```cpp
  // 逻辑处理
  if (num1 < 0 || num2 < 0)
  {
    ROS_ERROR(" 提交的数据异常：数据不可以为负数 ");
    return ;
  }
  // 如果没有异常，那么相加并将结果赋值给 resp
  resp.sum = num1 + num2;
  return true;
}
int main(int argc, char *argv[])
{
  setlocale(LC_ALL,"");
  // 2.初始化 ROS 节点
  ros::init(argc,argv,"AddInts_Server");
  // 3.创建 ROS 节点句柄
  ros::NodeHandle nh;
  // 4.创建服务器端对象
  ros::ServiceServer server = nh.advertiseService("AddInts",doReq);
  ROS_INFO(" 服务已经启动 ....");
  //5.回调函数处理请求并产生响应
  //6.由于有多个请求，需要调用 ros::spin() 循环处理回调函数
  ros::spin();
  return 0;
}
```

4.编写客户端实现

具体步骤为：①包含头文件；②初始化 ROS 节点；③创建 ROS 节点句柄；④创建客户端对象；⑤组织请求数据；⑥发送请求，返回 bool 值，标志是否成功；⑦处理响应。

AddInts_Client.cpp 源码如下：

```cpp
// 1.包含头文件
#include "ros/ros.h"
#include "demo03_server_client/AddInts.h"
int main(int argc, char *argv[])
{
  setlocale(LC_ALL,"");
  // 调用时动态传值，如果通过 launch 的 args 传参，需要传递的参数个数 +3
  if (argc != 3)
  // 如果通过launch文件传参 (0 文件路径，1 传入的参数，2 传入的参数，3 节点名称，4 日志路径)
  {
```

```cpp
        ROS_ERROR("请提交两个整数");
        return 1;
    }
    // 2. 初始化 ROS 节点
    ros::init(argc,argv,"AddInts_Client");
    // 3. 创建 OS 节点句柄
    ros::NodeHandle nh;
    // 4. 创建客户端对象
    ros::ServiceClient client
= nh.serviceClient<demo03_server_client::AddInts>("AddInts");
    //等待服务启动成功
    //方式1
    ros::service::waitForService("AddInts");
    //方式2
    // client.waitForExistence();
    // 5. 组织请求数据
    demo03_server_client::AddInts ai;
    ai.request.num1 = atoi(argv[1]);
    ai.request.num2 = atoi(argv[2]);
    // 6. 发送请求, 返回 bool 值, 标记是否成功
    bool flag = client.call(ai);
    // 7. 处理响应
    if (flag)
    {
    ROS_INFO("请求正常处理,响应结果:%d",ai.response.sum);
    }
    else
    {
        ROS_ERROR("请求处理失败....");
        return 1;
    }
    return 0;
}
```

5. 编辑配置 CMakeLists.txt 文件

```
add_executable(AddInts_Server src/AddInts_Server.cpp)
add_executable(AddInts_Client src/AddInts_Client.cpp)

add_dependencies(AddInts_Server ${PROJECT_NAME}_gencpp)
add_dependencies(AddInts_Client ${PROJECT_NAME}_gencpp)
```

```
target_link_libraries(AddInts_Server
  ${catkin_LIBRARIES}
)
target_link_libraries(AddInts_Client
  ${catkin_LIBRARIES}
)
```

6. 编译并执行

具体步骤为：①按 2.4.1 节中的方法进入工作空间，然后运行 catkin_make 进行编译；②启动 roscore；③启动服务器端（先 source，后 rosrun）；④启动客户端（先 source，后 rosrun）。

2.5 ROS 前沿：ROS2

本节主要包括 ROS1 的天然缺陷、ROS2 相较于 ROS1 的提升和改进、ROS2 中的 DDS 中间层、ROS2 中的 QoS 策略以及 ROS1 与 ROS2 的应用这五方面的内容。

2.5.1 ROS1 的天然缺陷

ROS1 项目最初的目标是为 Willow Garage 公司的科研机器人 PR2 提供开发环境和工具，然后通过为更多机器人提供通用消息接口和应用层抽象，使 ROS 在机器人社区中得到广泛应用，并成为目前最受欢迎的机器人软件生态系统之一。然而，ROS1 研发的初衷就注定了该架构存在以下缺陷。

1）无实时性：ROS1 没有设计为实时操作系统，因此不适用于对实时性要求严格的应用，如自动驾驶等。

2）嵌入式设备不友好：ROS1 在嵌入式设备上的支持相对有限，因此不太适用于资源受限的嵌入式系统。

3）对于网络通信的重依赖（需要大带宽且稳定的网络连接）：ROS1 对网络通信的需求较高，需要大带宽和稳定的网络连接，这可能在某些情况下成为限制因素。

4）多用于学术应用：ROS1 最初更多地用于学术研究和实验室环境，因此在某些工业应用中可能不够成熟。

5）超高的灵活性带来的不规范的编程模式：ROS1 的高度模块化和灵活性使得开发者可以采用多种编程模式，但这也可能导致代码不规范和难以维护。

6）原生的 ROS 仅支持单机器人：ROS1 最初设计用于单机器人系统，因此在多机器人协作和分布式系统方面存在一些挑战。

如今 ROS 已在大量工业领域应用，包括科研机器人、工业机器人、轮式机器人、自动驾驶汽车乃至航天等领域。随着技术的发展，ROS 对于某些性能（如实时性、安全性和嵌入式移植性等）需求更高的应用，可能需要进一步改进和扩展。

2.5.2 ROS2 相较于 ROS1 的提升和改进

与 ROS1 相比,ROS2 在设计上考虑了在产品环境中面临的一些挑战,并采用了一系列策略以提升其适用性。具体来说,ROS2 采用(或计划采用)以下改进措施。

1)支持多机器人:ROS2 专注于支持多机器人系统,允许多个机器人之间协同工作和通信,这对于工业和军事应用等领域非常关键。

2)对小型嵌入式设备和微控制器的支持:ROS2 致力于提供更好的支持。

3)嵌入式设备支持:使其能够在资源受限的小型设备和微控制器上运行。

4)实时系统:支持实时控制,包括进程间和机器间通信的实时性。ROS2 引入了实时性支持,包括实时控制和通信,以满足对实时性要求严格的应用,如自动驾驶和机器人控制系统。

5)支持非理想网络环境:ROS2 致力于在网络质量不佳、高延迟等不理想的网络环境下继续正常工作,提高了其稳定性和可靠性。

6)对产品环境支持的能力:ROS2 的设计考虑了更广泛的产品环境需求,以满足更多工业和商业应用的需求。

7)规范的编程模型以支持基于 ROS 大规模的目的构建、开发和部署:ROS2 采用了更规范的编程模型,以支持更大规模的目的构建、开发和部署,提高了代码的规范性和可维护性。

这些改进使 ROS2 更适合在更广泛的应用领域中使用,尤其是在面向产品的机器人应用和工业自动化等领域。ROS2 旨在解决 ROS1 的一些限制,提供更多功能和性能,并为机器人技术的发展创造更多机会。

2.5.3 ROS2 中的 DDS 中间层

ROS1 的核心是一个基于 Master 中心节点的匿名发布 - 订阅式通信中间层。相比之下,ROS2 采用基于实时发布订阅(Real-Time Publish-Subscribe,RTPS)协议的 DDS 作为中间层。数据分发服务(Data-Distribution Service,DDS)是一种用于实时和嵌入式系统发布 - 订阅式通信的工业标准,这种点到点的通信模式类似于 ROS1 的中间层,但是 DDS 不需要像 ROS1 那样借由 Master 节点来完成两个节点间通信,这使得系统更加容错和灵活。DDS 广泛应用于多个关键系统,如战舰、大型基础设施(如水电站)、金融系统、空间系统、航空系统等领域,证明了其可靠性和性能。

多个厂商提供不同的 DDS 实现,通常基于 UDP 协议或共享内存机制,有些厂商还提供基于 TCP 的 DDS 实现。ROS2 支持多种 DDS 实现,允许用户根据其实际需求选择合适的 DDS 中间层。目前,ROS2Foxy 版本完全支持以下 DDS 中间层:

① eProsima 的 Fast RTPS(当前 ROS2 版本默认的 DDS 实现)。

② RTI 的 Connext DDS。

③ Eclipse Cyclone DDS。

经实验验证,ROS2 中 DDS 策略的收益大于使用 DDS 的开销。如图 2-23 所示,相比

ROS1，ROS2 的吞吐量和线程数等均有提升。

	小嵌入	实时	发布/订阅	更新频繁	开源	库和工具	RTOS	Mac/Windows	QoS
RTM					√	△		√	
Extended RTC		√			√				
RT-Middleware for VxWorks	√	△			√	△	√	√	
RTM-TECS	√	√				△	√	√	
rosc	√	△	√		√		√		
μROS	△	△	√		√	√			
ROS Industrial	△		√	√	√	√			
RT-ROS		√	√				√		
ROS1			√	√	√	√			
ROS2	√	√	√	√	√	△	√	√	√

图 2-23 ROS2 与其他版本的对比

2.5.4 ROS2 中的 QoS 策略

ROS2 中引入了服务质量（Quality of Service，QoS）的策略用于配置节点间通信，从而增强 ROS2 在不同应用场景下的灵活性。与 ROS1 仅支持基于 TCP 的通信不同，ROS2 通过 QoS 配置可以实现类似 TCP 的可靠性，也可以实现类似 UDP 的高实时性。用户可以通过选择不同的 QoS 配置文件来实现不同的通信性能，这些配置文件包括以下内容。

1）发布-阅机制的 QoS 设定：用于配置发布者和订阅者之间的通信，以满足不同应用场景的需求。

2）服务（Service）的 QoS 设定：用于配置服务通信，支持请求-响应模型，使服务可以满足实时性、可靠性等要求。

3）传感器数据的 QoS 设定：用于配置传感器数据的通信，适用于需要高实时性和低延迟的应用，如自动驾驶中的传感器数据传输。

4）参数的 QoS 设定：用于配置参数的通信，以支持参数的可靠传输和同步更新。

5）DDS 中间层默认的 QoS 设定：DDS 中间层提供了一组默认的 QoS 配置，可以满足大多数通信需求，用户可以根据自己的需求进行进一步调整。

这些 QoS 策略的引入使 ROS2 更加适应不同的应用场景，用户可以根据其具体需求对通信性能进行灵活配置，从而提高了 ROS2 的通信效率和适应性。这种灵活性是 ROS2 相对于 ROS1 的一项重要改进。

2.5.5 ROS1 与 ROS2 的应用

ROS1 与 ROS2 已经被广泛应用于机器人领域，产生了大量前沿科技成果。例如图 2-24

所示的 Cocktail Bot 4.0，它是一个五款机器人组成的柔性生产线，可以为客户提供定制化的饮料服务。

图 2-24 为客人提供定制化饮料服务的机器人柔性生产线 Cocktail Bot 4.0

TurtleBot 系列机器人是知名的开源入门级机器人，主要用于基础的移动机器人知识普及以及 ROS 的学习使用，如图 2-25 所示。TurtleBot 系列是一个用于教育和研究的下一代开源机器人平台，已广泛应用于 SLAM 和视觉探测等领域。

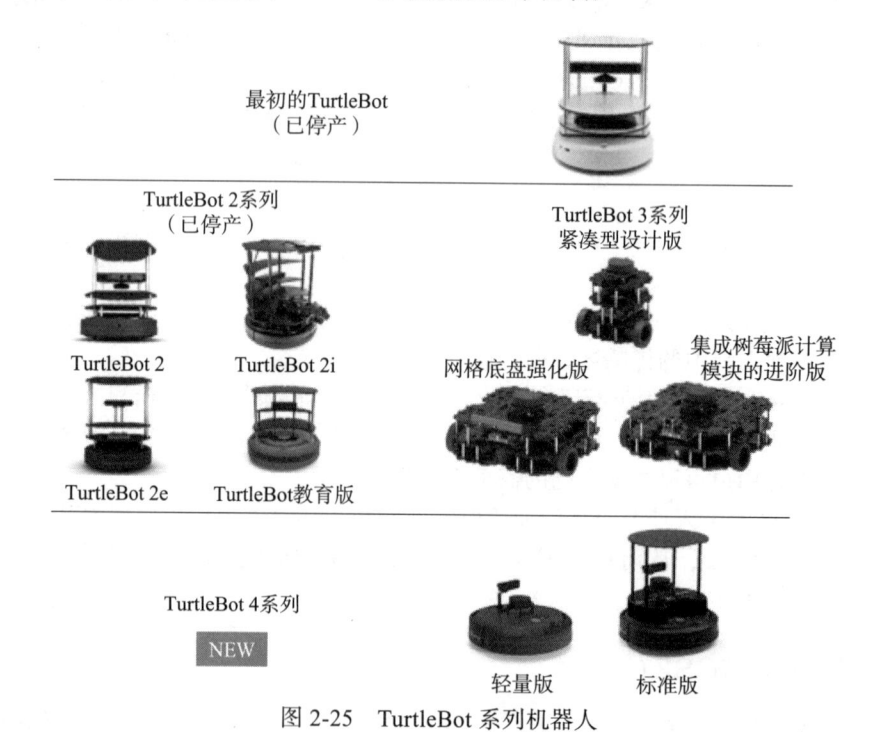

图 2-25 TurtleBot 系列机器人

美国 NASA 基于 ROS 开发的 Robonaut2 已经进入国际空间站工作，如图 2-26a 所示。百度 Apollo 无人车也是基于 ROS 开发的，如图 2-26b 所示。ROS 系列作为机器人操作系统已经成为机器人开发的重要组成部分，更多元化的应用正从想象化为现实。

a）Robonaut 2　　　　　　　　　　b）百度 Apollo 无人车

图 2-26　基于 ROS 开发的 Robonaut 2 和 Apollo 无人车

CHAPTER 3

第 3 章

机器人传感器

机器人系统由多个组成要素构成，包括执行机构、驱动系统、控制系统和传感系统，如图 3-1 所示。执行机构决定机器人的外形和运动能力，如机械臂、移动底盘等。驱动系统决定驱动方式。控制系统负责机器人的计算和控制。传感器是机器人的感知器官，用于获取外部环境和机器人自身状态的信息。

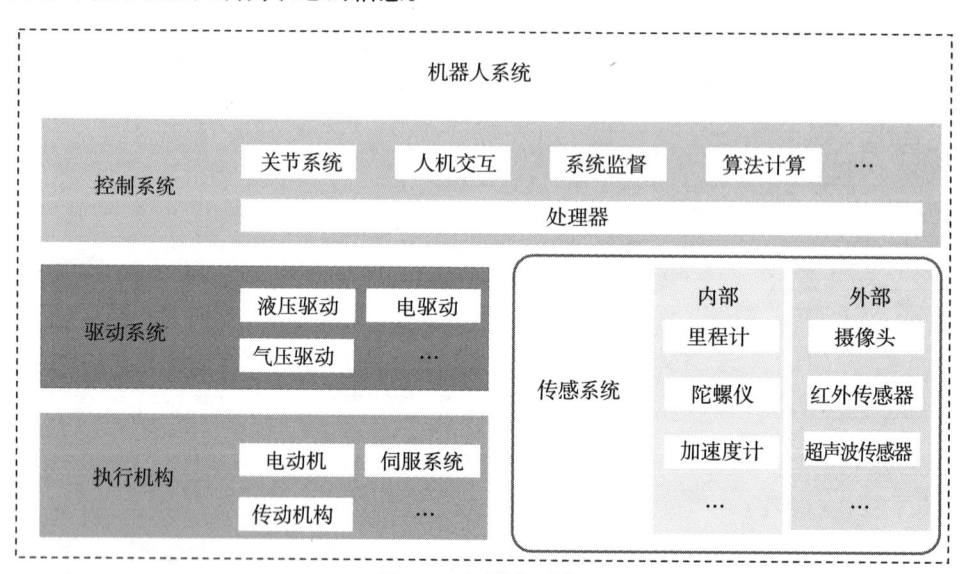

图 3-1 机器人系统

机器人系统的工作原理可以简要概括为感知、决策、执行的循环过程。首先，机器人通过传感器感知外部环境和自身状态的信息。然后，通过对感知数据的处理和分析，机器人进行决策，确定下一步的动作和任务。最后，机器人执行决策结果，通过控制系统控制执行机构实现相应的动作和操作。机器人系统的核心目标是实现自主性和智能化。自主性是指机器人能够独立地执行任务，适应环境变化并做出相应的决策。智能化是指机器人具备学习、推理和适应能力，能够根据经验和环境改进自身的行为和性能。

可以将机器人的控制系统类比为人类的大脑，执行机构类比为人类的四肢，而传感器则类比为人类的五官。因此，要使机器人能够像人类一样接收和处理外界信息，机器人传感器技术就成为机器人智能化的重要体现。机器人系统的发展离不开机器人传感器的支持和推动。传感器为机器人提供了感知能力，使其能够感知和理解外部环境，实现自主导航、物体识别、障碍物检测等功能。通过传感器，机器人能够收集来自各个方面的数据，如视觉传感器可以捕捉丰富的视觉信息，声音传感器可以接收声音信号。

这些传感器的数据被传输到机器人的控制系统中进行处理和分析，从而使机器人能够做出相应的决策和行动。随着传感器技术的不断发展和创新，机器人的感知能力也在不断提升。高精度的传感器、多模态传感器和先进的数据处理算法使得机器人能够更准确地感知和理解环境，进而实现更复杂的任务和与人类更自然的交互。

3.1 机器人传感器基础

传感器是能感受到被测量的信息，并能将感受到的信息，按一定规律变换成电信号或其他所需形式的信息输出，以满足信息的传输、处理、存储、显示、记录和控制等要求的检测装置。机器人，特别是拟人机器人，模拟人的五大感觉器官，通常包括五类传感器：①光敏传感器（视觉）；②声敏传感器（听觉）；③气敏传感器（嗅觉）；④化学传感器（味觉）；⑤压敏、温敏、流体传感器（触觉）。

这些传感器基于不同类型的敏感元件，可以进行如下分类：物理类（基于力、热、光、电、磁和声等物理效应）、化学类（基于化学反应的原理）和生物类（基于酶、抗体和激素等分子识别功能）。根据基本感知功能的不同，传感器可以分为热敏元件、光敏元件、气敏元件、力敏元件、磁敏元件、湿敏元件、声敏元件、放射线敏感元件、色敏元件和味敏元件十大类。

为了检测工作对象、环境或机器人与它们之间的关系，机器人通常配备多种外部传感器，包括视觉传感器、超声波传感器、触觉传感器和听觉传感器等。机器人传感器在机器人系统中起着至关重要的作用，它们为机器人提供感知和理解外部环境的能力，使机器人能够适应不同的工作任务和环境条件。例如，无人驾驶汽车就配备了大量的传感器以感知道路情况、障碍物和其他车辆，如图3-2所示。

机器人传感器的主要作用包括以下几个方面：

1）环境感知：机器人传感器可以感知和测量环境中的物理量，如光线、声音、温度、湿度等，从而帮助机器人理解周围环境的状态和特征。

2）障碍物检测：传感器能够探测到机器人周围的障碍物和物体，以避免碰撞和保证安全操作。距离传感器和视觉传感器在障碍物检测中起着重要作用。

3）导航与定位：机器人传感器可以提供导航和定位所需的信息，如利用视觉传感器进行地标识别和地图构建，或使用惯性传感器进行姿态感知和位置估计。

图 3-2　无人驾驶汽车上的传感器系统

4）物体识别与抓取：视觉传感器和压敏、温敏流体传感器（触觉）能够帮助机器人识别和辨别不同的物体，并实现精确的抓取和操作。

在选择和集成机器人传感器时，需要考虑多个因素以确保系统的性能和可靠性：

1）测量要求：首先要明确机器人系统的测量需求，包括所需测量物理量的类型、范围和精度等。根据需求选择适当的传感器类型和规格。

2）环境适应性：不同的环境条件对传感器的要求不同，如光照强度、温度、湿度等。确保选择的传感器能够在目标环境下正常工作且性能稳定。

3）数据处理与集成：传感器输出的信号需要进行适当的处理和分析，以提取有用的信息。在集成传感器时，需要考虑数据接口和通信协议，确保传感器与机器人系统的无缝集成。

4）可靠性和耐久性：机器人通常需要长时间运行和在复杂环境中工作，传感器需要具备良好的可靠性和耐久性，以适应长期使用和面对各种挑战。

外部传感器是集多种学科于一身的产品，因此在某些方面仍在不断探索和改进中。随着外部传感器的进一步完善，机器人的功能将变得越来越强大，并在许多领域为人类做出更大的贡献。了解传感器的基本原理和分类，并理解机器人传感器的作用和重要性，是选择和应用机器人传感器的基础。本章将深入探讨视觉传感器、距离传感器、惯性传感器等常见机器人传感器的原理、应用和发展趋势，以帮助读者更好地理解和应用这些关键技术。此外，本章还介绍了有关声敏传感器（听觉），气敏传感器（嗅觉），化学传感器（味觉），压敏、温敏流体传感器（触觉）的相关内容。

3.2 视觉传感器

视觉传感器是机器人系统中最常用的传感器之一，它模拟人眼的感知机制，通过获取和处理图像信息来实现对环境的感知和理解。视觉传感器可以用于目标检测与识别、姿态估计、导航与定位、场景理解等多个任务，为机器人系统提供了丰富和全面的环境感知能力。随着计算机视觉和图像处理技术的快速发展，视觉传感器在机器人领域的应用越来越广泛。它们不仅可以通过获取图像数据来感知环境，还能够通过图像处理和计算机视觉算法对图像进行分析和理解，从而实现更复杂的任务和功能。视觉传感器具有从一整幅图像捕获光线的数以千计像素的能力。图像的清晰和细腻程度通常用分辨率来衡量，以像素数量表示。

视觉传感器的原理基于光学和图像处理技术。它通常由图像传感器、光学透镜、滤光片和图像处理单元等组成：

1）图像传感器：图像传感器是视觉传感器的核心组件，负责将光信号转换为电信号。常见的图像传感器包括CCD（电荷耦合器件）和CMOS（互补金属氧化物半导体）传感器，它们能够将光线的强度和颜色信息转换为数字图像数据。

2）光学透镜：光学透镜用于控制进入传感器的光线，调节焦距和视场角，以获取清晰和准确的图像。透镜的形状和曲率会影响光线的聚焦和成像效果。

3）滤光片：滤光片用于选择特定的光谱范围，以满足不同应用的需求。常见的滤光片包括RGB滤光片和红外滤光片。RGB滤光片可以分离光线中的红、绿、蓝三个主要颜色通道，用于彩色图像的获取。红外滤光片可以屏蔽可见光，只透过红外光，用于红外成像和特定应用领域。

4）图像处理单元：图像处理单元对传感器获取的图像数据进行处理和分析。它可以应用各种计算机视觉算法，如边缘检测、特征提取、目标识别等，从而实现对图像的理解和解释。图像处理单元可以是嵌入式处理器、图形处理器（GPU）或专用的视觉处理单元（如视觉处理器）。

3.2.1 CCD图像传感器

电荷耦合器件（Charge Coupled Device，CCD）是一种常用于图像传感器的技术。CCD的名称来源于捕获图像后如何读取电荷：利用特殊的制造工艺，传感器能够在不影响图像质量的情况下传输（耦合）累积的电荷。CCD图像传感器的基本感光材料是金属氧化物半导体（Metal Oxide Semiconductor MOS）电容器。MOS用作光敏二极管和电荷存储设备，是一种特殊的半导体材料，一般按照矩阵形式排列。MOS的微观结构如图3-3所示。

1）底部掺杂硼的硅衬底（p-Type Silicon）：MOS的基础层是硅衬底，通常通过掺杂硼来调节其电学性质。硅衬底是一个半导体材料，具有适当的导电性能和光电特性，用于支持传感器的整体结构。

2）沟道停止层（n-Channel Stop）：沟道停止层是位于硅衬底上的一层材料，通常是掺杂有特定杂质的硅区域。它的作用是在感光单元之间形成绝缘层，阻止电荷在感光单元之间扩散和交叉干扰,从而提高图像的清晰度和准确性,常见的有 RGB 三通道沟道停止层,即 3-Channel Stop。

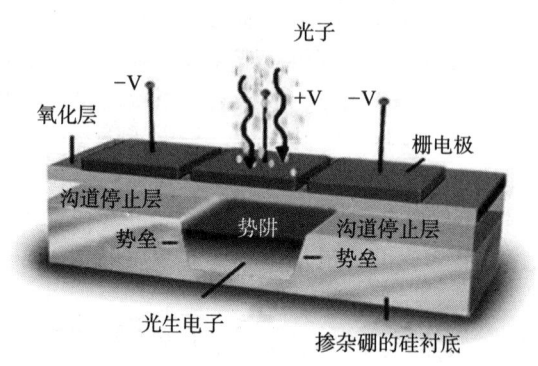

图 3-3　MOS 的微观结构(详见彩插)

3)氧化层(Silicon Dioxide):氧化层是位于沟道停止层上方的一层绝缘材料,通常是氧化硅。氧化层的主要作用是提供电荷传输的隔离和绝缘层,保护感光单元中的电荷免受外部干扰。

4)用于控制的栅电极(Polysilicon Gate):栅电极是位于氧化层上方的一层导电材料,通常是多晶硅(Polysilicon)。栅电极的电压控制着氧化层下方的势阱(Potential Well)的形成和消除。

当栅极电压高时,氧化层下方会产生势阱。传入的光子可以激发势阱中的电子,这些电子可以被收集和引导,周围的势垒(Potential Barrier,可以阻止粒子通过)可防止受激电子泄漏。栅电极的电压可以根据需要进行调节,以控制电荷的传输和读取。

使用 CCD 图像传感器生成数字信号可分为四个主要阶段:通过光子与器件光敏区域相互作用产生电荷、收集和存储释放的电荷、电荷转移和电荷检测,如图 3-4 所示。

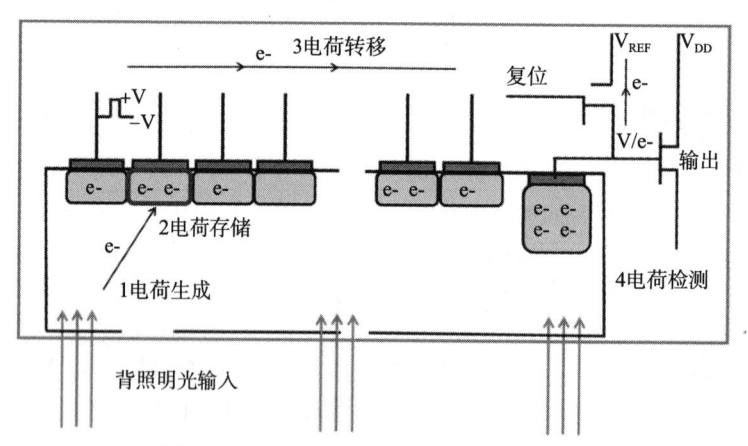

图 3-4　CCD 图像传感器生成数字信号的过程

1)信号电荷的产生:当光子与器件的光敏区域相互作用时,根据半导体的内光电效应，光子的能量会激发出电荷。激发的电荷量与入射光信号的强度成正比。

2）信号电荷的存储：在感光单元中，通过栅电极的控制，激发的电荷被收集起来形成信号电荷包。这些电荷包被存储在势阱中，等待进一步的处理和传输。

3）信号电荷的转移（耦合）：通过调节栅电极的电压和时序，信号电荷包被从一个像元（基本的光电感受单元，用于感知和记录光信号）转移到相邻的像元中，直到全部电荷包的输出完成。这种传输过程可以沿着行或列进行，通常采用逐行或逐列传输的方式。

4）信号电荷的检测：CCD 图像传感器工作过程的第四步是电荷的检测。在传输到输出级之后，电荷被转化为电流或电压信号。这可以通过读取电路和放大器来实现，将电荷转换为可以进一步处理的数字信号。

CCD 是一种通过电荷量表示信号大小，并以耦合方式传输信号的探测元件，可以制成高度集成的组合件。常见的 CCD 包括全幅 CCD、行间传输 CCD、帧传输 CCD 等。以全幅 CCD 为例，它是结构最简单的 CCD 传感器，能够以非常高的分辨率进行生产。全幅 CCD 只有一个单线传输寄存器作为缓冲器，因此无法通过传感器控制设置快门速度。为了避免光敏传感器表面在曝光时间外暴露在光线下，全幅 CCD 通常需要配备机械快门。由于全幅 CCD 输出的图像分辨率很高，它们主要用于科学和天文学中的摄影。全幅 CCD 外观如图 3-5 所示。

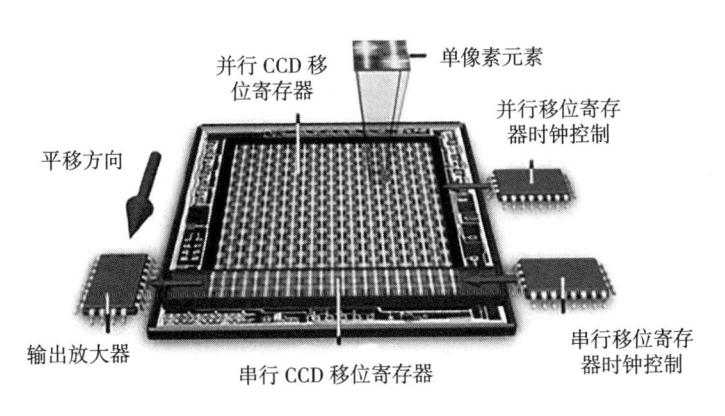

图 3-5　全幅 CCD 外观

全幅 CCD 包含水平和垂直移位寄存器，以及用于水平和垂直移位寄存器的时钟控制器，还有输出放大器等。CCD 图像传感器在工作时，感光部分示意图如图 3-6 所示。

CCD 本质上是一个大阵列的半导体"桶"，可以将传入的光子转换为电子并保持累积的电荷。这些电荷可以被垂直移位寄存器向下转移到水平移位寄存器，水平移位寄存器可以将电荷转换为电压并输出。

CCD 图像传感器的主要特点如下：

1）高灵敏度：CCD 图像传感器具有高量子效率，能有效地将入射光转化为电信号，从而具有高灵敏度。

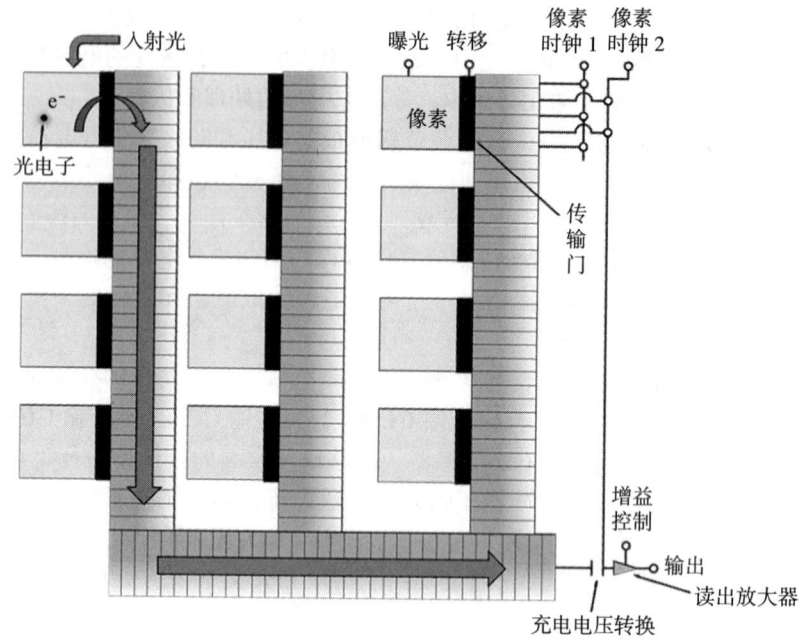

图 3-6　CCD 传感器感光部分示意图

2）低噪声：CCD 特有的低噪声结构使其输出信号具有低噪声特性。
3）高分辨率：CCD 通过设计成矩阵式结构实现较高的分辨率。
4）高静态分辨率：CCD 能基本实现理论最大分辨率，具有高静态分辨率。
5）非线性：CCD 的输出电荷与入射光强度呈非线性关系，需要进行非线性校正。
6）结构复杂：CCD 具有复杂的多级低噪声电路，制造工艺相对复杂。这要求在制造过程中精确控制每个元件和电路的性能，以确保 CCD 图像传感器的高质量和稳定性。

CCD 是 20 世纪 70 年代初发展起来的一种新型半导体器件。目前，CCD 的种类有很多，其中面阵型 CCD 在数码相机中得到广泛应用。它由许多 MOS 组成阵列，整体呈正方形，以输出具有一定分辨率的图像。从功能上来说，CCD 感光元件在某种程度上相当于传统相机中的胶卷，用于捕获和记录光学图像。

3.2.2　CMOS 图像传感器

互补金属氧化物半导体（Complementary Metal Oxide Semiconductor，CMOS）是指制造大规模集成电路芯片用的一种技术或用这种技术制造出来的芯片，后来发现 CMOS 经过加工也可以作为数码摄影中的图像传感器。在 CMOS 图像传感器芯片上还可以集成其他数字信号处理电路，如 AD 转换器、自动曝光量控制、伽马校正等，为了进行快速计算甚至可以将具有可编程功能的 DSP 器件与 CMOS 器件集成在一起，从而组成单片数字相机及图像处理系统。CMOS 的微观结构如图 3-7 所示。

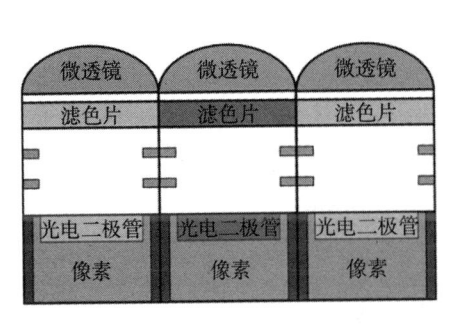

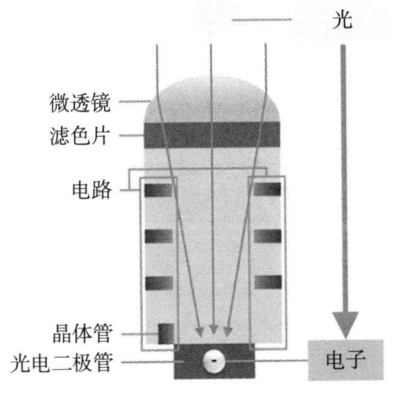

a）集成在一起的多个COMS　　　b）单个CMOS

图 3-7　CMOS 的微观结构

CMOS 图像传感器中包括一些光学元素，如微透镜和颜色滤光片：微透镜可以将光线聚焦在像元上，以提高光子的利用率；颜色滤光片可以将光线分成红、绿、蓝三个频段，从而捕捉到全彩色图像。CMOS 的工作流程如下。

1）光子入射：当光子进入 CMOS 图像传感器时，它们会命中像元。每个像元都有一个光敏元件，通常是一个 PN 结或 P+/N- 阱结构，它可以吸收光子并将其转换为电子（导体内光电效应）。

2）光电转换：当光子命中光敏元件时，它会产生电子 - 空穴对。这些电子和空穴被分开，电子被收集到像元中的 N 型场效应管（FET）中，而空穴则被吸收或漂移到 P 型 FET 中。

3）电荷积累：电子被收集到 N 型 FET 中，并在像元中积累电荷。每个像元都有一个电容器，它用于收集并保留这些电荷。电容器存储的电荷量与入射光子的能量成正比。

4）信号放大：当像元中的电荷积累到足够的数量时，它们被传输到图像传感器的输出电路中进行放大和处理。这个过程通常涉及使用模拟信号放大器将电荷转换为电压，并使用模数转换器（ADC）将电压转换为数字信号。

上述过程可见 CMOS 中像元的工作示意图，如图 3-8 所示。

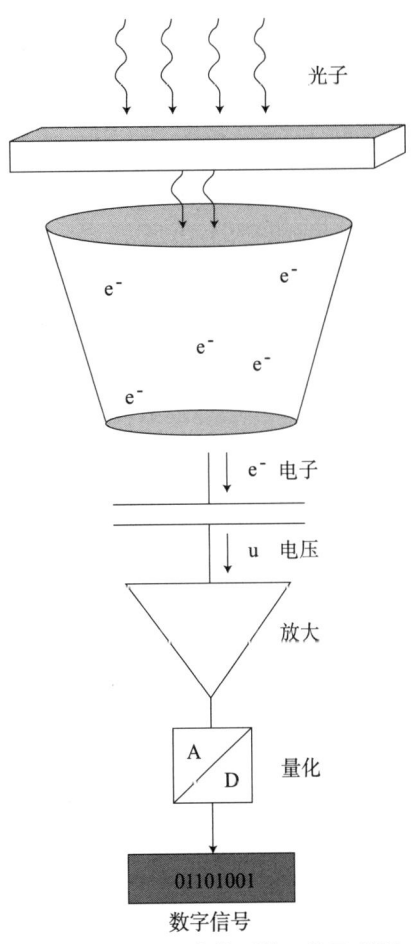

图 3-8　CMOS 中像元的工作示意图

在 CMOS 图像传感器中还包括一些电路元件,如场效应管和晶体管。这些元件用于控制图像传感器的读出方式和工作模式,以及增强传感器的灵敏度和响应速度。CMOS 图像传感器的外观如图 3-9 所示。

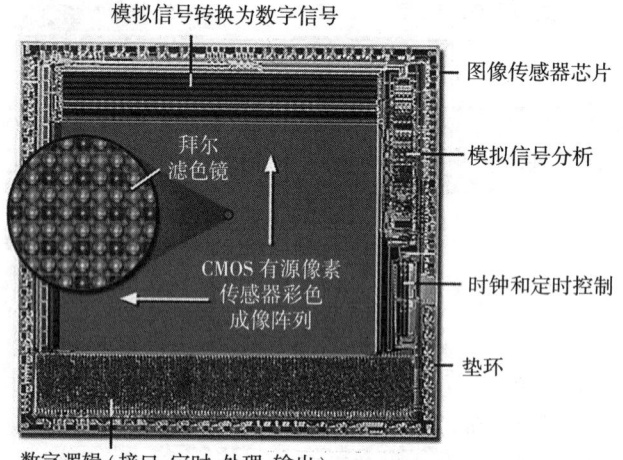

图 3-9 CMOS 图像传感器的外观

CMOS 图像传感器通常包含像元、数字逻辑电路、信号处理器、时钟控制器等。CMOS 的感光部分如图 3-10 所示。

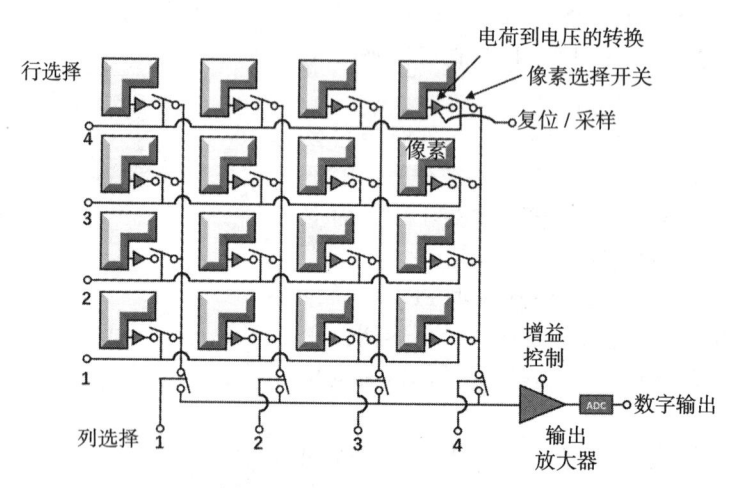

图 3-10 CMOS 的感光部分

CMOS 传感器工作时,每个像素都有与之对应的放大器和转换电路,可以直接读取和处理光信号。相对于 CCD 中电荷被顺序传输到感光区域的边缘进行读取和处理的模式,CMOS 具有更快的响应速度。

CMOS 图像传感器具有以下优点:

1)随机窗口读取能力。随机窗口读取操作是 CMOS 图像传感器在功能上优于 CCD 的一个方面，也称之为感兴趣区域选取。此外，CMOS 图像传感器的高集成特性使其很容易实现同时开多个跟踪窗口的功能。

2) 抗辐射能力。总的来说，CMOS 图像传感器潜在的抗辐射性能相对于 CCD 性能有重要增强。

3) 系统复杂程度低和可靠性高。采用 CMOS 图像传感器可以大大地简化系统硬件结构。

4) 非破坏性数据读出方式。

5) 优化的曝光控制。

值得注意的是，由于在像元结构中集成了多个功能晶体管，CMOS 图像传感器也存在着若干缺点，主要是噪声和填充率两个指标。鉴于 CMOS 图像传感器相对优越的性能，CMOS 图像传感器在各个领域得到了广泛的应用，如日常使用的智能手机大多数都是使用 CMOS 图像传感器来进行图像捕捉，相应的某些专业摄影设备可能会采用 CCD 图像传感器以获得更高的图像质量。

CCD、CMOS 图像传感器各有其特点以及相应的适用领域，具体见表 3-1。

表 3-1 CCD 图像传感器与 CMOS 图像传感器的对比

对比项目	CCD 图像传感器	CMOS 图像传感器
像元水桶模型示意图	每个像元依次测量并输出	像元中测量，可迅速输出
全名	电荷耦合器件传感器	金属氧化物半导体传感器
定义	像素被记录在芯片像元上，然后被一个一个地发送以创建图像	在每个像素上使用晶体管，电荷通过传统导线移动，每个像素都得到单独的处理
像元信号	电荷	电压
图像质量	高	稍低
图像分辨率	高	稍低
处理速度	低（因为并行数有限）	高
噪声	较小	稍高，现在差距越来越小
对光的敏感度	较高	较低
能量消耗	较多	较少
发热	较多	较少
成本	昂贵	更便宜
快门	全局快门（几乎同时捕捉所有光线）	滚动快门（从上到下分行曝光）
制造难易	复杂	简单

随着技术的不断进步和创新，可以期待 CCD 和 CMOS 图像传感器在精度、能量消耗、发热、成本和抗干扰能力等方面取得更大的突破。这将进一步推动机器视觉领域的发展，并为各种行业和应用带来更多可能性和机会。

3.2.3 彩色相机

无论是 CCD 还是 CMOS，其原理都是将光子转换为电子。像元是指图像传感器上基本的光电感受单元，用于感知和记录光信号。像素是数字图像中的最小可见单元，它是由图像传感器中的像元所表示的。在彩色图像中，每个像素通常包含多个颜色通道的值。对于这种情况，多个像元的值可以合并计算出一个像素的颜色值。为了获得 RGB 彩色图像，可以首先将光线过滤为红、绿、蓝三种光子，然后使用三个 CCD（CMOS）像元分别感光，最后成像。这种方式能获得理想的彩色图像。CCD、CMOS 彩色相机的电路结构分别如图 3-11、图 3-12 所示。

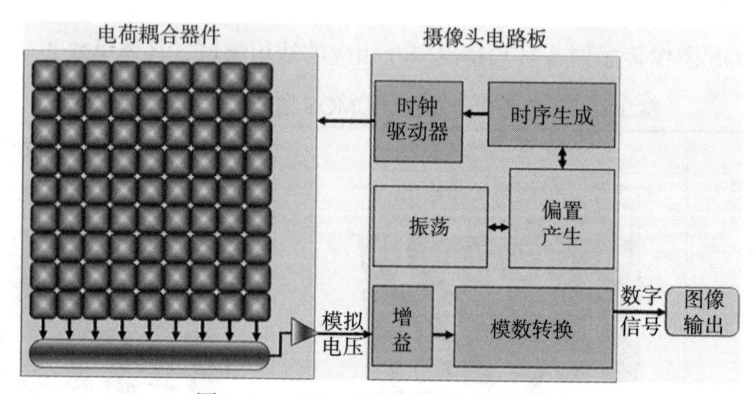

图 3-11 CCD 彩色相机的电路结构

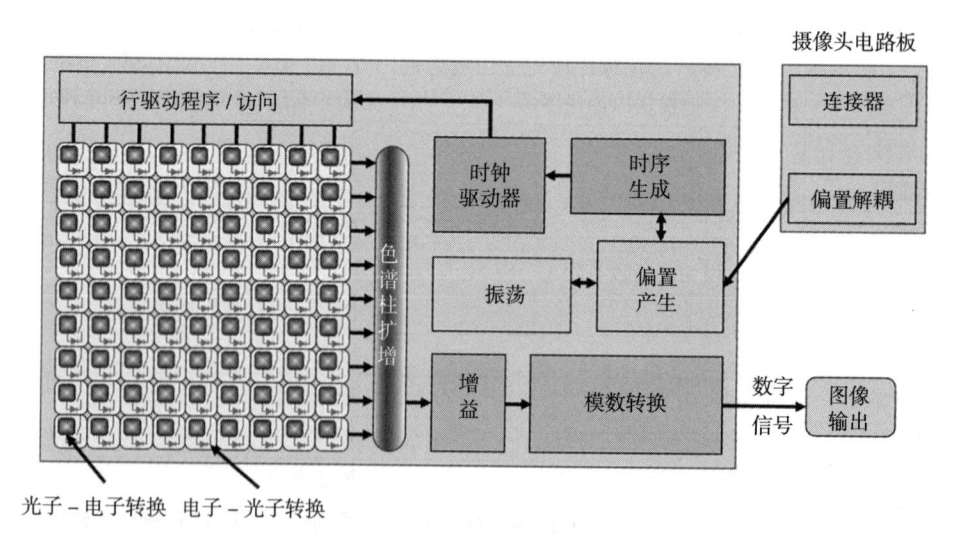

图 3-12 CMOS 彩色相机的电路结构

工业相机俗称摄像机，相比于传统的民用相机（摄像机）而言，它具有高的图像稳定性、高传输能力和高抗干扰能力等。市面上的工业相机，如海康、大华、BASLER、DAL-SA 等工业相机品牌，如图 3-13 所示，每一家的相机 SDK（Software Development Kit，软件开发工具包，是一组工具、库和文档的集合，旨在帮助开发人员创建特定软件平台、操作系统或应用程序的应用程序）都不一样。目前机器视觉工业相机都是符合自动影像协会（Automated Imaging Association，AIA）图像传输的标准。

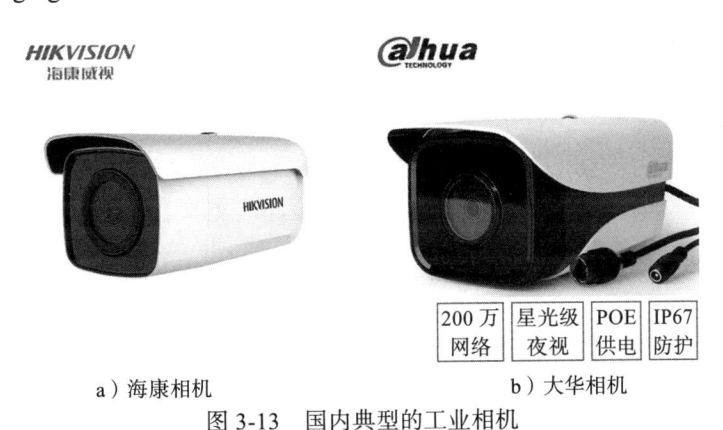

a）海康相机　　　　b）大华相机

图 3-13　国内典型的工业相机

3.2.4　深度相机

深度相机是近几年兴起的新技术，也被称之为 3D 相机，顾名思义，就是通过该相机能检测出拍摄空间的景深距离，这也是与普通摄像头最大的区别。奥比中光是我国知名的深度相机制造厂商和 3D 视觉知识开源的重要贡献者，推出了许多有关深度相机的优质科普内容。普通的彩色相机拍摄的图片能看到相机视角内的所有物体并记录下来，但是其所记录的数据不包含这些物体距离相机的距离，所得图像只是三维世界的 2D 投影，如图 3-14 所示。

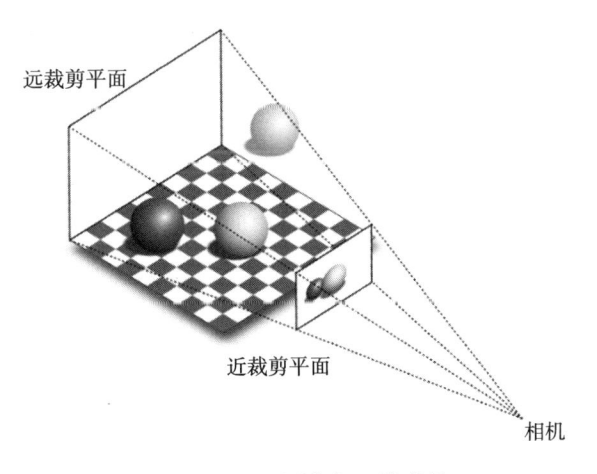

图 3-14　2D 图像与三维世界

深度相机通过使用特定的传感器和算法，能准确知道图像中每个像素点离摄像头的距离，这样加上该点在 2D 图像中的坐标，就能获取图像中各点的三维空间坐标，实现对场景的立体感知，相机坐标系模型如图 3-15 所示。

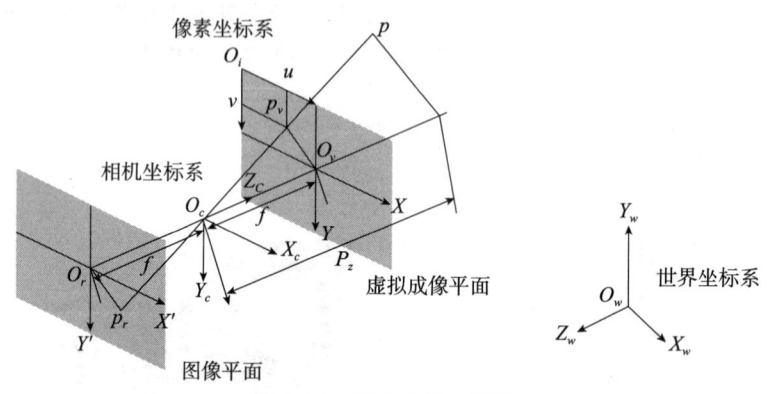

图 3-15　相机坐标系模型

为获取物体的深度信息，需要建立多个坐标系来对相机模型进行数学建模，如图 3-15 所示，包括世界坐标系、相机坐标系、图像坐标系和像素坐标系。物体所在的世界坐标系，即对应物体的三维空间信息；相机坐标系即对应以相机光心（Optical Center，也称光学中心，通常用 O 或者 O_c 表示）为原点的坐标系；根据针孔相机模型（基于小孔成像原理，如图 3-16 所示），相机成像为倒立缩小的实像。图 3-16 所示的分析过程中将实际相机复杂的镜头系统简化为一个凸透镜，没有考虑像差，同时假设相机能够清晰成像。

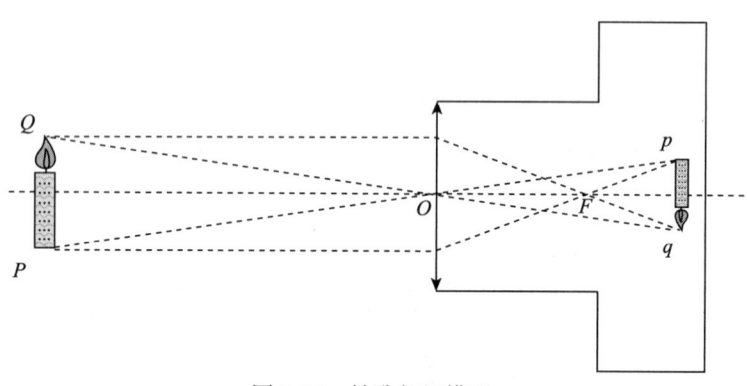

图 3-16　针孔相机模型

为了换算方便（避免正负的变换），引入了一个与实际成像平面关于光心 O_c 中心对称的虚拟成像平面，即图像坐标系。由于图像传感器（如 CCD、CMOS）中图像是以像素（数字信号）的形式输出的，因此，相机输出的图像还对应着一个像素坐标系，其中像素的值对应着像素的坐标。虚拟成像平面与像素坐标系也存在一个对应关系，通过四个坐标系就对相机成像进行了数学建模。

世界坐标系与相机坐标系的数学关系为

$$\begin{bmatrix} x_c \\ y_c \\ z_c \\ 1 \end{bmatrix} = \begin{bmatrix} \boldsymbol{R} & \boldsymbol{T} \\ \boldsymbol{0}^{\mathrm{T}} & 1 \end{bmatrix} \begin{bmatrix} x_w \\ y_w \\ z_w \\ 1 \end{bmatrix}$$

$\boldsymbol{R}$ 表示旋转矩阵（Rotation Matrix），它描述了相机坐标系与世界坐标系之间的旋转关系。旋转矩阵是一个 3×3 的矩阵，表示相机坐标系中的坐标如何旋转以与世界坐标系对齐，保持了坐标系之间的正交性和长度归一化。$\boldsymbol{T}$ 代表平移向量（Translation Vector），它是一个 3D 向量，表示相机坐标系的原点相对于世界坐标系的平移距离和方向。$\boldsymbol{0}^{\mathrm{T}}$ 表示行向量 [0，0，0]，用于确保矩阵的维度匹配，使其成为 4×4 的齐次变换矩阵。相机中心通常位于相机坐标系的原点，即相机光轴与相机传感器的交点。

相机坐标系与图像坐标系的数学关系为

$$x_u = f \frac{x_c}{z_c}$$

$$y_u = f \frac{y_c}{z_c}$$

齐次坐标下的形式为

$$\begin{bmatrix} x_u \\ y_u \\ 1 \end{bmatrix} = \frac{1}{z_c} \begin{bmatrix} f & 0 & 0 & 0 \\ 0 & f & 0 & 0 \\ 0 & 0 & 1 & 0 \end{bmatrix} \begin{bmatrix} x_c \\ y_c \\ z_c \\ 1 \end{bmatrix}$$

图像坐标系与像素坐标系的数学关系为

$$u = \frac{x}{\mathrm{d}x} + cx$$

$$v = \frac{y}{\mathrm{d}y} + cy$$

$$\begin{bmatrix} u \\ v \\ 1 \end{bmatrix} = \begin{bmatrix} \frac{1}{\mathrm{d}x} & 0 & cx \\ 0 & \frac{1}{\mathrm{d}y} & cy \\ 0 & 0 & 1 \end{bmatrix} \begin{bmatrix} x \\ y \\ 1 \end{bmatrix}$$

$\mathrm{d}x$、$\mathrm{d}y$ 表示图像单个像素的宽和高，单位为 mm/pixel。(cx,cy) 表示图像主点（光心）的像素坐标，其中主点表示光轴与相机平面（即相机坐标系平面，有时也会称为 sensor 平面，sensor 表示图像传感器）的交点。

世界坐标系与像素坐标系的数学关系为

$$z_c \begin{bmatrix} u \\ v \\ 1 \end{bmatrix} = \begin{bmatrix} \dfrac{1}{dx} & 0 & cx \\ 0 & \dfrac{1}{dy} & cy \\ 0 & 0 & 1 \end{bmatrix} \begin{bmatrix} f & 0 & 0 & 0 \\ 0 & f & 0 & 0 \\ 0 & 0 & 1 & 0 \end{bmatrix} \begin{bmatrix} \boldsymbol{R} & \boldsymbol{T} \\ \boldsymbol{0}^{\mathrm{T}} & 1 \end{bmatrix} \begin{bmatrix} x_w \\ y_w \\ z_w \\ 1 \end{bmatrix}$$

$$= \begin{bmatrix} f_x & 0 & cx & 0 \\ 0 & f_y & cy & 0 \\ 0 & 0 & 1 & 0 \end{bmatrix} \begin{bmatrix} \boldsymbol{R} & \boldsymbol{T} \\ \boldsymbol{0}^{\mathrm{T}} & 1 \end{bmatrix} \begin{bmatrix} x_w \\ y_w \\ z_w \\ 1 \end{bmatrix} = \boldsymbol{KM} \begin{bmatrix} x_w \\ y_w \\ z_w \\ 1 \end{bmatrix}$$

其中

$$f_x = \frac{f}{dx}$$

$$f_y = \frac{f}{dy}$$

内参 **K** 为

$$\boldsymbol{K} = \begin{bmatrix} f_x & 0 & cx & 0 \\ 0 & f_y & cy & 0 \\ 0 & 0 & 1 & 0 \end{bmatrix}$$

外参 **M** 为

$$\boldsymbol{M} = \begin{bmatrix} \boldsymbol{R} & \boldsymbol{T} \\ \boldsymbol{0}^{\mathrm{T}} & 1 \end{bmatrix}$$

内参是相机的固有参数，用于描述相机内部特性和成像方式，包括焦距、主点位置、畸变等信息。焦距决定了相机的视场大小和焦深。其中，视场大小指的是相机所能够捕捉到的景物范围，也可以理解为相机能够拍摄到的画面的宽度和高度。焦距越大，视场就越窄，相机所能够捕捉到的范围就越小；焦距越小，视场就越宽，相机所能够捕捉到的范围就越大。焦深指的是在一张照片中被认为是清晰的区域的范围。焦距越大，焦深就相对较浅，只有相对较近的物体才会被清晰地呈现在照片中；焦距越小，焦深就相对较深，离相机较远和较近的物体都能够被清晰地呈现在照片中。主点位置表示成像中心的位置，畸变则描述了相机镜头造成的图像形变。这些内参是相机固有的，不会随着不同场景或环境的改变而变化。

外参是相机的外部参数，用于描述相机在世界坐标系中的位置和姿态，包括相机的平移向量和旋转矩阵，表示相机在三维空间中的位置和姿态。通过外参，可以将相机坐标系与世界坐标系建立联系，从而实现将相机图像映射到真实世界中的目标位置。

相机标定是确定这些标定参数的过程，旨在建立相机图像与真实世界之间的准确映射关系。标定参数反映了空间中某物点与成像点的对应关系，它们是相机标定的结果。通常，相机的标定包括内参和外参的标定。内参通常由相机制造商提供，但在制造过程中会存在一定的误差。因此，为了获得更准确的内参，通常也会进行相机标定。简单来说，相机标定通过拍摄已知几何形状的校准板或物体，并分析其在图像中的投影来推导出内参。

因为理想的成像点与实际成像点并不重合，存在像差，所以会产生畸变。畸变是单色光学像差中的一种，也是唯一不会改变成像清晰度的像差。不同波长畸变曲线不同，也是需要进行标定的，注意需要考虑到标定波长应与相机工作波长一致。

透镜的畸变主要分为径向畸变和切向畸变。径向畸变（图 3-17）包括枕形畸变和桶形畸变，并且越向透镜边缘移动径向畸变越严重，呈中心对称。

切向畸变（图 3-18）主要是由于透镜和 CMOS 或者 CCD 传感器的安装位置误差导致的，并不能使透镜严格和成像平面平行。

通常在标定畸变，对畸变进行数学建模的时候，为了消除畸变稀疏尺度因子（基于三角形相似，与相机的焦距 f 有关），规定了一个单位焦平面（焦距 $f=1$ 且垂直于光轴面），基于单位焦平面，有以下两种畸变模型。

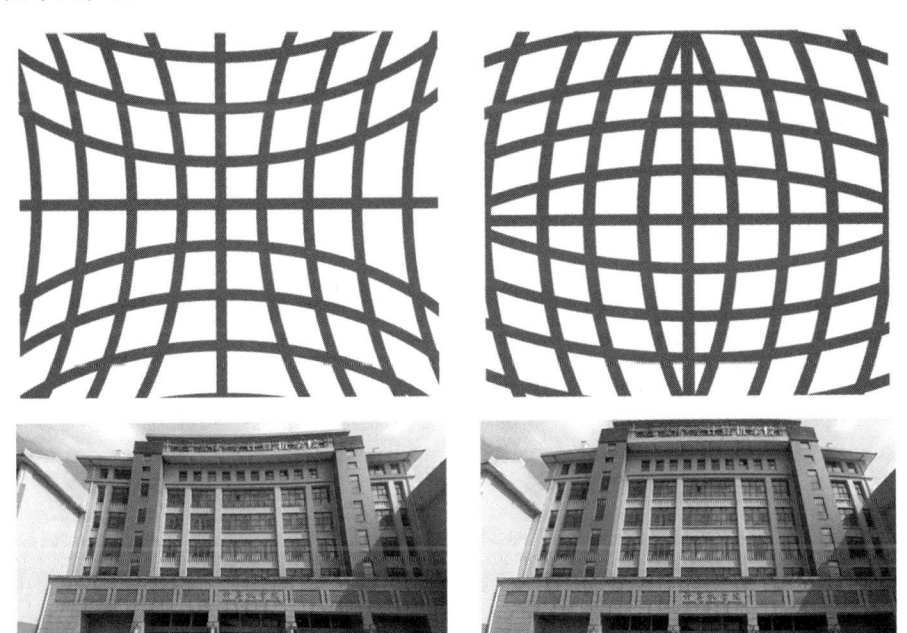

a）枕形畸变　　　　　　　　　　　b）桶形畸变

图 3-17　径向畸变

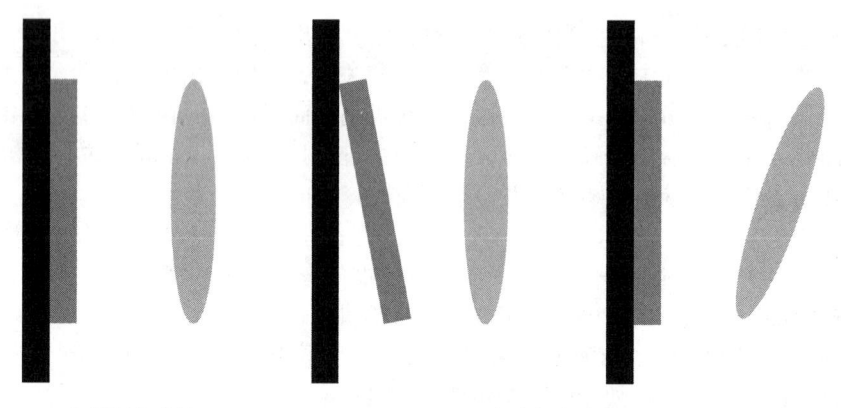

a）无切向畸变　　　　　　　　b）有切向畸变

图 3-18　切向畸变

径向畸变模型为

$$\begin{bmatrix} x_{rd} \\ y_{rd} \end{bmatrix} = \left(1 + k_1 r^2 + k_2 r^4 + k_3 r^6\right) \begin{bmatrix} x \\ y \end{bmatrix}$$

其中，$r = \sqrt{x^2 + y^2}$；(x_{rd}, y_{rd})为径向畸变后的成像点；(x, y)为理想成像点；k_1、k_2、k_3为径向畸变模型的畸变参数，通常通过标定确定。

切向畸变模型为

$$\begin{bmatrix} x_{td} \\ y_{td} \end{bmatrix} = \begin{bmatrix} x + 2p_1 xy + p_2\left(r^2 + 2x^2\right) \\ y + 2p_2 xy + p_1\left(r^2 + 2y^2\right) \end{bmatrix}$$

其中，(x_{td}, y_{td})为径向畸变后的成像点；(x, y)为理想成像点；p_1、p_2为切向畸变模型的畸变参数，可由标定确定。

相机标定技术应用广泛，在深度相机中普遍应用于图像去畸变校正以及深度计算，在双目视觉中可还应用于借助极线约束矫正，在结构光深度相机中可用于标定投影与相机之间的关系。标定技术也可以在三维重建中用于 RGB-D 对齐，在视觉 SLAM 用于标定多传感器之间姿态的关系等。

此外，深度相机的实现还依赖于多种深度感知技术，包括立体视觉（Stero Vision）、飞行时间（Time-Of-Light，TOF）、结构光（Structured Light）等。与之对应，目前市面上常用的深度相机方案主要有以下三种。

1）立体视觉是一种模拟人类双眼视觉的深度感知技术，它使用两个或多个摄像头同时捕捉场景的图像。通常使用两个摄像头（一般称为左右眼摄像头）捕捉场景图像，然后通过分析两个图像之间的视差（左右图像中对应点的像素偏移量），计算出物体的深度信息。这种方法利用了视差与物体距离之间的几何关系，可以提供精确的深度测量结果。立体视觉技术在计算机视觉和机器人领域得到了广泛应用，它不依赖于特殊的光源或编码，而是通过图像间的几何关系进行深度推断。代表公司有 ZED、LEAP MOTION、大疆（无人机）等。

2）结构光是一种常用的深度感知技术，它通过投射特定的光纹或编码图案到场景上，然后利用相机捕捉被光纹或编码图案反射、变形后的图像，从而推断物体的深度信息。结构光通常需要使用一种光源（如激光器）和一个投影系统来生成光纹或编码图案，同时配合摄像头来捕捉图像。通过分析投射前后的图像变化，可以计算出物体表面每个像素点的深度值。代表公司有奥比中光、苹果（Prime Sense）、微软（Microsoft Kinect）、英特尔（Intel Real Sense）等。

3）飞行时间技术是一种基于光的深度感知技术，它通过测量光从发射到接收所需的时间来计算物体的距离。TOF 相机通常使用一个光源发射脉冲光，然后通过接收器来接收被物体表面反射的光，并测量出光飞行的时间。通过将测量的时间与光速相乘，可以得到物体与相机之间的距离。TOF 技术具有快速获取深度信息的优势，并且对于不同材质的物体也具有一定的适应性。代表产品有微软的 Azure Kinect DK、奥比中光的 Femto、联想 PHAB 等。

需要注意的是，每种技术都有其独特的优点和应用场景。同时，深度相机的硬件设计也需要考虑传感器、光源、镜头和图像处理单元等多个因素，以实现高质量的深度图像获取和处理。

1. 双目深度相机

双目立体视觉（Binocular Stereo Vision）是立体视觉的一种重要形式，其工作原理基于视差与物体距离之间的几何关系。当一个物体位于不同距离上时，它在左右两个摄像头图像中的位置会有所差异。通过测量这种差异，可以推断出物体的深度以获取物体三维几何信息。这种推断过程依赖于摄像头的准确标定和图像的匹配。理想情况下，左右相机位于同一平面（光轴平行），并且有相同的相机参数（如焦距 f），如图 3-19 所示。

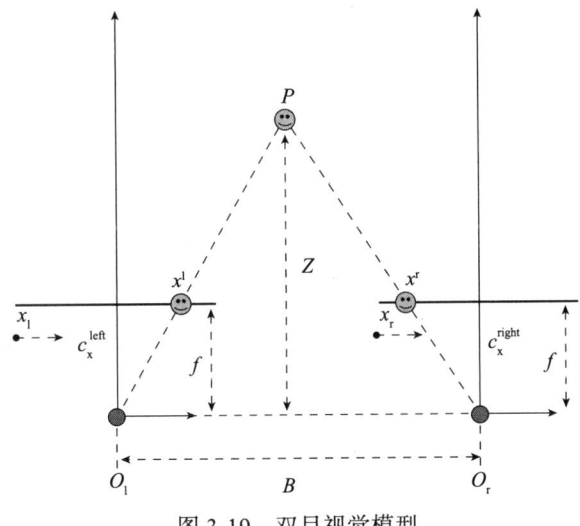

图 3-19 双目视觉模型

根据三角测量原理（核心是三角形相似），空间一点 $P(x, y, z)$ 在左相机中的像点坐标为 (x^l, y^l)，在右相机中的像点坐标为 (x^r, y^r)，点 P 离相机的距离（深度）$Z = fB/d$。可以发现，如果要计算深度 Z，必须要知道：

1）相机焦距 f 和左右相机基线距离 B。这些参数可以通过先验信息或者相机标定得到。

2）视差 d。需要知道左相机的每个像素点 (x^l, y^l) 和右相机中对应点 (x^r, y^r) 的对应关系，在此处可以表示为 $d = x^l - x^r$。这是双目视觉的核心问题。

对于左图中的一个像素点，因为有极线约束的存在，并不需要在整个图像中地毯式搜索一个个匹配。极线约束对于求解图像对中像素点的对应关系非常重要。如图 3-20 所示，C_1、C_2 是两个相机，M 是空间中的一个点，M 和两个相机 C_1、C_2 中心点形成了三维空间中的一个平面 MC_1C_2，称为极平面（Epipolar Plane）。极平面和两幅图像相交于两条直线，这两条直线称为极线（Epipolar Line）。极线约束就是指当同一个空间点在两幅图像上分别成像时，已知左图投影点，那么对应右图投影点一定在相对于左图投射点的极线上，即 l_1 与 l_2 对应，即对应到图 3-20 的左部分中只需要在对应极线上去找匹配点，这样可以极大地缩小匹配范围。特殊情况下，还可以进行极线矫正来处理左右图像难以行对齐的问题。

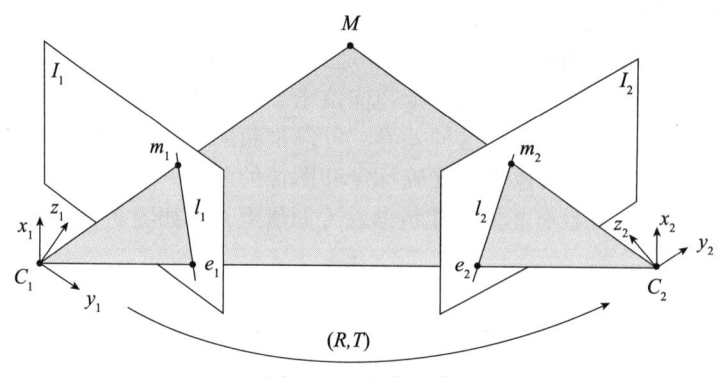

图 3-20　极线约束

此外，左右成像面还可能存在不平行的可能，这时候就需要进行图像校正（Image Rectification）。图像校正是通过分别对两张图片用单应矩阵变换（可以通过标定获得）得到的，目的就是把两个不同方向的图像平面（图 3-21 中的灰色平面）重新投影到同一个平面且光轴互相平行（图 3-21 中的黄色平面），这样就可以使用前面理想情况下的模型，且两个相机的极线也变成水平的。

上述所提到的对于左图中的一个点，沿着水平极线在右图中寻找最佳匹配像素点的过程，虽然在理论上看起来简单，但在实际操作中确实存在一些困难。这是因为上述过程建立在一些理想假设的基础上，而在实际情况下很难完全满足这些假设。因此，在像素点匹配过程中会遇到一些问题，包括以下几个方面。

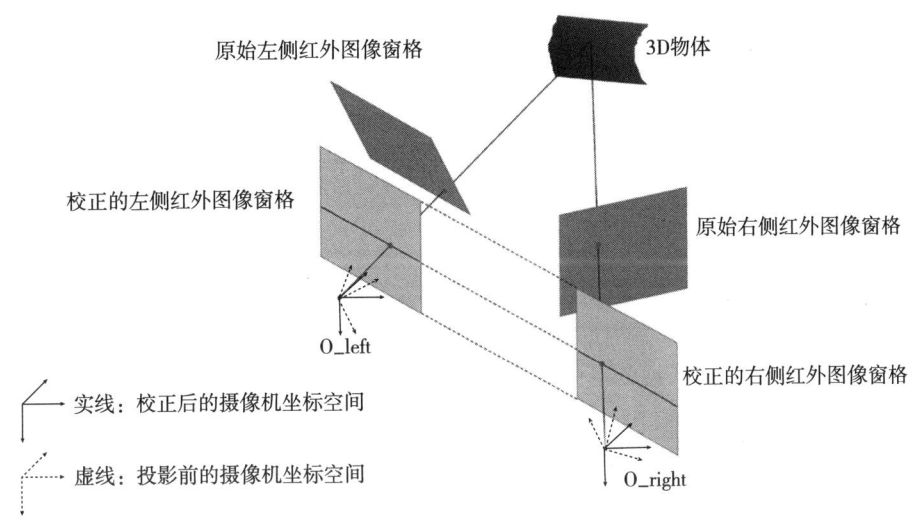

图 3-21 图像校正

1）相机参数和几何关系的不准确性：要求两个相机完全共面且参数一致是非常困难的，实际情况下存在一定的误差。这会导致图像间的几何畸变，使得匹配过程变得复杂。

2）误差累积：在进行像素点匹配时，计算过程中会引入一些误差，如相机标定的误差、匹配算法的误差等。这些误差会在匹配过程中累积，进一步增加匹配的困难。

3）鲁棒性问题：单个像素点的比较很容易受到光照变化和视角不同的影响。这意味着即使两个相似的像素在不同图像中有微小的差异，也可能导致匹配错误。

为了解决上述问题，需要采用立体匹配技术。其中一种常用的方法是使用滑动窗口进行匹配。具体来说，对于左图中的一个像素点，可以在右图中以同样尺寸的滑动窗口范围内计算像素相似度。相似度的度量方法有很多种，如误差平方和法（Sum of Squared Differences，SSD）。通过计算相似度，可以在右图中找到与左图中像素最匹配的位置。如图 3-22 所示，SSD 曲线显示了计算结果，SSD 值最小的位置对应的像素点就是最佳的匹配结果。

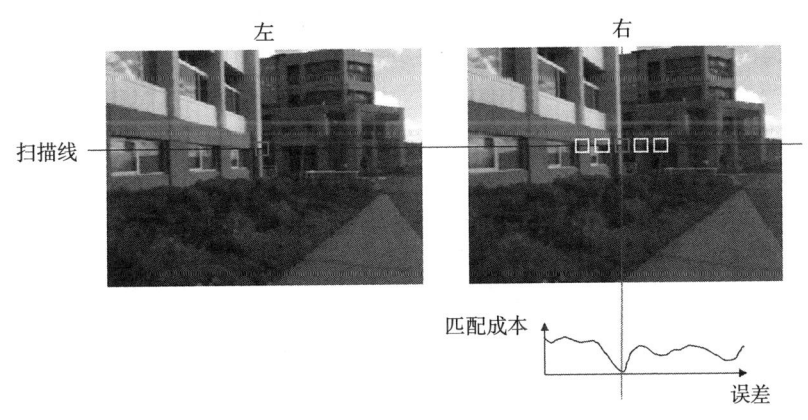

图 3-22 滑动窗口匹配

双目深度相机获取立体视觉的关键步骤总结如下。

1）摄像头标定：需要对左右摄像头进行准确的标定，得到畸变参数和相机基线距离、焦距等参数，以确定其相对位置和朝向关系。标定过程通常涉及拍摄特定的标定图案，并通过计算几何关系来估计摄像头之间的转换矩阵。

2）图像匹配：左右摄像头捕捉到的图像需要进行匹配，即找到左右图像中对应的像素点。图像匹配的准确度是深度信息准确度的关键。

3）视差计算：通过对左右图像中匹配点的像素偏移量进行计算，可以得到视差图像。视差图像中的每个像素点对应着场景中物体的深度值，视差越大表示物体距离摄像头越近，视差越小表示物体距离摄像头越远。这种差异与物体的远近距离成反比，就像会觉得距离近的物体移动的更多，无限远的物体几乎不动一样。

4）深度计算：利用视差和摄像头的几何参数，可以根据三角测量原理计算出物体的深度值。这些计算可以通过校准和校正来提高精度和准确性。

由 $Z = fB/d$ 可以得到 $|\partial Z| = \frac{z^2}{fB}|\partial d|$，可以总结出双目立体视觉精度的特点：匹配误差 ∂d 越小，深度误差 ∂Z 越小；深度 Z 估计的误差与被测目标的深度值 Z 的平方成正比；增大焦距或者增大基线距离都会让双目视觉精度增加。相对于其他深度相机，双目深度相机的主要优点有：

1）不需要结构光、TOF 的发射器和接收器，因此硬件成本低。相机采用普通 CMOS 相机即可。

2）依靠自然光，可在室内外使用。

3）无移动部件，仅由两张彩色照片获得深度信息，分辨率和采样密度没有限制，如果想增加分辨率，虽然会使得算法计算量增加，校正过程也变得烦琐，但并不存在物理性限制。

但是，双目深度相机的缺点也是非常明显：

1）对环境光照非常敏感。光线变化导致图像偏差大，进而会导致匹配失败或精度低。

2）不适用单调缺乏纹理的场景。双目的准确性受表面纹理影响，成像非常依赖物体表面的纹理，所以双目适用于纹理丰富的场景，或者采用主动成像的方法——用带有图案的结构光投影，通过反射回来的变形图案来解决对应点匹配的问题。双目深度相机在测绘和安保领域有重要作用，因为在这些工作场景纹理信息很丰富。

3）计算复杂度高。双目深度相机采用纯视觉的方法，对算法要求高，计算量较大。

4）相机基线距离 B 限制了测量范围。测量范围和基线距离（两个摄像头间距）成正比，导致无法小型化。

另外，立体匹配技术中也存在一些技术难点，至今仍未被完全解决，包括有颜色/亮度差异和噪声、镜面反射、倾斜面、透视变形、弱纹理区域、重复纹理、透明物体、遮挡和深度不连续等。透明物体的影响，如图 3-23 所示：在机器人避障时，如果由透明物体挡在前面，则极有可能智能感知到透明物体后物体的深度，而感知不到透明物体的存在，从而造成避障失败，对应图 3-23 中就极有可能出现机器人撞上玻璃瓶的情况。

下面列举几款目前市场上较为先进的双目深度相机。

ZED 公司的双目深度相机 ZED X 和 ZED X Mini，如图 3-24 所示。SDK 为 ZED SDK2.0。

图 3-23　透明物体的影响

图 3-24　ZED X 和 ZED X Mini

相关的产品参数见表 3-2。

表 3-2　ZED X 与 ZED X Mini 产品参数

参数	ZED X	ZED X Mini
深度范围	0.5～20m	0.1～10m
基线距离 B	12cm	5cm
图像分辨率 @ 帧率	1920×1200@60/30fps	1920×1200@60/30fps
深度 FOV	110°（H）×80°（V）×120°（D）	110°（H）×80°（V）×120°（D）
整体尺寸	164 mm×32 mm×37mm	94 mm×32 mm×37mm
适用范围	中距离（推荐 0.5～12m）	短距离（推荐 0.1～6m）

视场（Field of View，FOV）指相机能够观察到的范围或角度。它表示相机能够看到的水平（H）和垂直（V）的角度范围，以及深度（D）的角度范围（如果适用）。110（H）°×80°（V）×120°（D）表示相机的水平视场角为 110°，垂直视场角为 80°，深度视场角为 120°。这意味着相机可以水平方向上捕捉到 110°范围内的景象，垂直方向上捕捉到 80°范围内的景象，并且在深度方向上可以捕捉到 120°范围内的景象。

双目深度相机 Intel RealSense D455，如图 3-25 所示，同系列的还有 D415、D435、D455 等，SDK 是 Intel RealSense SDK2.0，支持最高 120fps、分辨率为 4096×2160 像素的彩色图像和最高 90fps、分辨率为 960×600 像素的深度图像。

图 3-25　Intel RealSense D455

Intel RealSense D455 产品参数见表 3-3。

表 3-3　Intel RealSense D455 产品参数

产品参数	Intel RealSense D455
深度范围	0.6～6m
深度分辨率 @ 帧率	1280×800@30fps
图像分辨率 @ 帧率	4096×2160@90fps
深度 FOV	90°（H）×65°（V）
整体尺寸	124 mm × 26 mm × 29mm
适用场景	室内/室外

2. 结构光深度相机

结构光深度相机是一种利用结构光技术实现深度感知的相机系统。简单来说，它通过投射特定的光纹或编码图案等到场景上，并利用相机捕捉被光纹或编码图案反射、变形后的图像，从而推断物体的深度信息。结构光深度相机与双目深度相机获取深度信息的基本原理相似，都是三角测量原理（图 3-26）：已知底边与两底角求三角形的高，底边 AB 为基线长度，底角 $\angle B$ 为针孔成像模型，底角 $\angle A$ 为激光发射器模型。

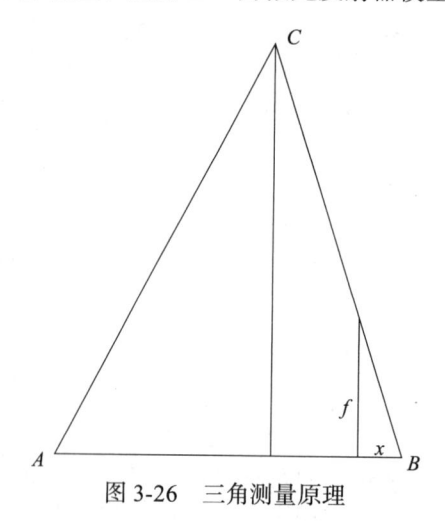

图 3-26　三角测量原理

常见的结构光系统包括点结构光、线结构光和面结构光系统。

（1）点结构光系统　激光器发射一束激光打在物体上，然后通过相机成像，如图 3-27 所示，拍到一个光点，从光点上解算出物体上一点的三维信息，为了获取物体完整的三维信息，一般会让物体和相机做相对运动。让物体在相机的视野范围内进行运动，通过捕捉物体在不同位置或角度的成像，获得物体不同部分的三维信息，这种方法适用于相机固定不动的情况。通过激光振镜让激光在物体上进行扫描，通过激光在不同位置扫描到的光点，可以获取物体表面各个点的三维信息，这种方法适用于相机和物体都保持相对静止的情况。

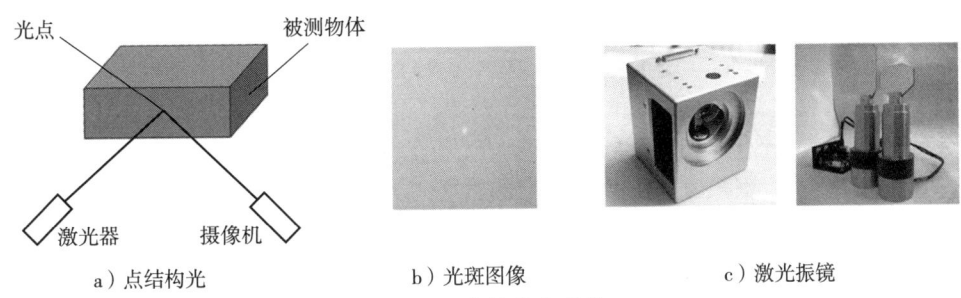

图 3-27 点结构光系统
- a）点结构光
- b）光斑图像
- c）激光振镜

（2）线结构光系统　线结构光系统使用激光器发射一条或多条光线，将这些光线投射到物体表面上形成一系列线条图案。为了获取物体完整的三维信息，同样也可以让物体和相机做相对运动，或者依次打出多个激光平面，对多个光条进行扫描，如图 3-28 所示。

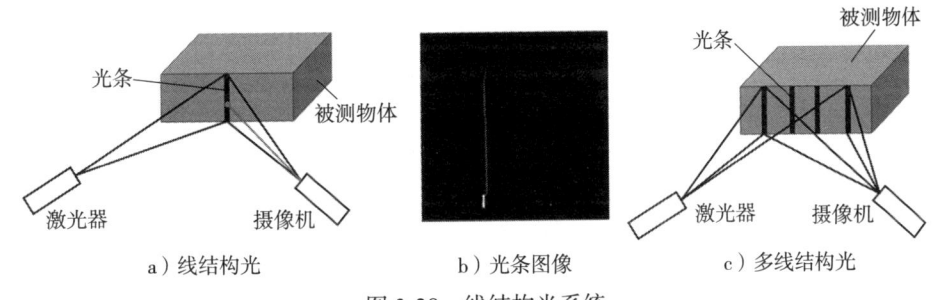

图 3-28 线结构光系统
- a）线结构光
- b）光条图像
- c）多线结构光

（3）面结构光系统　面结构光系统使用投影仪或光源阵列发射结构化的光图案，如格点或条纹图案，将其投射到物体表面上。在面结构光系统中，经典的有利用相位信息对空间进行编码的条纹编码结构光系统，如图 3-29 所示。

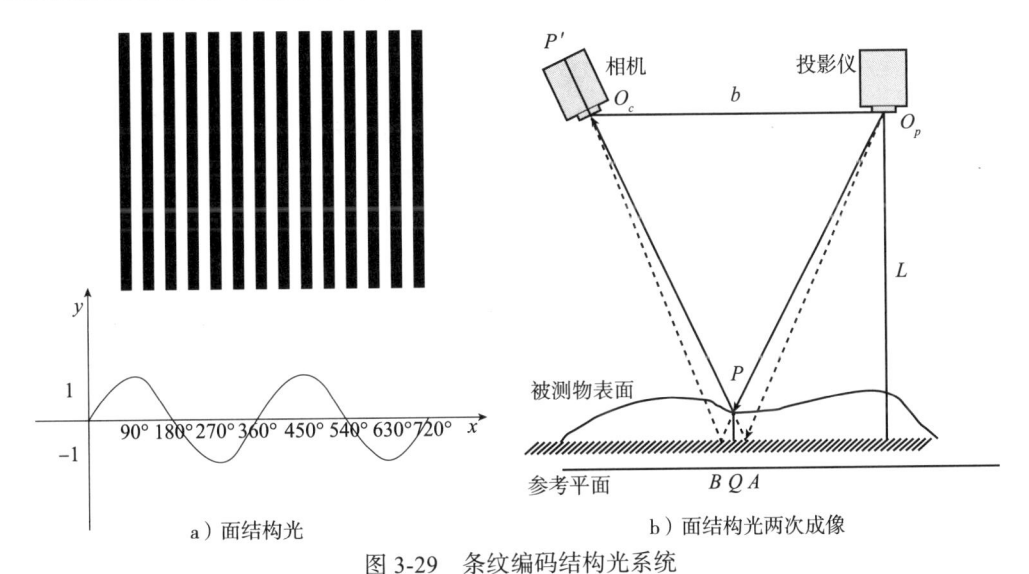

图 3-29 条纹编码结构光系统
- a）面结构光
- b）面结构光两次成像

条纹编码结构光系统利用正弦分布的灰度值和相位差信息对空间进行编码。在该系统中，水平方向上的灰度值呈现正弦分布，其中波峰对应最亮点（白色），波谷对应最暗点（黑色）。同时，通过对参考平面和物体进行成像，可以获取相位差信息。条纹编码结构光系统会两次或多次成像以获取准确的相位差信息，以两次成像为例（图 3-29b）：第一次成像是对参考平面进行成像（图中 ABQ 所在的平面），第二次成像是对参考平面以及在参考平面上的物体进行成像（对图中的 P 点进行成像）。对比两次成像差异信息（相位差），利用条纹信息（投影仪投射光的波长 λ 等）以及相位差解算出视差 b，进而求得待测点三维空间坐标，这里同样利用了三角形相似的相关结论。这里得到相位 – 高度模型如下：

$$|AB| = \frac{\varphi_B - \varphi_A}{2\pi} \lambda$$

$$|PQ| = \frac{|AB|L}{b + |AB|}$$

$$|PQ| = \frac{(\varphi_B - \varphi_A)L}{\frac{2\pi b}{\lambda} + \varphi_B - \varphi_A}$$

在利用不同相位的条纹三次（或多次）成像时则需要利用相应的三步相移（或其他）方法进行相位解算。

此外，还可以利用投影仪投射具有一定分布的条纹编码图案的结构光，如散斑结构光。散斑结构光系统包括发射和接收两个部分，如图 3-30a 所示。TX（Transmitter）部分：发射组件，通常包括一个光源和一个投影系统；如图 3-30b 所示，多个入射激光光点经过 DOE 结构（光栅）进行复制，形成具有一定分布的条纹编码图案。

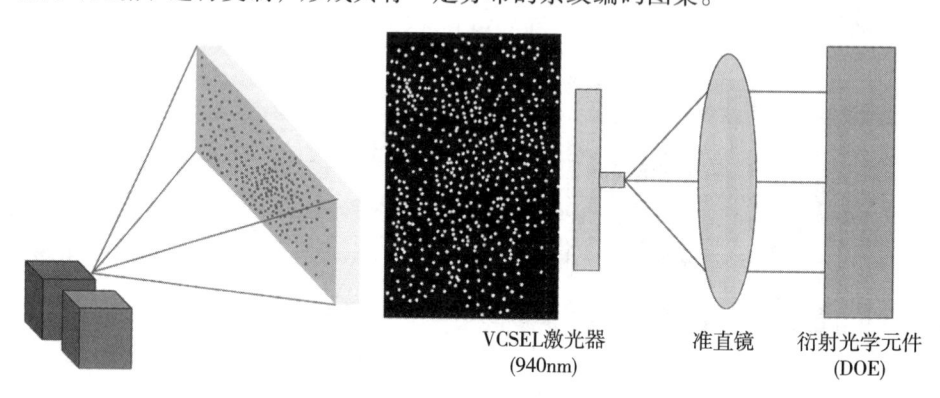

VCSEL激光器
(940nm)

准直镜

衍射光学元件
(DOE)

a）散斑结构光系统　　　　　　b）散斑结构光系统发射织件 TX

图 3-30　散斑结构光系统与发射组件 TX

RX（Receiver）部分：接收组件。接收组件用于接收从场景中反射回来的结构光。这些反射光会携带场景表面的形状和深度信息。接收组件可以是一个相机或其他光学传感器。图像采集系统会记录这些反射光的信息，包括条纹编码的图案和其在场景上的变形。RX 结构如图 3-31 所示。

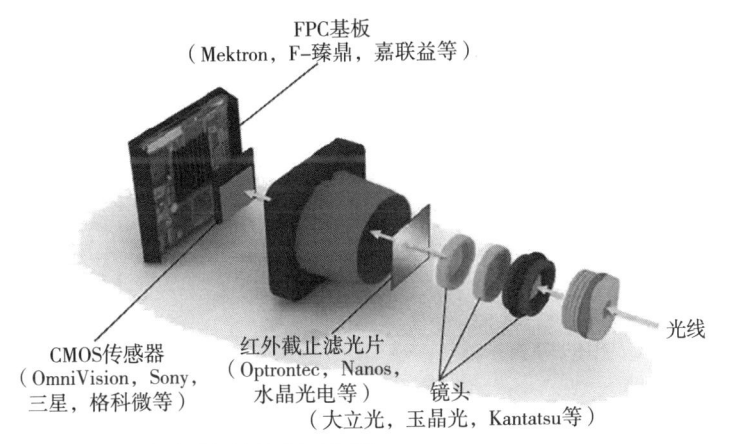

图 3-31 散斑结构光系统发射组件 RX 结构

散斑结构光系统的工作流程如图 3-32 所示。

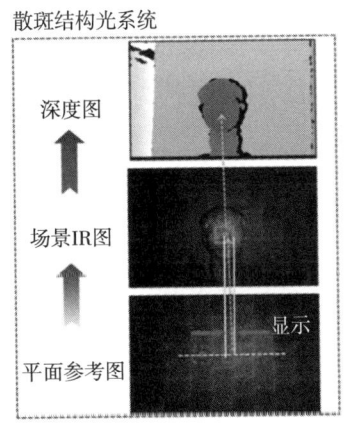

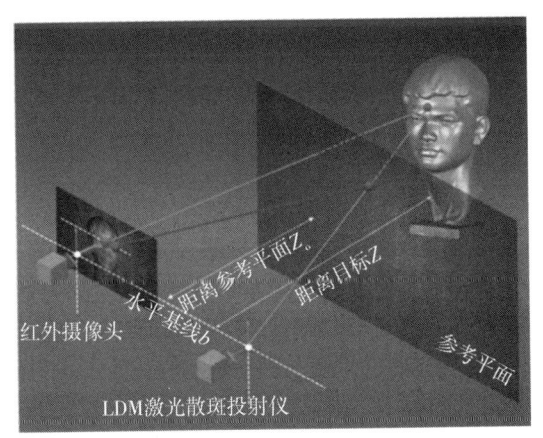

图 3-32 散斑结构光系统的工作流程

激光投射装置投影仪向测量空间内投射散斑场图像，当没有待测物体时，会向一个参考平面投射散斑，相机成像得到平面参考图。当有测量物体时，散斑投射到物体上，由于待测物体有一定的深度分布，散斑在这些位置就被这些深度所调制，然后成像得到场景 IR 图。由视差图得到深度图，最终得到点云（对应物体各点的三维空间坐标），这个过程即对应世界坐标系与像素坐标系的转换。

散斑结构光系统中的散斑分布在不同位置上的确是不一样的，而且一个散斑可以编码整个空间而不仅仅是一个点的三维坐标，这意味着即使在没有散斑的区域，由于周围区域存在散斑，理论上也可以解算出对应的三维信息。散斑结构光系统中散斑的分布是基于散斑干涉现象产生的，而散斑干涉的结果受到物体表面形状和光的干涉引起的相位变化的影响。散斑分布的随机性导致了每个散斑与特定的空间位置之间存在着一对一的映射关系，这使得散斑结构光系统能够对场景中的不同位置进行精确的三维测量和重建。

需要注意的是，散斑结构光系统的设计和算法会考虑到散斑的分布特性以及相位变化的解算方法，以实现准确的三维信息获取。具体的系统实现可能会采用不同的技术和算法来优化结果的准确性和稳定性。

散斑结构光系统简化的数学模型如图 3-33 所示。

根据 △RKC 与 △R_1K_1C 相似可得

$$\frac{R_1K_1}{RK} = \frac{f}{z_0}$$

根据 △OKR 与 △OCP 相似可得

$$\frac{RK}{b} = \frac{z - z_0}{z}$$

R_1K_1 即为视差 d，因此深度公式为

$$z = \frac{z_0}{1 + \frac{z_0}{fb}d}$$

（4）结构光深度相机的深度值质量评估　结构光系统的精度特性为精度随距离平方衰减（这点与双目深度相机相似），具体公式如下

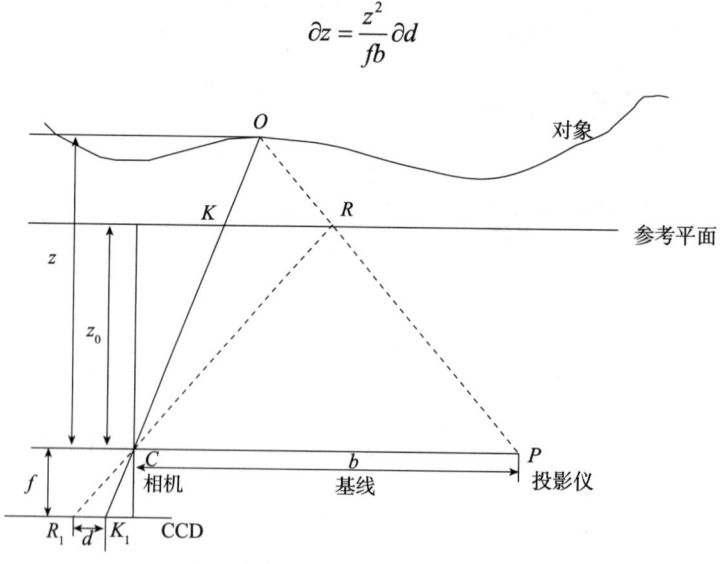

$$\partial z = \frac{z^2}{fb}\partial d$$

图 3-33　散斑结构光系统简化的数学模型

结构光的优点主要有：
1）方案成熟，相机基线可以做的比较小，方便小型化。
2）资源消耗较低，单帧 IR 图就可计算出深度图，功耗低。
3）主动光源，夜晚也可使用。
4）在一定范围内精度高，分辨率高，分辨率可达 1280×1024 像素，帧率可达 60fps。

散斑结构光的缺点与结构光类似：
1）容易受环境光干扰，室外体验差。
2）随检测距离增加，精度会变差。

由于结构光深度图在边缘会有一些空洞或者一些其他的杂点，通常评估精度的时候更多的关注中间区域，81%FOV 指的就是 0.9 倍的宽（Width）和 0.9 倍的高（Height），如图 3-34 所示。

兴趣区域（Region of Interest，ROI）指在图像或场景中选择的感兴趣的特定区域。由于边缘会存在畸变，通常也是选取中间的某些区域进行划分，如图 3-35 所示。

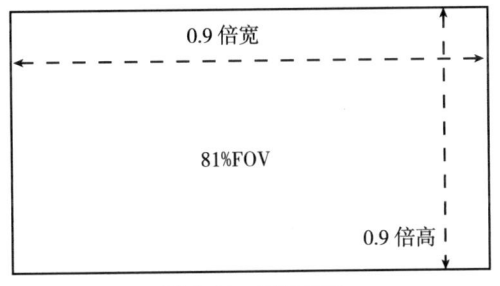

图 3-34　81%FOV

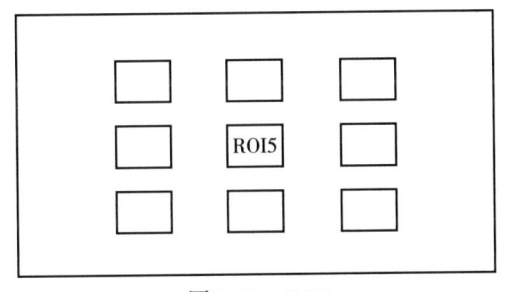

图 3-35　ROI

测量方法：在指定距离拍摄平面深度图。绝对精度：指定 FOV/ROI 区域距离平均值与真值之差。相对精度：指定 FOV/ROI 区域，深度转点云，点云拟合平面，计算所有点到平面距离的标准差。帧间跳动/时间精度：同一平面连续采集 N 帧图像，得到深度图序列，指定 FOV/ROI 区域，在区域内逐点计算其深度值序列的标准差，计算区域内所有点标准差的均值。

下面介绍两款结构光深度相机。

1）Kinect v1：Kinect v1 如图 3-36 所示，其深度传感器采用了光编码的方式，读取投射的红外线图片，通过图片的变形来取得深度的信息。Kinect v1 目前已停产，却是一种经典的结构光深度相机。

图 3-36　Kinect v1

2）奥比中光（Orbbec）双目结构光深度相机 Gemini2，如图 3-37a 所示，SDK 为 Orbbec SDK。

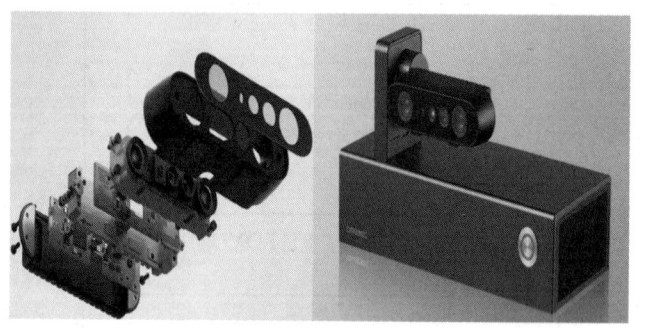

a）Orbbec Gemini 2　　b）Orbbec Persee N1

图 3-37　双目结构光深度相机

Orbbec Persee N1 是奥比中光与英伟达合作开发的 3D 开发套件，结合了性能卓越、便捷易用的双目结构光相机 Orbbec Gemini2 和支持海量开源项目的 NVIDIA Jetson Nano 算力平台，如图 3-37b 所示。其产品参数见表 3-4。

表 3-4　Orbbec Gemini 2 3D 开发套件的产品参数

适用环境	室内
算力平台	英伟达 Jetson Nano
深度技术	双目结构光
工作范围	0.15～10m
推荐工作范围	0.2～5m
IMU	三轴线加速度 + 三轴角速度
UVC 相机	支持 USB 3.0 & USB 2.0
基础 SDK	Orbbec SDK

(续)

适用环境	室内
算法 SDK	Orbbec Face Reconstruction SDK
双目基线	50mm
REMS 相对精度	≤2%（1280×800@2m&81%ROI）
最小深度 *1 （Min-Z）	深度图像：0.15m LDP: 1mm
深度工作模式	Unbinned Dense Default: 精度和质量优先 Unbinned Sparse Default: 平衡质量与功耗，提升低反和半室外效果 Binned Sparse Default: 低功耗，小盲区，高帧率
深度 FOV*2	H:91° /V:66° /D: 101°±3° @2m
深度图像分辨率 @ 帧率 *3	1280×800@30fps 640×400@60fps
深度传感器快门方式	全局快门
彩色相机 FOV*2	16:9 H:86° /V:55° /H:94° ±3° 4:3 H:63° /V:50° /D: 75° ±3°
彩色图像分辨率 @ 帧率 *4	1920×1080@30fps 1280×720@60fps
彩色传感器快门方式	卷帘快门

3.TOF 深度相机

TOF 深度相机基于光飞行时间原理的深度感知技术。它通过测量从相机光发射组件发射光到接收被物体表面反射的光所需的时间，来计算物体与相机之间的距离，如图 3-38 所示。

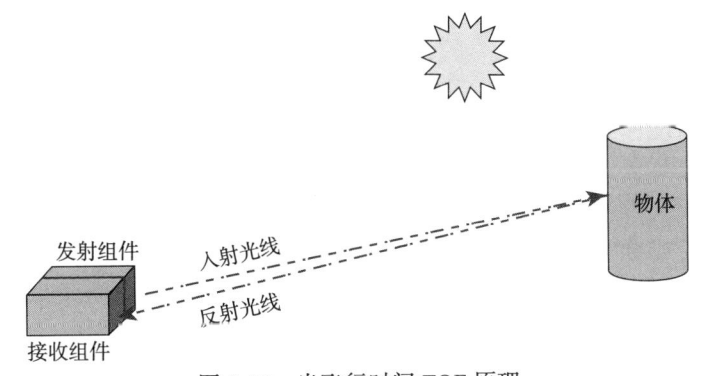

图 3-38　光飞行时间 TOF 原理

TOF 测距基本原理为

$$d = \frac{ct}{2}$$

具体而言，就是通过给目标连续发射激光脉冲，然后用传感器接收反射光线，通过探测光脉冲的飞行往返时间来得到确切的目标物距离。TOF 原理与基于三角测量原理的结构光 / 双目是有明显区别的，如图 3-39 所示。

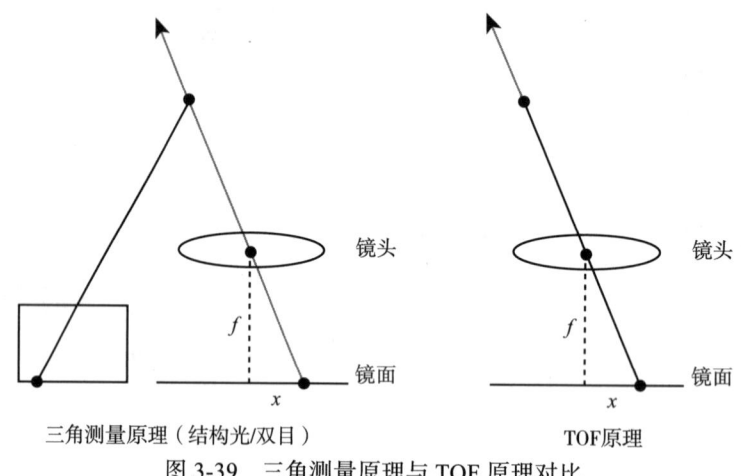

图 3-39　三角测量原理与 TOF 原理对比

TOF 分为直接测光飞行时间的 DTOF 和通过检测一定手段调制后的光波的相位偏移等来间接测量的 ITOF。

（1）DTOF　DTOF 系统构成：①单光子雪崩二极管（Single Photon Avalanche Diode, SPAD）。SPAD 是 DTOF 系统中的核心光电转换组件，具有非常高的光电转换效率，能够对单个光子到达接收器件的事件进行响应。这意味着一个光子就足以触发光电响应，使得 DTOF 系统具有非常高的灵敏度。SPAD 的高灵敏度使得系统能够接收和检测来自被测物体反射的弱光信号。②时间数字转换器（Time to Digital Converter, TDC）。TDC 是用于测量光飞行时间的关键器件，它可以将光信号接收到的时间转换为数字信号，实现对光飞行时间的精确测量。TDC 的核心技术是时间相关单光子计数法，通过记录光信号的到达时间和触发时间之间的时间差，计算出光信号的飞行时间。TOF 系统工作原理如图 3-40 所示。

一束脉冲波（包含很多个光子）被发射后，它会打到目标物体并返回到接收器件。由于 SPAD 的高灵敏度，当一群光子到达接收器件时，由于各种因素的影响，光子的到达并不是瞬间发生的，而是在一个持续的、相对较短的时间内发生。SPAD 会记录下这段时间内光子到达的情况，形成一个直方图，其中记录了每个瞬间到达接收器件的光子数量。通过分析直方图，可以确定直方图的峰值所对应的主要到达时刻，即认定为脉冲波返回的主要光子到达时刻。这个主要到达时刻与脉冲波的发射时刻之间的时间差即为光的飞行时间。根据光的速度和飞行时间的关系，可以进行测距计算，从而实现直接测量的手段。

DTOF 对器件本身的性能有很高的要求，现阶段 DTOF 整体的图像分辨率并不是很高。一个主要原因就是这种 SPAD 做成集成的阵列在工艺上有一定难度，不过近些年 DTOF 的成像分辨率在提升，有在朝着可大规模推广的方向发展。

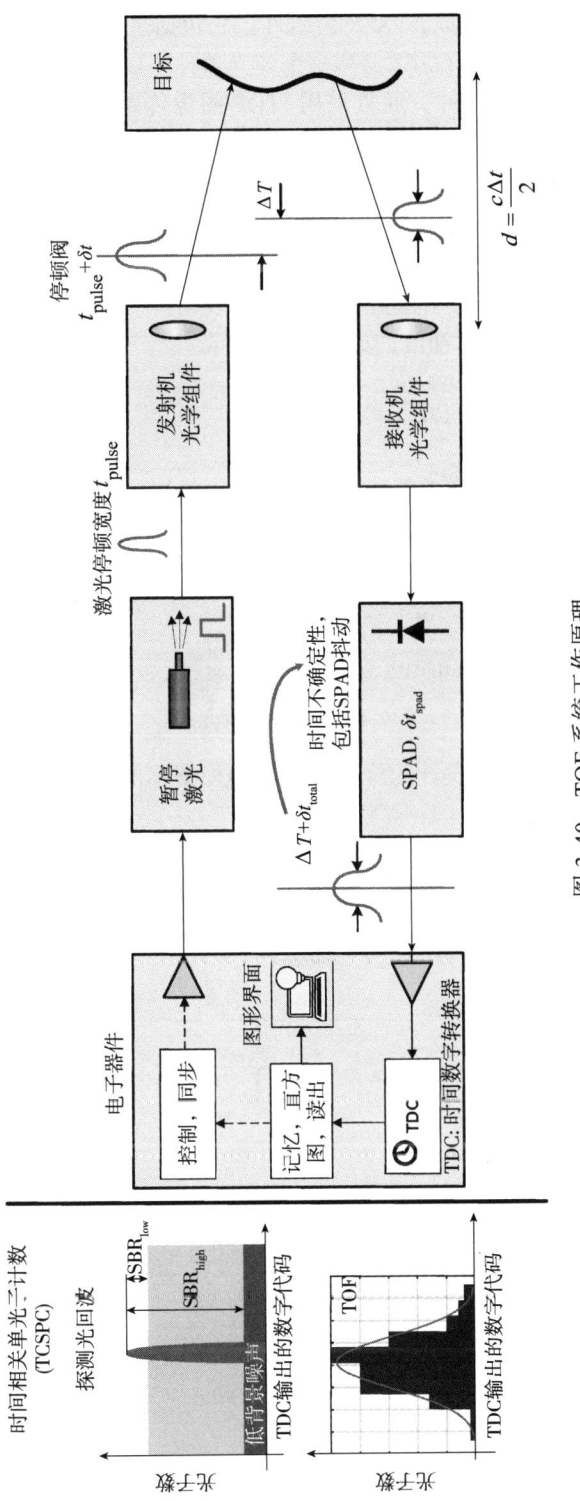

图 3-40 TOF 系统工作原理

（2）ITOF　ITOF 系统构成：TX 发射组件，它包括垂直腔面发射激光器（Vertical Cavity Surface Emitting Laser，VCSEL）和一个匀光器件（Diffuser）。VCSEL 是主动光源，用于发射激光光束；RX 接受组件，通常采用 ITOF 图像传感器作为接收器件；驱动电路，用来提供高频控制时序的电路，用于控制发射组件的工作模式和调制方式。

发射组件 TX 包括 VCSEL 和一个匀光源的匀光器件，主要作用是发射具备特定调制模式（高频正弦波、脉冲波等）的波形。VCSEL 会同时发射多个激光点，经过匀光器件之后，多个激光点会变成一个均匀的面光源照射到场景中，最终结果是 TX 发射了在时间上有一定特性的均匀面光源。一般情况下会配合驱动电路发射一个高频的主动光源信号，常见的包括高频的正弦波或者高频的脉冲波，如图 3-41 所示。

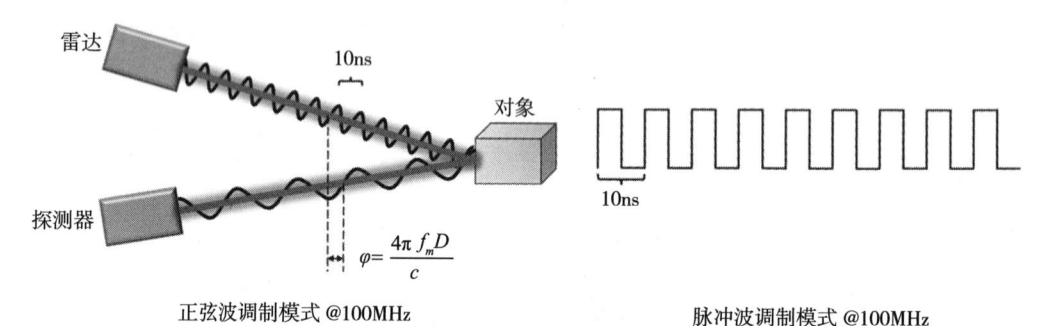

图 3-41　波形调制

ITOF 图像传感器有独特设计的像素结构，会根据不同抽头以一定时序分时工作，其工作原理如图 3-42 所示。

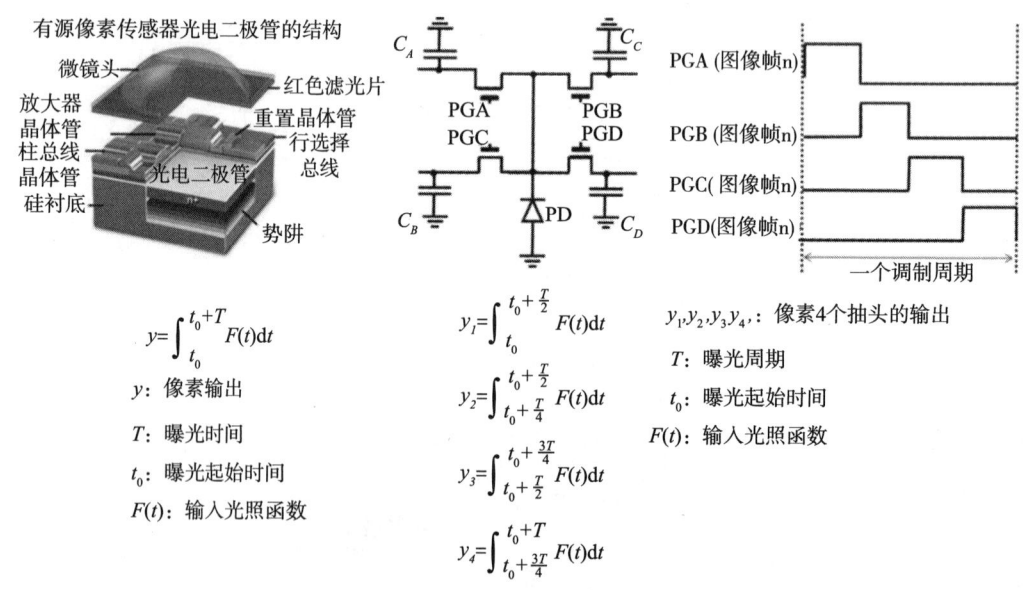

$$y = \int_{t_0}^{t_0+T} F(t)dt$$

y：像素输出

T：曝光时间

t_0：曝光起始时间

$F(t)$：输入光照函数

$$y_1 = \int_{t_0}^{t_0+\frac{T}{2}} F(t)dt$$

$$y_2 = \int_{t_0+\frac{T}{4}}^{t_0+\frac{T}{2}} F(t)dt$$

$$y_3 = \int_{t_0+\frac{T}{2}}^{t_0+\frac{3T}{4}} F(t)dt$$

$$y_4 = \int_{t_0+\frac{3T}{4}}^{t_0+T} F(t)dt$$

y_1, y_2, y_3, y_4：像素4个抽头的输出

T：曝光周期

t_0：曝光起始时间

$F(t)$：输入光照函数

图 3-42　ITOF 图像传感器的工作原理

微透镜汇聚光，让更多的光子被感光元件接收，CMOS 相机的本质就是一个光电转换器，光子打到感光区域，进入曝光阶段：光电转换激发出光电子，这些被激发出的光电子被收集装置（CMOS 是电容）收集起来，得到电压信号，并经过后端一系列放大和数字化处理之后得到灰度值。ITOF 基本与之相似，差异之处在于激发出的光电子会被分时收集。在一个 ITOF 曝光周期内，光电子会被分成四份，对应图 3-42 中 A、B、C、D 四个抽头，每个抽头相当于一个不同的电荷收集装置。

一个像素可能是由四个抽头构成的，但并不是说一个像素被分成了四份。光电转换部分不变，只是在后端进行处理时，分成四份去输出。ITOF 的一个像素和 CMOS 的一个像素还是一样的，并不是说把一个像素物理的分成了四份。

ITOF 根据调制方法的不同，一般可以分为两种：脉冲调制（Pulsed Modulation，PM）和连续波调制（Continuous Wave Modulation，CWM）。脉冲调制需要高精度时钟进行测量，且需要发出高频高强度激光，目前大多采用检测相位偏移的办法来实现 TOF 功能。简单来说就是，发出一道经过处理的光，碰到物体以后光反射回来，根据相位偏移结算得到来回的时间，因为已知光速和调制光的波长，所以能快速准确计算出到物体的距离。

1）PM 模式 ITOF 测距原理，如图 3-43 所示。

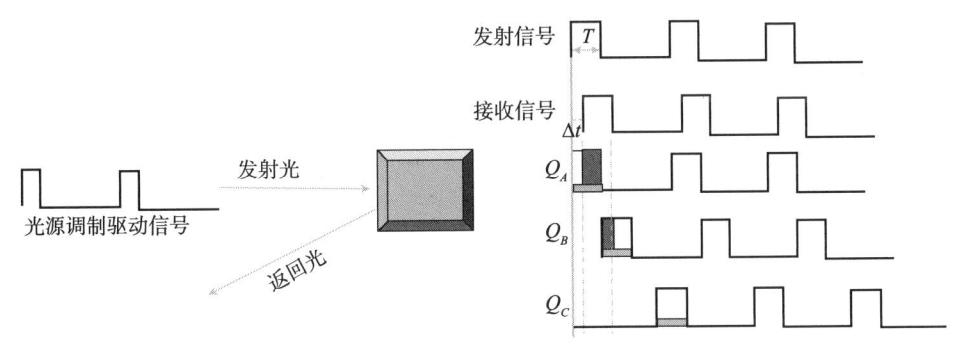

图 3-43　PM 模式 ITOF 测距原理

图 3-43 是有三个抽头的情况：黄色光表示背景光干扰，有一个抽头（Q_C）会被设置成去收集这部分能量。后期经过简单的处理即可消除背景光的干扰。视差 d 的计算可以表示为

$$\Delta t = \frac{(Q_B - Q_C)T}{Q_A + Q_B - 2Q_C}$$

$$d = \frac{c\Delta t}{2}$$

2）CWM 模式 ITOF 测距原理，如图 3-44 所示。

$$f(t) = A_0 \sin\left(2\pi ft + \frac{\pi}{4}\right) + B_0$$

$$F(t) = \eta A_0 \sin\left[2\pi f(t-\Delta t) + \frac{\pi}{4}\right] + \eta B_0 + C$$

$$= A\sin\left(2\pi ft + \frac{\pi}{4} - \Delta\varphi\right) + D$$

$$\Delta t = \frac{\Delta\varphi}{2\pi f}$$

$$d = \frac{c\Delta t}{2} = \frac{c\Delta\varphi}{4\pi f}$$

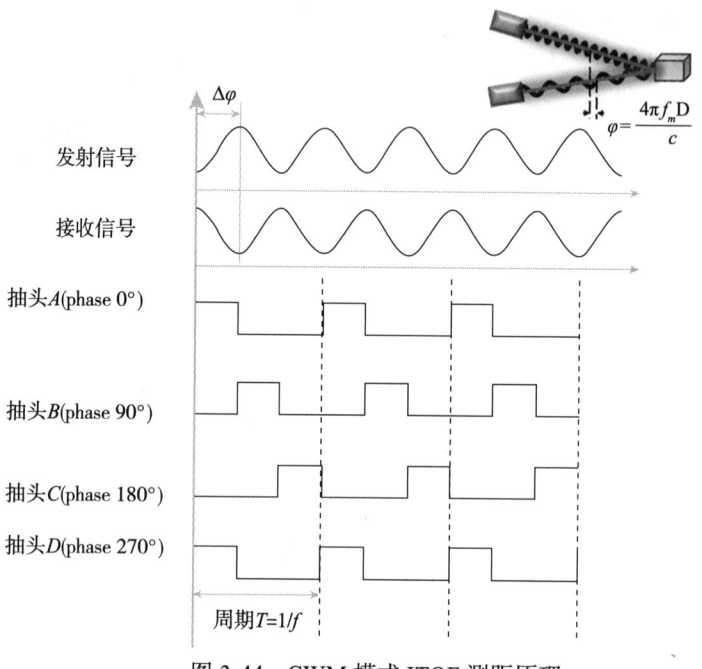

图 3-44　CWM 模式 ITOF 测距原理

初始相位 $\pi/4$ 并不是确定的，这里只是为了推导方便。由于物体本身有一定的反射率 η，会对信号进行调制，偏置也会被调制，另外还有环境光的干扰。

3）ITOF 系统具有以下特性

①精度特性：TOF 系统的测距精度随测量距离的增大线性衰减；抽头输出信号的信噪比直接影响测量精度与深度图质量。

②反射率差异：不同色块对 ITOF 工作波段的反射率是不同的，体现在抽头去接收数据时，不同区域抽头对应的信噪比不一样。ITOF 的效果跟抽头的信噪比息息相关。

③多径效应：多路信号干扰。可能让抽头获取的信息偏大。

④距离模糊：因为发射的正弦波是有周期的，因此会有一个周期性变化的相位，所得

到的 d 也是对应于某个周期，即超过一定测量距离之后，ITOF 就会存在距离模糊。通常采取双频调制，即用两个频率的正弦波来调制，这样就对应于一个更大的公共周期，得到一个更大的最大测量距离，以满足实际需求。

下面介绍两种 TOF 深度相机。Mocrosoft Azure Kinect DK 是 TOF 深度相机，如图 3-45 所示，其 SDK 为 Azure Kinect SDK1.4.1，能够实现实时获取人体骨骼的关键点，同时支持最高 30fps、分辨率为 3480×2160 像素的彩色图像和分辨率为 512×512 像素的深度图像，数据传输支持 USB3.0 接口。

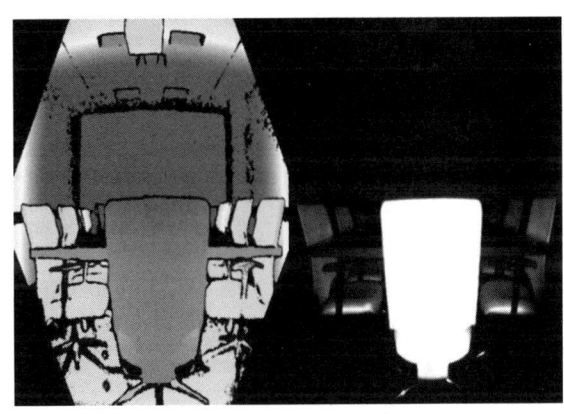

a）Azure Kinect DK 相机　　b）Azure Kinect DK 相机深度成像

图 3-45　Azure Kinect DK 深度相机（详见彩插）

具体的产品参数见表 3-5。

表 3-5　Azure Kinect DK 深度相机的产品参数

产品参数	描述
深度范围	0.25~5.46m
图像分辨率 @ 帧率	3840×2160@5/10/15/30fps
深度分辨率 @ 帧率	512×512@5/10/15/30fps
深度 FOV（彩色相机；深度相机）	90°（H）×74.3°（V）；120°（H）×120°（V）
整体尺寸	103mm×39mm×126mm
适用场景	室内/室外

Femto 是基于奥比中光 ITOF 智能视觉平台技术开发的高性能 RGBD 相机，如图 3-46 所示，适用距离为 0.2~5m，搭载有 ITOF 高画质 RX、TX 模块，叮输出高完整度、高精确性的深度数据，支持 USB3.0/Type-C 接口，可实现 3D 追踪、识别及重建等应用需求。支持最高 30fps、图像分辨率 640×480 像素的深度图像，并且同时支持 Ubuntu、Android、Windows10 三种操作系统。

图 3-46　Femto TOF 相机

具体的产品参数见表 3-6。

表 3-6　Femto TOF 相机的产品参数

产品参数	描述
深度范围	0.2～5m
相对精度	0.2%@1m（81%FoV）；0.2%@5m（81%FoV）
深度分辨率 @ 帧率	640×480@5/10/15/30fps
深度 FOV	H64.6°V50.8°D78°±5°
整体尺寸	99.4mm×69mm×25mm
支持操作系统	Ubuntu/ Android/Windows10
数据传输	USB3.0/ Type-C

从上述三种主流的 3D 相机成像方案来看，每种方案都有其各自的特点、优势和劣势。根据实际应用场景，在非无人驾驶领域中，结构光技术，特别是散斑结构光，具有最广泛的用途。这是因为从精度、分辨率和应用场景范围来看，双目视觉和 TOF 技术都无法达到最佳平衡。然而，结构光技术容易受到环境光的干扰，尤其是太阳光的影响。考虑到这类相机通常配备红外激光发射模块，因此可以很容易地改造为主动双目系统，以弥补这个问题。相较于结构光和 TOF 技术，可以得出以下结论：结构光技术具有较低的功耗，技术更加成熟，并且更适用于静态场景；TOF 方案在远距离下具有较低的噪声，并且具有更高的帧率，因此更适用于动态场景。它们之间的差异见表 3-7。

表 3-7　结构光技术、TOF 技术和双目视觉的差异分析

方案	优势	劣势	应用领域
结构光技术	低功耗、成熟技术	受环境光干扰较大	解锁、安全支付等领域
TOF 技术	低噪声、高帧率	动态场景下精度较低	智能手机摄影、AR、VR 等
双目视觉	精度较高	需要较复杂的算法支持	3D 拍照、体感游戏等

目前，结构光技术主要应用于解锁和安全支付等领域，但其应用距离受到一定限制。与此相对，TOF 技术主要用于智能手机的后置摄影，并在增强现实（AR）、虚拟现实（VR）等领域发挥一定作用。

尽管结构光技术、TOF 技术和双目视觉在 3D 相机领域中已经取得了重要的进展，但这些技术仍然在不断发展和进步中。

1）双目视觉方面，研究人员一直在探索更先进的算法和硬件配置，以提高深度感知和场景理解的精度和鲁棒性。他们致力于解决双目视觉中的立体匹配、视差估计和环境变化等问题，以进一步提升该技术的性能和应用范围。

2）结构光技术方面，研究人员一直在努力改善其性能和适应性。针对环境光干扰的挑战，他们致力于开发更高级的算法和光学设计，以提高结构光系统的鲁棒性和准确性。此外，结构光技术在成像分辨率、测距范围和应用场景的拓展方面也在持续取得进展。

3）TOF 技术方面，研究人员一直在解决其在远距离和动态场景下的挑战。他们致力于提高 TOF 系统的噪声性能、测量精度和帧率，以满足更广泛的应用需求。此外，基于 TOF 技术的创新应用领域不断涌现，如无人驾驶、人机交互和虚拟现实等，推动了该技术的不断发展。

双目视觉、结构光技术和 TOF 技术作为主流的 3D 相机成像方案，都在不断迈向更高的水平。随着技术的不断进步和创新，可以期待这些技术在精度、分辨率、应用范围和抗干扰能力等方面取得更大的突破。这将进一步推动 3D 视觉领域的发展，并为各种行业和应用带来更多可能性和机会。

3.3 距离传感器

距离传感器又称为位移传感器，是一种用于测量物体与传感器之间距离的传感器。它们利用各种物理原理和技术手段，获取目标物体与传感器之间的距离信息，并将其转化为机器人系统可以使用的电信号或数字数据。在机器人中，距离传感器广泛应用于导航、避障、环境感知和定位等方面。它们提供周围环境的距离和空间信息，帮助机器人感知和理解周围的物体、障碍物和地形。这些信息对机器人的决策制定、路径规划、运动控制以及与环境交互至关重要。

距离传感器的应用范围非常广泛，不同类型的传感器适用于不同的场景和需求。常见的距离传感器类型包括超声波传感器、激光传感器、红外传感器和里程计。它们各自具有不同的工作原理和特点，可以根据具体的应用场景进行选择和使用。

3.3.1 超声波传感器

人们可以听到的声音频率为 20Hz~20kHz，即为可听声波，超出此频率范围的声音，即 20Hz 以下的声音称为低频声波，20kHz 以上的声音称为超声波，一般说话的频率范围为 100Hz~8kHz。超声波在穿透液体和固体方面具有很强的能力，特别是在不透明的固体中，它可以穿透几十米的深度。当超声波遇到杂质或界面时，会产生显著的反射形成回波。当超声波与活动物体相遇时，会产生多普勒效应。超声波传感器利用超声波的传播和回波时间来测量物体与传感器之间的距离。具体而言，传感器发射超声波脉冲，并通过接收器接收回波，然后根据回波的时间延迟计算物体到传感器的距离。超声波传感器在机器人中广泛应用于障碍物检测和距离测量，它能够检测机器人前方的障碍物并采取相应的避障措施。此外，超声波传感器还可以用于测量物体的位置、高度和形状等信息。

　　超声波传感器系统由发送器、接收器、控制部分和电源部分组成，如图3-47所示。发送器通常采用直径约为15mm的陶瓷振子。这个振子将电振动能量转换为超声波能量，并将其辐射到空中。除了用作穿透式超声波传感器的发送器外，陶瓷振子也可以用作接收器。当陶瓷振子接收到超声波时，它会产生机械振动，并将其转换为电能，作为传感器接收器的输出，以便检测发送的超声波。如果接收到发送器发送的超声波，振子就会以发送超声波的频率振动，从而产生与超声波频率相同的高频电压。然而，这种电压非常微弱，因此需要使用放大器进行放大。控制部分用于控制超声波的发送和接收过程，以及处理接收到的信号。电源部分为整个系统提供所需的电能。

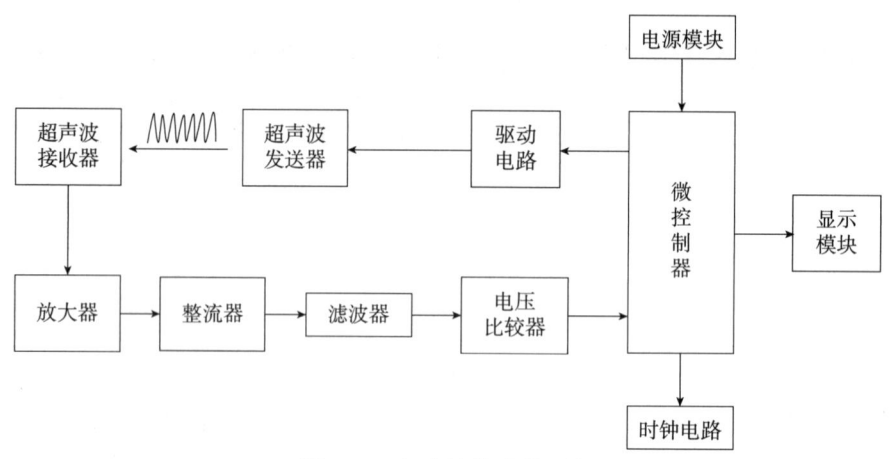

图3-47　超声波传感器系统

　　一般市场上出售的超声波传感器可分为专用型和兼用型。专用型传感器的发送器用于发送超声波，接收器用于接收超声波。兼用型传感器则将发送器和接收器合二为一，既可以发送超声波，又可以接收超声波。超声波传感器的谐振频率（中心频率）可以是23kHz、40kHz、75kHz、200kHz、400kHz等。较高的谐振频率意味着超声波波长更短，因此可以提供更高的空间分辨率，即能够更准确地检测和定位目标物体。

　　超声波传感器测距的原理十分简单，由超声波的发射端发射一束超声波，在发射的同时，计时开始，发射出去的超声波在介质中传播，声波具有反射特性，当遇到障碍物时就会反射回来，当超声波的接收端接收到反射回来的超声波时，计时停止。介质为空气时，声速为340m/s，根据记录的时间 t，发射位置与障碍物之间的距离 $s=340t/2$。超声波测距的原理就是已知超声波在介质中的传播速度，测量出从发射到接收所需的时间，根据测量出的时间来计算出障碍物的距离，与回声定位原理一样。

超声波传感器一般适用于较短的作用距离，普通的有效探测距离通常在 5~10m。然而，超声波传感器会存在一个最小探测盲区，一般在几十毫米左右。由于声波的特性，超声波传感器受环境影响较小，因此在各种使用场合都可以应用。

MB1014 是专为行人和对象检测而设计的人体距离传感器，如图 3-48 所示。它具有以下特点：供电范围为 2.5~5.5V，适用于不同的电源供应情况。MB1014 采用了极小的外形设计，可以在有限的空间条件下提供对特定距离对象的接近检测。该传感器支持在同一环境中最多同时运行 20 个传感器。这意味着用户可以将多个 MB1014 传感器集成到单个系统中，而且很少或几乎不会受到其他超声波传感器经常发生的相互干扰的影响。这种抗干扰能力确保了系统的稳定性和可靠性。

图 3-48 MB1014 人体距离传感器

MaxBotix 人体测距传感器 MB1014 能够与其他附近的传感器同时工作，并且具有快速的响应能力。它的对象距离采集时间约为 2.5s，对象距离恢复时间约为 1.5s。这意味着它能够在短时间内迅速感知和获取目标物体的距离信息。它适用于近距离对象检测，并可应用于多种应用领域，如接近区域探测、行人检测和机器人自动导航等。

3.3.2 激光传感器

激光传感器和激光雷达都是基于激光技术的传感器。激光传感器利用激光器作为光源进行测距，其工作原理如下：首先，激光二极管将激光脉冲对准目标进行发射。目标反射后，激光向各个方向散射。其中一部分散射光返回传感器接收器，并经过光学系统成像到雪崩光敏二极管上。雪崩光敏二极管是一种内部具有放大功能的光学传感器，能够检测极其微弱的光信号。通过记录和处理从光脉冲发出到返回被接收所经历的时间，就可以确定目标的距离。激光传感器具有测量范围广、响应速度快的优点，并且在远距离测量时无须使用反光板。然而，由于光速非常快，激光传感器必须非常精确地测定光的传输时间。

VL53L0X 是一款微型激光测距模块，基于 TOF 原理，如图 3-49 所示，产品规格为

4.4mm × 2.4mm × 1.0mm，支持 2m 以内的距离测量。

根据激光雷达实现对场景的扫描是否依赖机械部件，可将其分为机械激光雷达和固态激光雷达。目前，机械激光雷达仍然占据主流地位，而固态激光雷达则被认为是未来的趋势。机械激光雷达具有控制激光发射角度的旋转部件，而固态激光雷达则通过光学相控阵列、光子集成电路以及远场辐射方向图等电子部件来控制激光的发射角度。然而，纯固态激光雷达对技术力的要求高，相对而言机械激光雷达因为发展较早、技术相对成熟，因此出现了一批基于转镜方案、微振镜方案、棱镜方案的混合固态激光雷达（或者称为半固态激光雷达）。机械激光雷达与混合固态激光雷达的区别见表 3-8。

图 3-49　VL53L0X 微型激光测距模块

表 3-8　机械激光雷达与混合固态激光雷达的区别

模块	机械激光雷达	混合固态激光雷达
收发模块	机械运动	固定
扫描模块	机械运动	机械运动

机械运动通常需要设计相应的机械部件并且需要足够大的预留空间，所以机械式激光雷达通常体积大，相对而言混合固态激光雷达体积会小一点。

激光雷达根装测距原理可以分为 TOF（包括直接测距 DTOF、脉冲测距 PW-ITOF 和连续波测距 CW-ITOF）和调频连续波（Frequency Modulated Continuous Wave，FMCW）。FMCW 激光雷达使用连续发射的调频连续波激光束，该激光束的频率在一段时间内连续变化（调频），当激光束照射到目标物体并返回时，通过测量频率变化的差异来计算目标物体的距离。FMCW 激光雷达的代表公司主要有 Mobileye、Aeva、Blackmore 等，而 TOF 路线是大多数厂商采用的技术方案。激光雷达的发射部件和接收部件在同一系统中的工作原理示意图如图 3-50 所示。激光通过扫描器单元形成光束角度偏转，光束与目标作用形成反射/散射的回波。当接收端工作时，可产生原路返回的回波信号光子到达接收器，接收端通过光电探测器形成信号接收，经过信号处理得到目标的距离、速度等信息或实现三维成像。

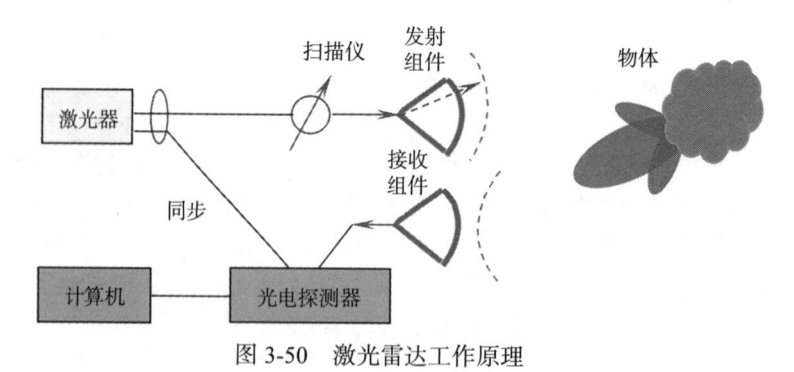

图 3-50　激光雷达工作原理

以主流的基于 TOF 原理的激光雷达系统为例，按照部件来划分，可分为发射模块、接收模块、扫描模块、控制及处理模块，如图 3-51 所示。

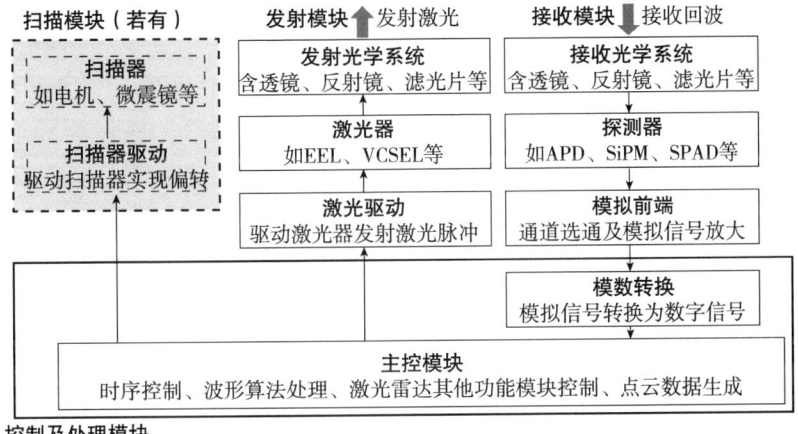

图 3-51 基于 TOF 原理的激光雷达系统

其中，发射模块、接收模块和扫描模块，不同激光雷达厂商的技术路线差异较大，当前业界关于混合固态、固态激光雷达的讨论，其实主要是围绕扫描模块进行。

因为目前激光雷达多用于 Robotaxi 领域（即自动驾驶出租车或无人驾驶出租车领域），整理得到相关的信息汇总如图 3-52 所示。

激光雷达的实际使用方面，主要关心的有三点：性能、可靠性和成本。性能一般指测距能力、精度、视场角、分辨率、刷新帧率、体积、功耗等参数，可靠性就是能不能通过车规，而成本则是决定激光雷达能否大规模量产的关键因素。

1. 机械激光雷达

机械激光雷达的发射系统和接收系统存在宏观意义上的转动，即通过不断旋转发射头，将速度更快、发射更准的激光从"线"变成"面"，并在竖直方向上排布多束激光，形成多个面，从而达到动态扫描并动态接收信息的目的。机械激光雷达可以实现大角度扫描，但是装配较为困难、扫描频率偏低、体积大、机械结构复杂、成本很难降低。

例如，速腾聚创 Ruby Plus 新一代 128 线激光雷达，相比前代及同类产品，其测距能力高出 20%；高分辨率与强大测距能力结合，远场环境信息更丰富，可轻松检出 240m 内的黑色车辆和 85m 长的车道线；采用全新的机械式激光雷达架构与技术平台，相比前代体积与质量减少 50%，功耗减少 33%。其产品参数如图 3-53 所示。

在激光雷达产品参数指标中，点频是一个可以综合全面反映激光雷达感知能力的一个指标。点频指的是激光雷达每秒完成探测并获取的探测点的总数目，也称为出点数或每秒点数，类似摄像头总像素的概念。用点频来描述，既不能靠降低刷新帧率取巧，又能避免视场角大小和不均匀带来的"最高分辨率"这样片面的描述。根据定义，可以得到点频的计算公式：点频（points/s）= 水平方向平均点数 × 垂直方向平均点数 × 刷新频率（Hz）。与相机的像素一样，点频越多，说明激光雷达对目标物的感知能力越好，点频是激光雷达的核心性能指标。

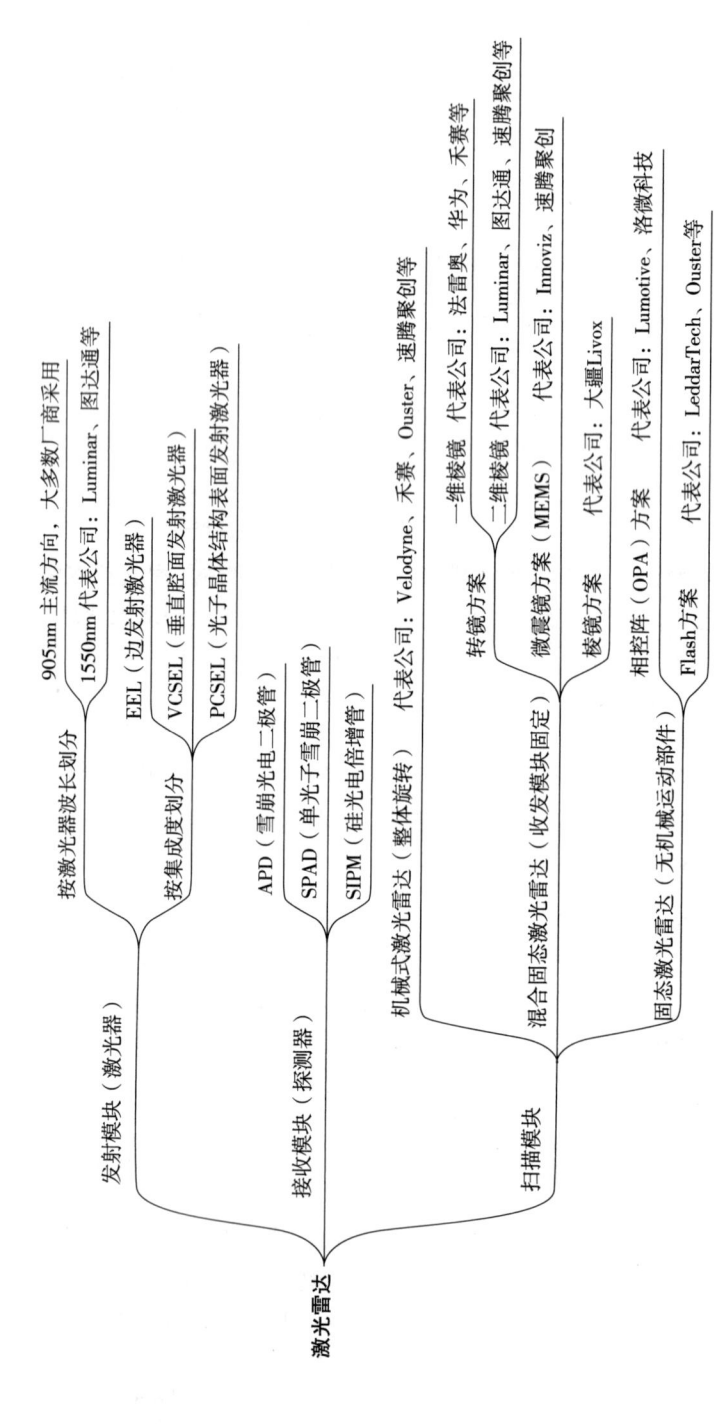

激光雷达
├─ 发射模块（激光器）
│   ├─ 按激光器波长划分
│   │   ├─ 905nm 主流方向，大多数厂商采用
│   │   └─ 1550nm 代表公司：Luminar，图达通等
│   └─ 按集成度划分
│   ├─ EEL（边发射激光器）
│   ├─ VCSEL（垂直腔面发射激光器）
│   └─ PCSEL（光子晶体结构表面发射激光器）
├─ 接收模块（探测器）
│   ├─ APD（雪崩光电二极管）
│   ├─ SPAD（单光子雪崩二极管）
│   └─ SIPM（硅光电倍增管）
└─ 扫描模块
    ├─ 机械式激光雷达（整体旋转）代表公司：Velodyne、禾赛、Ouster、速腾聚创等
    ├─ 混合固态激光雷达（收发模块固定）
    │   ├─ 转镜方案
    │   │   ├─ 一维棱镜 代表公司：法雷奥、Luminar、华为、禾赛等
    │   │   └─ 二维棱镜 代表公司：Innoviz、图达通、速腾聚创
    │   ├─ 微振镜方案（MEMS）
    │   └─ 棱镜方案 代表公司：大疆Livox
    └─ 固态激光雷达（无机械运动部件）
        ├─ 相控阵（OPA）方案 代表公司：Lumotive、洛微科技
        └─ Flash方案 代表公司：LeddarTech、Ouster等

图 3-52　Robotaxi 领域内激光雷达信息汇总

主要参数

线数	128	激光波长	905nm
激光安全等级	Class1人眼安全	盲区	≤0.4m
测距能力	250m（240m@10% NIST）	精度（典型值）	±2cm
水平视场角	360°	垂直视场角	40°（-25°～+15°）
水平角分辨率	[均衡模式]0.2°/0.4° [高性能模式]0.1°/0.2°	垂直角分辨率	Up to 0.1°
帧率	10Hz/20 Hz	转速	600/1200r/min(10/20Hz)
UDP数据包内容	三维空间坐标、反射强度、时间戳等	输出数据协议	UDP packets over Ethernet
出点数（单回波）	[均衡模式]～2 304 000pts/s [高性能模式]～4 608 000pts/s	车载以太网输出	1000M Base T1
出点数（双回波）	[均衡模式]～4 608 000pts/s [高性能模式]～9 216 000pts/s		
工作电压	9～32V	工作温度	-40～60℃
产品功率	[均衡模式]27W [高性能模式]30W	存储温度	-40～85℃
防护等级	IP67、IP6K9K	时间同步	$GPRMC with 1pps, PTP & gPTP
尺寸	ϕ125mm* H128mm	质量（不包含数据线）	约1.85kg

图 3-53 速腾聚创 Ruby Plus128 线激光雷达产品参数

2.MEMS 混合固态激光雷达

（微机电系统 MEMS）采用微振镜结构进行光束偏转（其他方案还包括棱镜和旋转镜），具有平整光学镜面的微振镜将机械式激光雷达的旋转部件微缩，提升了集成度。因此，MEMS 激光雷达并不是严格意义上的固态激光雷达，而被称为"混合固态激光雷达"。二维扫描的 MEMS 微振镜是关键器件，主要通过电热效应、静电效应、电磁效应和压电效应驱动，实现 MEMS 微振镜发生偏转。此外，相控阵技术是 MEMS 实现激光雷达功能的另一个关键，其基本原理是：MEMS 的微小移动产生光程差，多个具有不同相位的出射光束在远场干涉形成光束偏转，原理如图 3-54 所示。

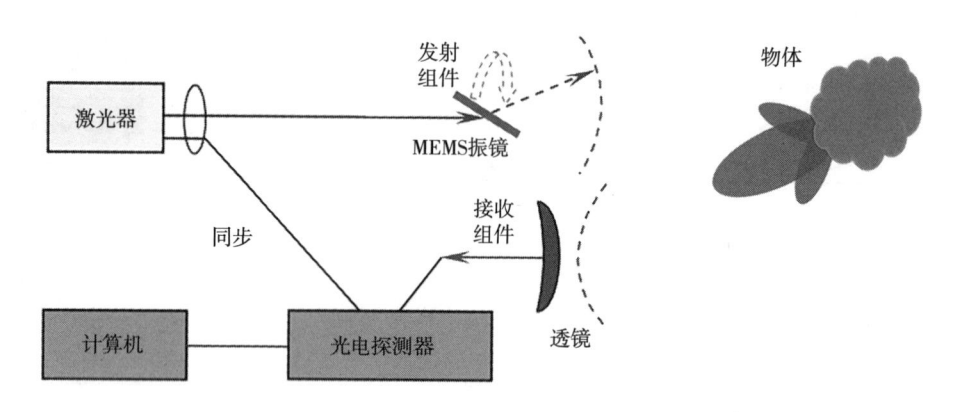

图 3-54 MEMS 混合固态激光雷达原理

目前，二位扫描的 MEMS 激光雷达领域正在快速发展。部分汽车厂商也会选择 MEMS 激光雷达产品，如小鹏汽车、极氪汽车、长城汽车等。代表产品有速腾聚创 M 平台激光雷达 M1，其利用二维 MEMS 智能芯片扫描，性能超过传统一维电机扫描的模式。其产品参数如图 3-55 所示。

主要参数			
激光波长	905nm	激光安全等级	Class1人眼安全
测距能力	200m（150m@10% NIST）	盲区	≤0.5m
精度（典型值）	±5cm	帧率	10Hz
水平视场角	120°	垂直视场角	25°
水平角分辨率	平均0.2°	垂直角分辨率	平均0.2°
出点数	787 500pts/s（单回波） 1 575 000pts/s（双回波）	UDP数据包内容	三维空间坐标、反射强度、时间戳等
车载以太网输出	1000M Base T1	输出数据协议	UDP packets over Ethernet
工作电压	9～32V	工作温度	-40～85℃
产品功率	15W	存储温度	-40～105℃
防护等级	IP67，IP6K9K	时间同步	gPTP，PTP
尺寸(不包括接插件)	108mm×110mm×45mm (D×W×H)	质量（不包含数据线）	约750g

图 3-55 激光雷达 M1 产品参数

基于棱镜方案的混合固态激光雷达，代表产品有大疆的 Livox 觅道 Mid-360，开启了混合固态激光雷达 360° 立体感知新篇章。凭借小巧的体积，Mid-360 的安装布置更加灵活。同时，Mid-360 充分考虑了移动机器人对导航、避障等升维感知的需求，兼容室内外场景。产品规格参数如图 3-56 所示。

360°×59°　　0.1m　　　　　40m
FOV　　　　近处盲区　　　　@10% 反射率

20万点/秒　　65×65×60　　　265g
点频　　　　长×宽×高（mm）　质量

图 3-56　激光雷达 Mid-360 产品规格参数

固态激光雷达与机械激光雷达有着明显的区别。固态激光雷达通过使用光学相控阵列、光子集成电路以及远场辐射方向图等电子部件来代替机械旋转部件，从而实现对激光发射角度的调整。这种技术改变了传统机械激光雷达的结构，使得固态激光雷达更加紧凑和轻便。光学相控阵列由许多微小的发射器组成，每个发射器都可以独立地调整激光的相位，从而改变激光束的方向。光子集成电路用于控制和调节光学相控阵列中的发射器，以实现精确的激光束控制。此外，远场辐射方向图用于指导激光束的发射方向，确保激光雷达能够准确地扫描和接收目标信息。

由于内部结构的差异，机械激光雷达和固态激光雷达在尺寸和价格上有所不同。机械激光雷达由于需要机械旋转部件，因此体积较大，总体上价格也更昂贵。然而，机械激光雷达相关技术较为成熟，具备较高的测量精度，能够实现精确的目标检测和距离测量。相比之下，固态激光雷达尺寸较小、成本较低，但测量精度相对较低。尽管固态激光雷达在测量精度方面可能略有牺牲，但其紧凑的尺寸和低成本使其在许多应用领域中具有潜力，特别是对于需要轻便和经济的方案而言。

3.OPA 激光雷达

高系统集成度的光学相控阵列技术能够满足激光雷达在无人驾驶、无人机等领域全固态、小型化的发展需求。如图 3-57 所示，激光器功率均分到多路相位调制器阵列，光场通过光学天线发射，在空间远场相干叠加形成一个具有较强能量的光束。经过特定相位调制后的光场在发射天线端产生波前的倾斜，从而在远场反映成光束的偏转，通过施加不同相位，可以获得不同角度的光束形成扫描的效果，无须机械扫描。

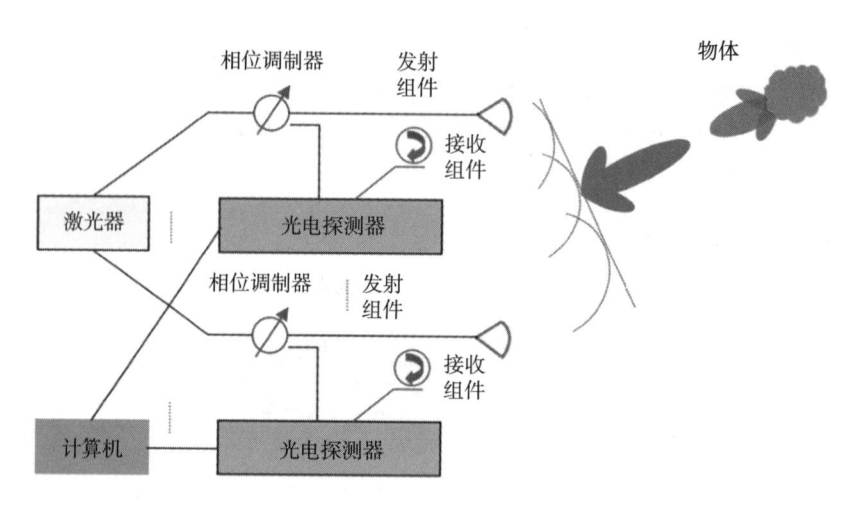

图 3-57　OPA 激光雷达原理

代表性的 OPA 激光雷达产品有洛微科技纯固态大视场近场激光雷达 D 系列（Diversity Series），如图 3-58 所示。D 系列产品是基于芯片级 LuminScan™ 光束控制和扫描技术研发的纯固态大视场近场激光雷达，自研的固态扫描技术在非常紧凑的体积内实现大视场角，同时实现了产品的超高性价比。D 系列支持软件定义分辨率和 ROI 扫描优化，是自动驾驶和工业自动化中补盲、避障、定位、测绘（SLAM）和 3D 建模等应用的完美选择。该产品符合人眼安全标准、抗日光干扰，可广泛适配室内外各种场景应用的需要。其部分产品参数为距离：17m，FOV：107°×77°，角分辨率：0.38°×0.38°。

图 3-58　洛微科技纯固态大视场近场激光雷达 D 系列

4.Flash 激光雷达

Flash 激光雷达采用类似照相机的工作模式，感光元件与普通相机不同，每个像素点可以记录光子飞行时间信息。发射的面阵激光照射到目标上，目标对入射光产生散射，由于物体具有三维空间属性，从而照射到物体不同部位的光具有不同的飞行时间，被焦平面探测器阵列探测，输出为具有深度信息的"三维"图像。Flash 激光雷达原理如图 3-59 所示。

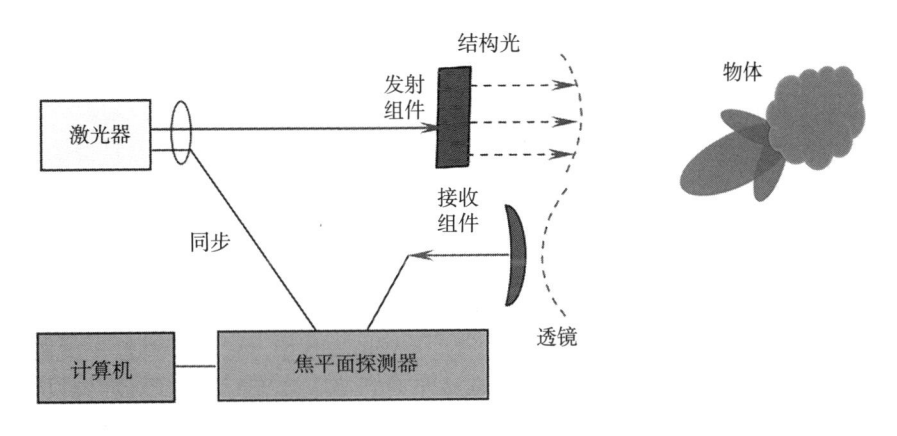

图 3-59 Flash 激光雷达原理

代表性的 Flash 激光雷达有 Ouster 公司的 OS 系列产品。以往采用机械旋转式激光雷达的自动驾驶公司的感知算法是专门针对该类雷达进行开发的，当替换成固态激光雷达后，其相应的感知算法需要推倒重来，传感器方案也要重新考虑，这在某种程度上带来了很大的技术迁移难度。旧金山激光雷达公司 Ouster 将这种形态的产品称为数字激光雷达（Digital LiDAR），这家公司已经将这一概念转化成了实际的产品。数字激光雷达就是对激光雷达进行全半导体化的设计，将原来激光雷达产品内部的发射器、接收器等上千种光电器件固化到芯片之中，实现了固态的形式。在此基础上，Ouster 在激光雷达内部加入了旋转装置，让其能够在 360° 方向上实现扫描，即旋转起来的固态激光雷达。OS 系列激光雷达如图 3-60 所示。

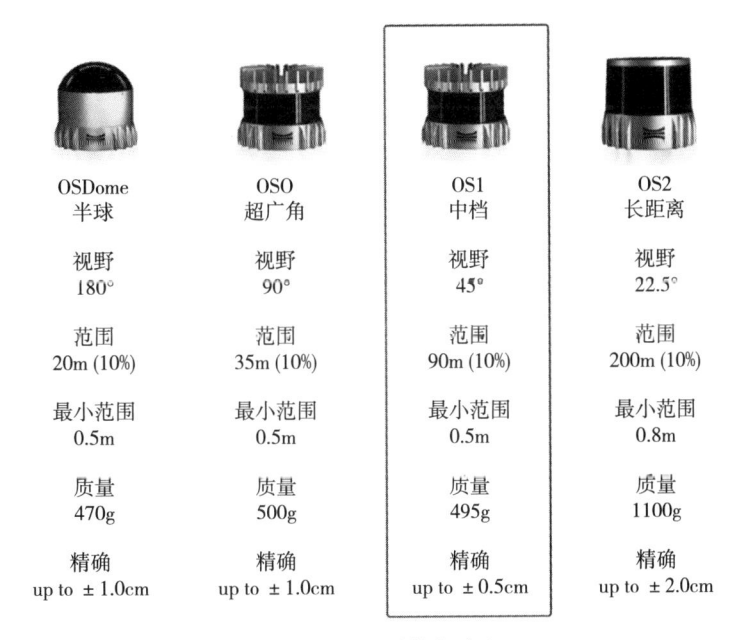

	OSDome 半球	OS0 超广角	OS1 中档	OS2 长距离
视野	180°	90°	45°	22.5°
范围	20m (10%)	35m (10%)	90m (10%)	200m (10%)
最小范围	0.5m	0.5m	0.5m	0.8m
质量	470g	500g	495g	1100g
精确	up to ± 1.0cm	up to ± 1.0cm	up to ± 0.5cm	up to ± 2.0cm

图 3-60 OS 系列激光雷达

3.3.3 红外传感器

红外传感器是一种利用红外线作为介质的测量系统，根据其探测机理可分为光子探测器和热探测器两种类型。红外传感器不仅可以测量物体的热量，还可以检测物体的运动，因其只测量红外辐射，而不发射红外辐射，所以被称为被动红外传感器。在红外光谱中，所有物体都会以某种形式发出热辐射，而这种辐射对于人眼来说是不可见的，但可以通过红外传感器进行探测。红外传感技术在现代科技、国防和工农业等领域得到了广泛应用。

红外传感器系统由发射器和接收器组成。发射器通常是一个红外发光二极管，它会发射出特定波长的红外光。接收器则是一个红外光电二极管，它对发射器发出的相同波长的红外光具有敏感性。当发射器发出红外光并照射到接收器上时，接收器会对接收到的红外光做出响应。这种响应通常体现为接收器的电阻和输出电压的变化。红外光照射到光敏二极管上时，光的能量会激发光敏二极管内部的电子。这些激发的电子将导致光敏二极管内部电阻的变化。当接收到的红外光较强时，光敏二极管的电阻会相应地减小；当接收到的红外光较弱时，光敏二极管的电阻会增加。通过测量光敏二极管的电阻变化或输出电压的变化，可以推断出红外光的强度。根据红外光的强度，可以计算出物体与传感器之间的距离。

为了进一步提高测距准确性和性能，一些红外传感器系统还利用图像传感器（如 CCD 或 CMOS）来处理发射与接收的时间差的数据，由控制电路（Control Circuit）进行信号处理器处理后计算出物体的距离。控制电路是红外传感器系统的核心部分，它负责控制发射器和接收器的操作，并处理接收到的电信号。控制电路通常包括信号调理电路、放大器、滤波器和模数转换器等，其主要功能是处理接收到的红外线信号，并计算目标物体与传感器之间的距离。红外传感器测量距离远，具有很高的频率响应，适用于恶劣的工业环境中。

建大仁科 RS-HW-N01 吸顶式红外探测器为高稳定性被动红外探测器，如图 3-61 所示。它采用了先进的信号分析处理技术，具有超高的探测和防误报性能。当有入侵者通过探测区域时，探测器将自动探测区域内人体的活动，若有动态移动现象，则会产生报警。该探测器采用吸顶式安装，安装高度在 2.5～6m，安装高度在 3.6m 时，可形成直径 6m 的探测范围。该探测器具有以下特点：

1）360° 全方位覆盖，全面防范，无死角探测，自上而下形成圆锥形空间全面防控。

2）设备内部使用 8-bit 低功耗 CMOS 处理器，采用先进的信号分析处理技术，配备较高性能的传感信号处理集成电路，具有超高的探测和防误报性能。

3）具有抗 RFI 干扰（20～1000MHz，如移动通信）的功能。

4）设备具有自动温度补偿功能，在温度 –10～50℃、相对湿度≤95% 的环境内工作，不会出现凝露现象。

5）具有报警延时和延时报警的功能，在具体使用中用户可根据情况，将报警持续时间调整为 30s、10s 或 5s；延时报警则通过管理软件进行设置修改。

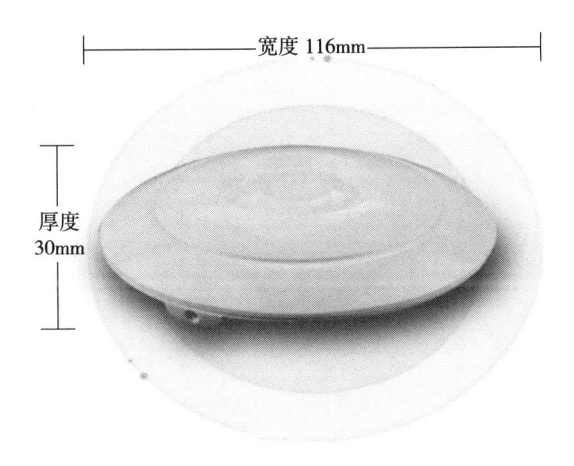

图 3-61 建大仁科 RS-HW-N01 吸顶式红外探测器

3.3.4 里程计

里程计是机器人导航和定位中的重要传感器之一。它用于测量机器人在空间中的运动，并估计机器人相对于起始位置的位置和姿态变化。在机器人的运动过程中，里程计通过记录轮子或足部的旋转运动来计算机器人的位移。通过监测轮子或足部的转动角度和运动距离，里程计可以推断机器人在水平面上的位置和朝向的变化。通俗的说，要实现机器人的定位与导航，就需要知道机器人行进的距离和方向。

里程计的工作原理是基于运动学模型和运动传感器的数据。通过测量轮子或足部的转动角度，并结合轮子或足部的尺寸信息，里程计可以计算出机器人在平面上的位移。一般情况下，里程计采用编码器或惯性测量单元（IMU）来获取运动数据，从而实现位移计算。

在机器人系统中，里程计通常由以下几个基本组件组成：

1）车轮编码器（Wheel Encoders）：车轮编码器（图 3-62）是一种传感器，安装在机器人的驱动轮上，通过测量轮子的旋转角度和运动距离来提供运动信息。车轮编码器可以是光电编码器或磁编码器，通过检测光电信号或磁场变化来计算车轮的旋转量。

2）运动模型（Motion Model）：运动模型描述了机器人运动的数学模型。它基于车轮编码器的数据和机器人的几何参数，计算机器人在平面上的位移和姿态变化。常见的运动模型包括差分驱动模型和全向轮模型，根据机器人的驱动方式选择适合的模型。

3）传感器融合（Sensor Fusion）：为了提高定位的准确性和鲁棒性，里程计通常与其他传感器进行数据融合。常见的传感器包括惯性测量单元（Inertial Measurement Unit，IMU）、全球定位系统（GPS）、激光雷达和视觉传感器等。通过融合不同传感器的数据，可以减小里程计累积误差并提高定位精度。

4）运动估计和滤波算法：为了从车轮编码器的原始数据中估计出机器人的位姿变化，通常使用运动估计和滤波算法。常见的算法包括卡尔曼滤波算法、扩展卡尔曼滤波算法和粒子滤波算法等，这些算法可以根据运动模型和传感器数据进行状态估计和滤波，提供准确的位置和姿态估计结果。

图 3-62　车轮编码器

　　传统机械式里程计（图 3-63）通常安装在车辆的传动轴或车轮上。随着车辆技术的发展，现代汽车往往采用电子式里程计。电子式里程计使用车辆的传感器和计算机系统来测量车轮旋转，并通过电子信号记录和显示车辆的里程数，常见于数字仪表盘或车辆信息显示屏上。目前，里程计仍然存在一些限制或者技术难题，如轮子打滑、地面不规则性和轮子编码器的精度等因素都会影响里程计的精度和稳定性。因此，在实际应用中，需要根据具体场景和需求，综合考虑里程计的优势和局限性，并结合其他传感器和算法来实现精确的定位和导航。

图 3-63　传统机械式里程计

3.4　惯性传感器

　　惯性传感器是机器人领域常用的传感器之一，用于测量和感知机器人的加速度、角速度和姿态变化等关键参数，这包括了对倾斜、冲击、振动、旋转和多自由度（DoF）运动等的检测。基于惯性原理，这些传感器通过测量物体的惯性变化获取运动和姿态的重要信息。惯性传感器在解决导航、定向和运动载体控制方面扮演着重要角色。惯性传感器的类型包括加速度计（或加速度传感计）、陀螺仪（角速度传感器）、磁力计，它们的单、双、三轴组合 IMU，以及包含磁传感器的姿态参考系统。这三种传感器在机器人导航、姿态估计和运动控制等方面发挥着重要作用。

3.4.1 加速度计

加速度计是一种常用于测量物体加速度的传感器，如图 3-64 所示，尤其在机器人领域中具有广泛应用。其主要功能包括测量机器人的线性加速度，即机器人在空间中的加速度变化。

图 3-64 加速度计

加速度计的工作原理基于牛顿第二定律，即物体的加速度与作用在物体上的力成正比（$a=F/m$），因此加速度计通过捕捉物体受到的力来实现其测量任务。为了测量物体受到的力，加速度计使用了电磁力平衡的原理。具体而言，加速度计利用物体与传感器芯片之间的相对位移来引发电磁力的平衡，从而测量磁场电容的变化，其工作原理如图 3-65 所示。

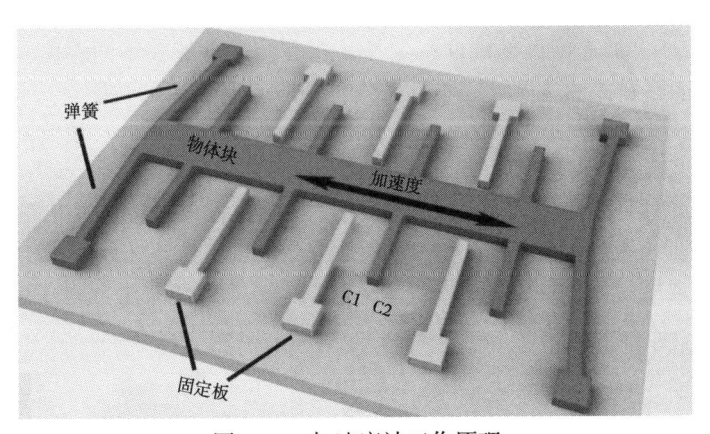

图 3-65 加速度计工作原理

在加速度计的设计中，一个物体块附着在弹性感应器上，被限制在一个方向上移动，并与外板固定。因此当施加特定方向上的加速度时，物体块将被移动，感应器芯片可以感知并将这个位移转换为电信号，外板与物体之间的电容将发生变化，测量电容变化值即可对应于特定的加速度值。至于校准电容变化值与力之间的比例，可以通过测量重力加速度来实现。

加速度计的系统结构通常包括以下几个主要部件：

1）物体块：物体块是加速度计中的关键组件，它承载了测量加速度的任务。物体块的位移是由物体的加速度引起的，通过物体块的位移可以间接测量加速度。

2）传感器芯片：传感器芯片是加速度计的核心部分，用于将物体块的位移转换为电信号。传感器芯片通常采用压电效应或电容效应等原理，当物体块发生位移时，会引起电信号的变化。

3）信号处理电路：信号处理电路用于处理传感器芯片输出的电信号。它可以放大、滤波和转换电信号，以使其适合后续的数据处理和计算。

4）接口电路：接口电路负责将信号处理电路输出的结果传输给机器人系统的其他部分。它可以将加速度值以数字或模拟形式传递给其他系统，如导航系统或运动控制系统。

加速度计具有以下特性：

1）测量范围：加速度计可以测量的加速度范围是其重要特性之一。不同的加速度计具有不同的测量范围，如 ±2g、±20g 等，可以根据具体应用的需求选择合适的测量范围。

2）灵敏度：加速度计的灵敏度指的是对于单位加速度的测量能力。灵敏度越高，加速度计可以测量更小的加速度变化。灵敏度通常以 mV/g 或 m/s² 为单位。

3）噪声水平：加速度计的噪声水平是指在测量过程中存在的噪声干扰程度。较低的噪声水平可以提高测量的准确性和稳定性。

4）输出类型：加速度计的输出类型可以是模拟信号或数字信号。模拟输出通常以电压形式表示，而数字输出可以是 I2C、SPI 或 UART 等数字接口形式。

5）响应时间：加速度计的响应时间指的是它对加速度变化的检测和响应速度。较短的响应时间能够更准确地捕捉快速加速度变化。

6）温度稳定性：加速度计的温度稳定性是指其测量性能在不同温度下的变化程度。较好的温度稳定性能够确保加速度计在不同工作环境下具有一致的性能。

7）功耗：加速度计的功耗是指其在工作过程中消耗的电能量。较低的功耗可以延长传感器的使用寿命，减少能源消耗。

最初加速度计只是感应地表垂直方向加速度，早期也只是应用在检测飞机过载的仪表系统中。经过功能升级、优化，如今的加速度计已能感知物体任意方向上的加速度。目前主流的是三轴加速度计，如图 3-66 所示，它能测量物体在空间坐标系中的 x、y、z 三轴上的加速度数据，从而全面反映物体的平移运动性质，其结构如图 3-67 所示。

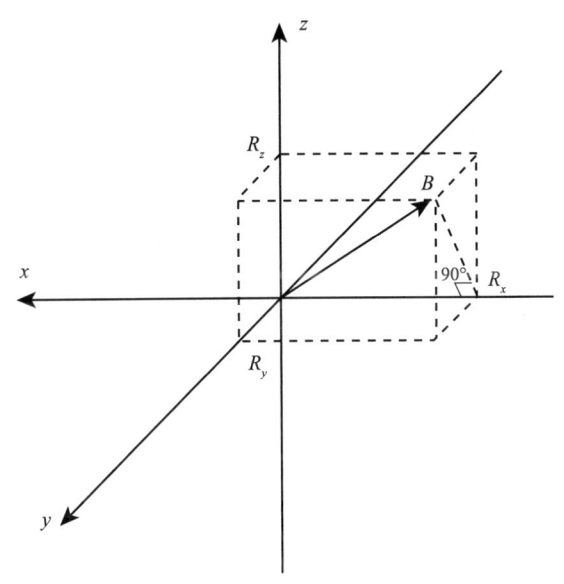

图 3-66 三轴加速度计的空间坐标系

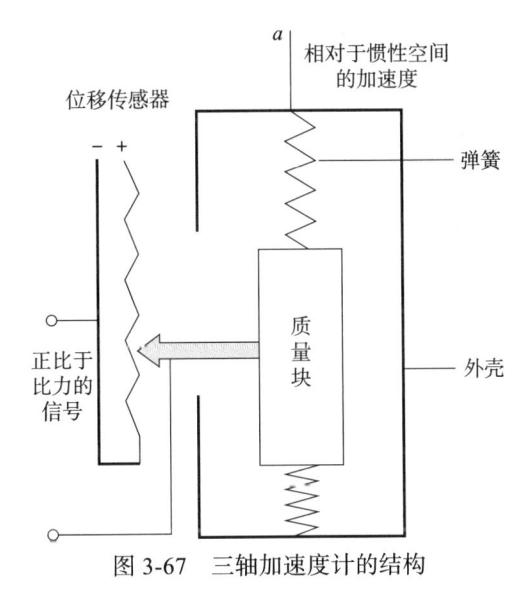

图 3-67 三轴加速度计的结构

三轴加速度计除了用于测量加速度，还能够测量物体的比力，即除掉重力后的整体加速度或者单位质量上作用的非引力。当加速度计保持静止时，它能够感知重力加速度，此时整体加速度为零。在自由落体运动中，整体加速度就是重力加速度，但加速度计内部处于失重状态，此时三轴加速度计输出为零。同时，三轴加速度计的原理也适用于角度测量。如图 3-68 所示，弹簧压缩量由加速度计与地面的角度决定，而比力能够通过弹簧压缩长度来测量。因此在没有外力作用的情况下，加速度计能够精确地测量俯仰角和滚转角，且没有累积误差。

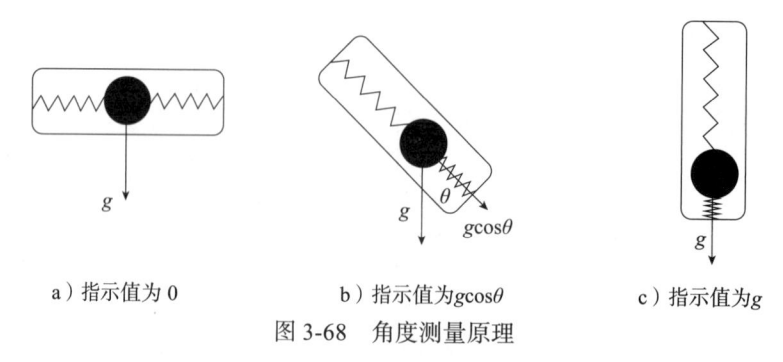

a）指示值为0　　　　b）指示值为$g\cos\theta$　　　　c）指示值为g

图 3-68　角度测量原理

现代 MEMS 三轴加速度计采用了压阻式、压电式和电容式工作原理，如图 3-69 所示，通过测量电阻、电压和电容的变化，实现比力（压力或位移）的测量。虽然该传感器受振动影响较大，但在实际应用中，这些变化可以通过适当的放大和滤波电路进行采集和处理，从而实现精准的加速度测量。

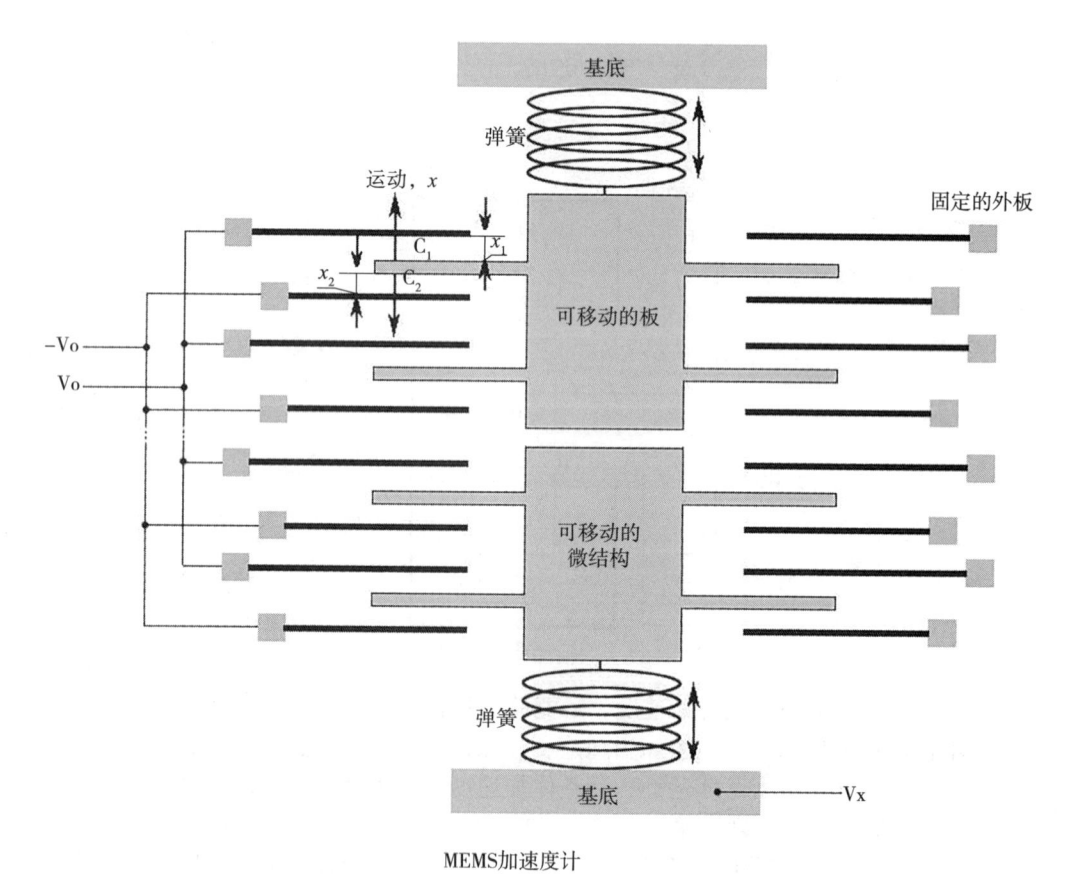

MEMS加速度计

图 3-69　MEMS 三轴加速度计工作原理

3.4.2 陀螺仪

陀螺仪是一种常用于测量物体角速度或旋转速度的惯性传感器，具有广泛的应用领域，包括航空航天、导航系统、惯性导航、无人车等，如图3-70所示。

图 3-70 陀螺仪

陀螺仪的工作原理基于陀螺效应和科里奥利效应。陀螺效应指旋转物体的自转轴会保持不变的方向，而科里奥利效应用于测量旋转物体的角速度。陀螺仪采用微机电系统（MEMS）技术，包括一个旋转部件（如旋转物体块或光学陀螺）和感应器芯片。当物体发生角速度变化时，旋转部件会受到科里奥利效应的作用，产生相应的力，引发物体的垂直位移，如图3-71所示。

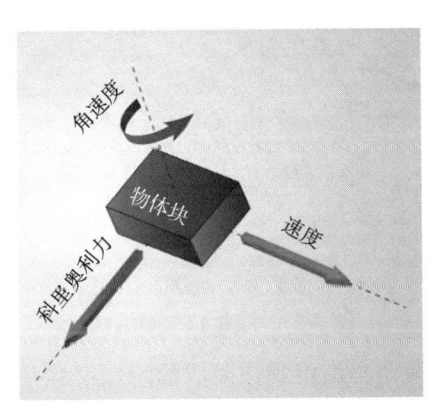

图 3-71 陀螺仪的工作原理

科里奥利效应：当一个质点相对于惯性系做直线运动时，因为质点自身惯性，它相对于旋转体系，其轨迹是一条曲线。立足于旋转体系，则认为有一个力驱使质点运动轨迹形成曲线。科里奥利力（简称科氏力）就是对这种偏移的一种描述，表示为 $F_{coriolis}=-2m\omega\times v$，即直线运动放在一个旋转体系中时，其直线轨迹会发生偏移，而实际上直线运动的问题并未受到力的作用，将这样一个虚拟的力称为科里奥利力，如图3-72所示。

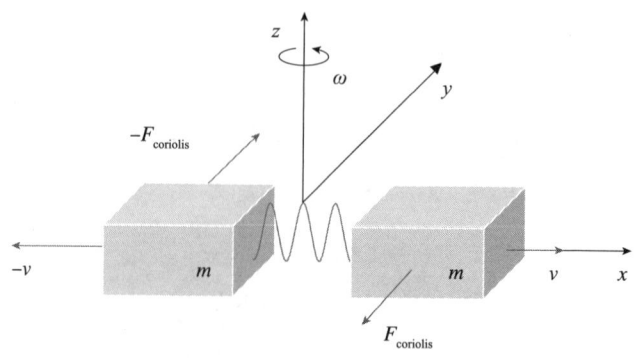

图 3-72　科里奥利效应

在陀螺仪中，选用两个物体，它们处于不断的运动中，并令它们运动的相位相差 -180°，即两个物体运动速度大小相同、方向相反。因此它们产生的科氏力相反，从而压迫两块对应的电容板移动，产生电容差分变化。电容的变化正比于旋转角速度。测量电容值即可得到旋转角度变化。

陀螺仪微观结构如图 3-73 所示，一个不断移动或振荡的物体，当外部角速度作用于该物体的柔性部分时，这部分会产生垂直位移，传感器芯片可以测量并将该位移转换成电信号，引起电容变化。通过处理和计算这个电容变化，可以得到物体的角速度或旋转速度值。

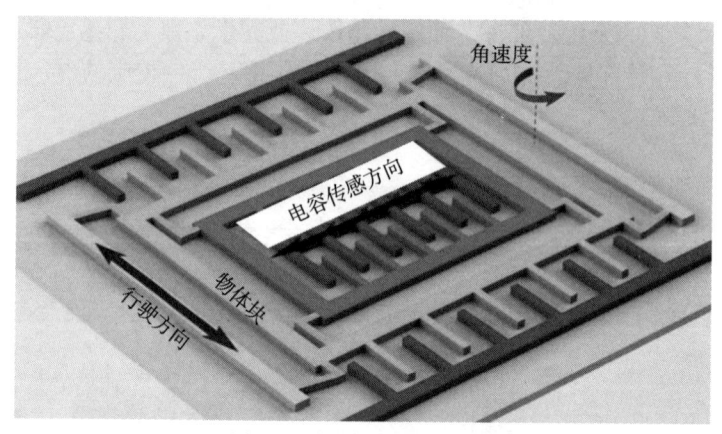

图 3-73　陀螺仪微观结构

利用支撑架增加一个或两个自由度制作而成的陀螺仪具有特殊的性质：定轴性、进动性，利用这两个性质根据牛顿定律可以计算出某一方向的角速度。

1）定轴性：高速运转的刚体在不受外力矩的作用下旋转轴方向相对惯性空间不变。这意味着陀螺仪内部的转轴在旋转时会保持固定的方向。

2）进动性：陀螺仪转子高速转动时，陀螺仪内环轴方向受力后，陀螺主轴绕外环轴转动；外环轴方向受力后，陀螺主轴绕内环轴转动。这与转子静止时不同。

最早的陀螺仪是机械陀螺仪，内置高速旋转的陀螺。因为陀螺在万向支架上能够保持高速稳定旋转，所以最早陀螺仪被应用于航海中，用于确定方向、姿态和计算角速度，后来逐渐被应用在飞机仪表上,因陀螺仪对加工精度要求很高,还容易受外界震动影响,因此计算精度一直都不高。为了提升精度和可适用性,陀螺仪的原理不再局限于机械式,而是发展出激光陀螺仪(基于光程差原理)、光纤陀螺仪(基于萨格纳克效应,一种光程差效应)和微机电陀螺仪。现在主流的陀螺仪是三轴的,即测量物体在 x、y、z 轴上旋转的数据,分别对应纵摇、横摇、垂摇。

1. 陀螺仪的系统结构

1)旋转部件:旋转部件是陀螺仪的核心部件,它可以是一个旋转物体块、震荡陀螺或光学陀螺等。旋转部件通过陀螺效应来感知物体的角速度变化。

2)感应器芯片:感应器芯片是陀螺仪的关键部分,用于将旋转部件的力或位移转换为电信号。感应器芯片通常采用压电效应、光学效应或电容效应等原理,当旋转部件发生变化时,会引起电信号的变化。

3)信号处理电路:信号处理电路用于处理感应器芯片输出的电信号。它可以放大、滤波和转换电信号,以使其适合后续的数据处理和计算。

4)接口电路:接口电路负责将信号处理电路输出的结果传输给其他系统。它可以将角速度或旋转速度值以数字或模拟形式传递给导航系统、控制系统或其他相关系统。

2. 陀螺仪的主要特性

1)测量范围:陀螺仪可以测量的角速度范围是其重要特性之一。不同的陀螺仪具有不同的测量范围,如 $\pm 100°/s$、$\pm 1000°/s$ 等,可以根据具体应用的需求选择合适的测量范围。

2)灵敏度:陀螺仪的灵敏度指的是对单位角速度的测量能力。灵敏度越高,陀螺仪可以测量更小的角速度变化。灵敏度通常以 mV/°/s 或 rad/s 为单位。

3)噪声水平:陀螺仪的噪声水平是指在测量过程中存在的噪声干扰程度。较低的噪声水平可以提高测量的准确性和稳定性。

4)零偏:陀螺仪的零偏是指在测量中存在的系统误差,即在没有旋转时输出的非零值。零偏可以通过校准和补偿技术进行修正,以提高测量的准确性。

5)温度稳定性:陀螺仪的性能通常会受到温度的影响。温度稳定性指的是陀螺仪在不同温度条件下的输出稳定性和一致性。较好的温度稳定性可以减小温度变化对测量结果的影响。

6)响应时间:陀螺仪的响应时间是指从发生角速度变化到陀螺仪输出相应信号的时间。较短的响应时间可以使陀螺仪更快地响应变化,并提供即时的测量结果。

3. 陀螺仪与加速度计的区别

陀螺仪测量角速度,而加速度计主要测量线性加速度。前者基于惯性原理,后者基于力的平衡原理。

在长时间测量中,加速度计的测量值通常是准确的,而在短时间内由于信号噪声存在,可能存在误差。相比之下,陀螺仪在短时间内通常更准确,但在较长时间内可能会受到漂移的影响。因此,为了确保正确的航向,通常需要同时使用这两种传感器,并进行相互校准。

3.4.3 磁力计

市面上绝大多数传感器都使用磁力计,其中 90% 的磁力计通过霍尔效应来基于地球磁场测量偏航角。磁力计利用导电板和磁场相互作用的原理来测量磁场强度,从而获得装置在地理位置上东南西北四个方向上的具体朝向。

在磁力计中,导电板通过电流,电子会从板的一侧流到另一侧。当附近引入磁场时,磁场会干扰电子流动,使电子偏离原来的路径,从而产生一个偏移的电压。这个电压的大小取决于磁场的强度磁力计的工作原理如图 3-74 所示。这种原理类似于指南针,可以用来测量物体相对于地磁场的朝向。

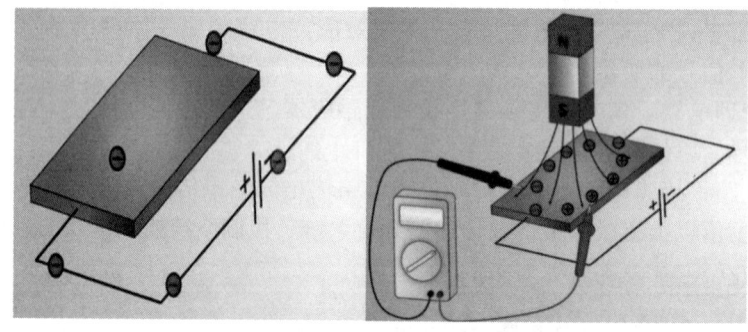

图 3-74　磁力计的工作原理(详见彩插)

10% 的传感器中磁力计则是采用磁阻效应,如图 3-75 所示。使用对磁场敏感的材料,通常由铁和镍组成,当这些材料暴露于磁场中时,它们的电阻会发生变化,这种变化可以用来测量磁场的强度。

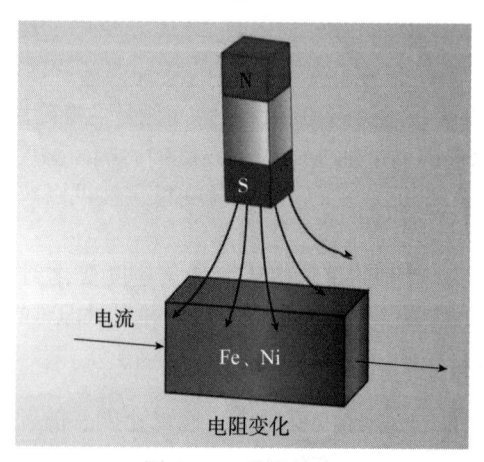

图 3-75　磁阻效应

磁力计能提供装置在 x、y、z 轴所承受磁场的数据,接着相关数据会汇入微控制器的运算法,以提供磁北极相关的航向角,利用这些信息可侦测地理方位。通俗来说,加速度计可以判断物体的运动距离，陀螺仪可以计算物体旋转的角度，磁力计可以分辨物体的朝向。所以在很多实际应用中，加速度计、陀螺仪以及磁力计都是组合起来使用的，最常用的六轴传感器就是三轴加速度计和三轴陀螺仪，这些统称为惯性测量单元（IMU）。九轴传感器通常是指三轴加速度计、三轴陀螺仪和三轴磁力计，也有六轴加速度计加三轴陀螺仪，或者是三轴加速度计和六轴陀螺仪。三轴磁力计采用三个互相垂直的磁阻传感器，每个轴向上的传感器检测在该方向上的地磁场强度。

3.5 声敏传感器（听觉）

声敏传感器是一种能够模拟人的听觉，感知并测量声音信号的传感器，它可以将声音转换为电信号或数字信号，使机器人能够感知和理解环境中的声音。声音是人类日常交流和环境感知的重要部分，因此利用声音与机器人进行交流或通过声音指令控制机器人的能力对于机器人系统的发展和应用具有重要意义。声敏传感器的原理基于声波的传播和感知，通常由传声器、信号转换电路和信号处理单元组成。

声敏传感器在机器人中的应用如下：

1）声音交流：声敏传感器可以使机器人感知和理解人类语音，从而实现与人类的声音交流。通过语音识别和语音合成技术，机器人可以识别和理解人类的语音指令，并作出相应的回应。

2）声控机器人：声敏传感器可以使机器人接收声音指令并执行相应的任务。通过预设的声音指令集，机器人可以根据声音指令的内容和模式进行识别，实现基本的控制和操作。

3）声音环境监测：声敏传感器可以感知环境中的声音变化，并进行声音分析和识别。例如，在智能家居系统中，声敏传感器可以用于检测婴儿的哭声、烟雾报警器的声音等，从而提供及时的报警和安全保护。

4）声音定位与导航：通过多个声敏传感器的组合，分析声音信号在不同传感器之间的差异，机器人可以确定声音的方向和距离，从而实现声音的定位和导航功能。

以下是一些常见的声敏传感器和相关产品。

1）电容式声敏传感器：这种传感器基于电容变化来感知声音，常用于语音识别、语音控制和语音录制等应用。例如，Knowles Electronics 的 SPH0641LU4H-1 电容式声敏传感器是一款用于消费电子产品和智能音箱的小型声敏传感器，如图 3-76 所示。

图 3-76　SPH0641LU4H-1 电容式声敏传感器

2）压电式声敏传感器：这种传感器利用压电效应将声音转换为电信号。它们通常用于音频录制、语音识别、通信设备等领域。例如，CUI Devices 的 CME-6246CH-381-LP 压电式声敏传感器是一款用于消费电子和通信设备的紧凑型传感器，如图 3-77 所示。

3）声音传感模块：声音传感模块集成了声敏传感器和相关的信号处理电路，提供了便捷的声音感知和处理功能。例如，DFRobot 的 Sound Sensor Module 是一种常见的声音传感模块，适用于嵌入式系统、机器人和交互装置等应用，如图 3-78 所示。

图 3-77 CME-6246CH-381-LP 压电式声敏传感器

4）声音检测模块：声音检测模块主要用于环境噪声监测和报警系统。它们可以感知噪声水平并触发相应的操作。例如，Adafruit 的 Electret Microphone Amplifier - MAX4466with Adjustable Gain 是一款用于噪声检测和音频分析的声音检测模块，如图 3-79 所示。

图 3-78 Sound Sensor Module 声音传感模块

图 3-79 Electret Microphone Amplifier - MAX4466-with Adjustable Gain 声音检测模块

3.6 气敏传感器（嗅觉）

许多户外工作场所都要求进行灰尘和颗粒物监测，以避免这些场所的工人和公众可能暴露在有害气体或颗粒物的环境中。气敏传感器是一类能够模拟人的嗅觉，感知气体浓度或检测气体成分的传感器，其应用范围广泛，包括环境监测、工业安全、医疗诊断等。气敏传感器基于气体与传感器材料之间的相互作用，当目标气体与传感器材料接触时，发生化学或物理反应，导致传感器的电学性质发生变化，如电阻、电容、电导率等参数，从而实现有害气体、挥发性有机化合物的检测，以及空气质量指标的测量等任务。

气敏传感器的常见类型包括：

1）电化学气敏传感器：这种传感器利用气体与电极之间的化学反应来检测气体浓度。

它们常用于检测有害气体，如一氧化碳、二氧化硫等。电化学气敏传感器具有高灵敏度和选择性，并可提供实时的气体浓度测量。例如，Alphasense 的 ECO-Sure 系列电化学传感器可用于环境监测、室内外空气质量和工业安全应用，如图 3-80 所示。

a）四电极气体传感器
B4 系列（低 ppd 及空气质量检测）

b）光学粒子计数器（OPC）
PM1、PM2.5、PM10

c）光离子化检测器
（PID）VOC 检测

图 3-80 ECO-Sure 系列电化学传感器

2）半导体气敏传感器：这种传感器基于气体与半导体材料之间的相互作用。当目标气体与半导体材料接触时，导致电阻或电导率发生变化。半导体气敏传感器广泛应用于空气质量监测、工业安全和火灾探测等领域。例如，Figaro Engineering 的 TGS 系列半导体气敏传感器可检测各种气体，如甲醛、一氧化碳、挥发性有机化合物等，如图 3-81 所示。

3）光学气敏传感器：这种传感器利用气体对光的吸收、散射或发射等光学特性的影响来检测气体浓度或成分。光学气敏传感器具有高精度和快速响应的特点，常用于气体分析、环境监测和医疗诊断等应用。例如，SGX Sensortech 的 MiCS 系列光学气敏传

图 3-81 TGS 系列半导体气敏传感器

感器可用于室内空气质量监测、工业过程控制和车辆废气监测等应用，如图 3-82 所示。

4）热敏气敏传感器：这种传感器基于气体与传感器热敏元件之间的热传导效应。当目标气体与热敏元件接触时，会导致温度变化，进而改变传感器的电阻或电导率。热敏气敏传感器常用于气体浓度检测和工业过程控制。例如，Winsen Electronics 的 MQ-2 热敏气敏传感器可检测多种可燃气体，如甲烷、液化石油气等，常用于家用燃气泄漏检测和工业安全应用，如图 3-83 所示。

图 3-82 MiCS 系列光学气敏传感器

图 3-83 MQ-2 热敏气敏传感器

气敏传感器的应用如下:

1)环境监测:气敏传感器广泛应用于环境监测系统,用于测量空气中的污染物浓度,如甲醛、二氧化碳、挥发性有机化合物等。这些传感器的应用有助于评估和改善室内和室外空气质量。

2)工业安全:气敏传感器在工业领域中用于监测和检测有害气体,如氨气、硫化氢、甲烷等。它们在工厂、化工厂和矿井等环境中发挥着重要作用,用于预防和报警有害气体泄漏,确保工作场所的安全。

3)医疗诊断:气敏传感器在医疗领域中被用于气体分析和诊断。例如,呼吸气体分析仪使用气敏传感器来检测呼出气中的气体成分,帮助医生进行疾病诊断和监测治疗效果。

4)智能家居:气敏传感器在智能家居系统中发挥重要作用。它们可以监测室内的气体浓度,如一氧化碳、烟雾等,并触发警报或自动启动通风系统,保障家庭安全。

5)汽车工业:气敏传感器在汽车工业中也得到广泛应用。例如,汽车尾气传感器用于监测排放气体成分,以确保车辆符合环保要求。此外,气敏传感器还可用于检测车内空气质量,提供驾驶员和乘客的舒适和健康保障。

3.7 化学传感器(味觉)

化学传感器在检测特定化学物质的存在方面发挥着重要作用。应用到智能机器人中,可以在环境监测、食品安全检测等诸多领域发挥作用,如图 3-84 所示。

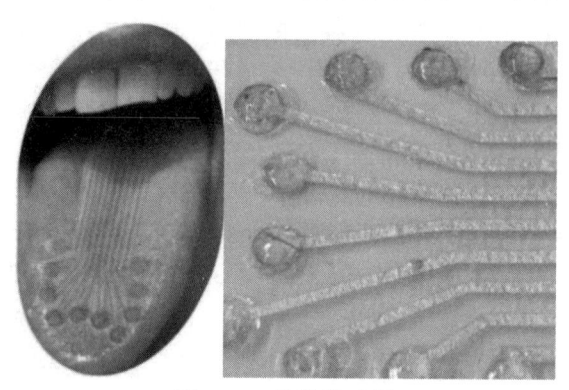

图 3-84 化学传感器

味觉在对食物和饮料的感知和享受中起着至关重要的作用。受人类味觉系统的启发,科学家和工程师开发出了一种被称为电子舌的技术,它模仿人类味觉系统,能够分析和区分不同的味道。电子舌由传感器阵列、数据处理系统和模式识别算法组成,传感器阵列是电子舌的关键组件,负责检测和分析样本中的味道特征。不同类型的传感器可以采用不同的原理,如电化学、光学、电位等,来捕获特定的味觉属性,如甜、酸、咸、苦和鲜。传感器阵列的工作原理涉及味道化合物与传感器表面之间的相互作用,每个传感器被设计为选择性或半选择性地响应特定的味觉品质。当液体样本被引入电子舌时,它会与阵列中的味觉传感器相互作用，传感器根据样品中存在的特定味道成分产生独特的电响应，交由数据处理系统捕获并分析以提取有关样品味道特征的信息。

电子舌的应用领域广泛，包括：

1）食品和饮料行业：用于质量控制、风味优化、监测生产过程，检测掺假或污染，评估成品的感官特征等。

2）医药行业：帮助配制口服药物，评估药物的味道和赋形剂对味觉的影响。

3）环境监测：分析水样的味道，检测污染引起的味道变化，评估水质等。

4）感官分析和研究：客观、定量地测量味道，进行口味偏好研究、新产品评估等。

与传统味觉传感方法相比，电子舌具有以下优点：

1）客观且可重复：电子舌提供客观且可重复的味觉测量，减少了人类感官评估的主观性。

2）快速分析：电子舌提供快速、实时的味道分析，可实现行业中高效的质量控制和流程优化。

3）应用范围广：电子舌可以适应各种液体，包括复杂的混合物和非消耗性物质，可将其应用范围扩展到食品和饮料之外。

4）成本效益高：电子舌可以成为人类感官小组的经济高效替代品，减少大量味觉测试和小组培训的需要。

日本 INSENT 味觉分析系统同样是一种命名为电子舌的智能味觉分析系统，它采用人工脂膜传感器技术，其中的味觉传感器通过将脂肪溶解在聚氯乙烯中实现感知味觉的化学反应。它可以客观数字化的评价食品或药品等样品的苦味、涩味、酸味、咸味、鲜味、甜味等基本味觉感官指标，同时还可以分析苦的回味（丰富度）、涩的回味和鲜的回味。该系统在食品质量控制、新品研发、投诉处理、产品验证等方面具有广泛应用，如图 3-85 所示。日本 INSENT 味觉分析系统的优势特点包括：

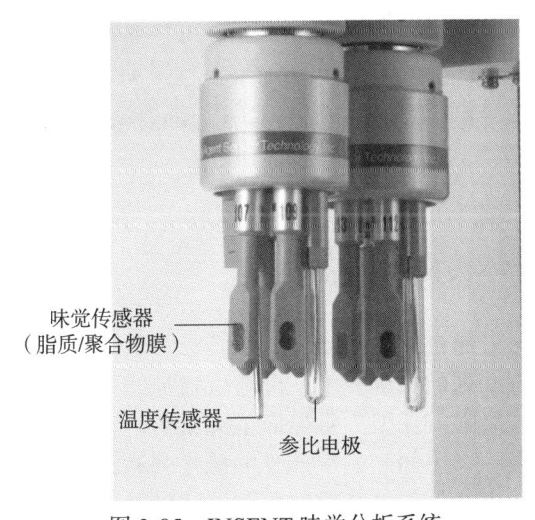

图 3-85 INSENT 味觉分析系统

1）真实味觉感官评价，与人类味觉吻合。
2）直接分析样品的各种味觉指标，包括酸、甜、苦、咸、鲜、涩和回味。
3）丰富的图形展示结果，展示样品的味觉特性。
4）触摸面板设计，操作更轻松、人性化。
5）应用简单的宏功能，简化操作步骤。
6）数据管理服务器，确保数据结果的安全有效处理。
7）防电磁干扰技术，保证分析过程稳定性。

此外为了实现化学敏感的机器人皮肤，加利福尼亚大学的研究团队设计了用于快速筛选食品口味和添加剂的化学传感机器人手指，如图3-86所示。可伸缩的味觉传感手指电化学装置被印制在机器人手套上，模拟柔软的皮肤，并与无线电子板集成，用于实时数据传输。印制的机器人中指、食指和无名指可通过对葡萄糖、抗坏血酸和辣椒素的直接电化学检测，准确分辨甜味、酸味和辣味。甜味感应能力与咖啡因感应机械手指相结合，可快速筛查普通饮料中是否含有糖和咖啡因。

图3-86 化学传感机器人手指

3.8 压敏、温敏流体传感器（触觉）

为了使机器人与环境更加自然地互动，赋予其触觉感知能力变得至关重要。触觉传感器被列为与光刻机、芯片并列的关键技术，可与生物神经系统交互的触觉电子皮肤更是对智能机器人、义肢、人体增强、新型人机界面至关重要，它被视为智能机器人的第二大感官，可以让机器人像人类一样感知和响应外界的触觉刺激，从而实现更真实、自然的互动体验。柔性传感器在这一方向上发挥着关键作用，可以通过模拟人类皮肤的触觉感知外界的压力变化、物体的形状和硬度等信息，实现精准的物体抓取、操作和互动。

柔性传感器是利用柔性材料制成的传感器，具有良好的柔韧性和延展性，可自由弯曲甚至折叠，而且结构形式灵活多样，可根据测量条件的要求任意布置，能够非常方便地对复杂物体进行检测。因为柔性传感器的特性，让它有非常好的应用前景，包括医疗电子、环境监测和可穿戴设备等领域。

柔性传感器种类较多，分类方式也多样化。按照用途分类，柔性传感器包括柔性压力传感器、柔性气体传感器、柔性湿度传感器、柔性温度传感器、柔性应变传感器、柔性磁阻抗传感器和柔性热流量传感器等。按照感知机理分类，柔性传感器包括柔性电阻式传感器、柔性电容式传感器、柔性压磁式传感器和柔性电感式传感器等。

1. 压敏传感器

压敏传感器是柔性传感器中的一种关键类型，可以被嵌入机器人的外壳或表面，模拟人类皮肤的触觉感知。这使得机器人能够感知外界环境中的压力变化，从而进行精确的物体抓取和操作。服务机器人常使用这些传感器避免碰撞，与人类用户进行安全互动。电子皮肤使用的主要就是柔性压敏传感器，这也是柔性传感器研究最多、应用最广的领域。早在2004年，日本东京大学电子工程师染矢高雄（Takao Someya）和其团队开发出一种 8cm×8cm 的柔性机器人皮肤，由高性能压敏聚酰亚胺塑料、有机半导体、金和铜电极制成，首次实现了机器人的触感反应，引起了广泛关注。东南大学柔性智能感知实验室研发的超属性电子皮肤可以响应温度、应变、湿度等多种刺激。它模拟了人体皮肤的各种刺激感知，可以广泛应用于机器人智能感知和虚拟交互等领域。该电子皮肤基于桑蚕丝的复合材料，具有类似人体皮肤柔软、光滑、可拉伸的特点，有弱酸性，能感知环境中的温度、压力和湿度等变化，为机器人皮肤重构配置所需功能方面的高度类皮肤属性，如图 3-87 所示。

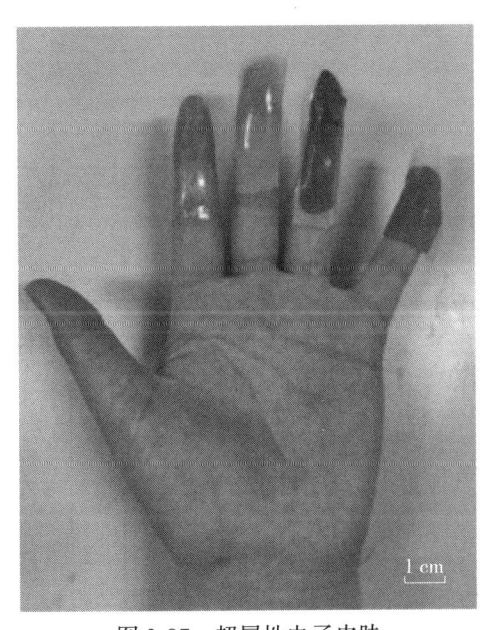

图 3-87 超属性电子皮肤

压敏传感器可以被集成到机械手爪和机械臂中，以感知抓取物体时的压力，帮助控制抓取力度，避免物体损坏或滑脱，如图 3-88 所示。不过未来的电子皮肤不应该仅具备触觉感知功能，还应当拥有弱酸性、可降解、可重构等类皮肤理化属性。进一步研究这些电子皮肤与人体组织的相容性，可以实现与人体神经电接口等应用，未来或有望应用于医学领域，为烧伤病人提供短暂的触觉重构，或帮助残疾人士佩戴假肢以实现触觉重构。

Tekscan 是一家专注于压敏传感技术的公司，他们的压敏传感器被设计用于医疗领域，特别是用于测量人体表面的压力分布和变化，通过实时监测压力变化，医护人员可以更好地了解患者的体位变化和压力分布，以避免患者的皮肤损伤或者褥疮。应用在医疗设备上也可以控制与患者接触的力量，如图 3-89 所示。这些压敏传感器在医疗护理中起到了重要作用，帮助提高患者的舒适度和健康状况，有助于提高患者的护理质量和安全性。

图 3-88　机械手爪

图 3-89　压敏传感器及应用

压敏传感器还可以嵌入虚拟现实（VR）头戴设备中，增强用户与虚拟环境的互动体验。基于聚二甲基硅氧烷（PDMS）/石墨传感电阻的可拉伸应变传感器，可用于多种可穿戴设备应用（图 3-90），包括人体生物信号测量，如用于触觉反馈的指尖压力监测和用于健康诊断的高分辨率动脉脉搏。应变传感器采用蛇形电极设计，可通过直接写入激光打印和图案转移两步工艺轻松制成，无须任何光刻工艺。

2. 温敏传感器

在智能机器人领域，温敏传感器起着关键作用，用于模拟感知温度变化，类似于人类的皮肤感受温度。这些传感器可以检测环境温度的变化，并将其转化为电信号，从而为机器人提供温度感知能力，帮助其适应和交互于不同环境中。

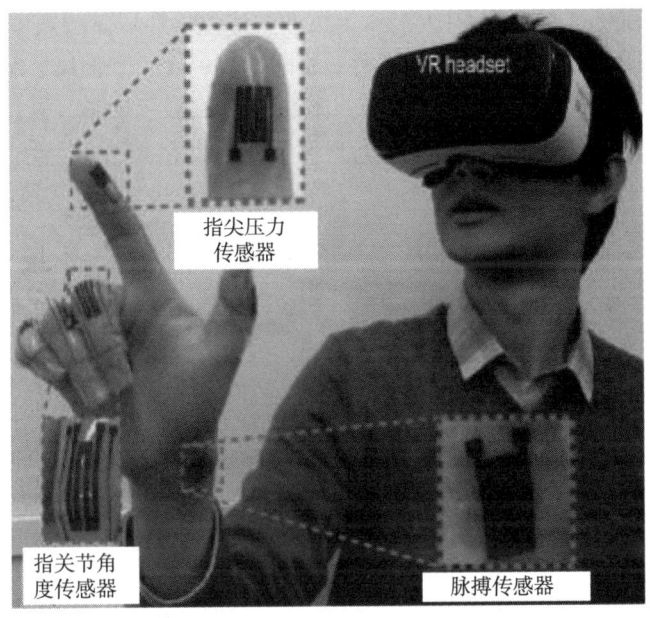

图 3-90　VR 设备中的压敏传感器

2020 年川崎重工株式会社开发了一款自动体温检查系统，采用双臂 SCARA（选择性顺应组装机器人手臂）机器人 duAro2，其右臂配备了非接触式温度传感器，访客将额头靠近该传感器以检查体温。duAro2 机器人和访客之间没有任何接触，可避免传染疾病进一步传播。出于安全考虑，duAro2 机器人手臂的表面材料是柔软的，即使机器人在操作过程中与人类接触，也会检测到碰撞并停止运动，如图 3-91 所示。

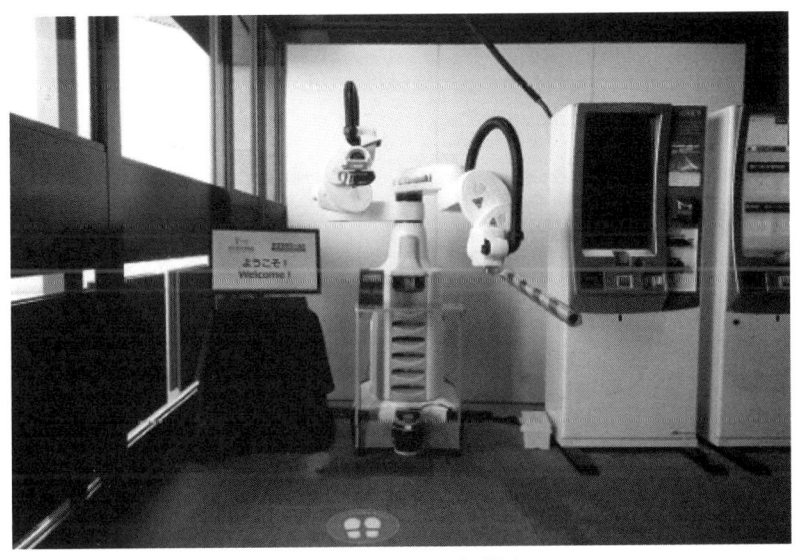

图 3-91　duAro2 机器人

Amphenol Advanced Sensors 开发的室内农业智能温室环境监测和控制解决方案可以确保室内农业设施和温室维持适宜的环境条件，促进植物的生长和健康。Amphenol Advanced Sensors 的室内农业传感器集成了温度、湿度和环境光监测与控制二氧化碳（CO_2）浓度的关键功能，从而帮助农作物实现最佳的生长环境，如图 3-92 所示。

图 3-92　Amphenol Advanced Sensors 的室内农业传感器

3. 流体传感器

在智能机器人领域，流体传感器扮演着模拟感知流体流动和性质的重要角色，类似于人类感知液体的触觉。这些传感器可以检测液体的流动速度、压力和其他性质，并将这些信息转化为电信号，为机器人提供流体感知和处理能力，实现更加精准和灵活的操作。

Sensirion 是一家专注于传感器技术的公司，其开发的微型流量传感器（Micro-Flow Sensors）LPG10 可以应用于智能机器人中，用于监测和控制液体的流动，如液体分配、注射和传输等，如图 3-93 所示。

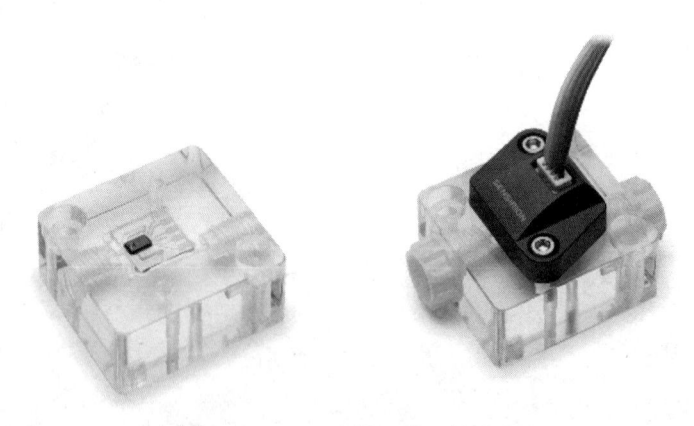

图 3-93　LPG10 微型流量传感器

F7M 这款微型流量传感器通过将热 MEMS 传感器与高耐腐蚀的石英玻璃流路相结合，可以测量 50mL/min 以下的微流量液体流量，并具有高度的可重复性，这在传统的测量方法下较为困难。F7M 产品原理示意图如图 3-94 所示。该产品的开发理念是采用对流体状态变化（如气泡、脉动、流体温度变化）影响最小的测量方式，使产品用户友好、易于使用测量流体的校正函数（基于流体的导热系数）进行校正。与以往的方法（如测量泵转速、测量质量或管理流体供应时间）不同，该产品能够精确测量瞬时和积分流量。这对于可靠的质量管理以及基于测量值检测过程中的异常非常有益。

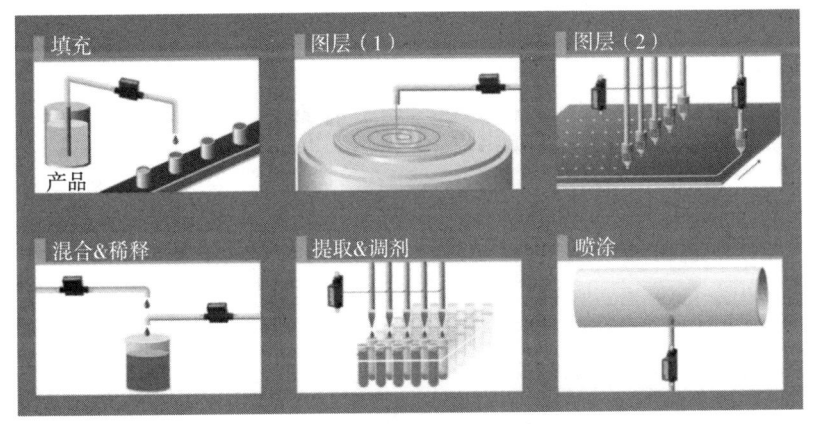

图 3-94　F7M 产品原理示意图

这种流体传感器还可以用于精确测量去污过程中喷洒的过氧化氢溶液的量。通过高精度测量 5～30mL/min 的微小流量，可以优化喷雾量，从而提高净化过程的质量。

CHAPTER 4

第4章

定位和导航

随着近代科技的进步，定位和导航已经深入了日常生活，但是定位和导航的含义经常被混淆。定位是指确定特定的位置或地点，以及通过勘察或其他手段确定某一物体或区域的界限。导航则是一个研究领域，其主要关注点在于监测和控制工艺或车辆从一个地点移动到另一个地点的过程。在机器人领域，要实现自主移动，定位、建图以及导航问题一直都是至关重要的。通过学习本章内容，将更深入地理解在机器人技术中，定位和导航所承载的内在含义。

4.1 机器人定位与导航

本节主要介绍定位与导航的基本概念、机器人定位技术以及机器人导航技术这三部分的内容。

4.1.1 定位与导航的基本概念

定位与导航的基本概念主要包括定位与导航的定义、主动定位与被动定位、定位与导航的关系、机器人定位相关概念、机器人导航相关概念、机器人地图。

1. 定位与导航的定义

定位和导航都是关于确定位置和路径的问题。**定位**主要关注的是"在哪里"，即确定机器人在环境中的绝对位置或相对于某一参照点的相对位置。**导航**则关注的是"如何到达那里"，即如何规划机器人的移动路径以从起点到达目标位置。

2. 主动定位与被动定位

主动定位（Active Localization）是机器人通过主动感知和数据处理来确定其位置和姿

态的方法。机器人采取行动、感知环境、收集传感器数据、识别地标或特征，然后计算位置和姿态。通常用于需要高精度定位的任务，如自动驾驶车辆、精确机器人操作。被动定位（Passive Localization）是机器人依赖外部信号、参考点或传感器来确定位置的方法。机器人接收外部信号或依赖预先设置的地标或传感器数据来估算位置，而不主动感知环境。常用于室外环境，如 GPS 定位在导航车辆中的应用，以确定机器人的大致位置。

主动定位方法的一个关键问题是，需要控制机器人。因此在很多场景下只有主动定位算法是不够的，机器人在定位自己的同时还需要执行定位之外的其他任务。一些主动定位技术是建立在被动定位技术的基础之上的。其他的一些方法则在控制机器人的过程中将任务目标和定位目标组合起来。

3. 定位与导航的关系

定位和导航是相互关联的，定位提供了机器人的当前位置信息，而导航则基于这些位置信息来规划行进路线，如图 4-1 所示。

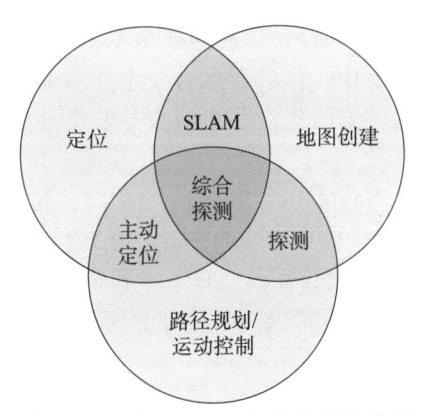

图 4-1 定位、SLAM 和导航等的关系

（1）定位与导航的坐标系

1）地球坐标系：地球坐标系是相对于地球的位置进行定义的，有经度、纬度、高度等参数。对于空中或水下的机器人，通常使用地球坐标系来定义其位置。

2）机器人坐标系：机器人坐标系是相对于机器人自身的位置和姿态进行定义的坐标系。对于移动机器人，机器人坐标系用于描述机器人在自身坐标系内的位置和朝向。这有助于机器人理解和控制自身运动。

3）地图坐标系：地图坐标系是相对于某一特定地图的坐标系，用于描述位置和路径。在室内或室外环境中工作的机器人通常使用地图坐标系，以便参照地图数据进行定位和路径规划。

（2）定位与导航的算法基础

1）机器学习算法：机器学习是一种让计算机从数据中学习并改进性能的方法。在定位与导航中，机器学习算法用于地图创建、路径规划、动态环境感知等任务。这些算法能够从传感器数据中提取有用信息，改进机器人的导航性能。例如：

①强化学习（Reinforcement Learning）：强化学习是一种通过试错来学习最佳策略的算

法，机器人可以使用强化学习来学习如何在不同环境中导航，并优化其路径规划和行动策略。

②Q-学习（Q-Learning）：Q-学习是一种强化学习方法，常用于机器人的路径规划和决策制定。机器人通过探索环境来学习最佳行动策略，以达到特定的导航目标。

2）计算机视觉算法：计算机视觉是让计算机能够像人类一样看待和理解世界的一种方法。在定位与导航中，计算机视觉算法可用于图像识别、地形分析、障碍物检测等任务。它们使机器人能够感知周围环境，并做出相应的导航决策。例如：

①光流（Optical Flow）法：光流法用于检测图像中的物体运动和速度。它可用于实时感知机器人周围环境中的动态障碍物，并帮助机器人避免碰撞。

②SLAM（Simultaneous Localization and Mapping，同步定位与地图创建）：SLAM算法结合了视觉感知和地图构建，用于实时定位和地图创建。这对于自主机器人的导航非常重要，因为它们需要知道自己在哪里以及周围的地形。

③物体检测和识别：机器视觉算法可以用于检测和识别环境中的物体，如交通标志、行人、道路标记等，这对于自动驾驶汽车和智能机器人的导航至关重要。

3）传感器融合技术：传感器融合是一种集成多个不同类型传感器数据以获取更准确、全面信息的技术。在定位与导航中，传感器融合技术能够综合多种传感器的信息，以获得更精确的位置和路径信息。这种方法提高了机器人导航的可靠性和鲁棒性，尤其是在复杂环境中。例如：

①惯性导航系统（Inertial Navigation System，INS）：传感器融合技术可以将陀螺仪、加速度计和磁力计数据融合，以提供更准确的机器人姿态和运动信息。

②GPS和IMU融合：将全球定位系统（GPS）和惯性测量单元（IMU）的数据融合，可以提供在室外环境中的高精度位置定位，尤其对于自动驾驶汽车和空中导航非常重要。

定位与导航的算法基础如图4-2所示。

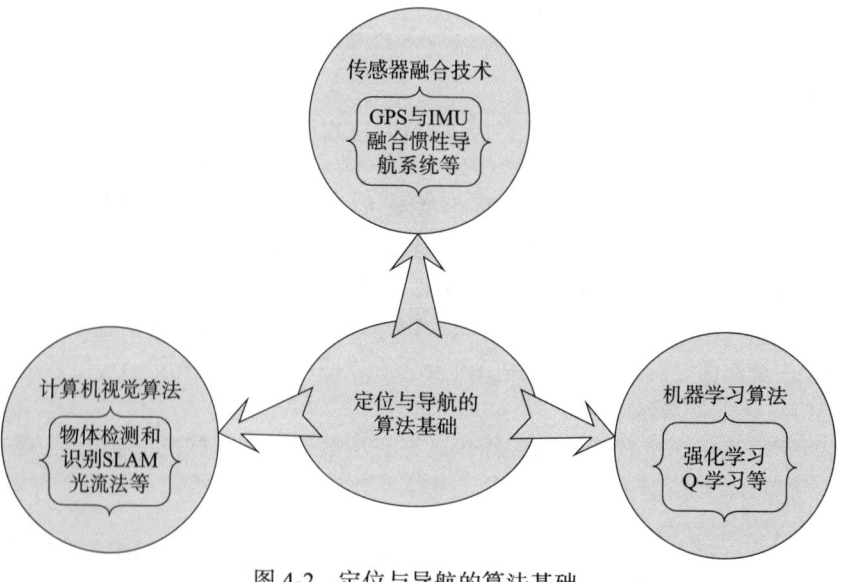

图4-2 定位与导航的算法基础

4. 机器人定位相关概念

（1）绝对定位与相对定位　机器人定位的一个重要区分是绝对定位和相对定位。绝对定位涉及确定机器人在全球坐标系中的确切位置，通常使用 GPS 等全球定位系统。相对定位则涉及机器人在自身坐标系中的位置变化，通常通过里程计等传感器来实现。这两种定位方式在不同应用场景中有不同的优势和限制。

（2）定位误差与不确定性　任何定位系统都不可避免地伴随着误差和不确定性。这些误差可能来自于传感器精度、环境变化、运动模型的简化等。理解和管理这些误差以及定位不确定性是机器人定位中的一个重要挑战，各种定位算法都试图在不确定性的情况下提供最准确的位置估计。

1）内部感知与外部感知。

①内部感知：内部感知是指机器人通过自身的传感器，如惯性测量单元（IMU）、编码器、光流等，来感知自身的运动和位置信息。

②外部感知：外部感知是指机器人通过外部传感器，如激光雷达、视觉传感器等，来获取环境信息并以此进行自身定位。

2）标记物定位与无标记物定位。

①标记物定位：标记物定位是指机器人在环境中识别特定的标记物，并根据标记物的位置和形状计算出自身的位置。例如，在二维平面上，机器人可以通过识别一个带有编号的方形地标来确认自身位置。

②无标记物定位：无标记物定位是指机器人在环境中无须识别特定标记物，而是通过自身的传感器和算法来确定自身位置。例如，通过计算机视觉和深度学习算法，机器人可以在未知环境中自主识别和定位。

5. 机器人导航相关概念

1）自主导航与远程操作：机器人导航可以分为自主导航和远程操作两种方式。自主导航是指机器人能够在未知环境中独立决策和导航，而远程操作涉及远程操控机器人，通常在遥远地点的操作员通过传感器和通信控制机器人。

2）障碍物避障：机器人在导航过程中经常会面临障碍物的挑战，如墙壁、人类或其他机器人。有效的障碍物避障算法和技术对于确保机器人的安全导航至关重要。这包括避免碰撞、规避动态障碍物和优化路径规划。

3）路径规划与执行：机器人导航还涉及路径规划和执行的过程。路径规划是指确定机器人应该如何从起点到达目标点的过程。执行则包括机器人的运动控制，以实际执行规划好的路径。有效的路径规划和执行是实现自主导航的关键组成部分。

6. 机器人地图

机器人地图是机器人导航和感知中的重要组成部分。这些地图类型的选择取决于特定应用的要求和机器人的任务，一般分为三种类型：栅格地图、拓扑地图和特征地图。

（1）栅格地图　栅格地图也称光栅图像，是一种通过将环境划分为小方块（栅格）并为每个栅格分配属性信息（通常是地面类型，如障碍物、自由空间）来表示环境的地图，如图 4-3 所示。栅格地图在物流信息技术中有所涉猎，其构建一个个"小方块"，利用颜色信息来区分地图的位置信息。在机器人建图中，栅格地图易于构建和保存，适用于路径规划，但通常需要高精度的机器人定位信息。栅格地图不会保持环境的精确几何信息，对于复杂环境，分辨率过低的栅格地图可能会导致信息丢失。

栅格地图常用于移动机器人导航、路径规划和环境感知中。

（2）拓扑地图　拓扑地图是一种抽象地图，它关注地点（位置）之间的连接关系，而不考虑精确的距离和几何形状，如图 4-4 所示。拓扑地图适合于任务和导航中关注地点的机器人，但不需要高精度的地理位置信息。它可以用于任务调度、位置标记等应用。拓扑地图常用于室内导航、巡逻机器人、任务规划等领域。

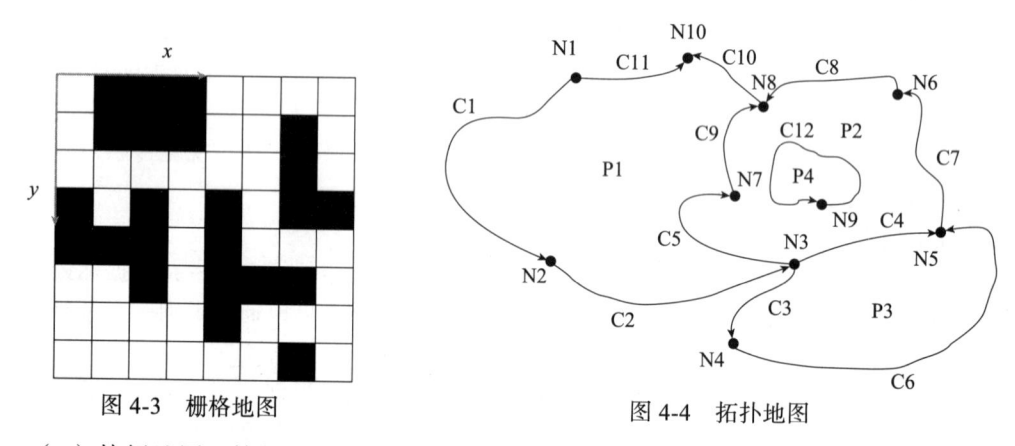

图 4-3　栅格地图

图 4-4　拓扑地图

（3）特征地图　特征地图使用环境中的特征（如标志性点、直线、多边形）来表示环境，而不依赖于栅格化。这种地图通常使用传感器数据生成，常见于视觉 SLAM 技术中。特征地图通常比栅格地图和拓扑地图更精确，但需要更多的计算和存储资源。特征地图常用于视觉 SLAM、3D 重建、地标识别等领域，如图 4-5 所示。

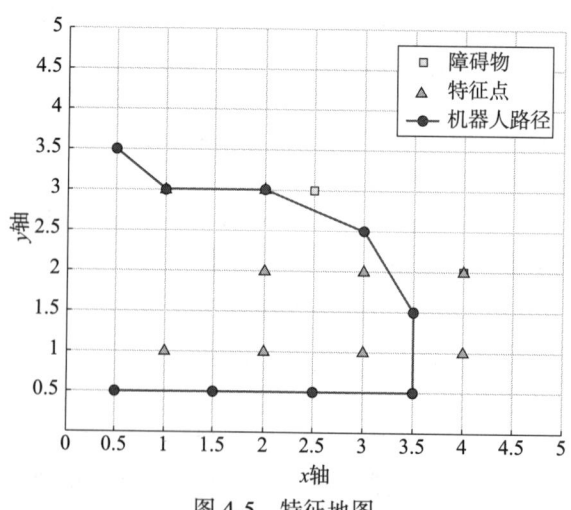

图 4-5　特征地图

4.1.2 机器人定位技术

机器人的定位信息主要来源于传感技术、智能技术以及计算机技术等领域的不断提高。随着这些技术的进步,智能移动机器人已经能够在生产和生活中担任人的角色。目前,送餐机器人(图 4-6)已经在国内多家知名餐饮企业得到应用。这些特殊服务员——送餐机器人,为顾客提供了便捷的服务。顾客只需轻触机器人屏幕,机器人就能够迅速而准确地将餐盘送到他们的餐桌前。这些创新服务背后,离不开机器人定位与导航技术的支持。

图 4-6 送餐机器人

近些年有很多研究工作用于探索室内定位技术,包括视觉定位、超声波定位、RFID 定位、红外定位、WiFi 定位以及蓝牙定位等技术。这些技术可以根据其定位算法分为基于测距和非测距两大类。基于测距的定位方法包括:

1)到达时间(Time of Arrive,TOA):通过测量信号到达接收器的时间来计算距离。

2)到达时间差(Time Difference of Arrive,TDOA):通过多个接收器之间到达时间的差异来计算位置。

3)到达角度(Angle of Arrive,AOA):通过测量信号到达的角度来确定位置。

4)接收信号强度指示(Received Signal Strength Indication,RSSI):通过接收到的信号强度来估算距离。

基于非测距的定位方法是指纹定位(Fingerprint,FP),这种方法通过建立参考指纹数据库和接收信号的指纹特征来实现定位。经总结,目前移动机器人主要通过下列几种方式来实现定位。

1. 蓝牙定位

蓝牙定位系统基于 RSSI 技术,通过测量接收到的信号强度来确定信标点与接收点之间的距离,从而实现定位计算。蓝牙定位系统首先在区域内部署蓝牙无线通信设备,并将其发出的信标信号的位置标记。然后，这些信号通过 Lora 无线网络传输到位置基站，基站再将其传送到定位服务器。定位服务器利用已知的蓝牙芯片组数据计算信标位置，从而获取被跟踪者的实时位置。蓝牙定位系统原理如图 4-7 所示。

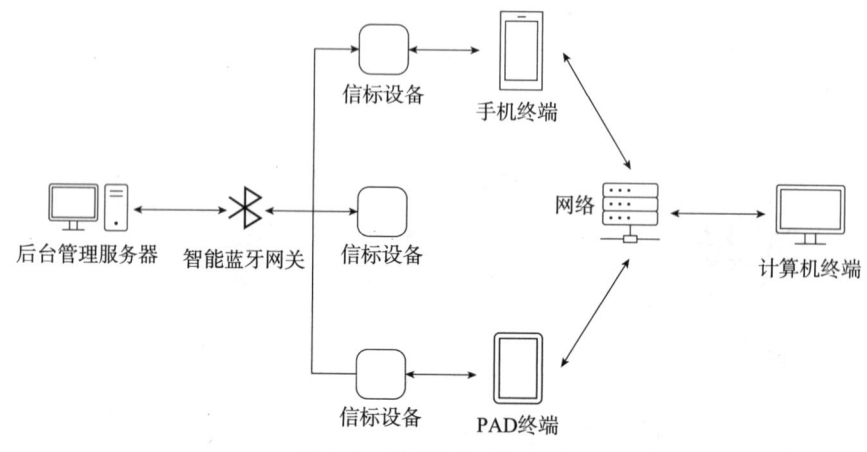

图 4-7 蓝牙定位系统原理

2. 超声波定位

超声波定位是一种利用超声波测距的技术，通常采用反射式测距法。该系统由一个主测距器和多个接收器组成。主测距器通常安装在待测目标上，而接收器则固定在室内环境中。在进行定位时，主测距器发射超声波信号，这些信号被接收器接收并反射回主测距器，通过测量回波和发射波之间的时间差来计算距离，从而确定物体的位置。

超声波自动定位仪的性能指标包括定位精度、响应速度和定位范围。通常，这种技术可以实现高达 5cm 的定位精度、0.1s 的响应速度、覆盖达 30m 的室内场地。

目前，有两种流行的基于超声波室内定位的技术，具体如下。

1）融合超声波和射频技术的定位：这种方法结合了超声波和射频信号技术，首先使用射频信号激活电子标签，然后通过接收超声波信号并使用时间差法来进行测距。这种技术具有低成本、低功耗和高精度的特点。

2）多超声波定位技术：这种方法使用多个超声波传感器进行全局定位。在移动机器人上安装 4 个超声波传感器，分区测距以生成坐标数据，综合这些数据以获得定位信息。这种技术具有强大的抗干扰性、高精度，并且可以解决机器人可能迷路的问题，超声波定位示意图如图 4-8 所示。

3. 视觉定位

随着计算机图像处理和计算机视觉技术的迅速发展，越来越多的研究者采用摄像机作为自主移动机器人的感知传感器。这主要是因为传统的超声波或红外传感器的感知信息受限、鲁棒性较差，而视觉系统则能够弥补这些不足之处。然而，现实世界是三维的，而投射在摄像镜头（CCD/CMOS）上的图像是二维的。因此，视觉处理的最终目的在于从这些

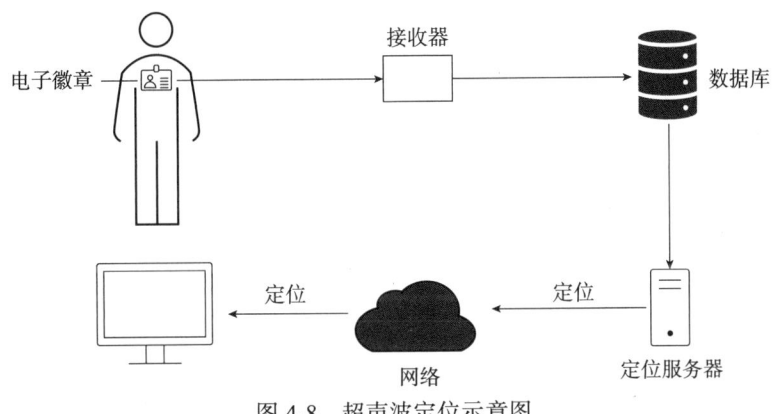

图 4-8 超声波定位示意图

感知到的二维图像中提取关于三维世界的信息。简而言之，视觉定位涉及对机器人周围环境进行光学处理，首先使用摄像头进行图像信息采集，然后将采集的信息进行压缩。接下来，这些信息通过一个学习子系统，其中包括神经网络和统计学方法，与机器人的实际位置相联系，从而实现机器人的自主导航和定位功能。视觉定位抓取如图 4-9 所示。

图 4-9 视觉定位抓取

基于视觉地图的定位方法假定可以构建一个先验的视觉地图，然后通过该地图进行视觉定位。这种方法得到的定位结果与先验视觉地图在相同的坐标系下，属于绝对定位，能够较好地保证全局一致性。通常，这涉及视觉地图的构建、重定位、图像检索、特征点提取和匹配、多传感器融合等多个技术领域。与之相反，无先验地图的视觉定位方法不依赖于先验视觉地图，需要估计机器人本体的位姿以及周围环境的结构，属于相对定位。特别是在没有绝对位置信息（如全球导航卫星系统 GNSS）的情况下，这种方法得到的定位结果不具有全局一致性。这也是为什么在相同室内场景中多次运行 SLAM 系统时，坐标系不一致的原因之一。

根据视觉定位问题是否需要在线实时运行，无先验地图的视觉定位方法通常可以分为 SLAM 和 SfM（Structure from Motion，运动恢复结构）。随着计算机图形学和深度学习技术的兴起，基于数据驱动的视觉定位方法也吸引了许多研究者的关注。

视觉导航定位系统主要包括：摄像机（或 CCD 图像传感器）、视频信号数字化设备、基于 DSP 的快速信号处理器、计算机及其外设等。现在有很多机器人系统采用 CCD 图像传感器，其基本元件是一行硅成像元素，在一个衬底上配置光敏元件和电荷转移器件，通过电荷的依次转移，将多个像素的视频信号分时、顺序地取出来，如面阵 CCD 图像传感器采集的图像的分辨率可以从 32×32 像素到 1024×1024 像素等视觉导航定位系统如图 4-10 所示。

图 4-10 视觉导航定位系统

4.GPS 定位

如今，在智能机器人的导航和定位技术中，一种常用的方法是采用伪距差分动态定位法。这种方法需要基准接收机和动态接收机一起观测 4 颗 GPS 卫星，并应用特定算法来计算机器人的三维位置坐标。差分动态定位方法能够有效消除卫星时钟误差，对于距离基准站 1000km 的用户，它还能够消除大气层引起的误差，从而显著提高动态定位的精度。搭载 GPS 定位模块的智能机器人如图 4-11 所示。

然而，在移动导航中，移动 GPS 接收机的定位精度会受到多方面因素的影响，包括卫星信号质量和道路环境等。同时，卫星时钟误差、传播误差、接收机噪声等因素也会对 GPS 定位精度产生影响。因此，仅依

图 4-11 搭载 GPS 定位模块的智能机器人

赖 GPS 导航系统在机器人导航应用中可能面临定位精度较低和可靠性不高的问题。在机器人导航应用中，通常会将 GPS 数据与其他传感器数据，如磁罗盘、光码盘等相结合，以提高导航的精度和可靠性。此外，GPS 导航系统也不适用于室内或水下机器人的导航，也不能满足对位置精度要求较高的机器人系统的需求。

5.WiFi 定位

WiFi 定位在解决室内定位问题方面具有显著优势，因为室内环境通常都存在 WiFi 覆盖，无须额外部署硬件设备，具有成本效益。在过去的十年里，室内 WiFi 定位技术中，位置指纹法广泛被研究和应用。通过智能手机的系统 SDK，可以获取到周围各个接入点（Acess Point，AP）发送的信号强度和地址。利用 RSSI 来进行定位是一种可行的方法，主要有两个算法：三角定位算法和位置指纹法。

1）三角定位算法：三角定位算法的基本思想是，如果已经知道了各个 AP 的位置，就可以使用信号衰减模型来估算移动设备到各个 AP 的距离。然后，通过以移动设备到周围 AP 的距离为半径画圆，交点就是该设备的位置。这个方法的关键在于提前知道 AP 的位置，因此在环境变化较快的场合不太适用。

2）位置指纹法：使用位置指纹法通常分为离线阶段和在线阶段。在离线阶段，需要在指定区域进行详细的勘测，采集各个位置上的指纹数据，构建一个数据库，通常被称为训练集。在在线阶段，系统将估计待定位的移动设备的位置。这种方法不需要提前知道 AP 的位置，而是通过与训练集中的指纹进行比对来确定位置。值得注意的是，室内定位通常提供的位置坐标是相对于当前环境中的局部坐标，而不是经纬度坐标。

在离线定位阶段，建立了位置和指纹之间的对应关系。典型场景如图 4-12 所示，地理区域被一个矩形网格所覆盖，这个场景中是 4 行 7 列的网格（共 28 个网格点），以及 2 个接入点（AP）。这些 AP 原本用于通信，也可以用于定位。在每一个网格点上，通过一段时间的数据采样（5~15min，大约每秒采集一次）得到来自各个 AP 的平均接收信号强度（RSS），采集时移动设备可能有不同的朝向和角度。在图 4-12 中，一个网格点上的指纹是一个二维的向量，包含来自两个 AP 的平均 RSS，AP1 和 AP2 分别表示第一个和第二个接入点的位置。RSS 向量的两个分量分别表示来自 AP1 和 AP2 的信号强度。在后面会看到，也可以记录 RSS 样本的分布（或者其他的一些统计参数，如标准差）作为指纹。简单起见，没有特别说明的情况下都认为指纹是 RSS 样本的均值。

在在线定位阶段，当一个移动设备位于特定地理区域中时，它通常不知道具体的位置，甚至可能不在网格点上。这个移动设备测量各个 AP 的 RSS，这里假设只测量到一个样本。当所有 AP 的 RSS 都被测量到后，这些 RSS 值形成一个向量。这个向量的测量值被传输到网络中。为了确定移动设备的位置，需要在指纹库中找到最匹配的指纹。 旦找到了最佳的匹配，移动设备的位置就可以估计为该最佳匹配指纹对应的位置。这种方法允许在未知位置的情况下，通过测量 AP 的接收信号强度（RSS）来匹配现有的指纹数据库，并估算出移动设备的位置。这在室内定位中是一个有效的方法，允许机器人或移动设备准确地确定其位置。这个过程有时称为标注阶段或校准阶段（Calibration Phase），而指纹数据库有时也称为无线电地图（Radio Map）。

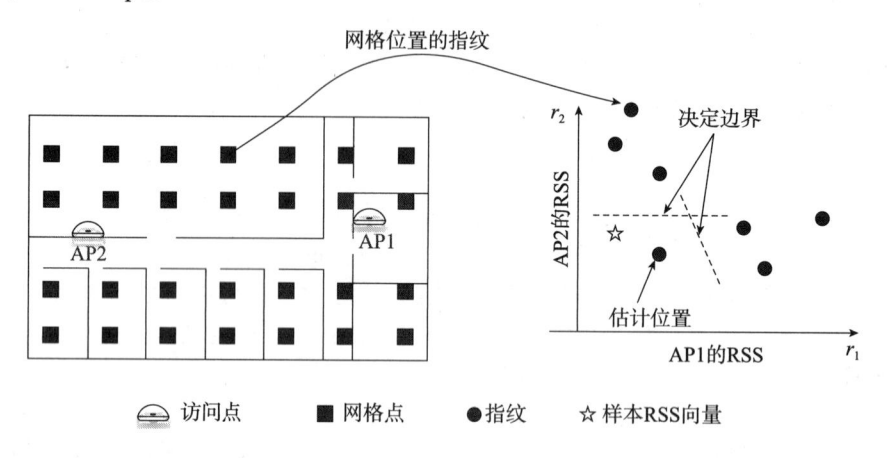

图 4-12 基于 WiFi 信号强度的位置指纹法

6. 基于主动控制点的定位

基于主动控制点的定位方法通常使用激光或红外传感器进行测距。这两种方法都依赖于光反射技术来实现定位。激光全局定位系统通常由以下部分组成：激光器旋转机构、反射镜、光电接收装置和数据采集与传输装置等。

激光测距具有以下优点：光束窄、平行性高、散射小、测距方向分辨率高等。这使得它成为一种高精度的测距技术，特别适用于定位应用。

典型的红外传感器工作原理如图 4-13 所示。该传感器包括一个固态发光二极管，它可以发射红外光信号，以及一个用作接收器的固态光敏二极管。红外发光二极管会发射经过调制的红外信号，而红外光电二极管则接收目标物反射的红外调制信号。环境中的其他红外光干扰会被消除，这是通过信号调制和专用红外滤光片来实现的。在工作时，激光或红外信号通过旋转镜面机构向外发射。当这些信号扫描到由反射器构成的合作路标时，反射光会经过光电接收器设备处理，形成检测信号。这一信号触发数据采集程序，读取旋转机构的码盘数据（用于测量角度值），随后通过通信传递给上位机进行数据处理。基于已知路标的位置和检测到的信息，可以计算出传感器当前在路标坐标系下的位置和方向，从而实现定位。

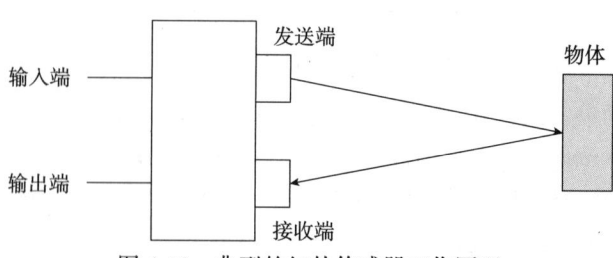

图 4-13 典型的红外传感器工作原理

7. 超宽带技术的定位

超宽带（Ultra Wide Band，UWB）技术是一种使用窄脉冲进行数据传播的短距离无线通信技术。UWB 技术具有高传输速率、低功耗和强抗干扰性等优点，因此在无线定位系统中的应用具有其他定位技术无法比拟的定位精度优势。其中，TOA 定位方法是一种基于 UWB 技术的定位方法，它根据 UWB 信号在基站与标签之间的传播速度和时间来计算两者之间的距离，从而实现定位。

假设基站与标签之间具有时间同步，标签 A 在发送 UWB 信号的同时发送一个同步消息，告知接收基站 B 发送时间为 t_0，基站 B 在接收信号的同时接收同步消息，并记录接收信号的时间 t_1，则两者之间的距离为

$$d = c(t_1 - t_0)$$

式中，c 为光速，即 UWB 信号在介质中的传播速度。以二维定位为例，假设基站 A 的坐标为 (x_1, y_1)，基站 B 的坐标为 (x_2, y_2)，基站 C 的坐标为 (x_3, y_3)，移动标签坐标为 (x, y)，则 UWB TOA 定位原理如图 4-14 所示。

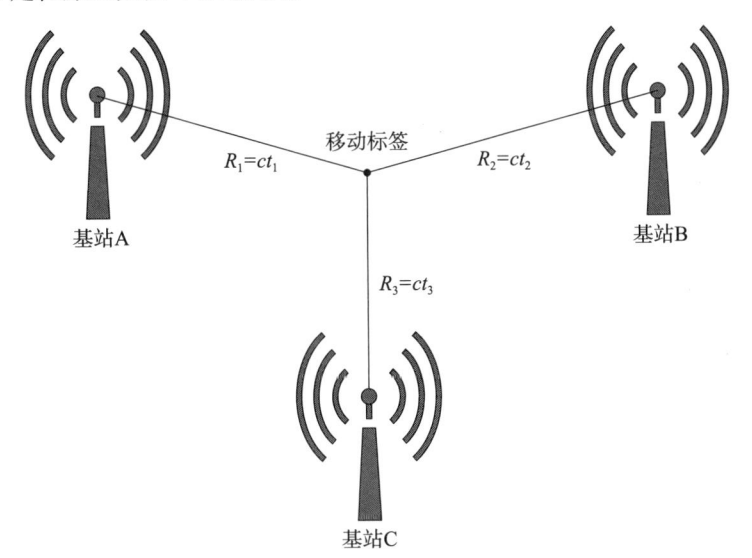

图 4-14　UWB TOA 定位原理

其中，R_1 为基站 A 与移动标签之间的距离，R_2 为基站 B 与移动标签之间的距离，R_3 为基站 C 与移动标签之间的距离，t_1、t_2、t_3 分别表示 UWB 信号在各基站到移动标签之间的传播时间。根据已知信息可求解移动标签的位置坐标。

4.1.3　机器人导航技术

机器人导航技术介绍了基于路线规划的导航、基于避障的导航、基于协同的导航、机器人运动控制以及定位与导航技术分析 5 个方面的内容。

1. 基于路径规划的导航

1）路径规划的定义：路径规划是一项重要的任务，旨在给定起点和终点之间找到一条最优或可行的路径。在机器人导航中，路径规划被广泛应用，用于确定机器人从起点到终点的最佳路径或可行路径。

2）常见的路径规划算法：路径规划涉及多种算法，具体选择取决于环境和任务要求。以下是一些常见的路径规划算法。

①基于图搜索的路径规划算法，如 A* 算法、Dijkstra 算法等。A* 算法结合了启发式搜索和 Dijkstra 的特点，用于在带有权重的图中查找最短路径。Dijkstra 算法则专注于无权重图的最短路径查找。这两种算法适用于静态环境，不考虑动态障碍物。

②基于动态窗口的路径规划算法，这些算法适用于动态环境，并充分考虑障碍物，如快速探索随机树（Rapidly-exploring Random Tree，RRT）算法、概率路线图（Probabilistic Roadmap Method，PRM）算法等。它们使用随机采样和树状结构构建来寻找路径。RRT 算法特别适用于高维空间中的路径规划。

③基于机器学习的路径规划算法，如深度学习方法和强化学习方法等。深度学习模型可以通过训练从传感器数据中学到路径规划策略，适应不同环境和任务。强化学习方法则可以在机器人与环境交互时学习最佳路径。

2. 基于避障的导航

1）避障的定义：避障是在机器人导航过程中采取措施，以确保机器人能够安全地绕过障碍物，最终到达目标点。避障通常需要考虑机器人的尺寸、形状以及障碍物的尺寸、形状、位置等多个因素。

2）常见的避障算法：避障算法旨在确保机器人在导航过程中避开障碍物，以下是一些常见的避障算法。

①基于几何学的避障算法：这些算法依赖于几何学原理，如凸包算法和可视图法，来计算机器人路径上的障碍物，并寻找避开它们的路径。它们通常用于简单的静态环境中。

②基于人工智能的避障算法：这类算法使用人工智能技术，如模糊逻辑和神经网络，来处理传感器数据和决策路径规划，以避开障碍物。它们可以适应更复杂和动态的环境。

③基于物理学的避障算法：这些算法基于物理原理，如动态避障和碰撞检测，通过感知和反应来避免碰撞。它们通常用于机器人在现实世界中的导航，需要及时反应避免障碍物。

3. 基于协同的导航

1）协同导航的定义：协同导航是指多个机器人或传感器之间通过协同合作来协同完成导航任务。协同导航有助于提高导航的精度、可靠性和效率，同时可以降低单个个体的性能要求。

2）常见的协同导航技术：协同导航需要不同机器人或传感器之间的协同工作，以下是一些常见的协同导航技术。

①基于无线通信的协同导航技术：通过使用通信技术，如 Zigbee 和蓝牙，多个机器人或传感器可以协同工作，共享位置信息和任务进度，以实现协同导航。

②基于多传感器融合的协同导航技术：多个传感器，如惯性导航单元和激光雷达，可以融合其数据以提供更全面的导航信息。这种协同导航技术适用于多传感器系统。

③基于协同控制理论的协同导航技术：协同控制理论，如分布式控制和自适应控制，用于协同多个机器人的导航，以确保它们之间的协同工作以达到共同的目标。

4. 机器人运动控制

（1）PID 控制　比例 - 积分 - 微分（PID）控制是一种广泛应用的运动控制方法。它能够通过监测误差信号，根据比例、积分和微分部分的权衡来调整机器人轮子或关节的速度，以实现精确的运动控制。这种控制方法允许机器人在不断调整和修正的过程中达到目标状态，因此在许多自主机器人和工业自动化系统中被广泛使用。

（2）轨迹跟踪　轨迹跟踪是一种控制机器人按照预定义的路径进行运动的技术。这种方法在自动驾驶汽车、机器人手臂和工业机器人中非常有用。通过将轨迹的几何信息和导航目标结合起来，机器人可以遵循复杂路径，以执行各种任务。轨迹跟踪要求机器人能够在实时更新的路径上精确导航，确保高精度和可靠性。

5. 定位与导航技术分析

（1）技术挑战

1）环境复杂多变：机器人在实际应用中面对的环境是复杂多变的，可能包括不同的地形、障碍物、光照条件等。这种复杂性可能导致机器人在导航和定位时的误差和困难。

2）高精度传感器成本高：对于许多高精度的导航和定位系统，如全球定位系统（GPS）和高精度激光雷达，其硬件成本往往较高。这可能限制了它们在某些应用领域（如低成本机器人）中的使用。

3）多传感器数据融合复杂：多传感器数据融合是一种常用的提高导航和定位精度的方法。然而，这种方法需要复杂的算法和计算资源，可能增加系统的复杂性和成本。

（2）解决策略

1）使用机器学习算法降低传感器精度要求：通过利用机器学习算法，可以在一定程度上降低对传感器精度的要求。例如，可以通过训练神经网络来学习传感器的噪声模式，从而在导航和定位过程中减小误差。

2）利用先验知识优化路径规划算法：针对基于路径规划的导航系统，可以充分利用先验知识，如地形信息和障碍物位置，来优化算法，以提高规划效率和精度。举例来说，可以引入启发式算法，以引导机器人朝着目标方向移动，从而减少路径规划的计算负担。

3）采用多传感器融合技术提高数据精度和鲁棒性：通过将不同类型的传感器进行融合，可以综合利用各种传感器的优点，提高数据的准确性和系统的鲁棒性。这种方法有助于克服单一传感器可能面临的限制，同时提供更全面的环境感知。

4.2 基于 SLAM 的定位与导航

SLAM（Simultaneous Localization and Mapping，同步定位与地图构建），也称为 CML（Concurrent Mapping and Localization，并发建图与定位）。SLAM 描述为：将一个机器人放入未知环境中的未知位置，是否有办法让机器人一边移动一边逐步描绘出此环境完全的地图。完全的地图是指不受障碍行进到房间可进入的每个角落。SLAM 与路径规划就是定位和导航中的关键技术。

SLAM 一词最早出现在机器人领域，意为同步定位与地图构建，包含了定位与建图两大部分，其中又以定位更为核心，建图实际上是在定位的基础上进行的，将获取的数据进行融合的过程。

通常 SLAM 包含特征提取、数据关联、状态估计以及状态更新等多个部分，不仅可以应用于 2D 运动领域，同时还可应用于 3D 运动领域。针对室内环境中运行的机器人来说，当机器人想到达某地时，首先需要利用传感器（如激光雷达）来感知周围环境，如在机器人的前方出现一个障碍物，机器人想绕开这个障碍物，就得知道障碍物的大小及离自身的位置，该问题便可通过 SLAM 来解决。

4.2.1 视觉 SLAM

视觉导航是通过摄像机对周围环境进行图像采集，并对图像进行滤波和计算，完成自身位置确定和路径识别，并做出导航决策的一种新的导航技术。

传统意义上实现视觉导航的 SLAM 的传感器主要是相机，按照工作方式的不同，相机可以分为单目（Monocular）相机、双目（Stereo）和深度（RGB-D）相机三大类，如图 4-15 所示。

单目相机

双目相机　　　　深度相机

图 4-15　单目、双目和深度相机

不同类型相机的特点见表 4-1。

表 4-1　不同类型相机的特点

相机类型	数据类型	工作原理	优点	缺点
单目相机	单张照片	照片缺少深度信息，因此通过相对视差求出相对的深度值，具有尺度不确定性	价格便宜，标定简单	算法复杂，深度估计值为相对值，并且不可靠
双目相机	左右照片，自带基线距离	基线距离已知就可以求出具体的深度值	没有尺度不确定性，室内室外均可应用	标定复杂，深度量程受基线距离和分辨率的限制，视差计算消耗计算资源
深度相机	RGB 图、深度图	结构光或 TOF 原理物理测量深度信息	节省计算资源，深度信息比较可靠	视野小，受物体材质影响，不适合室外

在运动过程中，相机将得到一系列连续变化的图像。视觉 SLAM 的目标就是根据这些图像，进行定位和建图。但这件事情不是那么简单，需要一个完整的算法框架。经过研究者们的长期努力工作，已经发展出一套完整的算法框架，如图 4-16 所示。

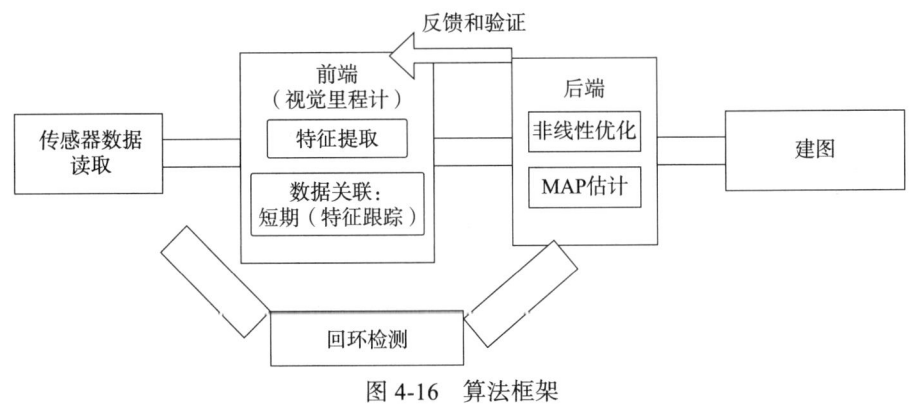

图 4-16　算法框架

1）传感器数据读取：在视觉 SLAM 中主要为相机图像信息的读取和预处理。
2）前端（视觉里程计）：视觉里程计的任务是估算相邻图像间相机的运动和局部地图。
3）后端（非线性优化）：前端输出的数据有相机位姿和路标点坐标，后端将这些数据结合回环检测的信息进行优化，得到全局一致的轨迹和地图。
4）回环检测：判断机器人是否到达了曾经到过的位置。如果坚持到了回环，会把信息提供给后端进行处理。
5）建图：根据估计的轨迹和路标点坐标建立任务需要的地图。

经典的视觉 SLAM 框架是过去十几年的研究成果。这个框架本身及其包含的算法已经基本定型，并且已经在许多视觉程序库和机器人程序库中提供。依靠这些算法，能够构建一个视觉系统，使之在正常的工作环境里实时定位与建图。因此，如果把工作环境限定在静态、刚体、光照变化不明显、没有人为干扰的场景,那么这种场景下的大屏幕技术已经相当成熟。

在 ROS 中提供下列几种基于视觉的 SLAM 算法,分别是:RGB-D SLAM、ORB-SLAM、ORB-SLAM2 和 RTAB-Map。下面主要介绍 ORB-SLAM、ORB-SLAM2 和 RTAB-Map,因为它集成了三种常用的相机。

1.ORB-SLAM

ORB-SLAM 是一种基于 ORB 特征的三维定位与地图构建算法。该算法由 Raul Mur-Artal、J. M. M. Montiel 和 Juan D. Tardos 于 2016 年发表在 IEEE Transactions on Robotics。ORB-SLAM 基于单目相机,在了解 ORB-SLAM 之前需要了解以下相关内容。

(1) ORB 特征　在前面的介绍中可知,一个 SLAM 系统分为前端和后端,其中前端也称为视觉里程计,其任务就是根据相邻图像信息估计出粗略的相机运动,给后端提供较好的初始值。视觉里程计的算法主要分为两大类:特征点法和直接法。下面主要介绍特征点法,因为这是 ORB-SALM 所使用的方法。

基于特征点的方法可以理解为:首先从图像选取一些比较具有代表性的点,这些点在相机发生少量变化后会保持不变,于是能在各个图像中找到相同的点;然后在这些点的基础上,讨论相机位姿估计的问题,以及这些点的定位问题。所以这就成了两个相邻图像关键点的提取和匹配的问题,接下来简要介绍如何提取和匹配 ORB。

ORB 特征由关键点和描述子两部分组成。它的关键点称为 Oriented FAST,是一种改进的 FAST 角点。它的描述子称为 BRIEF。因此,提取 ORB 特征可以分为如下两个步骤:

1) FAST 角点提取:找出图像中的"角点"。相较于原版的 FAST,ORB 中计算了特征点的主方向,为后续的 BRIEF 描述子增加了旋转不变特性。

FAST 是一种角点,主要检测局部像素灰度变化明显的地方,以速度快著称,如图 4-17 所示。它的思想是:如果一个像素与它领域的像素差别较大,那它更可能是角点。相比于其他角点检测算法,FAST 只需比较像素亮度大小,十分快捷。其检测过程如下:

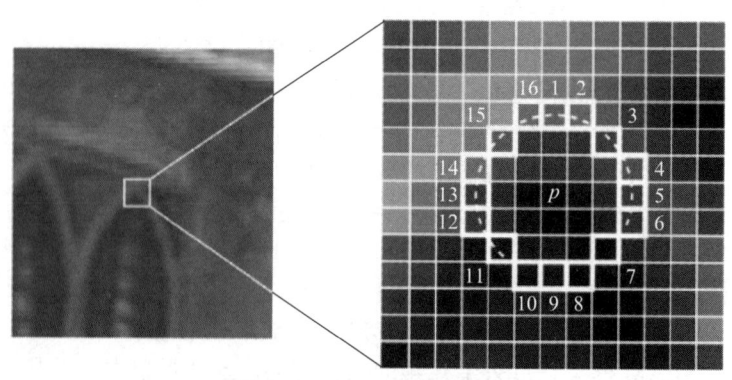

图 4-17　FAST 角点提取

① 在图像中选取像素 p,假设它的亮度为 I_p。

②设置一个阈值T（例如I_p的T值20%）。

③以像素p为中心，选取半径为3的圆上的16个像素点。

④假如选取的圆上，有连续的N个点的亮度大于I_p+T或小于I_p-T，那么像素p可以被认为是特征点（一般N取9或12）。

⑤循环以上四步，对每一个像素执行相同的操作。

此外，原始的FAST角点经常出现"扎堆"的现象，所以在第一遍检测之后，还需要用非极大值抑制，在一定区域内仅保留响应极大值的角点，避免角点集中的问题。ORB在此基础上添加了尺度和旋转的描述。尺度不变性由构建图像金字塔，并在金字塔的每一次层上检测角点得到，而特征旋转由灰度质心法实现。

2）BRIEF描述子：对前一步提取出特征点的周围图像区域进行描述。ORB对BRIEF进行了一些改进，主要是在BRIEF中使用了先前计算的方向信息。

BRIEF是一种二进制描述子，它的描述向量由N（N一般取128或者256）个0和1组成，这里的0和1编码了关键点附近两个像素（如p和q）的大小关系：如果p比q大，则取1，反之就取0。按照某种概率分布取了N个这样的p、q，最后就得到由0、1组成的N维向量。

经历了前面的步骤，下面就可以进行特征匹配，特征匹配是通过图像与图像或者图像与地图之间的描述子进行的。最简单的特征匹配方法就是暴力匹配，即对I_t中每一个特征点与所有的I_{t+1}中的特征点测量描述子距离，选择最小的作为匹配点。对于BRIEF使用汉明距离作为度量。但是暴力匹配往往不能符合SLAM实时性的需求，快速近似最近邻库（FLANN）更适合于匹配点极多的情况。

在匹配之后，可以对匹配进行筛选，以确保大多数匹配是正确的，如图4-18所示。至此简单地了解了如何进行特征提取和匹配。接下来就是利用这些匹配点来恢复出两帧之间的摄像机运动。

图4-18 未筛选的匹配和筛选过后的匹配
（筛选策略：汉明距离小于最小距离的两倍）

（2）光束平差法（BA） BA指从视觉图像中提炼出最优的3D模型和相机参数。考虑从任意特征点发射出来的几束光线，它们会在几个相机的成像平面上变成像素或是检测到的特征点。如果调整各相机姿态和各特征点的空间位置，使得这些光线最终收束到相机的光心，就称为BA。下面使用一个小例子来介绍BA。

图4-19描述的是X_i分别投影到了P_i，这就是一个普通的投影过程，并没有什么特殊的地

方。在 SLAM 中，前端的视觉里程计会计算出相邻两幅图像之间的变换关系和地图点的空间位置，对应图 4-19 就是可以计算出 P_1 和 P_2 之间的变化关系，进而利用变换关系求得 X'_2，但是，计算结果和真实值之间存在差异。由于计算误差的存在，求得的 X'_2 与真实坐标 X_2 并不会完全重合，这个误差被称为重投影误差。

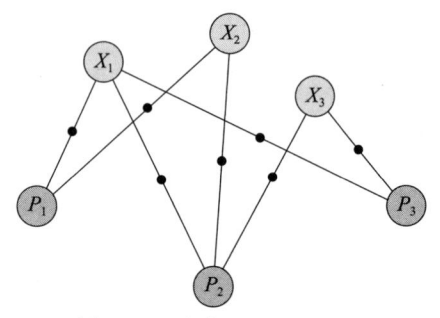

一次观测的误差 e 为

$$e = z - h(\boldsymbol{T}, \boldsymbol{p})$$

图 4-19 光束平差法（BA）

式中，z 为观测数据，可以认为它是真实的数据；h 为通过位姿变化求的数据；$\boldsymbol{T}$ 为机器人的位姿；$\boldsymbol{p}$ 为特征点位置。因为相机在每个时刻的观测量不止一个，把每个观测量都考虑进来，就可以得到整体的代价函数为

$$\frac{1}{2}\sum_{i=1}^{m}\sum_{j=1}^{n}\|e_{ij}\|^2 = \frac{1}{2}\sum_{i=1}^{m}\sum_{j=1}^{n}\|z_{ij} - h(\boldsymbol{T}_i, \boldsymbol{p}_j)\|^2$$

对这个最小二乘问题求解，相当于对位姿和路标做了调整，也就是 BA。

有了上面的了解，就可以知道 ORB-SLAM 是如何实现的。ORB-SLAM 系统概述如图 4-20 所示。

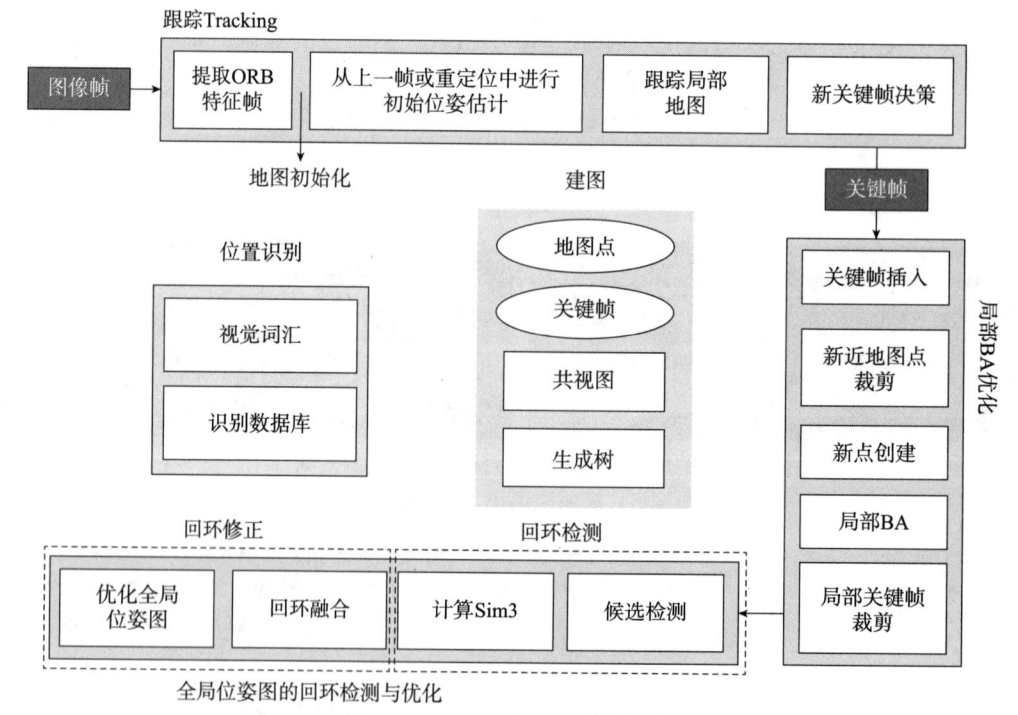

图 4-20 ORB-SLAM 系统概述

ORB-SLAM 创新式地使用了 3 个线程完成 SLAM：实时跟踪特征点的 Tracking 线程、局部 BA 的优化线程（Co-visibility Graph，俗称小图），以及全局位姿图的回环检测与优化线程（Essential Graph，俗称大图）。其中，Tracking 线程负责对每幅新来的图像提取 ORB 特征点，并与最近的关键帧进行比较，计算特征点的位置并粗略估计相机位姿。小图线程求解一个 BA 问题，它包括局部空间内的特征点与相机位姿。该线程负责求解更精细的相机位姿与特征点空间位置。仅有前两个线程，只能算完成了一个比较好的视觉里程计。第三个线程，也就是大图线程，对全局的地图与关键帧进行回环检测，消除累积误差。由于全局地图中的地图点太多，所以这个线程的优化不包括地图点，而只有相机位姿组成的位姿图。

2.ORB-SLAM2

ORB-SLAM2 整体还是基于 ORB-SLAM 的结构，但对部分细节做了改进，适用面更广，ORB-SLAM2 系统概述如图 4-21 所示。ORB-SLAM2 比 ORB-SLAM 多支持双目和 RGB-D 相机，所以它集成了三种最常使用的相机。

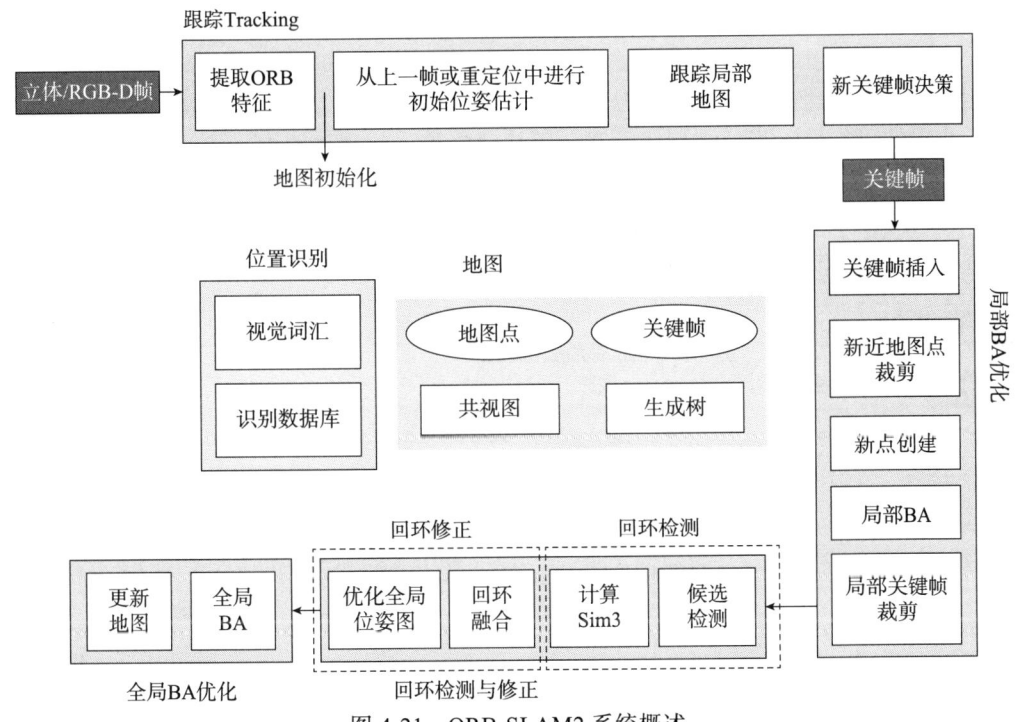

图 4-21 ORB-SLAM2 系统概述

ORB-SLAM2 较 ORB-SLAM 去除了初始化的部分，增加预处理部分（因为可以直接获取深度信息）主要是面对双目和 RBG-D，将两份特征合并为一份来提供更多信息，提高精度。增加全局 BA，提高建图精度（发生在回环检测之后，单起一个线程），即在单目初始化之后、回环检测之后进行全局 BA 优化，对所有关键帧的位姿、路标点进行优化。ORB-SLAM2 运行 TUM 数据集的效果如图 4-22 所示。

a）三维轨迹和特征点可视化　　　　b）实时特征点检测与追踪展示

图 4-22　ORB-SLAM2 运行 TUM 数据集的效果（详见彩插）

3. RTAB-Map

RTAB-Map（Real-Time Appearance-Based Mapping）是具有实时约束的 RGB-D SLAM 方法，它是一种基于增量式外观特征进行闭环检测的 SLAM 框架，可以支持 RGB-D 相机、双目相机或激光雷达进行建图和定位。闭环检测器使用词袋方法来确定新图像来自先前位置或新位置的可能性。当检测到闭环时，新约束将被添加到地图中，然后采用图优化的方式进行误差最小化。RTAB-Map 使用内存管理方法来限制用于闭环检测和图优化的位置数量，以便大规模环境处理的实时性，RTAB-Map 支持手持的 RGB-D 相机、双目相机或三维激光雷达进行六自由度建图，其建图流程如图 4-23 所示。

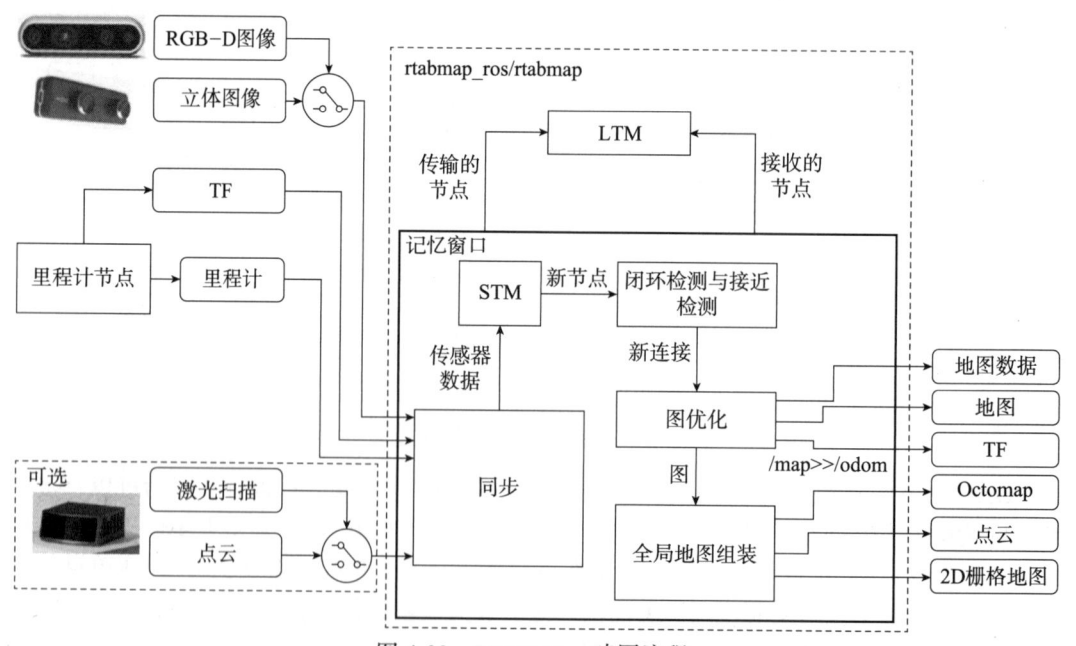

图 4-23　RTAB-Map 建图流程

图 4-23 所示为标准的基于图优化的 SLAM 架构，传感器信息经过时间对准之后，进入 STM（Short Time Memory，短时记忆）模块，然后进行前端处理，后端进行图优化和全局地图维护。在图 4-23 中，连接表示两个节点之间的刚性变换。这里包括了三种类型的连接：邻居、闭环和相似。邻居连接是在 STM 里面通过 odom 转换建立的，而闭环和相似则是通过闭环检测和相似性检测实现的。这些连接都作为图优化的约束条件。当出现新的闭环或相似时，图优化将计算误差并传播到全图，以减小里程计漂移。同时，伴随着优化过程，Octomap、点云和 2D 栅格地图等都在被全局更新。

4.2.2 激光雷达 SLAM

与传统的相机传感器相比，使用有源光源的激光雷达在不受光线变化影响的情况下，通常可以实现更高的测量精度，获得更密集的环境信息，在高速运动条件下也能稳定工作。因此，激光雷达 SLAM 通常可以在室内环境中提供更强大的定位性能，因此应用广泛，如图 4-24 所示。

a）服务机器人　　　　b）激光雷达　　　　c）扫地机器人

图 4-24　激光雷达 SLAM 的应用

扫地机器人通常在顶部安装激光雷达，服务机器人则在脚步开槽，内置激光雷达。

所有现实世界的传感器都自然地工作在三维空间，本身与维度无关。然而，大部分轮式机器人只在某个定平面中运动，并不像飞行器那样随意变换姿态。扫地机器人工作在水平地面上，而爬墙机器人则工作在垂直平面上。有的机器人，如酒店的送餐机器人，虽然本体可能有一定高度，但作为运动主体的部分，也就是 SLAM 算法主要关心的部分则是二维的。

相比于三维空间的点云，2D SLAM 可以视为在俯视视角下工作的激光雷达 SLAM 算法。在这种视角下，激光雷达扫描数据和地图数据都可以被简化为二维形式。与图像非常相似，地图本身就可以存储为图片，一些图像特征提取、匹配的算法也可以在 2D SLAM 中运行。2D SLAM 对于扫地机器人、AGV 等机器人应用十分重要，一度是 SLAM 技术的主体，在研究历史上涌现了许多著名方法，如 Fast SLAM、GMapping 等。然而，由于二维平面运动的假设，当机器人本体或者场景中存在明显三维物体时，就会在方案层面遇到一些难以解决的问题。例如，大部分 2D SLAM 方案假设障碍物与激光雷达在同一高度，但如果场景中存在其他高度的障碍物，或者物体形状随着高度有明显变化（如桌面和桌腿就明显不一样，那么二维地图就无法有效地表达这类物体，导致机器人可能会与它们发生碰撞；再如，机器人运动在倾斜的坡面上时，扫描到的物体距离读数与真实距离存在几何上的差异，这些场景违反了二维运动假设，属于系统固有的问题）则很难在 2D SLAM 的架下解决，但 3DSLAM 可以很好地弥补这些由二维假设带来的缺陷。下面主要讨论 2D SLAM。

图 4-25 所示为典型的 2D SLAM 框架，它主要包括下面四个步骤：

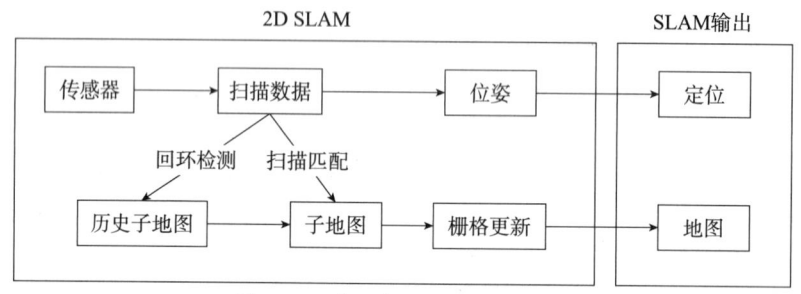

图 4-25 典型的 2D SLAM 框架

1）二维激光雷达按照一定频率向外输出激光测距信息，一圈数据称为一次扫描（Scan）。

2）为了计算这次扫描对应的机器位姿，需要将它与某些东西进行匹配（或者配准，Registration）。这个过程称为扫描匹配（Scan Matching）。既可以将此次扫描与前一次扫描进行匹配，也可以将它与地图进行匹配，所以扫描匹配方法也可以进一步分为 Scan to Scan 和 Scan to Map 两种模式，两者的原理基本相同，实际中可以灵活使用。

3）当估计了扫描的位姿后，就要将它组装到地图中。当然，扫描的本质是点云，所以最简单的方案是把所有的扫描按时间顺序放到地图中，但那可能会受累积误差或运动物体的影响。早期 SLAM 方案往往只使用一张全局地图，现代 SLAM 方案往往使用更灵活的子地图模式，即将一些邻近的激光雷达扫描归入一个子地图，再将子地图拼接起来。在子地图模式中，每个子地图内部都是固定的，不必重复计算。同时，子地图拥有自身独立的坐标系，它们相互之间的位姿允许调整、优化，所以在处理回环时，可以把子地图视作基本单元。子地图是一种介于单帧与全图之间的管理方式，在回环检测、地图更新方面更加方便，如图 4-26 所示。

4）扫描得到的地图应该如何存储与更新？许多机器人地图需要区分地图中的障碍物与可通行区域，为了表达这些概念，会使用占据栅格地图进行地图的管理。占据栅格地图可以有效地过滤运动物体对地图的影响，使地图变得更加干净，如图 4-27 所示。

当机器人走完上半部分区域回到中心区域后，各个子地图之间会存在明显的重影现象。

在 ROS 中提供下列几种基于 2D 激光的 SLAM 算法，分别是：HectorSLAM、Gmapping、CoreSLAM、KartoSLAM，以及比较经典的 Google 开源的 Cartographer。虽然 Cartographer 不是基于 ROS，但已经被技术人员修改为基于 ROS 的版本的 cartographer_ros。

图 4-26　运动过程中 2D SLAM 对应的子地图　　图 4-27　占据栅格地图示例

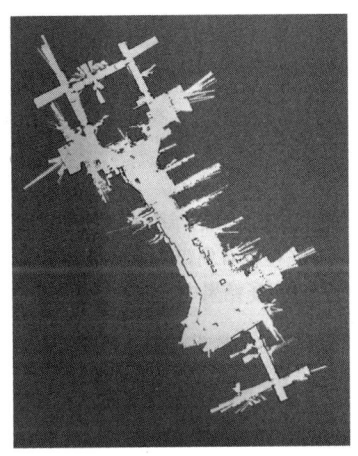

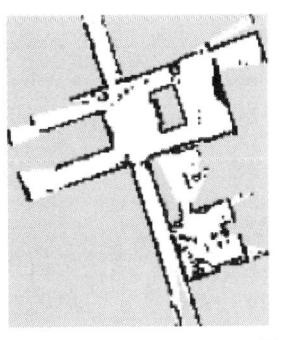

1. HectorSLAM

HectorSLAM 是一种结合了鲁棒性较好的扫描匹方法的 2D SLAM 方法和使用惯性传感系统的导航技术。HectorSLAM 对传感器的要求比较高，它主要是利用高斯－牛顿方法来解决扫描匹配的问题。

HectorSLAM 无需使用里程计，因此在不平坦区域的空中无人机和地面小车的建图中具有运用的可行性。它通过优化激光束点阵估计激光点在地图上的标示和占据网络的概率，获得激光点集映射到已有地图的刚体变换。为避免局部最小化而非全局最优的情况出现，HectorSLAM 使用多分辨率地图。

HectorSLAM 需要高更新频率且测量噪声小的激光扫描仪，因此在制图过程中，机器人的速度要控制在较低水平以获得理想的建图效果，这也是其没有回环检测的一个限制。此外，在里程计数据较为精确的情况下，HectorSLAM 无法有效利用里程计信息。

HectorSLAM 多分辨率地图如图 4-28 所示。网格单元格长度（从左到右）分别为：20cm、10cm 和 5cm，使用多分辨率地图表示可避免陷入局部最小化。这个解决方案背后的想法是在内存中同时保存不同分辨率的地图，并使用之前估计的姿势来更新它们。尽管计算成本较低，但地图始终是一致的。

图 4-28　HectorSLAM 多分辨率地图

最后，3D 空间的导航状态估计是基于扩展卡尔曼滤波器（EKF）。但是，这种情况仅在 IMU 存在时才需要，如在空中机器人的情况下。因此，这里只讨论二维的 SLAM。

2. Gmapping

Gmapping 是一种基于激光的 SLAM 算法，它已经集成在 ROS 中，是移动机器人中使用最多的 SLAM 算法。这个算法由 Grisetti 等人提出是一种基于 Rao-Blackwellized 的粒子滤波的 SLAM 方法。基于粒子滤波的算法用许多加权粒子表示路径的后验概率，每个粒子都给出一个重要性因子。但是，它们通常需要大量的粒子才能获得比较好的结果，从而增加了该算法的计算复杂性。此外，与 PF 重采样过程相关的粒子退化耗尽问题也降低了算法的准确性。粒子退化问题包括在重采样阶段从样本集粒子中消除大量的粒子。发生这种情况是因为它们的重要性权重可能变得微不足道。因此，这意味着有一定的小概率会消除正确的假设的粒子。为了避免粒子的退化问题，已经开发了自适应重采样技术。

具体来说，Gampping 具有如下特性：① Gmapping 是基于滤波 SLAM 框架的常用开源 SLAM 算法。② Gmapping 基于 RBPF 粒子滤波算法，即将定位和建图过程分离，先进行定位再进行建图。③ Gmapping 在 RBPF 算法上做了两个主要的改进，即改进提议分布和选择性重采样。

Gmapping 可以实时构建室内地图，在构建小场景地图时所需的计算量较小且精度较高，相比 HectorSLAM 对激光雷达频率要求低、鲁棒性高（HectorSLAM 在机器人快速转向时很容易发生错误匹配，使建出的地图发生错位，原因主要是优化算法容易陷入局部最小值）；相比 Cartographer，Gmapping 不需要太多的粒子并且没有回环检测，因此计算量小于 Cartographer 而精度并没有差太多。Gmapping 有效利用了车轮里程计信息，这也是它对激光雷达频率要求低的原因：里程计可以提供机器人的位姿先验。HectorSLAM 和 Cartographer 的设计初衷不是为了解决平面移动机器人定位和建图，HectorSLAM 主要用于救灾等地面不平坦的情况，因此无法使用里程计；Cartographer 是用于手持激光雷达完成 SLAM 过程，也就没有里程计可以用。

随着场景增大所需的粒子增加，因为每个粒子都携带一幅地图，因此在构建大地图时所需内存和计算量都会增加，所以 Gmapping 不适合构建大场景地图。而且因为 Gmapping 没有回环检测，在回环闭合时可能会造成地图错位，虽然增加粒子数目可以使地图闭合但要以增加计算量和内存为代价。Gmapping 和 Cartographer 一个是基于滤波框架的 SLAM，另一个是基于优化框架的 SLAM，两种算法都涉及时间复杂度和空间复杂度的权衡。Gmapping 牺牲空间复杂度保证时间复杂度，这就造成了 Gmapping 不适合构建大场景地图。Cartographer 算法相当于地图中只用一个粒子，因此存储空间较 Gmapping 会小很多倍，但计算量大，一般的计算机很难运行。

3. CoreSLAM

CoreSLAM 是一种旨在简单易懂并最小化性能损失的 SLAM 算法。该算法简化为两个主要过程：距离计算与地图更新。每次输入扫描数据时，CoreSLAM 基于简单的粒子滤波算法来计算距离。粒子滤波器用于将激光扫描数据与地图进行匹配，每个粒子代表机器人可能的位置及其对应的概率权重，这些权重依赖于之前的迭代计算。算法通过选择最佳的假设分布来优化粒子滤波过程，低权重的粒子会被移除，同时生成新的粒子。在地图更新步骤中，新扫描得到的线条会被添加到地图中。当障碍物出现时，算法不会仅绘制一个孤立点，而是围绕障碍点绘制调整点集，以更准确地表示障碍物的位置和形状。这样的方法确保了地图的连续性和准确性，同时保持了算法的简单性和易理解性。

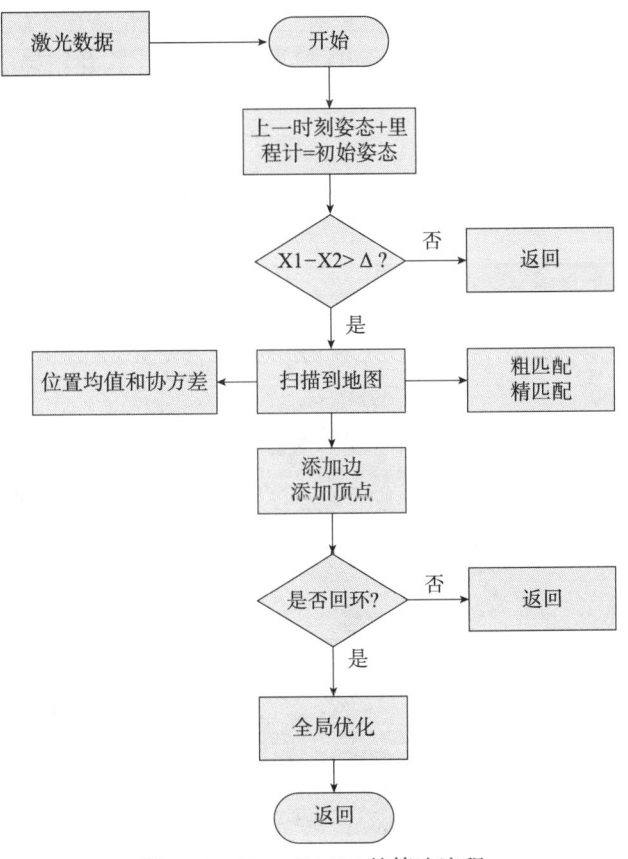

4. KartoSLAM

KartoSLAM 是基于图优化的方法，用高度优化和非迭代 Cholesky（楚列斯基）矩阵进行稀疏系统解耦作为解。图优化方法利用图的均值表示地图，每个节点表示机器人轨迹的一个位置点和传感器测量数据集，箭头指向的连接表示连续机器人位置点的运动，每个新节点加入后，地图就会依据空间中的节点箭头的约束进行计算更新。

KartoSLAM 的 ROS 版本，其中采用的稀疏点调整（Sparse Point Adjustment，SPA）与扫描匹配和闭环检测相关，地标越多，内存需求越大。与其他方法相比，图优化方法在大环境下制图优势更大。在某些情况下 KartoSLAM 更有效，因为它仅包含点的图机器人姿态，求得位置后再建图，如图 4-29 所示。

图 4-29 KartoSLAM 的算法流程

5. Cartographer

2016年10月5日，谷歌宣布开放一个名为 Cartographer 的即时定位与地图建模库，开发人员可以使用该库实现机器人在二维或三维条件下的定位及建图功能。Cartographer 的设计目的是在计算资源有限的情况下，实时获取相对较高精度的 2D 地图。考虑到基于模拟策略的粒子滤波方法在较大环境下对内存和计算资源的需求较高，Cartographer 采用基于图网络的优化方法。目前 Cartographer 主要基于激光雷达来实现 SLAM，谷歌希望通过后续的开发及社区的贡献支持更多的传感器和机器人平台，同时不断增加新的功能。Cartographer 是 Google 的实时室内建图项目，传感器安装在背包上面，可以生成分辨率为 5cm 的 2D 格网地图。该算法主要分为两个部分，第一个部分称为 Local SLAM，该部分通过一帧帧的激光扫描建立并维护一系列的子图。利用扫描匹配在最佳估计位置处插入子图中，且扫描匹配只跟当前子图有关。算法的第二个部分称为 Global SLAM，该部分通过回环来进行闭环检测，消除累积误差：当一个子图构建完成后，就是不会再有新的激光扫描插入到该子图，算法会将该子图加入到闭环检测中。

6. LOAM

LOAM 提出了一种实时 SLAM 解决方案，通过两种独立的算法解决测程和映射问题。定位算法在高频下进行低精度的测程，而映射算法在低频下构建精确的地图。从硬件角度来看，它结合了 3D IMU 传感器和激光雷达来估计姿态和地图。实验结果表明，该方法具有较高的定位性能，在 IMU 的辅助下可以获得更高的定位精度。由 LOAM 算法生成的点云图如图 4-30 所示，图中每个白点为相对特征点提取算法提取的一个特征点，线条为当前时刻激光雷达扫描碰到物体的位置。

图 4-30　由 LOAM 算法生成的点云图（详见彩插）

V-LOAM 是 LOAM 的改进版本，它提出了一个结合视觉和激光雷达信息的通用框架，并取得了比 LOAM 更好的定位结果。对于 V-LOAM，视觉里程计在 60Hz 的高频（图像帧率）下进行运动估计，而激光雷达里程计在 1Hz 的低频下进行细化运动估计、去除畸变和校正漂移，从而使系统能够适应快速运动和环境光照变化的环境。因此，该算法的性能优于 LiDAR-only 算法，在 KITTI 基准测试中排名第一，视觉和激光雷达测程相结合时的漂移误差为 0.55%。

7. AMCL

AMCL（Adaptive Monte Carlo Localization，自适应蒙特卡洛定位），是机器人在二维移动过程中概率定位系统，采用粒子滤波器来跟踪已经知道的地图中机器人位姿，对于大范围的局部定位问题工作良好。对机器人的定位是非常重要的，因为若无法正确定位机器人当前位置，那么基于错误的起始点来进行后面规划的到达目的地的路径必定也是错误的。

1）蒙特卡洛方法：一种以概率统计理论为指导的算法。该方法通过某种"实验"的方法，以这种事件出现的频率估计这一随机事件的概率，或者得到这个随机变量的某些数字特征，并将其作为问题的解。以机器人定位为例，它处在地图上任何一个位置都有可能，这种情况下，使用粒子来表达位置的置信度，粒子多的地方，表明机器人在那里的可能性高。

2）粒子滤波：粒子数代表可能性的高低。通过某种评价方法（评价这个东西的可能性），改变粒子的分布情况。例如，在机器人定位中，如果认为某个粒子 A 在某一坐标的可能性很高，那么就打高分。下次重新安排所有的粒子位置的时候，就在这个位置附近多安排一些。重复几次，粒子就都集中到可能性高的位置去了。

3）自适应蒙特卡洛定位，自适应体现在：

①解决了机器人绑架问题，它会在发现粒子们的平均分数突然降低时（意味着正确的粒子在某次迭代中被抛弃了），在全局再重新撒一些粒子。

②解决了粒子数固定的问题，因为当机器人定位差不多得到时，比如这些粒子都集中在一块了，还要维持这么多的粒子没必要，这个时候粒子数可以少一些。

8. 3D-CTSM

低成本激光雷达三维建图能够快速、准确以及高效地完成场景点云地图的三维重建，具有高时效、高灵活、高精度的特点，但是由于低成本激光雷达数据采集视场受限，并且点云分布不均，大范围点云融合与配准仍然存在挑战。武汉大学测绘遥感信息工程国家重点实验室杨必胜教授团队提出了一种新颖的 SLAM 方法 3D-CTSM。它是一种基于激光雷达的大场景三维地图构建系统，其通过提取场景中的结构化特征构建鲁棒的特征关联，利用误差向量椭圆解决激光退化问题，利用样条线模型对运动轨迹进行建模，以减小激光点云运动畸变对点云融合的影响，最终恢复场景时空连续的低冗余三维点云地图。3D-CTSM 系统架构如图 4-31 所示，其中，定位模块可以实现快速的运动估计，建图模块完成对三维场景的高精度建图。

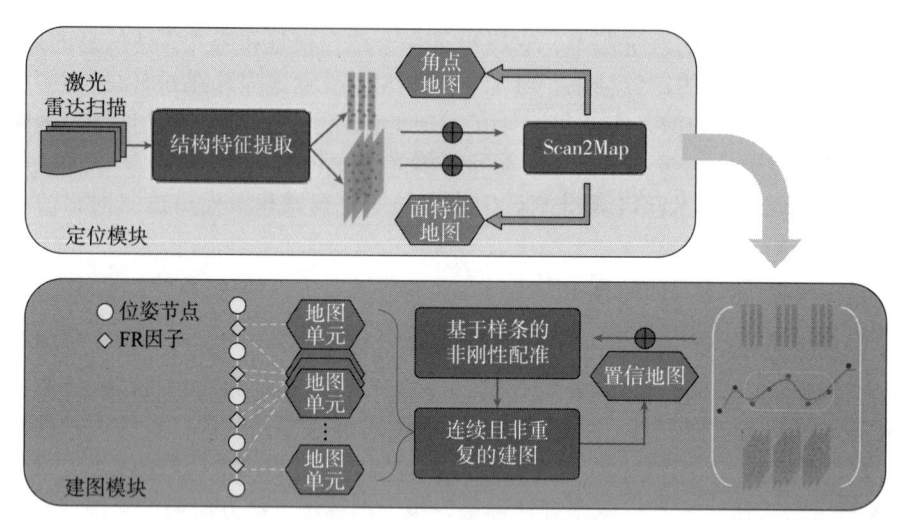

图 4-31　3D-CTSM 系统架构

通过将生成的三维点云地图与具有更高精度的地面激光扫描（TLS）以及车载激光扫描（MLS）点云数据进行比较，3D-CTSM 系统所构建的点云地图具有更高的精度以及时空连续性。基于 3D-CTSM，并结合视觉 SLAM、IMU、北斗定位等技术，杨必胜教授团队研发了一种穿戴式的定位与建图系统——"珞珈探索者"，如图 4-32 所示。该系统具有实时影像–激光点云建图、自组网实时数据传输、北斗激光多传感器融合定位等特点，图 4-33 所示为其实际场景应用。

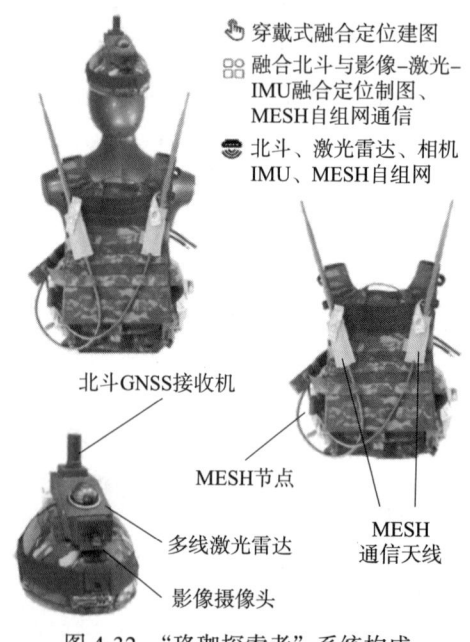

图 4-32　"珞珈探索者"系统构成

图 4-33 "珞珈探索者"实时人员定位与影像 - 激光点云建图

4.3 ROS 导航算法实战

本节包括 Gmapping 和 Cartographer 两部分的实战内容。

4.3.1 Gmapping

在 ROS 功能包中集成了 gmapping 的功能，使用起来十分方便。gmapping 功能包采用了 RBPF 算法，为开发者隐藏了复杂的内部实现。只需要订阅机器人的深度信息、IMU 信息和里程计信息，同时完成一些必要参数的配置，即可创建并输出基于概率的二维栅格地图。gmapping 功能包基于 openslam 社区的开源 SLAM 算法，已经被广泛应用于机器人定位和地图构建领域。如果想尝试使用 gmapping 功能包，可以查阅 ROS 官方文档或相关教程来了解更多信息。

在 ROS 的软件源中已经集成了 gmapping 相关功能包的二进制安装文件，可以使用如下命令进行安装：

```
sudo apt-get install ros-melodic-gmapping
```

gmapping 功能包中发布 / 订阅的话题和提供的服务见表 4-2。

表 4-2 gmapping 功能包中发布 / 订阅的话题和提供的服务

话题和服务	名称	类型	描述
话题订阅	tf	tf/tfMessage	需要进行激光，用于坐标系、基准和测距的相关框架转换
	scan	sensor_msgs/LaserScan	激光雷达扫描数据

(续)

话题和服务	名称	类型	描述
话题发布	map_metadata	nav_msgs / MapMetaData	发布地图 Meta 数据
	map	nav_msgs / OccupancyGrid	发布地图栅格数据
	~entropy	std_msgs / Float64	发布机器人姿态分布熵的估计
服务	dynamic_map	nav_msgs / GetMap	调用此服务以获取地图数据

参数介绍如下：

```
inverted_laser (string, default : "false")，控制激光雷达数据是否被反转或倒置，参数设置默认是
"false"，即不进行反转
throttle_scans (int, default : 1)，处理的扫描数据门限，默认每次处理1个扫描数据（可以设置更大
值跳过一些扫描数据）
base_frame (string, default : "base_link")，机器人基座坐标系
map_frame (string, default : "map")，地图坐标系
odom_frame (string, default : "odom")，里程计坐标系
map_update_interval (float, default : 5.0)，地图更新频率
maxUrange (float, default : 80.0)，探测最大可用范围，即光束能到达的范围
sigma (float, default : 0.05)，endpoint 匹配标准差
kernelSize (int, default : 1)，用于查找对应的 kernel size
```

```
lstep (float, default : 0.05)，平移优化步长
astep (float, default : 0.05)，旋转优化步长
iterations (int, default : 5)，扫描匹配迭代步数
lsigma (float, default : 0.075)，用于扫描匹配概率的激光标准差
ogain (float, default : 3.0)，似然估计为平滑重采样影响使用的 gain
lskip (int, default : 0)，每次扫描跳过的光束数
minimumScore (float, default : 0.0)，为获得好的扫描匹配输出结果，用于避免在大空间范围使用有限
距离的激光扫描仪（如5m）出现的跳跃姿势估计问题。当 Scores 高达 600+，如果出现了该问题可以考虑设定
值 50
srr (float, default : 0.1)，平移时的里程误差作为平移函数 (rho/rho)
srt (float, default : 0.2)，平移时的里程误差作为旋转函数 (rho/theta)
str (float, default : 0.1)，旋转时的里程误差作为平移函数 (theta/rho)
stt (float, default : 0.2)，旋转时的里程误差作为旋转函数 (theta/theta)
linearUpdate (float, default : 1.0)，机器人在移动一定距离后进行一次扫描
angularUpdate (float, default : 0.5)，机器人在旋转一定角度后进行一次扫描
temporalUpdate (float, default : -1.0)，如果最新扫描处理比更新慢，则处理1次扫描。该值为负数
时关闭基于时间的更新
resampleThreshold (float, default : 0.5)，基于重采样门限的 Neff
particles (int, default : 30)，滤波器中粒子数目
```

```
xmin (float, default: -100.0), 地图初始尺寸
ymin (float, default: -100.0), 地图初始尺寸
xmax (float, default: 100.0), 地图初始尺寸
ymax (float, default: 100.0), 地图初始尺寸
delta (float, default: 0.05), 地图分辨率
llsamplerange (float, default: 0.01), 用于似然计算的平移采样距离
llsamplestep (float, default: 0.01), 用于似然计算的平移采样步长
lasamplerange (float, default: 0.005), 用于似然计算的角度采样距离
lasamplestep (float, default: 0.005), 用于似然计算的角度采样步长
transform_publish_period (float, default: 0.05), 变换发布时间间隔
occ_thresh (float, default: 0.25), 栅格地图栅格值
maxRange (float), 传感器最大范围。如果在传感器距离范围内没有障碍物应该在地图上显示为自由空间。
maxUrange < 真实传感器最大距离范围 <= maxRange
```

TF 坐标变换见表 4-3。

表 4-3 TF 坐标变换

名称	TF 变换	描述
必须的 TF 变换	<scan frame> —> base_link	激光雷达坐标系与基坐标系之间的变换，一般由 start_transform_publisher 发布
	base_link —> odom	基坐标系与里程坐标系之间的变换，一般由里程计节点发布
发布的 TF 变换	map —> odom	地图坐标系与机器人里程计坐标系之间的变换，估计机器人在地图中的位姿

接下来的主要任务是使用 gmapping 功能包实现机器人的 SLAM 功能：Gmapping 节点的配置与运行。SLAM 算法已经在 gmapping 功能包中实现，无须深入理解算法的实现原理，只需关注如何借助其提供的接口实现相应的功能。

1. gmapping.launch

使用 gmapping 的第一步是创建一个运行 gmapping 节点的 launch 文件，主要用于节点参数的配置，主要代码如下：

```
<launch>
<arg name="scan_topic" default="scan" />
<node pkg="gmapping" type="slam_gmapping" name="slam_gmapping" output= "screen"
clear_params="true">
<param name="odom_frame" value="odom"/>
<param name="map_update_interval" value="5.0"/>
<!—— Set maxUrange < actual maximum range of the Laser ——>
<param name="maxRange" value="5.0"/>
<param name="maxUrange" value="4.5"/>
<param name="sigma" value="0.05"/>
```

```xml
<param name="kernelSize" value="1"/>
<param name="lstep" value="0.05"/>
<param name="astep" value="0.05"/>
<param name="iterations" value="5"/>
<param name="lsigma" value="0.075"/>
<param name="ogain" value="3.0"/>
<param name="lskip" value="0"/>
<param name="srr" value="0.01"/>
<param name="srt" value="0.02"/>
<param name="str" value="0.01"/>
<param name="stt" value="0.02"/>
<param name="linearUpdate" value="0.5"/>
<param name="angularUpdate" value="0.436"/>
<param name="temporalUpdate" value="-1.0"/>
<param name="resampleThreshold" value="0.5"/>
<param name="particles" value="80"/>
<param name="xmin" value="-1.0"/>
<param name="ymin" value="-1.0"/>
<param name="xmax" value="1.0"/>
<param name="ymax" value="1.0"/>
<param name="delta" value="0.05"/>
<param name="llsamplerange" value="0.01"/>
<param name="llsamplestep" value="0.01"/>
<param name="lasamplerange" value="0.005"/>
<param name="lasamplestep" value="0.005"/>
<remap from="scan" to="$(arg scan_topic)"/>
</node>
</launch>
```

在启动 slam_gmapping 功能包的同时，需要配置很多 gmapping 节点的参数。如果熟悉 SLAM 算法，这些参数可能并不陌生，若不了解 SLAM 算法，也不用担心，这些参数都有默认值，大部分时候使用默认值或使用 ROS 中相似机器人的配置即可，等待 SLAM 功能实现后再考虑参数优化。

需要重点检查两个参数的输入设配置。

1）里程计坐标系的设置，odom_frame 参数需要和机器人本身的里程计坐标系一致。

2）激光雷达的话题名，gmapping 节点订阅的激光雷达话题名是 "/scan"，如果与机器人发布的激光雷达话题名不一致，需要进行重映射。

2. gmapping_demo.launch

创建一个启动 gmapping 例程的 gmapping_demo.launch 文件，主要代码如下：

```
<launch>
<include file="$(find my_robot_navigation)/launch/gmapping.launch"/>
<!—— 启动 Rviz ——>
<node pkg="rviz" type="rviz" name="rviz" args="-d $(find my_robot_navigation)/rviz/gmapping.rviz"/>
</launch>
```

以上 launch 文件包含两部分内容：

1）启动之前创建的 gmapping 节点。

2）启动 Rviz 界面，查看传感器和地图构建的实时信息。

实验中传感器和地图构建实时信息分别如图 4-34 和图 4-35 所示。

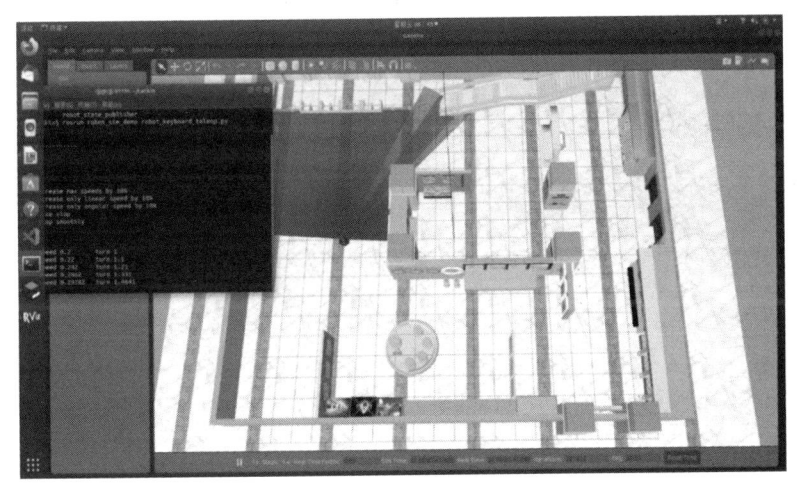

图 4-34 传感器实时信息

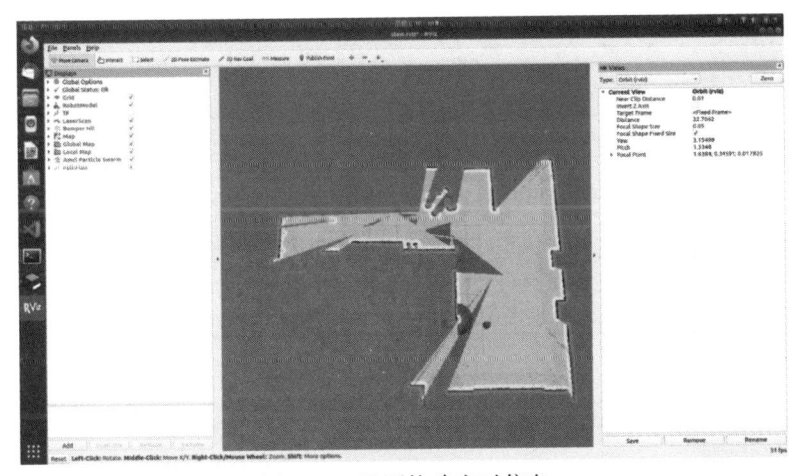

图 4-35 地图构建实时信息

最终构建的地图如图 4-36 所示。

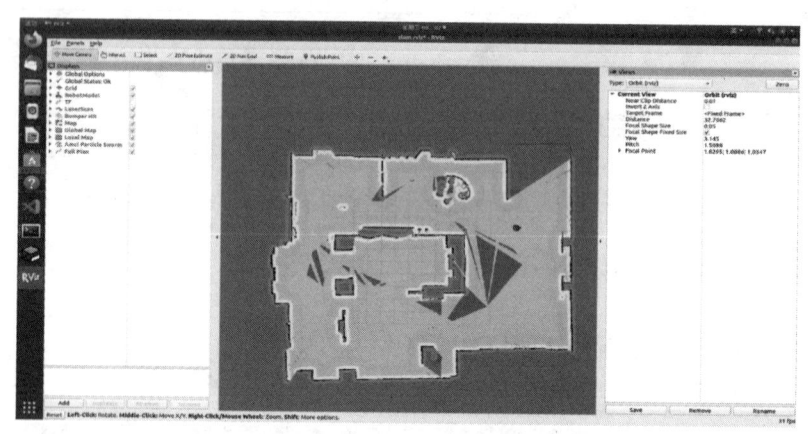

图 4-36　gmapping 建图最终效果

4.3.2　Cartographer

Cartographer 是一个跨多个平台和传感器配置提供 2D 和 3D 同步定位与地图构建（SLAM）的系统，基本的使用过程如下。

1）安装：建议使用 wstool 和 rosdep。为了加快构建速度，还可使用 ninja。

```
sudo apt-get update
sudo apt-get install -y python-wstool python-rosdep ninja-build
```

2）创建一个命名为 catkin_cartographer 的工程空间。

```
mkdir catkin_google_ws
cd catkin_google_ws
wstool init src
wstool merge -t src / https//raw.githubusercontent.com/googlecartographer/cartog-
rapher_ros/master/cartographer_ros.rosinstall
wstool update -t src
```

3）下载 Cartographer。

4）安装依赖项。安装 cartographer_ros 的依赖项 proto3、deb 包等。

```
src/cartographer/scripts/install_proto3.shsudo rosdep init
rosdep update
rosdep install --from-paths src --ignore-src --rosdistro=${ROS_DISTRO} -y
```

5）编译和安装。

```
catkin_make_isolated --install --use-ninja
```

1. 示例

安装 Cartographer 和 Cartographer 的 ROS 集成后，下载示例包（如德意志博物馆的

2D 和 3D 背包系列）到一个已知的位置。示例位于~/Downloads，并使用 roslaunch 来调出演示。

```
# Download the 2D backpack example bag
wget -P ~/Downloads https://storage.googleapis.com/cartographer-public-data/bags/backpack_2d/cartographer_paper_deutsches_museum.bag
# launch the 2D backpack demo
roslaunch cartographer_ros demo_backpack_2d.launch bag_filename:=${HOME}/Downloads/cartographer_paper_deutsches_museum.bag
# Download the 3D backpack example bag
wget -P ~/Downloads https://storage.googleapis.com/cartographer-public-data/bags/backpack_3d/with_intensities/b3-2016-04-05-14-14-00.bag
# launch the 3D backpack demo
roslaunch cartographer_ros demo_backpack_3d.launch bag_filename:=${HOME}/Downloads/b3-2016-04-05-14-14-00.bag
```

2. 配置注意

Cartographer 的 ROS 集成使用 tf2，因此所有帧 ID 都应该只包含一个帧名（带下划线的小写），不包含前缀或斜杠。话题名称在 Cartographer 的 ROS 集成中作为基本名称（请参阅 ROS 名称）给出。这意味着由 Cartographer 节点的需要用户重新映射或将它们放入命名空间。以下是 Cartographer 的 ROS 集成顶级选项，所有这些都必须在 Lua 配置文件中指定。

```
map_frame：用于发布 submaps 的 ROS 坐标系 ID，位姿的父坐标系，通常使用"map"
tracking_frame：由 SLAM 算法追踪的 ROS 坐标系 ID，如果使用 IMU，应该使用其坐标系，通常选择是
"imu_link"
published_frame：用于发布位姿子坐标系的 ROS 坐标系 ID，例如"odom"坐标系，如果一个"odom"坐
标系由系统的不同部分提供，在这种情况下，map_frame 中的"odom"姿势将被发布。否则，将其设置为
"base_link"可能是合适的
odom_frame：在 provide_odom_frame 为真才启用，坐标系在 published_frame 和 map_frame 之间用
于发布局部 SLAM 结果，通常是"odom"
provide_odom_frame：如果启用、局部、非闭环，持续位姿会作为 odom_frame 发布在 map_frame 中发布
use_odometry：如果启用，订阅关于"odom"话题的 nav_msgs/Odometry 消息。里程信息会提供，这些信
息包含在 SLAM 里
num_laser_scans：订阅的激光扫描话题数量。在一个激光扫描仪的"scan"话题上订阅
sensor_msgs/LaserScan：或在多个激光扫描仪上订阅话题"scan_1"、"scan_2"等。
num_multi_echo_laser_scans：订阅的多回波激光扫描主题的数量
在一个激光扫描仪的"echoes"话题上订阅 sensor_msgs/MultiEchoLaserScan，或者为多个激光扫描仪
订阅话题"echoes_1"、"echoes_2"等
num_subdivisions_per_laser_scan：每个接收到的（多回波）激光扫描分成的点云数。细分扫描可以在扫
描仪移动时取消扫描获取的扫描。有一个相应的轨迹构建器选项可将细分扫描累积到将用于扫描匹配的点云中
```

> `num_point_clouds`：要订阅的点云话题的数量。在一个测距仪的"points2"话题上订阅sensor_msgs/PointCloud2 或者为多个测距仪订阅话题"points2_1"、"points2_2"等
> `lookup_transform_timeout_sec`：使用tf2查找变换的超时秒数
> `submap_publish_period_sec`：发布submap的间隔（以s为单位），如0.3s
> `pose_publish_period_sec`：发布姿势的间隔（以s为单位），如 5e-3，频率为 200 Hz
> `trajectory_publish_period_sec`：以s为单位发布轨迹标记的时间间隔，如30e-3持续30ms

代码示例：

```lua
include "map_builder.lua"
include "trajectory_builder.lua"

options = {
    map_builder = MAP_BUILDER,
    trajectory_builder = TRAJECTORY_BUILDER,
    map_frame = "map",
    tracking_frame = "imu_link",
    published_frame = "base_link",
    odom_frame = "odom",
    provide_odom_frame = false,
    publish_frame_projected_to_2d = false,
    use_odometry = true,
    use_nav_sat = false,
    use_landmarks = false,
    num_laser_scans = 1,
    num_multi_echo_laser_scans = 0,
    num_subdivisions_per_laser_scan = 1,
    num_point_clouds = 0,
    lookup_transform_timeout_sec = 0.2,
    submap_publish_period_sec = 0.2,
    pose_publish_period_sec = 5e-3,
    trajectory_publish_period_sec = 30e-3,
    rangefinder_sampling_ratio = 1.,
    odometry_sampling_ratio = 1.,
    fixed_frame_pose_sampling_ratio = 1.,
    imu_sampling_ratio = 1.,
    landmarks_sampling_ratio = 1.,
}
MAP_BUILDER.use_trajectory_builder_2d = true
TRAJECTORY_BUILDER_2D.num_accumulated_range_data = 10
TRAJECTORY_BUILDER_2D.submaps.num_range_data=90
```

```
TRAJECTORY_BUILDER_2D.use_online_correlative_scan_matching=true
POSE_GRAPH.optimization_problem.log_solver_summary = true
POSE_GRAPH.optimization_problem.use_online_imu_extrinsics_in_3d = false
POSE_GRAPH.optimize_every_n_nodes = 60
-- TRAJECTORY_BUILDER.pure_localization_trimmer = {
--    max_submaps_to_keep = 3,
-- }
-- POSE_GRAPH.optimize_every_n_nodes = 20
return options
```

定义的各种坐标系间的关系：

1）map_frame = "map"，Cartographer 中使用的全局坐标系，最好保持默认，否则 ROS 的 Rviz 不认识其他的定义，会导致无法可视化建图过程。

2）tracking_frame ="base_link"，机器人中心坐标系，其他传感器数据都是以此为基础进行插入。cartographer_ros 里面有个 tf_bridge 的类就是专门用来查询其他坐标系到此坐标系的转换关系。

3）published_frame = "base_link"。

4）odom_frame = "odom"，3）与 4）是配合使用的，如果参数 provide_odom_frame = true 那么最后可视化时，发布的转换消息是从 published_frame->odom_frame->map_frame，即 Cartographer 内部计算出了未经回环检测的局部图坐标到优化后的全局图坐标之间的转换关系并发布了出来。

保存地图：rosservice call /finish_trajectory " stem : '地图名称'" 就可以在 ~/.ros/ 文件夹下生成地图 .pgm 文件和参数文件 .yaml 文件。

运行效果如图 4-37 所示。

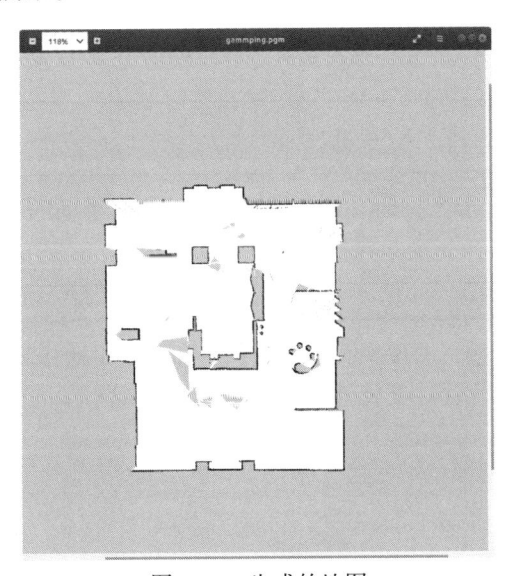

图 4-37 生成的地图

4.4 四轮机器人导航实例

本节四轮机器人导航实例包括建图实战、创建 launch 文件和导航实战三个部分的内容。

4.4.1 建图实战

建图阶段首先需要用手柄控制小车启动。手柄操作如图 4-38 所示。

图 4-38 手柄操作

手柄控制小车启动并建图的步骤如下。

1）安装 ROS 的 joy 包 和 joystick_driver 包，操作代码如下：

```
sudo apt-get install ros-melodic-joy
sudo apt-get install ros-melodic-joystick-drivers
```

2）在计算机上插上手柄的 USB 信号接收器，按 <Ctrl+Alt+t> 键打开 cmd 控制台窗口，使用 roscore 指令激活一个节点管理器 Master，再打开另一个窗口，输入如下代码，打开 joy 包的 joy 节点。

```
souce ./devel/setup.sh
roslaunch joy_control joy.launch
```

3）使用 rostopic echo 指令打印 joy 话题的实时数据，手柄的按钮和遥杆每次被操作都会更新数据。

```
rostopic echo /joy
```

写程序订阅"joy"话题，获取相关轴的数据，即可将手柄作为控制源，控制小车前行、后退、左转和右转，如果驱动器支持速度模式，还能实现小车的无级调速。本项目的手柄控制代码如下：

```
import rospy
from geometry_msgs.msg import Twist
from sensor_msgs.msg import Joy
def callback(data):
```

```python
    twist = Twist()
    twist.linear.x = data.axes[1]
    twist.linear.y= data.axes[0]
    twist.angular.z=data.axes[3]
    twist.linear.x =  twist.linear.x * 0.6
    twist.linear.y=  twist.linear.y * 0.6
    twist.angular.z =  twist.angular.z * 0.6
    pub.publish(twist)

# #Intializes everything
def start():
    #publishing to "cmd_vel" to control turtle1
    global pub
    rospy.init_node('joycontrol')
    pub = rospy.Publisher('cmd_vel', Twist, queue_size=10)
    # subscribed to joystick inputs on topic "joy"
    rospy.Subscriber("joy", Joy, callback)
    # starts the node

    rospy.spin()

if __name__ == '__main__':
    start()
```

"/velocity_controller/cmd_ve" 是本项目小车驱动器的速度接收话题，速度指令经过计算后发布到这个话题中，驱动器接收指令就可以驱动电机运动。编译后，先运行 joy 包的 joy_node 节点，然后启动上述代码编译后的节点，就可以遥控小车了。

如图 4-39 所示，小车的车体主要由三部分构成，从上到下分别是：激光雷达、控制单元和小车驱动单元。

为了能在 Rviz 中显示小车的模型，必须要创建 URDF（Unified Robot Description Format，统一机器人描述格式）描述文件。与计算机文件中的 .txt 文本格式、.jpg 图像格式等类似，URDF 是一种基于 XML 规范、用于描述机器人结构的格式。根据该格式的设计者所言，设计这一格式的目的是提供一种尽可能通用的机器人描述规范。本实验建立了简单的 URDF 模型，代码如下：

图 4-39 机器人小车

```xml
<?xml version="1.0"?>
<robot name="smartcar">
  <link name="base_link">
    <visual>
      <geometry>
        <box size="0.25 .16 .05"/>
      </geometry>
      <origin rpy="0 0 1.57075" xyz="0 0 0"/>
      <material name="blue">
        <color rgba="0 .5 .8 1"/>
      </material>
    </visual>
  </link>

<link name="right_front_wheel">
    <visual>
      <geometry>
        <cylinder length=".02" radius="0.025"/>
      </geometry>

      <material name="black">
        <color rgba="0 0 0 1"/>
      </material>
    </visual>
</link>
<joint name="left_front_wheel_joint" type="continuous">
     <axis xyz="0 0 1"/>
     <parent link="base_link"/>
     <child link="left_front_wheel"/>
     <origin rpy="0 1.57075 0" xyz="-0.08 0.1 -0.03"/>
     <limit effort="100" velocity="100"/>
     <joint_properties damping="0.0" friction="0.0"/>
      </joint>
<link name="left_back_wheel">
    <visual>
      <geometry>
        <cylinder length=".02" radius="0.025"/>
      </geometry>
      <material name="black">
        <color rgba="0 0 0 1"/>
      </material>
```

```xml
    </visual>
  </link>
<joint name="left_back_wheel_joint" type="continuous">
    <axis xyz="0 0 1"/>
    <parent link="base_link"/>
    <child link="left_back_wheel"/>
    <origin rpy="0 1.57075 0" xyz="-0.08 -0.1 -0.03"/>
    <limit effort="100" velocity="100"/>
    <joint_properties damping="0.0" friction="0.0"/>
    </joint>
  <link name="right_back_wheel">
   <visual>
     <geometry>
     <cylinder length=".02" radius="0.025"/>
     </geometry>
     <material name="black">
     <color rgba="0 0 0 1"/>
     </material>
   </visual>
</link>

    <joint name="right_back_wheel_joint" type="continuous">
      <axis xyz="0 0 1"/>
      <parent link="base_link"/>
      <child link="right_back_wheel"/>
      <origin rpy="0 1.57075 0" xyz="0.08 -0.1 -0.03"/>
      <limit effort="100" velocity="100"/>
      <joint_properties damping="0.0" friction="0.0"/>
   </joint>
<link name="left_front_wheel">
      <visual>
        <geometry>
          <cylinder length=".02" radius="0.025"/>
        </geometry>
        <material name="black">
          <color rgba="0 0 0 1"/>
        </material>
      </visual>
    </link>
<joint name="right_front_wheel_joint" type="continuous">
      <axis xyz="0 0 1"/>
```

```
    <parent link="base_link"/>
    <child link="right_front_wheel"/>
    <origin rpy="0 1.57075 0" xyz="0.08 0.1 -0.03"/>
    <limit effort="100" velocity="100"/>
    <joint_properties damping="0.0" friction="0.0"/>
</joint>
```

4.4.2 创建 launch 文件

建立 launch 文件夹，并创建智能车的 launch 文件 vehicle_base.launch，描述代码如下：

```
<launch>
    <arg name="model" />
    <arg name="gui" default="False" />
    <param name="robot_description" textfile="$(find smartcar_description)/urdf/smartcar.urdf" />
    <param name="use_gui" value="$(arg gui)"/>
    <node name="joint_state_publisher" pkg="joint_state_publisher" type="joint_state_publisher" ></node>
    <node name="robot_state_publisher" pkg="robot_state_publisher" type="state_publisher" />
    <node name="rviz" pkg="rviz" type="rviz" args="-d $(find urdf_tutorial)/urdf.vcg" />
</launch>
```

建模展示：在工作空间 /car_move 路径下，首先通过 source devel/setup.bash 命令加载工作空间的环境设置。然后，运行 .launch 文件 roslaunch car_move vehicle_base.launch。完成以上步骤后，即可使用手柄控制小车进行地图构建。构建好的模型地图如图 4-40 所示。

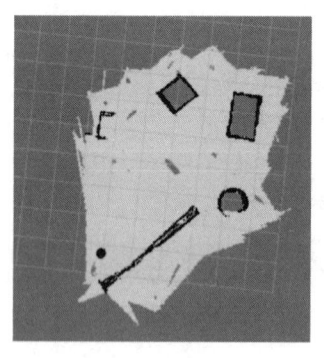

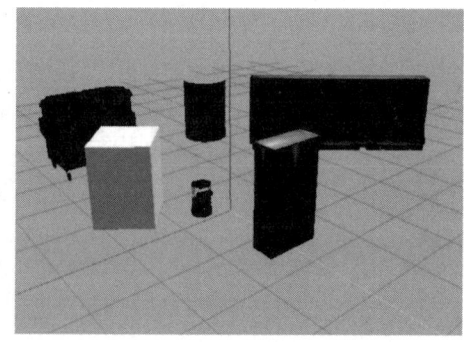

a）2D 地图   b）3D 地图

图 4-40 构建好的模型地图

4.4.3 导航实战

通过手柄控制的导航。通过手柄控制机器人小车在场景中移动，实现机器人小车的实时定位、实时建图，具体效果如图 4-41 所示。

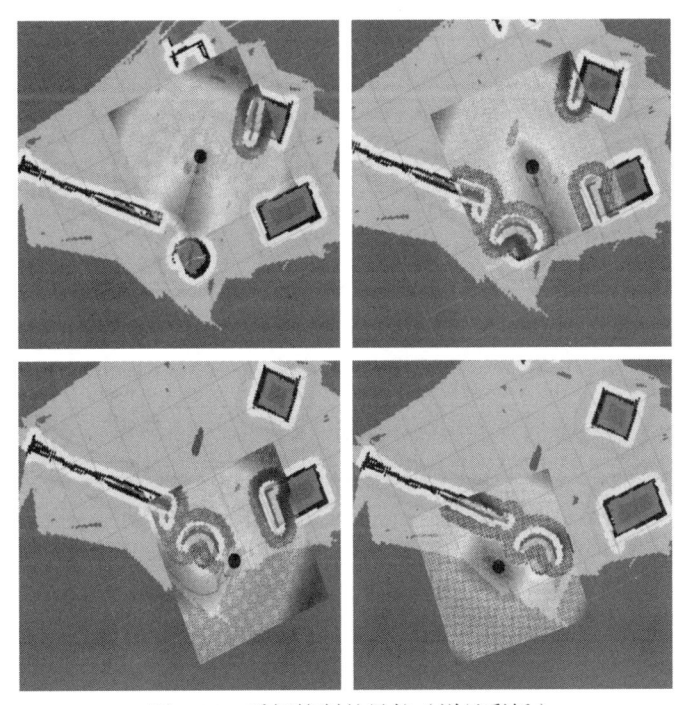

图 4-41 手柄控制的导航（详见彩插）

在构建好的地图上，通过相关语句运行导航算法，首先进行地图的比对校准，在校准完成后，标定目的地，小机器人就可以自主地规划出一条避障路径，完成自主导航，完成成功的寻路。

CHAPTER 5
第 5 章

机械臂的运动控制

本章首先回顾了机械臂的发展历程，并对机械臂的不同种类做了简要介绍。随后，分析了机械臂的组成结构。最后介绍了机械臂的运动学模型，包括正运动学和逆运动学。

5.1 机械臂简介

本节主要介绍机械臂的发展、机械臂的组成结构以及机械臂的运动学模型三部分的内容。

5.1.1 机械臂的发展

1. 机械臂的发展历程

机械臂是模仿人手、手腕和手臂功能，能将任意物件或工具按要求进行抓取、移动和操作的自动机械装置。机械臂也是机器人的一种。它将人类从繁重的重复性工作和危险性工作中解放出来，实现了工业的自动化和机械化。目前，机械臂已广泛应用于机械制造、电子、冶金、轻工和原子能等部门，并且在医疗和服务行业也取得了较大进展。

机械臂的发展最早可以追溯到 20 世纪中期，至今已经历了三代。第一代机械臂是远程遥控机械臂，由操控者远程控制机械臂完成一系列动作，自身不具有独立控制运动的能力和反馈能力；第二代机械臂是预编程机械臂，可以通过预先编程控制机械臂按照一定的步骤重复运动，具有一定的反馈能力，但不具有决策规划能力；第三代机械臂是智能机械臂，可以通过传感器获取自身状态和环境信息，然后通过智能算法进行决策和规划，具备一定的自主能力。

第一代机械臂的诞生源于核技术发展的需要。20 世纪 40 年代，美国创建了核能实验室，由于实验室内核辐射环境对人体的危害太大，因此迫切需要一些自动机械装置帮助处理放射性物质。基于这个需求,美国原子能委员会的阿尔贡研究所于1947年开发了遥控机械臂,一年后又设计制作了主从机械臂。主从机械臂由主机械臂和从机械臂构成,当操作人员控制主机械臂做出某些动作时,从机械臂可以准确模仿主机械臂的动作。

1954年,乔治·德沃尔研发了世界上第一台可编程机械臂。这种机械臂可以按照预先编写的程序进行运动操作,相比需要人为遥控操作的机械臂,它更具有灵活性和通用性。目前,在汽车工业和生产流水线中广泛使用的第二代机械臂都是在此基础上发展起来的。

1956年,约瑟夫·恩格尔伯格购买了乔治·德沃尔"程序化部件传送设备"的专利,并于次年成立了世界上第一家机器人公司Unimation。1959年,恩格尔伯格研发出世界上第一台工业机器人Unimate,如图5-1所示,他也因此被称为"机器人之父"。

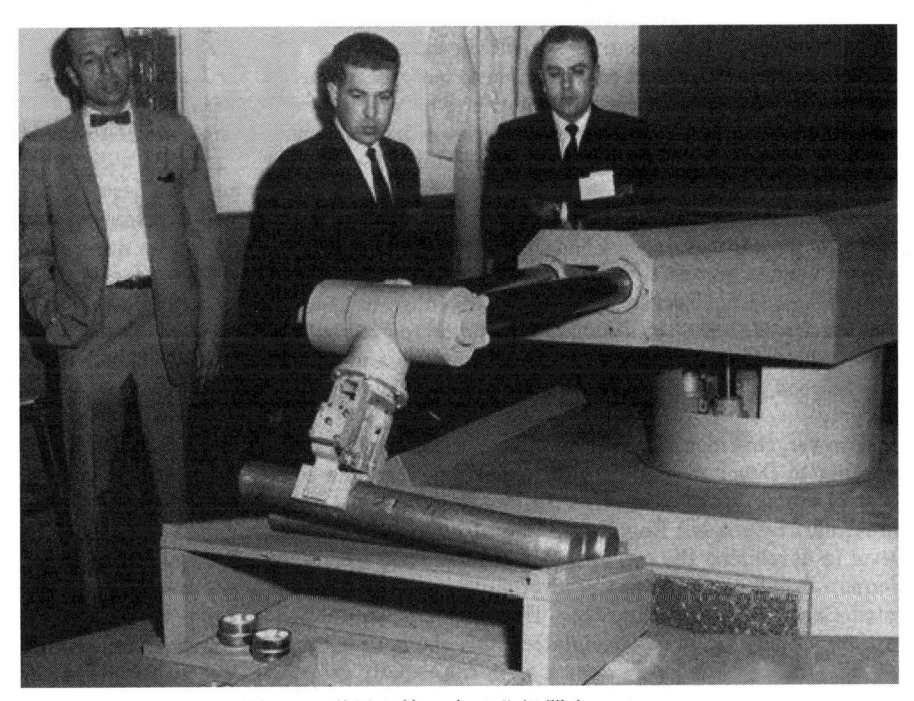

图5-1　世界上第一台工业机器人Unimate

20世纪60年代,人们开始尝试将传感器添加到机械臂上,使机械臂具有各种感知能力,第三代智能机械臂开始萌芽。1962年,H.A.厄恩斯特将触觉传感器和机械臂结合,使其能"感觉"到块状材料,并通过该信息自动将块状材料堆起来,而无须人为干预。同年,汤姆威克和博奈研制出一种装有压力传感器的手爪,一旦手爪接触到物体,压力传感器就会将相关信息反馈给控制计算机,从而控制手爪对物体进行操作。20世纪60年代中期,斯坦福、MIT、爱丁堡大学等高校陆续成立机器人实验室。随后不久,"波士顿"机械臂和"斯坦福"机械臂相继成功研发,"斯坦福"机械臂如图5-2所示。其中,"斯坦福"机械臂配备有视觉传感器,可以按照不同的策略自动堆放材料。

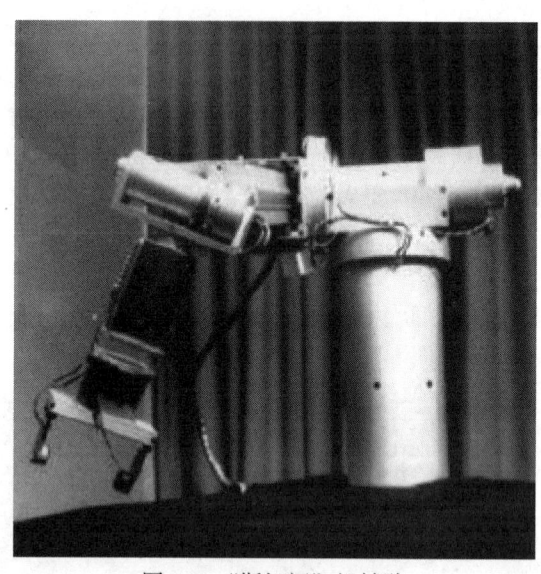

图 5-2 "斯坦福"机械臂

20 世纪 70 年代，大量的研究工作将重点放在如何提高机械臂的感知能力。1973 年，博尔斯和保罗将视觉和力反馈传感器装在"斯坦福"机械臂上，用来装配自动水泵。1975 年，IBM 公司的威尔和格罗斯曼开发了一个带有触觉和力觉传感器的机械臂，用于完成打字机装配工作。1979 年，Unimation 公司推出了 PUMA 系列工业机械臂，可配置视觉、触觉、力觉等传感器，是当时技术较为先进的工业机械臂，如图 5-3 所示。整个 70 年代，机械臂逐渐应用到工业生产环境中，截至 1980 年年底，全世界约有 2 万台工业机械臂投入生产应用中。

图 5-3 早期 PUMA 工业机械臂

进入20世纪80年代,机械臂继续快速发展,并大量应用到工业生产环境中,其中装配机械臂发展最迅猛。机械臂的发展也带动了机器视觉和各类传感器的发展。但是到了80年代末期,由于行业开始进入饱和,导致机械臂的发展势头越来越缓,甚至出现了衰退。1990年代初期短暂复苏后于1993年又跌入低谷,直到1995年才开始缓慢恢复。

1996年,美国直觉外科公司推出第一代达·芬奇外科手术系统。该系统是由外科医生控制台、机械臂系统和成像系统三部分组成的高级机器人平台。从医学角度来说,达·芬奇外科手术系统可以看成高级的腹腔镜系统,它通过微创的方式实施复杂的外科手术。2006年,直觉外科公司推出了第二代达·芬奇外科手术系统,如图5-4所示。相比于第一代,第二代系统机械手臂的运动范围更大了,它允许医生在不离开控制台的情况下进行多图观察。第三代系统和第四代系统分别在2009年和2014年推出。第三代系统在第二代的基础上增加了模拟控制器、双控制台、术中荧光显影技术等功能,第四代系统则在灵活度、准确度和成像清晰度上都有了质的提升。目前已发展到第五代。

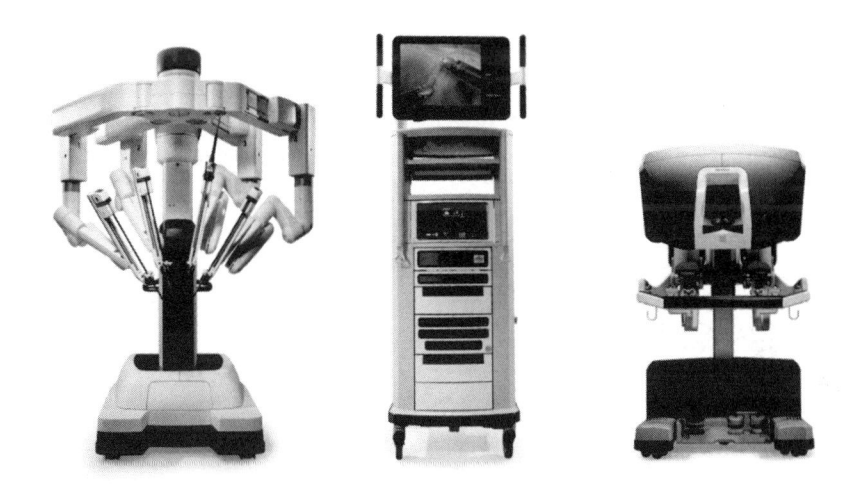

图5-4 第二代达·芬奇外科手术系统

进入21世纪,机械臂的发展迎来新篇章。人工智能、仿生学、材料学、纳米技术、3D打印技术及微机电技术的发展成果广泛应用到机械臂研究中。第三代智能机械臂开始蓬勃发展,机械臂的个性化、人性化、智能化已成为机械臂行业乃至整个机器人行业发展的趋势。

2. 机械臂的分类

在机械臂的发展过程中,机械臂按其结构特点可以分为关节型机械臂(图5-5)、仿人机械臂、柔性机械臂和并联型机械臂四大类。

关节型机械臂像人手臂一样有多个关节,目前常见的关节型机械臂可达6~7个自由度。由于关节相互独立,因此这种机械臂一般比较灵活,可调性强。但各部件之间摩擦产生的磨损比较大,重复精度低。

图 5-5　关节型机械臂

　　仿人机械臂的外形最像人的手和手臂，其根据手指关节的驱动数可分为灵巧手和欠驱动手，如图 5-6 所示。灵巧手至少有 3 根手指，且每根手指至少有 3 个驱动器和 3 个自由度，因此灵巧手的自由度很高，更容易完成精细操作。但灵巧手太过复杂，携带和维护都不方便。欠驱动手每个手指也至少有 3 个自由度，但只有 1 个驱动器，因此相较于灵巧手，欠驱动手结构简单、携带方便、操作便捷。

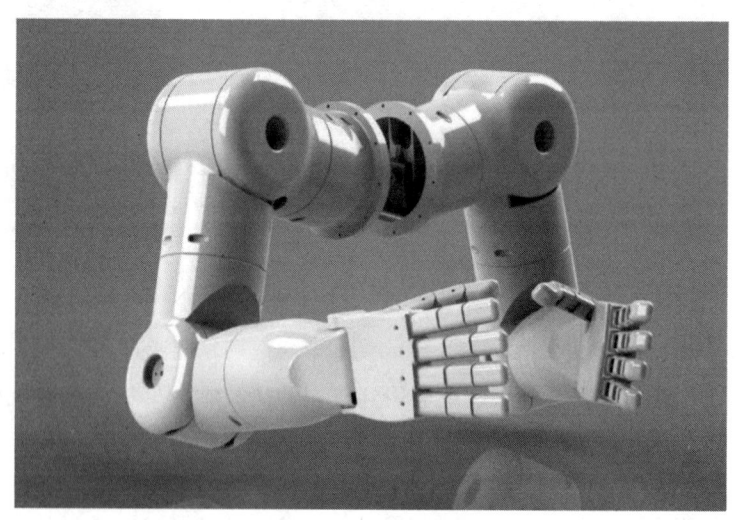

图 5-6　仿人机械臂

　　柔性机械臂的柔性主要表现在关节的柔性和连杆的柔性，如图 5-7 所示。关节的柔性是指机械臂关节转轴的扭曲变形，这种变形有利于实现高速操作，同时具有高负载、低能耗、低成本的优点。连杆的柔性是指机械臂连杆的弹性变形，可以使机械臂的运动过程更加柔顺，减少对杆件的冲击。但柔性机械臂受到震动后会严重影响其控制的精度和稳定性，因此如何消除弹性变形和弹性振动的影响是柔性机械臂的一大研究热点。

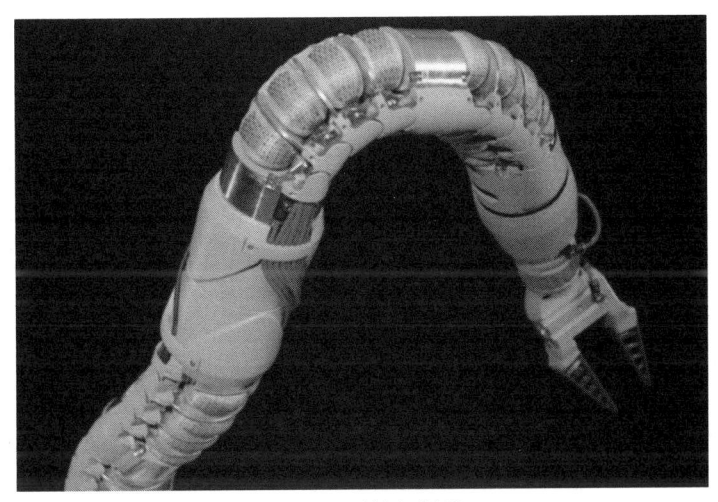

图 5-7　柔性机械臂

串联机械臂是一个机械臂接一个末端执行器，如上述三种机械臂，而并联机械臂则是多个机械臂接一个末端执行器，如图 5-8 所示的 Delta 并联机械臂。末端执行器指的连接在机械臂末端具有一定功能（如抓夹、吸取等）的工具。并联机械臂由于有多个手臂支撑，因此其承载强度一般要高于串联机械臂；又由于各个机械臂之间会相互干涉，因此其工作空间小于串联机械臂。除此之外，相较于串联机械臂由各个关节驱动，并联机械臂的驱动分散在各个机械臂，因此累积误差小、精度高。

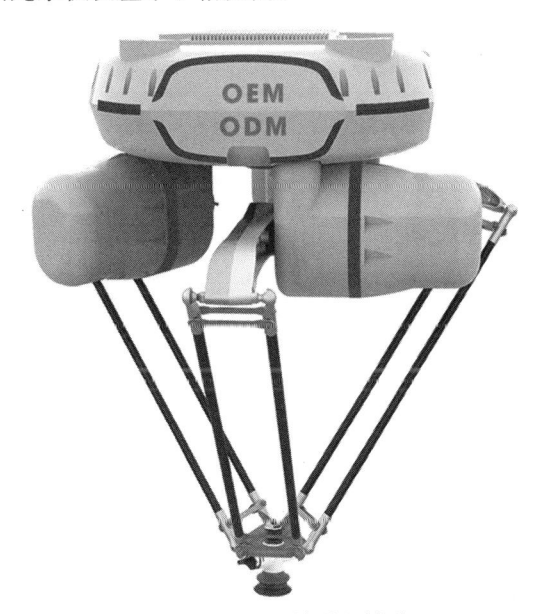

图 5-8　Delta 并联机械臂

5.1.2 机械臂的组成结构

机械臂由一系列的关节和连杆组成,一个关节连接两个连杆。如图 5-9 所示,圆圈表示关节,圆圈之间的部分为连杆,其中关节 1 和关节 2 的转动角度分别为 θ_1 和 θ_2,连杆 1 和连杆 2 的长度分别为 l_1 和 l_2,M_{pl} 为负载质量。对于具有 n 个关节和 $n+1$ 个连杆的机械臂,关节的编号一般从 $1\sim n$,连杆的编号从 $0\sim n$。其中,0 号连杆一般是固定的,为机械臂的基座;n 号连杆连接着末端执行器;关节 i 连接连杆 $i-1$ 和连杆 i。

根据连杆连接方式的不同(串联和并联)可以分为串联机械臂和并联机械臂。机械臂的一个关节一般对应一个自由度,这个自由度可以是移动、旋转或弯曲自由度。例如,常见的 6 自由度串联机械臂就是由 6 个关节组成,前 3 个关节确定目标位置,后 3 个关节决定末端执行器的姿态,因此机械臂可以到达工作空间的任意位姿,执行各种任务,图 5-9 所示的关节型机械臂就是 6 自由度的。

关节是机械臂的核心部件。机械臂的关节主要由驱动器、传动装置、传感器及各种机械零件组成。控制器将控制信号传送到驱动器,驱动器再控制机械臂关节和连杆运动,由此带动机械臂完成各种动作,因此控制机械臂的本质就是控制驱动器。除此之外,机械臂一般还会装配各种末端执行器,如 Robotiq 夹爪(图 5-10)及各种传感器,以帮助机械臂完成各种特定任务。

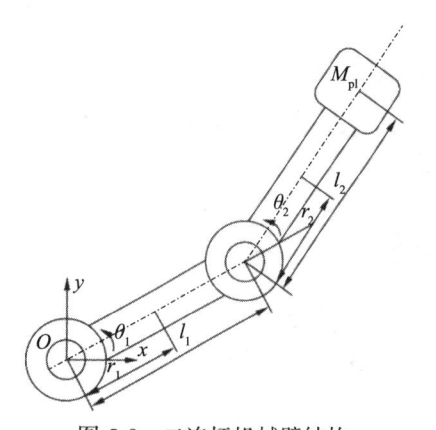

图 5-9 二连杆机械臂结构

图 5-10 Robotiq 夹爪

5.1.3 机械臂的运动学模型

机械臂的运动学模型主要包括关节运动模型的机械臂正、逆运动学模型的相关内容。

机械臂的运动主要依靠关节驱动完成,因此在介绍机械臂运动学模型前,先简单介绍关节运动模型。图 5-11 所示为一个简单的机械臂关节-连杆模型,包括 3 个关节和 2 个连杆。每个关节 i 都有一个坐标系,关节 i 为旋转关节时,坐标轴 z 轴根据右手定则确定,绕 z 轴的旋转角度为关节变量；关节i为滑动关节时，z轴指向滑动方向，滑动关节连杆长度d是关节变量。关节i的x轴垂直于关节$i-1$的z轴，方向由$i-1$指向i。z轴和x轴确定后，y轴的方向为垂直xz平面的方向。

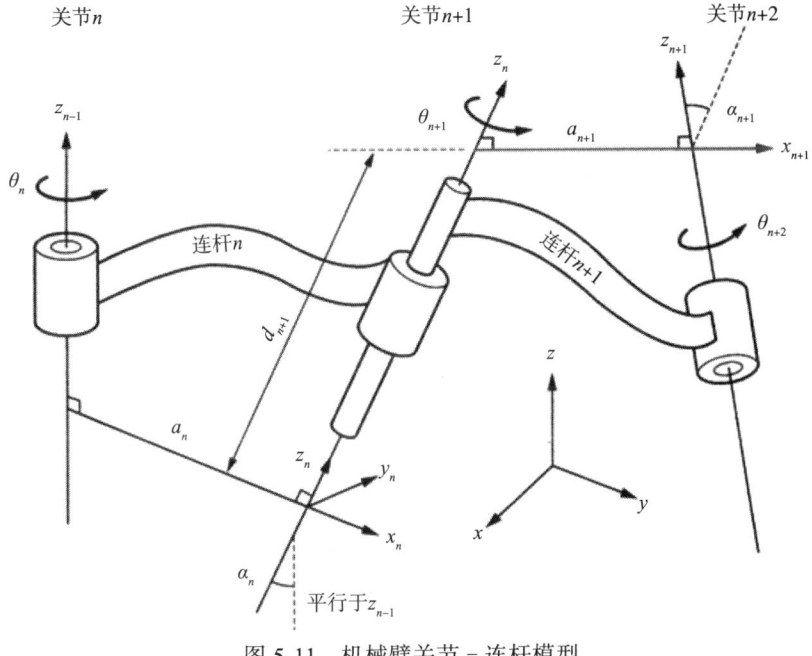

图 5-11 机械臂关节-连杆模型

如图 5-11 所示，关节$n+1$的坐标轴为$x_n y_n z_n$，旋转角度为θ_{n+1}；α_{n+1}为z_n轴和z_{n+1}轴的夹角，a_{n+1}为z_n轴和z_{n+1}轴之间的距离，d_{n+1}为z_n轴相邻两条公垂线的距离。定义好参数后，接下来看一下如何将坐标系$x_n y_n z_n$变换到坐标系$x_{n+1} y_{n+1} z_{n+1}$。

如图 5-12 所示，首先绕z_n轴旋转θ_{n+1}，使得x_n轴和x_{n+1}轴相互平行；接着沿着z_n平移d_{n+1}距离，使得x_n轴和x_{n+1}轴共线；然后沿着x_n轴平移a_{n+1}距离，使得坐标系$x_n y_n z_n$和坐标系$x_{n+1} y_{n+1} z_{n+1}$的原点重合；最后，将z_n轴绕x_{n+1}轴旋转α_{n+1}，使z_n轴和z_{n+1}轴共线。通过以上步骤，坐标系$x_n y_n z_n$变换到了坐标系$x_{n+1} y_{n+1} z_{n+1}$。旋转操作可以用旋转矩阵表示，平移操作用平移向量$[x,y,z]^T$表示。将旋转矩阵和平移向量合并到一起就构成了齐次变换矩阵

$$T = \begin{bmatrix} R & t \\ 0 & 1 \end{bmatrix} \tag{5-1}$$

式中，R为3×3的旋转矩阵；t为3×1的平移向量。因此齐次变换矩阵T的大小一般为4×4，最后一行固定为$[0,0,0,1]$。

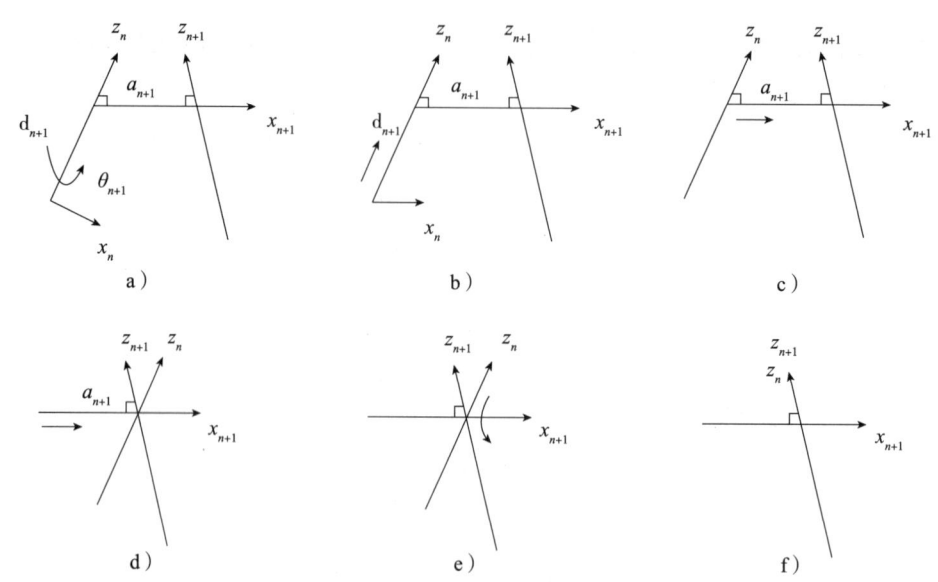

图 5-12 坐标系变换过程

因此，根据旋转矩阵的公式，坐标系 $x_n y_n z_n$ 到坐标系 $x_{n+1} y_{n+1} z_{n+1}$ 的变换矩阵为

$$\boldsymbol{T}_{n+1}^{n} = \boldsymbol{A}_{n+1} = \begin{bmatrix} \cos\theta_{n+1} & -\sin\theta_{n+1} & 0 & 0 \\ \sin\theta_{n+1} & \cos\theta_{n+1} & 0 & 0 \\ 0 & 0 & 1 & 0 \\ 0 & 0 & 0 & 1 \end{bmatrix} \times \begin{bmatrix} 1 & 0 & 0 & 0 \\ 0 & 1 & 0 & 0 \\ 0 & 0 & 1 & d_{n+1} \\ 0 & 0 & 0 & 1 \end{bmatrix} \times \begin{bmatrix} 1 & 0 & 0 & a_{n+1} \\ 0 & 1 & 0 & 0 \\ 0 & 0 & 1 & 0 \\ 0 & 0 & 0 & 1 \end{bmatrix} \times \begin{bmatrix} 1 & 0 & 0 & 0 \\ 0 & \cos\alpha_{n+1} & -\sin\alpha_{n+1} & 0 \\ 0 & \sin\alpha_{n+1} & \cos\alpha_{n+1} & 0 \\ 0 & 0 & 0 & 1 \end{bmatrix}$$

$$= \begin{bmatrix} \cos\theta_{n+1} & -\sin\theta_{n+1}\cos\alpha_{n+1} & \sin\theta_{n+1}\sin\alpha_{n+1} & a_{n+1}\cos\theta_{n+1} \\ \sin\theta_{n+1} & \cos\theta_{n+1}\cos\alpha_{n+1} & -\cos\theta_{n+1}\sin\alpha_{n+1} & a_{n+1}\sin\theta_{n+1} \\ 0 & \sin\alpha_{n+1} & \cos\alpha_{n+1} & d_{n+1} \\ 0 & 0 & 0 & 1 \end{bmatrix} \quad (5\text{-}2)$$

类似的，可以得到从基座坐标系到机械臂末端执行器的变换矩阵为

$$\boldsymbol{T}_n^0 = \boldsymbol{T}_1^0 \boldsymbol{T}_2^1 \cdots \boldsymbol{T}_n^{n-1} = \boldsymbol{A}_1 \boldsymbol{A}_2 \cdots \boldsymbol{A}_n \quad (5\text{-}3)$$

以上过程也称作Denavit-Hartenberg建模，简称DH建模，θ、α、d、a 称作DH参数。DH模型是目前最流行的机器人运动学模型，它通过定义关节之间的坐标系变换关系，进而得到机器人基座坐标系到末端执行器坐标系之间的变换关系。当机械臂确定时，DH参数中的 d、a 值也就确定了。因此，对于具体的某一个机械臂而言，只要知道每个关节的旋转角度就能通过上述的变换公式求出机械臂末端执行器相对于基座坐标系的位姿。例如，图 5-13 所示为 UR5 机械臂模型，DH 参数见表 5-1，表 5-1 中的未知变量只有 $\theta_1 \sim \theta_6$，也就是每个关节的旋转角。

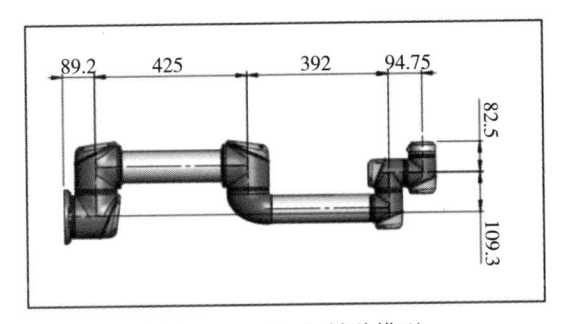

图 5-13 UR5 机械臂模型

表 5-1 UR5 机械臂 DH 参数

关节编号	α	a	θ	d
1	$\alpha_1 = 90°$	0	θ_1	$d_1 = 89.2$
2	0	$a_2 = -425$	θ_2	0
3	0	$a_3 = -392$	θ_3	0
4	$\alpha_4 = 90°$	0	θ_4	$d_4 = 109.3$
5	$\alpha_5 = -90°$	0	θ_5	$d_5 = 94.75$
6	0	0	θ_6	$d_6 = 82.5$

1. 机械臂正运动学模型

机械臂运动学包括机械臂正运动学和机械臂逆运动学。机械臂正运动学，即已知机械臂各个关节的旋转角度，求机械臂末端执行器最终的位置和姿态。根据上述讨论可知，将各个关节的旋转角度代入式（5-3）中即可求得末端执行器的位姿。

以图 5-13 所示的 UR5 机械臂为例，首先分别将 DH 参数代入式（5-2）中，得到关节之间的变换矩阵为

$$A_1 = \begin{bmatrix} \cos\theta_1 & 0 & \sin\theta_1 & 0 \\ \sin\theta_1 & 0 & -\cos\theta_1 & 0 \\ 0 & 1 & 0 & d_1 \\ 0 & 0 & 0 & 1 \end{bmatrix}$$

$$A_2 = \begin{bmatrix} \cos\theta_2 & -\sin\theta_2 & 0 & a_2\cos\theta_2 \\ \sin\theta_2 & \cos\theta_2 & 0 & a_2\sin\theta_2 \\ 0 & 0 & 1 & 0 \\ 0 & 0 & 0 & 1 \end{bmatrix}$$

$$A_3 = \begin{bmatrix} \cos\theta_3 & -\sin\theta_3 & 0 & a_3\cos\theta_3 \\ \sin\theta_3 & \cos\theta_3 & 0 & a_3\sin\theta_3 \\ 0 & 0 & 1 & 0 \\ 0 & 0 & 0 & 1 \end{bmatrix}$$

$$A_4 = \begin{bmatrix} \cos\theta_4 & 0 & \sin\theta_4 & 0 \\ \sin\theta_4 & 0 & -\cos\theta_4 & 0 \\ 0 & 1 & 0 & d_4 \\ 0 & 0 & 0 & 1 \end{bmatrix}$$

$$A_5 = \begin{bmatrix} \cos\theta_5 & 0 & -\sin\theta_5 & 0 \\ \sin\theta_5 & 0 & \cos\theta_5 & 0 \\ 0 & -1 & 0 & d_5 \\ 0 & 0 & 0 & 1 \end{bmatrix}$$

$$A_6 = \begin{bmatrix} \cos\theta_6 & -\sin\theta_6 & 0 & 0 \\ \sin\theta_6 & \cos\theta_6 & 0 & 0 \\ 0 & 0 & 1 & d_6 \\ 0 & 0 & 0 & 1 \end{bmatrix}$$

因此，最终的变换矩阵为

$$T = A_1 A_2 A_3 A_4 A_5 A_6$$

2. 机械臂逆运动学模型

机械臂逆运动学，即已知机械臂末端执行器的位置和姿态，反求机械臂各个关节的旋转角度。机械臂逆运动学求解一般有解析法和数值法两种方法。解析法就是通过几何分析、代数运算等手段解方程组来得到最终的解。这种方法一般速度快、精度高，且能得到所有的解。但由于不同机械臂的DH参数不同，得到的变换矩阵也不同，因此解析法的通用性比较差，需要针对具体的机械臂构建不同的逆运动学解析表达式。

与解析法不同，数值法求出的解往往都是近似解。数值法又可以分为迭代法和优化法。迭代法主要基于微分运动学思想，通过这种方法，机械臂从初始位置一步步运动到目标位置。优化法通常是定义一个优化函数，然后通过优化算法来完成特定约束条件下的求解。优化算法主要包括遗传算法、粒子群优化以及一些基于神经网络或机器学习的方法等。理论上讲，基于优化思想的逆运动学求解方法可以达到通用的程度。但由于数值处理过程中累积计算误差以及矩阵奇异、矩阵条件数过大等因素的存在，这些方法可能在某些情况下失效。

数值法的适用性虽然比较广，但求解过程比较慢，求出的解的精度和稳定性也比较差。因此，在实际应用过程中，更常用的做法是根据具体的机械臂构建解析表达式求解，这在求解速度和稳定性上都更容易达到应用要求。在科学研究中，速度快、精度高、适用性广的求解方法一直以来都是研究者感兴趣的课题之一，至今仍有很大的研究空间。

接下来，继续以图 5-13 所示的 UR5 机械臂为例，简要介绍逆运动学模型的解析法求解过程。已知

$$T = \begin{bmatrix} n_x & o_x & a_x & p_x \\ n_y & o_y & a_y & p_y \\ n_z & o_z & a_z & p_z \\ 0 & 0 & 0 & 1 \end{bmatrix} \tag{5-4}$$

$$T = A_1 A_2 A_3 A_4 A_5 A_6 \tag{5-5}$$

则

$$A_1^{-1} T A_6^{-1} = A_2 A_3 A_4 A_5 \tag{5-6}$$

$$A_1^{-1} T A_6^{-1} A_5^{-1} = A_2 A_3 A_4 \tag{5-7}$$

为了简化书写，令 $c_1 = \cos\theta_1$，$c_{12} = \cos(\theta_1 + \theta_2)$，以此类推，则有

$$A_1^{-1} = \begin{bmatrix} c_1 & s_1 & 0 & 0 \\ 0 & 0 & 1 & -d_1 \\ s_1 & -c_1 & 0 & 0 \\ 0 & 0 & 0 & 1 \end{bmatrix}$$

$$A_5^{-1} = \begin{bmatrix} c_5 & s_5 & 0 & 0 \\ 0 & 0 & -1 & d_5 \\ -s_5 & c_5 & 1 & 0 \\ 0 & 0 & 0 & 1 \end{bmatrix}$$

$$A_6^{-1} = \begin{bmatrix} c_6 & s_6 & 0 & 0 \\ -s_6 & c_6 & 0 & 0 \\ 0 & 0 & 1 & -d_6 \\ 0 & 0 & 0 & 1 \end{bmatrix}$$

将上式代入式（5-6）左边，得到

$$A_1^{-1} T A_6^{-1} = \begin{bmatrix} c_6(n_x c_1 + n_y s_1) & s_6(o_x c_1 + o_y s_1) & s_6(n_x c_1 + n_y s_1) \\ n_x c_6 - o_z s_6 & & o_z c_6 + n_z s_6 \\ s_6(o_y c_1 - o_x s_1) - c_6(n_y c_1 - n_x s_1) & & -s_6(n_y c_1 - n_x s_1) - c_6(o_y c_1 - o_x s_1) \\ 0 & & 0 \\ a_x c_1 + a_y s_1 & & p_x c_1 - d_6(a_x c_1 + a_y s_1) + p_y s_1 \\ a_z & & p_x - d_1 - a_z d_6 \\ a_x s_1 - a_y c_1 & & -p_y c_1 + d_6(a_y c_1 - a_x s_1) + p_x s_1 \\ 0 & & 1 \end{bmatrix}$$

式（5-6）右边矩阵相乘结果为

$$A_2A_3A_4A_5 = \begin{bmatrix} c_{234}c_5 & -s_{234} & -c_{234}s_5 & a_3c_{23}+a_2c_2+d_5s_{234} \\ s_{234}c_5 & c_{234} & -s_{234}s_5 & a_3s_{23}+a_2s_2-d_5c_{234} \\ s_5 & 0 & c_5 & d_4 \\ 0 & 0 & 0 & 1 \end{bmatrix}$$

同理，式（5-7）左右两边分别为

$$A_1^{-1}TA_6^{-1}A_5^{-1} = \begin{bmatrix} -c_5\left(s_6\left(o_xc_1+o_ys_1\right)-c_6\left(n_xc_1+n_ys_1\right)\right)-s_5\left(a_xc_1+a_ys_1\right) \\ c_5\left(n_xc_6-o_zs_6\right)-a_zs_5 \\ c_5\left(s_6\left(o_yc_1-o_xs_1\right)-c_6\left(n_yc_1-n_xs_1\right)\right)+s_5\left(a_yc_1-a_xs_1\right) \\ 0 \\ c_5\left(a_xc_1+a_ys_1\right)-s_5\left(s_6\left(o_xc_1+o_ys_1\right)-c_6\left(n_xc_1+n_ys_1\right)\right) \\ s_5\left(n_zc_6-o_zs_6\right)+a_zs_5 \\ s_5\left(s_6\left(o_yc_1-o_xs_1\right)-c_6\left(n_yc_1-n_xs_1\right)\right)-c_5\left(a_yc_1-a_xs_1\right) \\ 0 \\ -s_6\left(n_xc_1+n_ys_1\right)-c_6\left(o_xc_1+o_ys_1\right) \\ -o_zc_6-n_zs_6 \\ s_6\left(n_yc_1-n_xs_1\right)+c_6\left(o_yc_1-o_xs_1\right) \\ 0 \\ d_5\left(s_6\left(n_xc_1+n_ys_1\right)+c_6\left(o_xc_1+o_ys_1\right)\right)-d_6\left(a_xc_1+o_ys_1\right)+p_xc_1+p_ys_1 \\ p_z-d_1-a_zd_6+d_5\left(o_zc_6+n_zs_6\right) \\ d_6\left(a_yc_1-a_xs_1\right)-d_5\left(s_6\left(n_yc_1-n_xs_1\right)+c_6\left(o_yc_1-o_xs_1\right)\right)-p_yc_1+p_ys_1 \\ 1 \end{bmatrix}$$

$$A_2A_3A_4 = \begin{bmatrix} c_{234} & 0 & s_{234} & a_3c_{23}+a_2c_2 \\ s_{234} & 0 & -c_{234} & a_3s_{23}+a_2s_2 \\ 0 & 1 & c_5 & d_4 \\ 0 & 0 & 0 & 1 \end{bmatrix}$$

建立方程组求解：

$$\begin{cases} p_x c_1 - d_6(a_x c_1 + a_y s_1) + p_y s_1 = d_4 \\ a_x s_1 - a_y c_1 = c_5 \\ s_6(o_y c_1 - o_x s_1) - c_6(n_y c_1 - n_x s_1) = s_5 \\ d_5 \left(s_6(n_x c_1 + n_y s_1) + c_6(o_x c_1 + o_y s_1) \right) - d_6(a_x c_1 + o_y s_1) + p_x c_1 + p_y s_1 = a_3 c_{23} + a_2 c_2 \\ p_z - d_1 - a_z d_6 + d_5(o_z c_6 + n_z s_6) = a_3 s_{23} + a_2 s_2 \\ s_6(n_x c_1 + n_y s_1) = -s_{234} \\ o_z c_6 + n_z s_6 = c_{234} \end{cases}$$

解得：

$$\begin{cases} \theta_1 = A\tan2(m_1, n_1) - A\tan2(d_4, \pm\sqrt{m_1^2 + n_1^2 - d_4^2}) \\ \theta_2 = A\tan2\left[\dfrac{(a_3 c_3 + a_2)n_2 - a_3 s_3 m_2}{a_2^2 + a_3^2 + 2a_2 a_3 c_3}, \dfrac{m_2 + a_3 s_3 s_2}{a_3 c_3 + a_2} \right] \\ \theta_3 = \pm\arccos\left(\dfrac{m_3^2 + n_3^2 - a_2^2 - a_3^2}{2a_2 a_3} \right) \\ \theta_4 = A\tan2\left[-s_6(n_x c_1 + n_y s_1) - c_6(o_x c_1 + o_y s_1), o_z c_6 + n_z s_6 \right] - \theta_2 - \theta_3 \\ \theta_5 = \pm\arccos(a_x s_1 - a_y c_1) \\ \theta_6 = A\tan2\left(\dfrac{m_6}{s_5}, \dfrac{n_6}{s_5} \right) \end{cases}$$

其中：

$$m_1 = d_6 a_y - p_y$$
$$n_1 = d_6 u_x - p_x$$
$$m_2 = (a_3 c_3 + a_2) c_2 - a_3 s_3 s_2$$
$$n_2 = (a_3 c_3 + a_2) s_2 + a_3 s_3 c_2$$
$$m_3 = d_5 \left[s_6(n_x c_1 + n_y s_1) + c_6(o_x c_1 + o_y s_1) \right] - d_6(a_x c_1 + o_y s_1) + p_x c_1 + p_y s_1$$
$$n_3 = p_z - d_1 - a_z d_6 + d_5(o_z c_6 + n_z s_6)$$
$$m_6 = n_x s_1 - n_y c_1$$
$$n_6 = o_x s_1 - o_y c_1$$

5.2 MoveIt！控制机械臂

MoveIt！是 ROS 中针对机器人进行移动操作的一套工具。主页（http://moveit.ros.org）

包含使用 MoveIt！的文档、教程、安装说明以及多种机械臂（或机器人）的示例演示，如一些移动操作任务，包括抓握、拾取和放置，或简单的逆向运动学的运动规划。

这套工具包含一个快速的逆运动学求解器（作为运动规划单元的一部分）、先进的操作算法、三维感知抓握（通常以点云的形式）、运动学、控制和导航等功能。除了后台功能之外，它还提供了一个易于使用的图形用户界面（GUI）通过 MoveIt！和 Rviz 插件集成自己的机械臂，使用户能以直观的方式进行运动规划任务的开发。

本节首先介绍 MoveIt！体系结构，解释这套框架中所用到的基本概念，如关节群组和规划场景，以及一般性的概念，如轨迹规划、（逆）运动和碰撞检测等。然后，介绍如何将机械臂集成到 MoveIt！中，并利用其控制机械臂进行抓取操作等。

5.2.1 MoveIt！体系结构

MoveIt！体系结构如图 5-14 所示，内容选自官方文档的概念部分，这里简要介绍主要概念。

体系结构的核心是 move_group 元件。其主要思想是，先依据需要定义由关节和其他元件构成的群组（group），然后使用运动规划算法执行移动操作。这类算法包含与物体交互的场景以及该群组的关节特性。

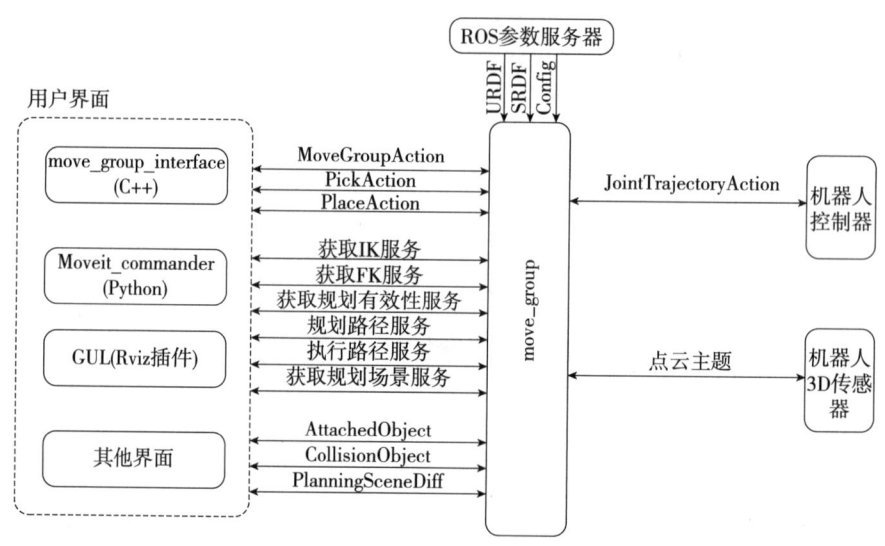

图 5-14　MoveIt！体系结构

可以使用 ROS 参数服务器来配置 move-group，从那里还可以获取机器人的 URDF 和 SDF 等。必须对关节进行定义，它们是一个群组的部分并包含关节约束。同样，可定义末端执行器的工具，如夹持器和感知传感器。机器人必须开放 JointTrajectoryAction（关节轨迹动作）控制器，从而使运动规划的输出可以在机器人的硬件（或仿真器）上规划执行。为了监视执行情况，需要通过机器人状态发布者发布关节状态。所有内容都由 ROS 控制并由特定传感器驱动程序发布。需要注意的是，MoveIt！提供了一个 GUI 向导帮助定义给定机器人的关节群组，它可以通过下面的命令直接调用：

```
$ roslaunch moveit_setup_assistant setup_assistant.launch
```

当 move_group 正确配置后，就可以和机器人连接并通信。MoveIt！提供了 C++ 和 Python 的应用程序接口以及一个集成的 Rviz 插件来实现此功能，通过 Rviz 和应用程序接口可以向机器人发送运动目标、规划任务并发送给机器人进行执行等。集成到 Rviz 中的 UR5 机械臂如图 5-15 所示。

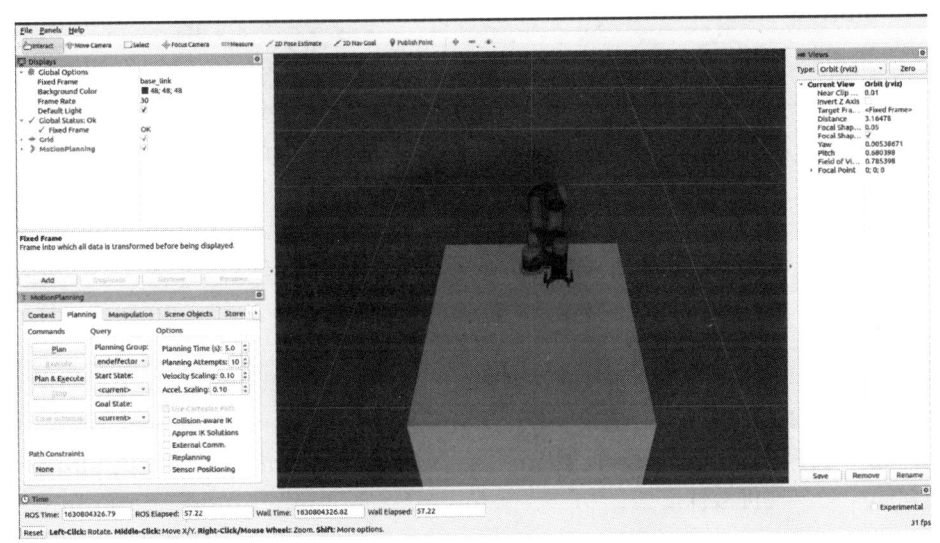

图 5-15　集成到 Rviz 中的 UR5 机械臂

5.2.2　MoveIt！配置助手

MoveIt！配置助手是一个图形用户界面，能够为机器人生成机器人语义描述文件（SRDF），以及其他必要的配置文件。任何机器人想使用 MoveIt！，都需要先通过 MoveIt！配置助手生成配置包。下面以 UR5 机械臂为例讲述 MoveIt！配置过程。

MoveIt！配置助手的启动非常简单，只需要在命令行执行以下命令即可：

```
$ roslaunch moveit_setup_assistant setup_assistant.launch
```

当命令执行后，会打开如图 5-16 所示的初始界面。可以通过单击初始界面的"创建新的 MoveIt 配置包"（Create New MoveIt Configuration Package）按钮或者"编辑已存在 MoveIt 配置包"（Edit Existing MoveIt Configuration Package）按钮来加载 UR5 机械臂的描述文件（URDF）。机械臂的描述文件推荐使用 XML Macros 宏（Xacro）格式，这样更容易生成复杂的 URDF 文件。

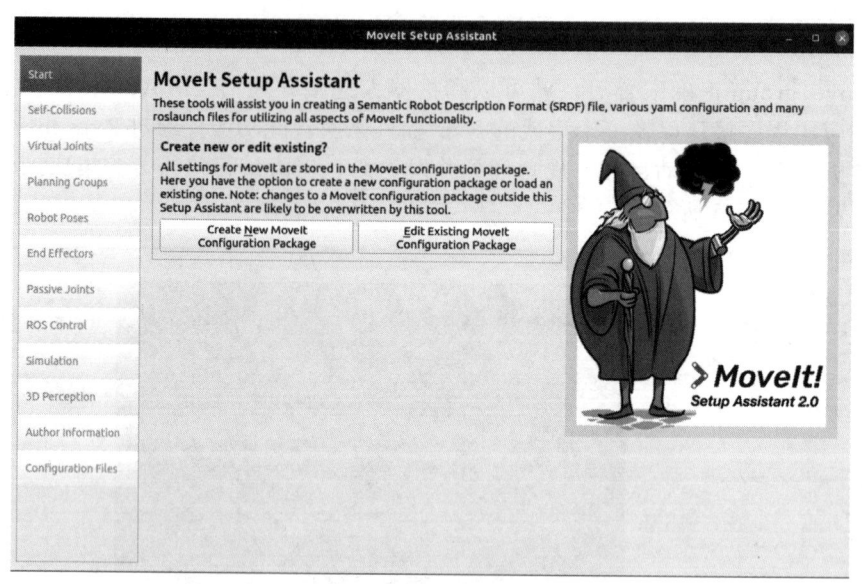

图 5-16　MoveIt! 配置助手初始界面

当加载完 UR5 机械臂的描述文件后，窗口右侧会出现一个 UR5 机械臂模型。图 5-17 所示为单击"编辑已存在 MoveIt 配置包"按钮后的结果，单击"创建新的 MoveIt! 配置包"按钮同样会出现机械臂模型。

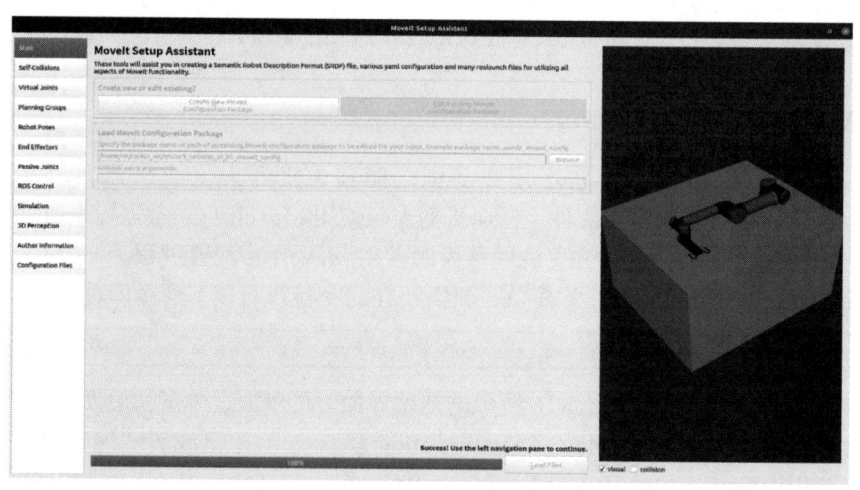

图 5-17　加载 UR5 机械臂描述文件

第二个选项卡是 Self-Collisions，它会搜索机器人上可以安全禁用碰撞检查的成对 link，从而减少运动规划处理时间。当这些 link 对始终处于碰撞状态、从不处于碰撞状态、在机器人的默认位置处于碰撞状态或当 link 在运动链上彼此相邻时，这些 link 对将被禁用。

如图 5-18 所示，采样密度（Sampling Density）表示的是要在机器人上随机选取多少位置来进行自碰撞检测。采样密度越大，计算时间越长，采样密度越低，禁用不应禁用的 link 对的可能性越高，其默认值为 10000。为了减少处理时间，碰撞检查是并行进行的。单击"生成碰撞矩阵"（Generate Collision Matrix）按钮，会根据配置好的参数自动生成自碰撞矩阵。

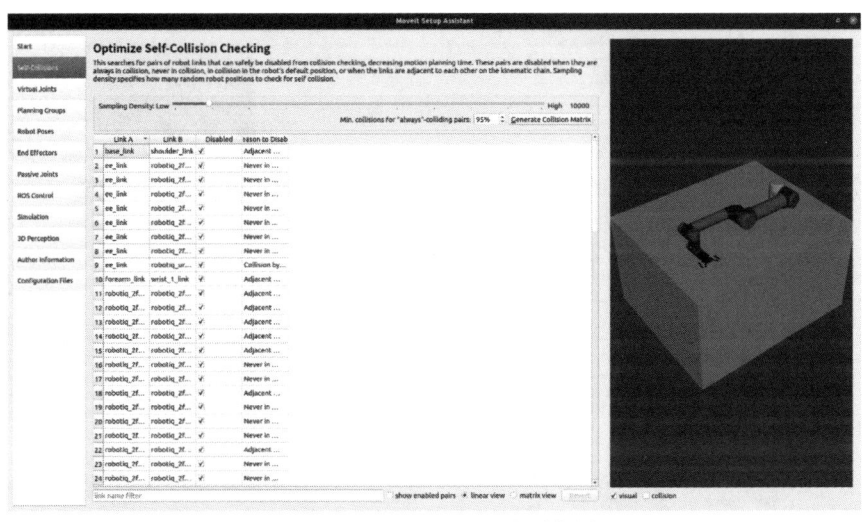

图 5-18　Self-Collisions 选项卡界面

第三个选项卡是 Virtual Joints，如图 5-19 所示，用来给机器人分配虚拟关节。虚拟关节用于连接世界环境和机械臂，它随着机器人位姿的变化而变化，但在机械臂底座不会移动的特定情况下，不需要虚拟关节。当机械臂不固定在某一个地方时，就需要虚拟关节。例如，用来示例的 UR5 机械臂是固定在桌面上的，因此不需要虚拟关节。

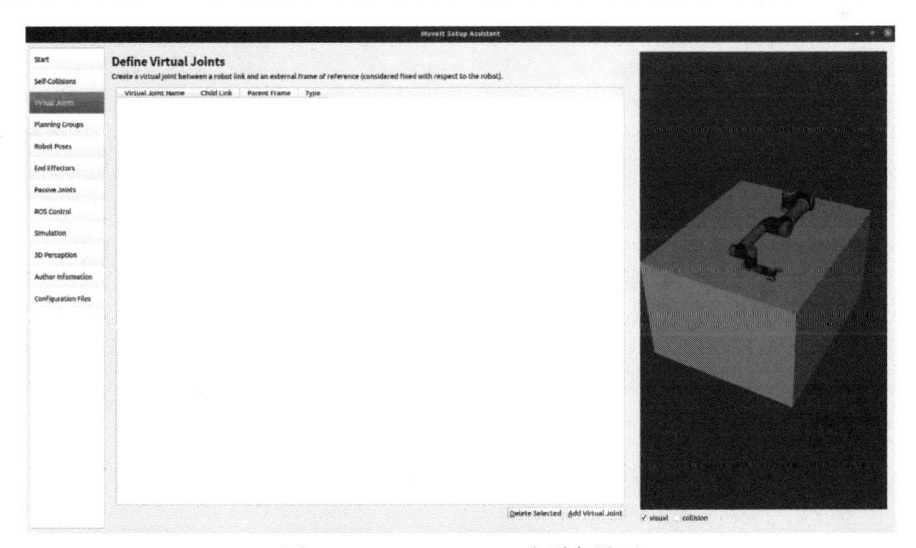

图 5-19　Virtual Joints 选项卡界面

第四个选项卡是 Planning Groups，如图 5-20 所示，用来定义机械臂的规划群组。规划群组是需要一起进行规划的一组关节，在进行运动规划时，只需要指定一个世界坐标，

MoveIt！就会为规划群组的每个关节计算好转动角度，使机械臂末端到达指定的坐标。一般会将 UR5 的手臂和末端夹持器设置为两个不同的规划群组，分别进行运动规划。

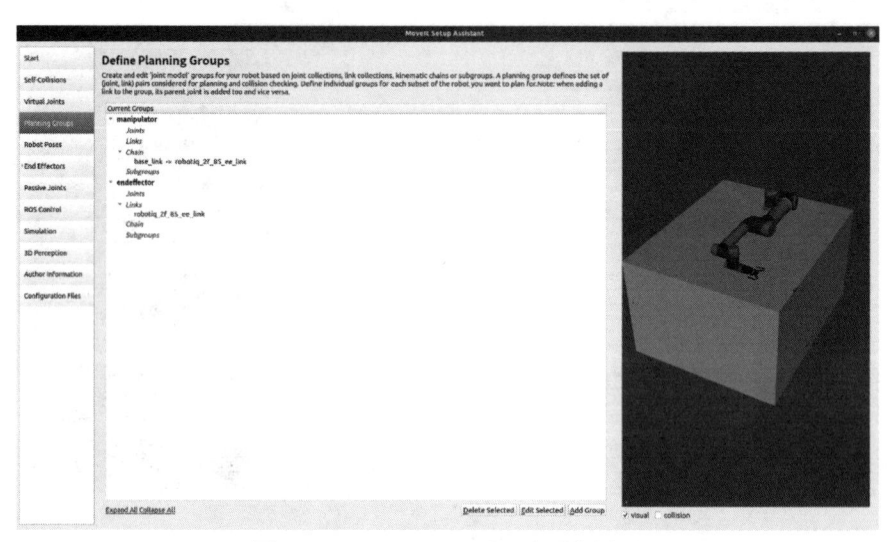

图 5-20　Planning Groups 选项卡界面

第五个选项卡是 Robot Poses，可以通过该选项卡预先定义机器人的位姿以便以后能够使用。这些预定义的位姿也称为群组状态。如图 5-21 所示，已经建立了一个名为"home"的位姿，对应的规划群组是机械手臂，名为"manipulator"。

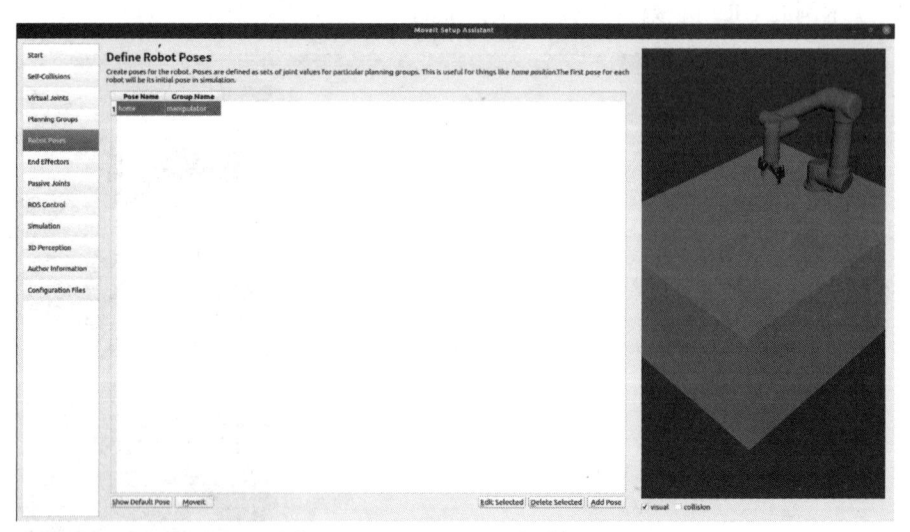

图 5-21　Robot Poses 选项卡界面

设置已知的位姿有很多好处，如可以将规划时的初始位置预先设置为已知位姿，在进行规划时就可以通过使用一个位置名（如"home"）快速到达初始位置。

第六个选项卡为 End Effectors，如图 5-22 所示，用来定义机器人手臂的末端执行器。

机械臂一般都会配置末端执行器用来执行各种操作，如夹持器、吸取器以及其他工具。在本例中，UR5机械臂末端配置的是一个二指夹持器。在此选项卡上，需要末端执行器定义一个名称、一个规划群组和含末端执行器的父连杆。

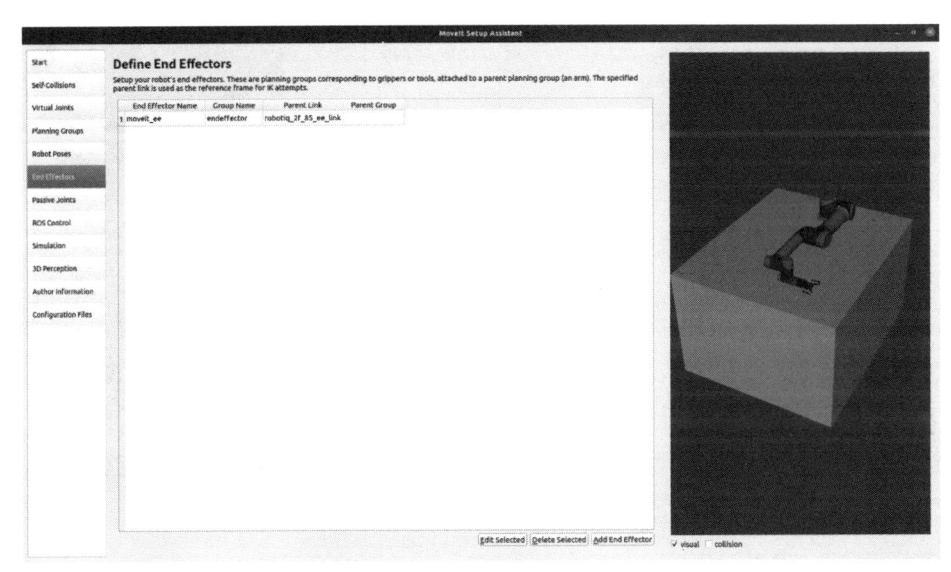

图 5-22 End Effectors 选项卡界面

第七个选项卡是 Passive Joints，如图 5-23 所示，用来定义不能驱动的关节。不能驱动的关节通常指的是 MoveIt 不需要规划的关节，模块也不需要发布关于它们的信息。在本例中，没有需要定义为被动关节的关节，所以这里会跳过此步骤。

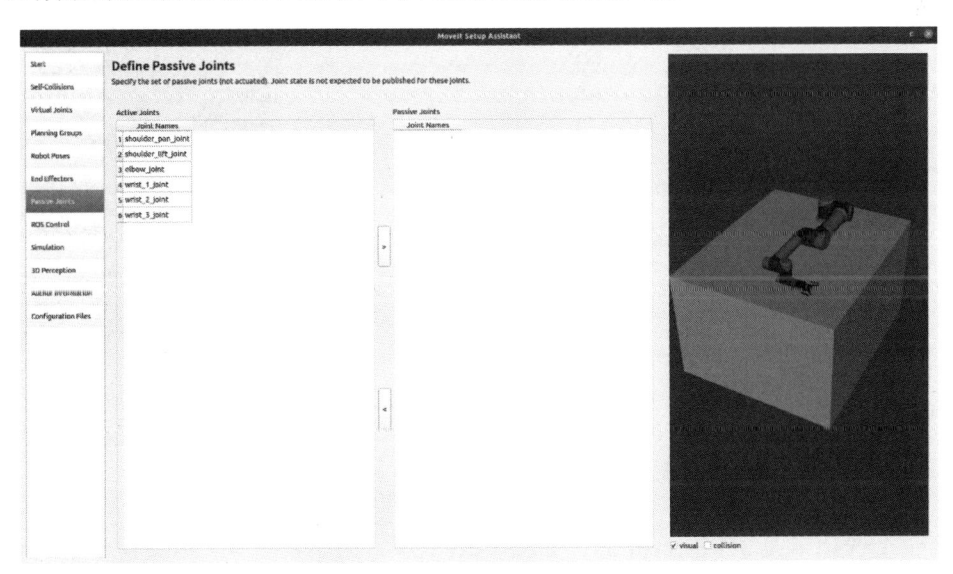

图 5-23 Passive Joints 选项卡界面

第八个选项卡是 ROS Control,如图 5-24 所示。ROS Control 是一套软件包,包括控制器接口、控制器管理器、传输和硬件接口等,用于自动生成模拟控制器,以控制机器人的关节点。

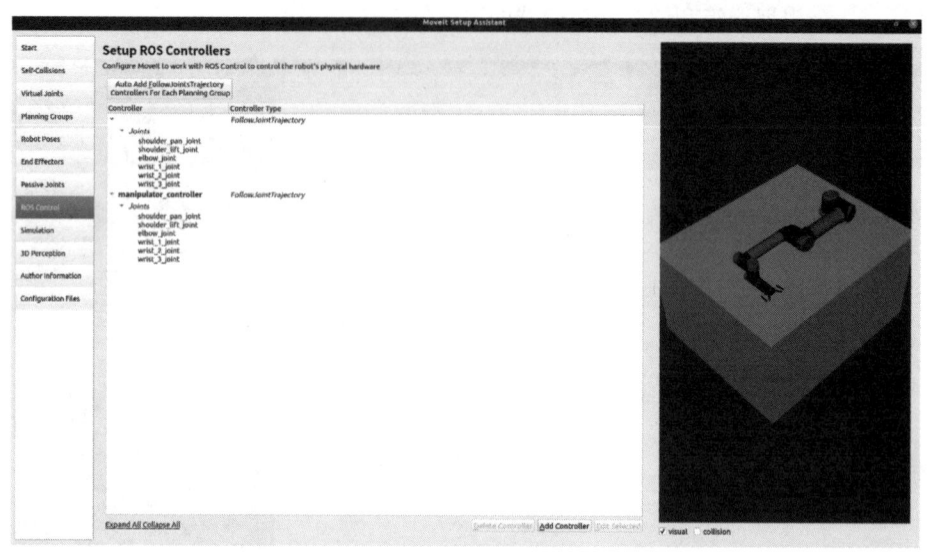

图 5-24 ROS Control 选项卡界面

第九个选项卡是 Simulation,如图 5-25 所示,用来生成与 Gazebo 兼容的 URDF 文件来帮助在 Gazebo 中模拟和使用机器人。

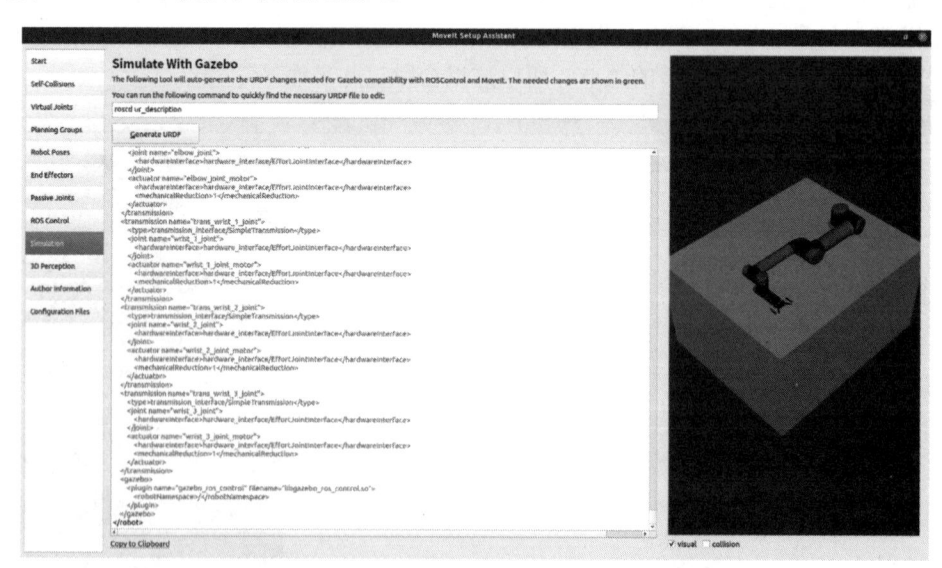

图 5-25 Simulation 选项卡界面

第十个选项卡是 3D Perception,如图 5-26 所示,用于设置 3D 传感器配置文件 sensors_3d.yaml 的参数,以便能够使用安装在机械臂上的 3D 传感器。如果没有 3D 传感器需要配置,那么可以跳过此步骤。

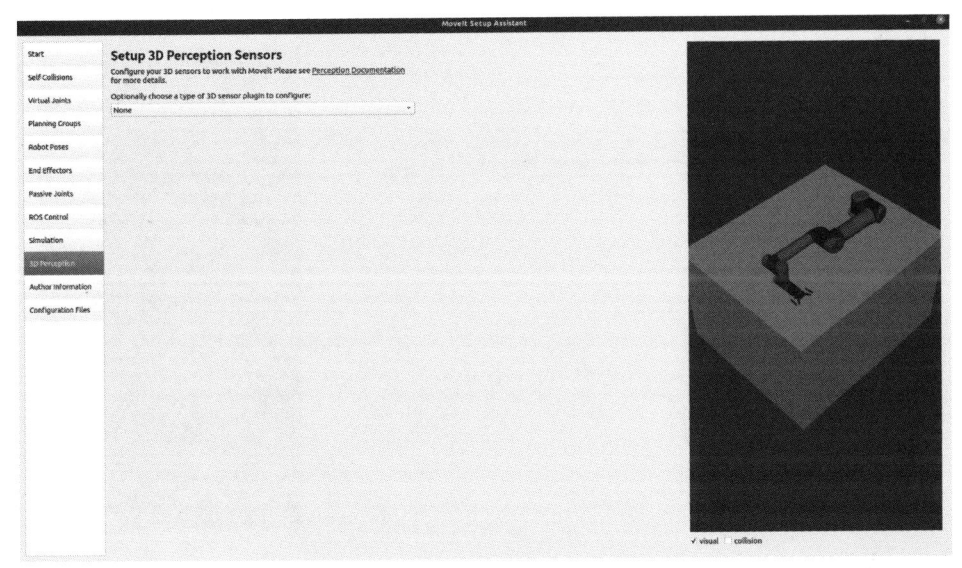

图 5-26 3D Perception 选项卡界面

第十一个选项卡是 Author Information，如图 5-27 所示，需要填写作者名和作者邮箱。这一步是必须填写的，Catkin 需要合理的信息来填写进 package.xml 中，只有完成这一步，才能最终生成配置包。

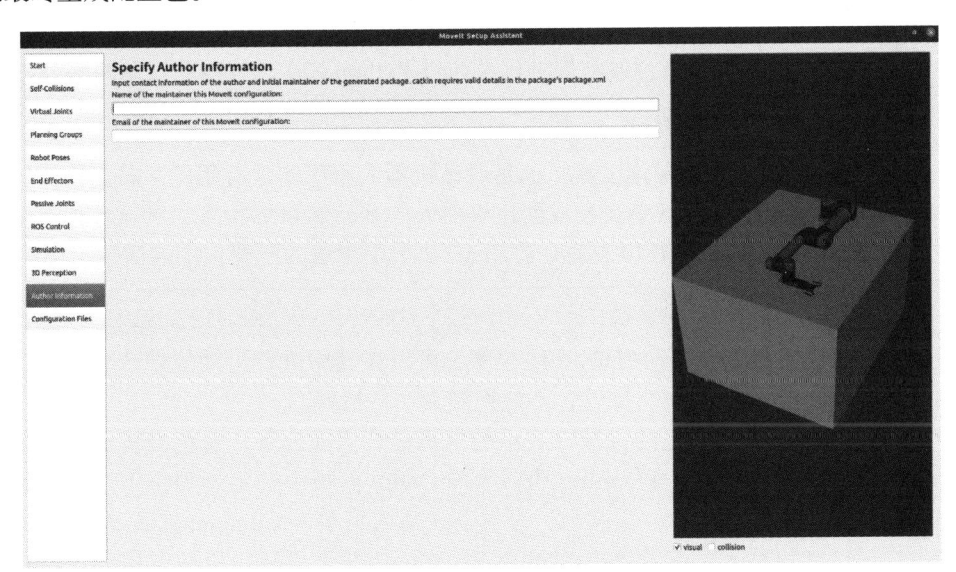

图 5-27 Author Information 选项卡界面

最后一个选项卡是 Configuration Files，如图 5-28 所示，用于生成配置文件。在此步骤中唯一需要做的事情就是指定 MoveIt 配置助手创建的功能包的路径和名称。在本例中，功能包名称为 ur5_robotiq_2f_85_moveit_config。

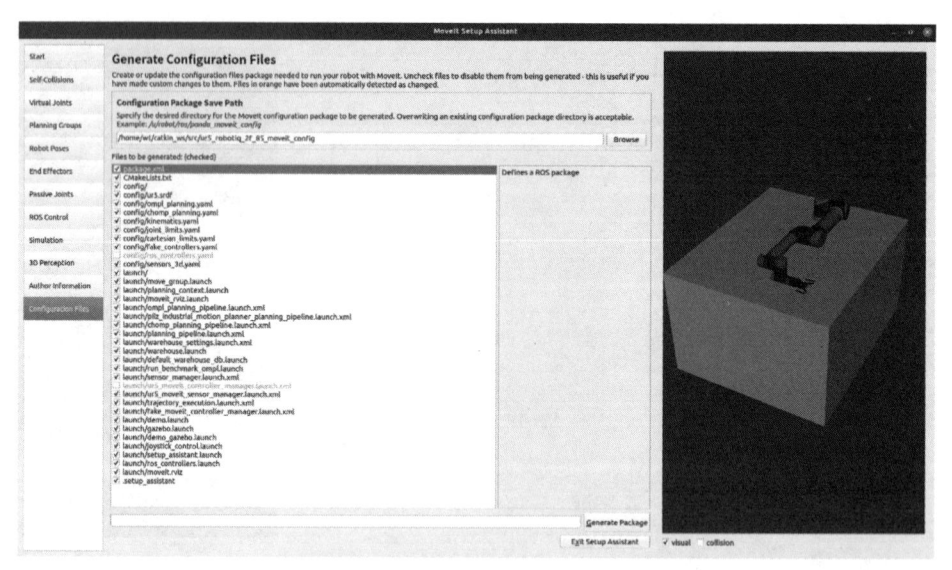

图 5-28　Configuration Files 选项卡界面

至此，就完成了一个 MoveIt 功能包的配置全过程。接下来，就可以通过这个功能包来对机械臂进行控制和规划了。

5.2.3　MoveIt！运动规划

本节主要包括通过 Rviz 进行运动规划以及通过 Python API 进行运动规划两部分内容。

1. 通过 Rviz 进行运动规划

Rviz 是 ROS 中的主要可视化工具，也是调试机器人程序非常有用的工具。用户可以通过 Rviz 插件设置虚拟场景，以交互方式创建机器人的开始和目标状态，测试各种运动规划器，并可视化输出等。通过运行以下命令启动 5.2.2 节中生成的配置包中的演示示例：

```
$ roslaunch ur5_robotiq_2f_85_moveit_config demo.launch
```

运行该条命令后，将会自动启动 Rviz 程序，可以在其中进行运动规划。需要注意的是该示例只能控制 Rviz 中的仿真机械臂，不能控制真实机械臂。

如图 5-29 所示，半透明化的机械臂表示的是机械臂当前位置，灰色的机械臂表示的是用户设定的目标位置。可以在 Planning 选项卡的 Query 面板中选定规划群组、机械臂起始位置和目标位置。一旦对目标位置满意，进行下一步或者单击 Commands 面板中的 Plan 按钮来演示机械臂如何移动，或者单击 Plan & Execute 按钮来可视化机械臂移动过程并移动机械臂。

此外，图 5-29 中唯一勾选的复选框 Collision-Aware IK，可以用来切换 IK 解算器的行为。未勾选该选项时，解算器将允许在解决方案中发生碰撞。勾选该复选框后，解算器将尝试为末端执行器找到无碰撞解决方案。无论复选框的状态如何，碰撞中的 link 始终以红色显示。如图 5-30 所示为机械臂与桌子发生碰撞，碰撞的部分：机械臂和桌子，都显示为红色。

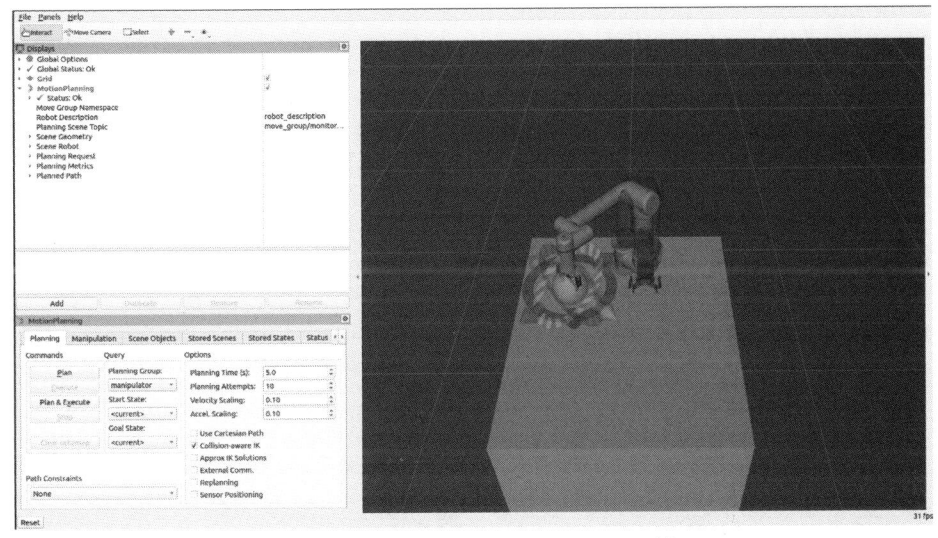

图 5-29　Rviz 插件中的 Planning 选项卡

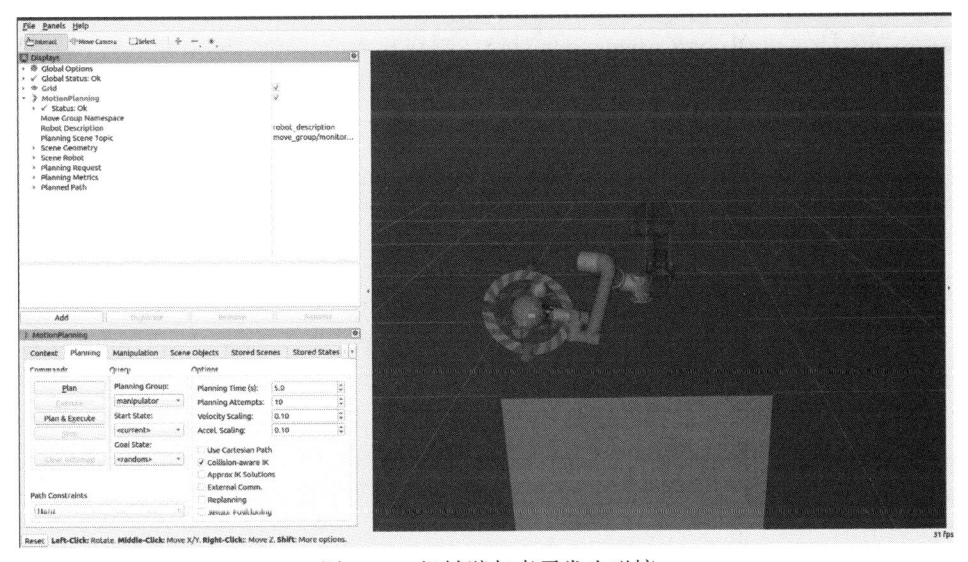

图 5-30　机械臂与桌子发生碰撞

2. 通过 Python API 进行运动规划

Rviz 插件提供了一个与 MoveIt 进行交互的可视化界面,虽然比较直观,但也有相当大的局限性。为了充分发挥 MoveIt 中的功能,已开发了几个应用程序接口,可以通过这些接口来设置机械臂关节角度或末端执行器目标位置、进行运动规划、控制机器人移动、将物体添加到环境中以及从机器人身上附加或者分离物体。

使用 Python MoveIt 接口,需要导入 moveit_commander 包。这个包提供了一个 MoveGroupCommander 类、一个 PlanningSceneInterface 类和一个 RobotCommander 类。除

此之外，还需要导入 rospy 和其他必要的类。

导入必要的包之后，首先初始化 moveit_commander 和 rospy 节点：

```
# Python 2/3 compatibility imports
from __future__ import print_function
from six.moves import input
import sys
import copy
import rospy
import moveit_commander
import moveit_msgs.msg
import geometry_msgs.msg
from math import pi
from std_msgs.msg import String
from moveit_commander.conversions import pose_to_list
moveit_commander.roscpp_initialize(sys.argv)
rospy.init_node("move_group_python_interface_tutorial", anonymous=True)
```

随后，实例化一个 RobotCommander 对象，提供机器人运动学模型和机器人当前关节状态等信息：

```
robot = moveit_commander.RobotCommander()
```

实例化 PlanningSceneInterface 对象。这提供了一个远程接口，用于获取、设置和更新机器人对周围世界的内部理解：

```
scene = moveit_commander.PlanningSceneInterface()
```

实例化 MoveGroupCommander 对象，该对象是规划群组的接口，可以用来进行运动规划并执行。在本例中，将其设置为"manipulator"，与 5.2.2 节配置 MoveIt 功能包时定义的手臂群组的名字一致。如果使用其他机器人，需要将该值更改为机器人手臂规划组的名称：

```
move_group = moveit_commander.MoveGroupCommander("manipulator")
```

1）获取基本信息：

```
# We can get the name of the reference frame for this robot:
planning_frame = move_group.get_planning_frame()
print("============ Planning frame: %s" % planning_frame)
# We can also print the name of the end-effector link for this group:
eef_link = move_group.get_end_effector_link()
print("============ End effector link: %s" % eef_link)
# We can get a list of all the groups in the robot:
```

```
group_names = robot.get_group_names()
print("============ Available Planning Groups:", robot.get_group_names())
# Sometimes for debugging it is useful to print the entire state of the
# robot:
print("============ Printing robot state")
print(robot.get_current_state())
print("")
```

2)规划关节目标:

```
# We can get the joint values from the group and adjust some of the values:
joint_goal = move_group.get_current_joint_values()
joint_goal[0] = 0
joint_goal[1] = -pi / 4
joint_goal[2] = 0
joint_goal[3] = -pi / 2
joint_goal[4] = 0
joint_goal[5] = pi / 3

# The go command can be called with joint values, poses, or without any
# parameters if you have already set the pose or joint target for the group
move_group.go(joint_goal, wait=True)

# Calling "stop()" ensures that there is no residual movement
move_group.stop()
```

3)规划位姿目标:

```
# We can plan a motion for this group to a desired pose for the end-effector:
pose_goal = geometry_msgs.msg.Pose()
pose_goal.orientation.w = 1.0
pose_goal.position.x = 0.4
pose_goal.position.y = 0.1
pose_goal.position.z = 0.4

move_group.set_pose_target(pose_goal)

# call the planner to compute the plan and execute it
plan = move_group.go(wait=True)
# Calling `stop()` ensures that there is no residual movement
move_group.stop()
# It is always good to clear your targets after planning with poses.
# Note: there is no equivalent function for clear_joint_value_targets()
move_group.clear_pose_targets()
```

5.3 UR 机械臂抓取实例

本节主要介绍坐标系统的转换、配置 UR 机械臂以及机械臂抓取的实现三部分内容。

5.3.1 坐标系统的转换

一般来说，UR 机械臂控制分为识别和操纵两个部分。识别部分主要是通过识别算法获取物体的像素坐标，但操纵机械臂往往需要的是物体在世界坐标系下的三维坐标，因此，这就涉及坐标系之间的转换。

坐标系转换通常是在以下四个坐标系之间进行：像素坐标系（u, v）、图像坐标系（x, y）、相机坐标系（x_c, y_c, z_c）和世界坐标系（x_w, y_w, z_w）。

1. 像素坐标系和图像坐标系

像素坐标系是以图像左上角的顶点为坐标原点，从原点出发，水平方向的直线为 u 轴，垂直方向为 v 轴。像素坐标系的坐标值是离散的。

图像坐标系以图像中心为坐标原点，水平方向为 x 轴，垂直方向为 y 轴。图像坐标系的坐标值是连续的，如图 5-31 所示。

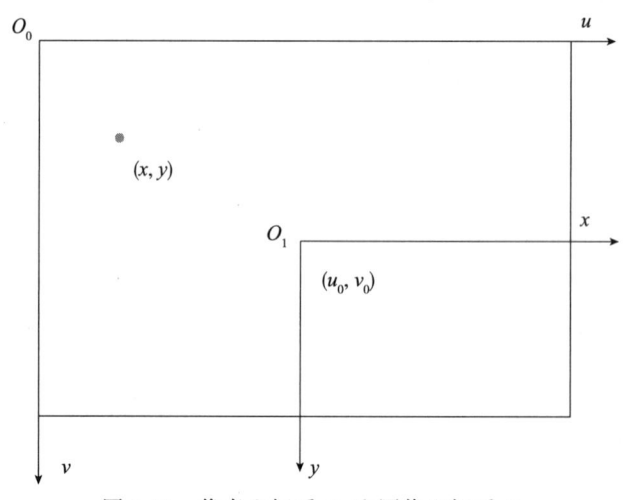

图 5-31 像素坐标系 O_0 和图像坐标系 O_1

如图 5-31 所示，假设每一个像素在 u 轴和 v 轴方向上的物理尺寸为 dx 和 dy，即感光芯片上像素的实际大小，图像中心点为（u_0, v_0），则点（x, y）在像素坐标系中的坐标为

$$u = \frac{x}{dx} + u_0$$

$$v = \frac{y}{dy} + v_0$$

用矩阵形式表示为

$$\begin{bmatrix} u \\ v \\ 1 \end{bmatrix} = \begin{bmatrix} \dfrac{1}{\mathrm{d}x} & 0 & u_0 \\ 0 & \dfrac{1}{\mathrm{d}y} & v_0 \\ 0 & 0 & 1 \end{bmatrix} \begin{bmatrix} x \\ y \\ 1 \end{bmatrix}$$

2. 图像坐标系和相机坐标系

从相机坐标系到图像坐标系,是从 3D 转换到 2D,属于透视投影关系,图像坐标系 O_1 和相机坐标系 O_c 如图 5-32 所示。

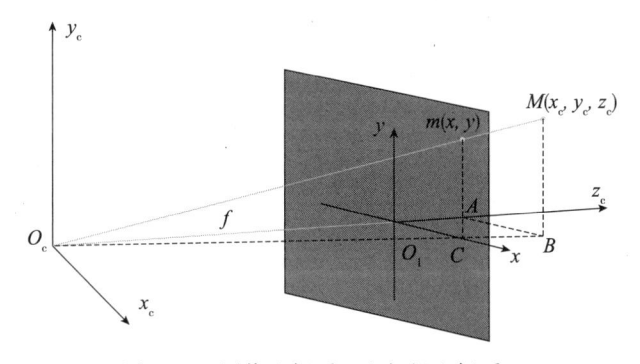

图 5-32 图像坐标系 O_1 和相机坐标系 O_c

在图 5-32 中,f 为焦距,M 为相机空间中一点,m 为 M 投影到图像上的点,根据三角形相似原理,有

$$\triangle O_c O_1 C \sim \triangle O_c AB$$

$$\triangle O_c mC \sim \triangle O_c MB$$

因此,有

$$\frac{z_c}{f} = \frac{x_c}{x} = \frac{y_c}{y}$$

$$\Rightarrow x = f\frac{x_c}{z_c}, y = f\frac{y_c}{z_c}$$

用矩阵形式表示为

$$z_c \begin{bmatrix} x \\ y \\ 1 \end{bmatrix} = \begin{bmatrix} f & 0 & 0 \\ 0 & f & 0 \\ 0 & 0 & 1 \end{bmatrix} \begin{bmatrix} x_c \\ y_c \\ z_c \end{bmatrix}$$

3. 相机坐标系和世界坐标系

世界坐标系和相机坐标系之间的变换属于刚体变换，即物体不会发生形变，只需要进行旋转和平移。

（1）旋转　如图 5-33 所示，坐标轴 $Oxyz$ 绕 z 轴旋转 θ 角后得到坐标轴 $Ox'y'z'$，假设点 P 在 $Oxyz$ 下的坐标为 $P(x,y,z)$，在 $Ox'y'z'$ 下的坐标为 $P(x',y',z')$，则两者之间满足以下关系

$$x = x'\cos\theta - y'\sin\theta$$
$$y = x'\sin\theta + y'\cos\theta$$
$$z = z'$$

用矩阵形式表示为

$$\begin{bmatrix} x \\ y \\ z \end{bmatrix} = \begin{bmatrix} \cos\theta & -\sin\theta & 0 \\ \sin\theta & \cos\theta & 0 \\ 0 & 0 & 1 \end{bmatrix} \begin{bmatrix} x' \\ y' \\ z' \end{bmatrix} = \boldsymbol{R}_1 \begin{bmatrix} x' \\ y' \\ z' \end{bmatrix}$$

同理，绕 x 轴和 y 轴旋转 φ 和 ω，可得到

$$\begin{bmatrix} x \\ y \\ z \end{bmatrix} = \begin{bmatrix} 1 & 0 & 0 \\ 0 & \cos\varphi & \sin\varphi \\ 0 & -\sin\varphi & \cos\varphi \end{bmatrix} \begin{bmatrix} x' \\ y' \\ z' \end{bmatrix} = \boldsymbol{R}_2 \begin{bmatrix} x' \\ y' \\ z' \end{bmatrix}$$

$$\begin{bmatrix} x \\ y \\ z \end{bmatrix} = \begin{bmatrix} \cos\omega & 0 & -\sin\omega \\ 0 & 1 & 0 \\ \sin\omega & 0 & \cos\omega \end{bmatrix} \begin{bmatrix} x' \\ y' \\ z' \end{bmatrix} = \boldsymbol{R}_3 \begin{bmatrix} x' \\ y' \\ z' \end{bmatrix}$$

于是可以得到旋转矩阵 $\boldsymbol{R} = \boldsymbol{R}_1 \boldsymbol{R}_2 \boldsymbol{R}_3$。

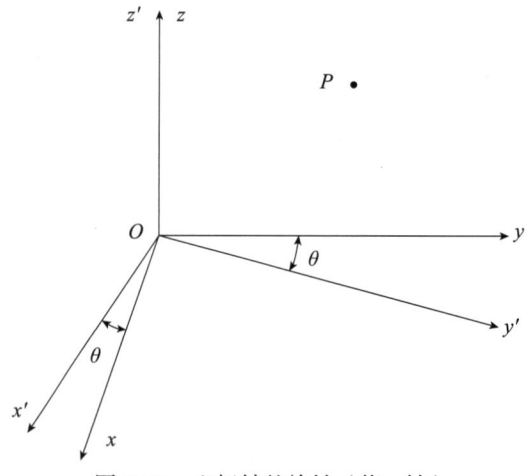

图 5-33　坐标轴的旋转（绕 z 轴）

（2）平移　上述所说的旋转无论绕哪个轴转，坐标原点都是不变的，但加上平移后，坐标原点就会发生改变了。

如图 5-34 所示，假设点 P 在相机坐标系 O_c 下的坐标为 $P(x_c, y_c, z_c)$，在世界坐标系 O_w 下的坐标为 $P(x_w, y_w, z_w)$，偏移矩阵为 $\boldsymbol{T}$，则有

$$\begin{bmatrix} x_c \\ y_c \\ z_c \end{bmatrix} = \boldsymbol{R} \begin{bmatrix} x_w \\ y_w \\ z_w \end{bmatrix} + \boldsymbol{T}$$

因此，通过上面四个坐标系的转换可以将一个点从世界坐标系转换到像素坐标系，即

$$z_c \begin{bmatrix} u \\ v \\ 1 \end{bmatrix} = \begin{bmatrix} \dfrac{1}{dx} & 0 & u_0 \\ 0 & \dfrac{1}{dy} & v_0 \\ 0 & 0 & 1 \end{bmatrix} \begin{bmatrix} f & 0 & 0 \\ 0 & f & 0 \\ 0 & 0 & 1 \end{bmatrix} \begin{bmatrix} \boldsymbol{R} & \boldsymbol{T} \\ 0 & 1 \end{bmatrix} \begin{bmatrix} x_w \\ y_w \\ z_w \\ 1 \end{bmatrix} = \begin{bmatrix} f_x & 0 & u & 0 \\ 0 & f_y & v & 0 \\ 0 & 0 & 1 & 0 \end{bmatrix} \begin{bmatrix} \boldsymbol{R} & \boldsymbol{T} \\ 0 & 1 \end{bmatrix} \begin{bmatrix} x_w \\ y_w \\ z_w \\ 1 \end{bmatrix}$$

其中，最右边等式的第一个矩阵为相机内参，第二个矩阵为相机外参。一般深度相机（如 realsense D435i）的内参可以通过官方提供的 API 直接获取，相机外参可以通过手眼标定得到。

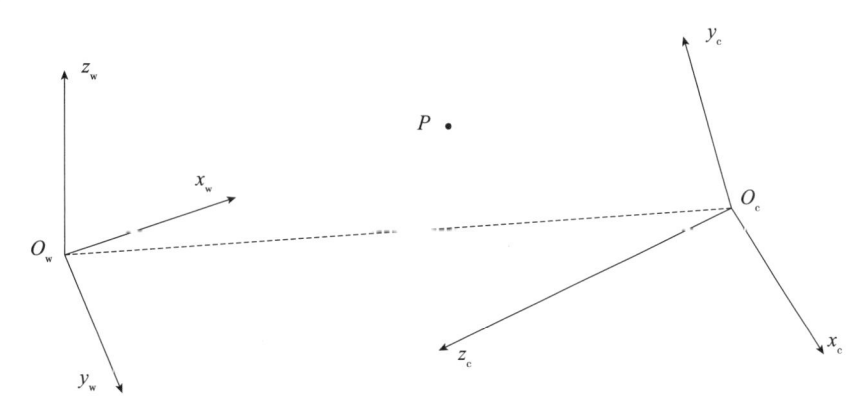

图 5-34　坐标轴的旋转和平移

通过以上公式，就可以将世界坐标系下的一个三维点转换成图像上对应的像素点。同样，对于深度相机来说，也可以轻易地将图像中的一个像素点转换成世界坐标系下的三维点，因为深度相机可以从图像的深度图中获取对应像素点的深度值，也就是 z_c 值。但是对于非深度相机来说，由于并不知道等式左边的 z_c 值，所以通过图像中的一个像素点是不容易得到它在世界坐标系下的三维点的。

5.3.2 配置 UR 机械臂

要实现机械臂抓取需要在 PC 主机上安装机械臂驱动和夹爪驱动，除此之外，还需要在示教器上安装相关的配置文件，这样才能和真实机械臂进行通信。以下提到的 UR 机械臂型号为 UR5，Robotiq 机械爪型号为 Robotiq2f-85。

1. 安装 UR 机械臂 ROS 驱动

UR 机械臂 ROS 驱动是 PC 主机与机械臂通信的关键。下载的 fmauch_universal_robot 包里有 MoveIt! 配置包，可以按照 5.2 节的步骤直接启动，并在 Rviz 中进行运动规划控制真实 UR 机械臂。

```
# source global ros
$ source /opt/ros/melodic/setup.bash
# create a catkin workspace
$ mkdir -p catkin_ws/src && cd catkin_ws
# clone the driver
$ git clone https://github.com/UniversalRobots/Universal_Robots_ROS_Driver.git src/Universal_Robots_ROS_Driver

# clone fork of the description. This is currently necessary, until the changes are merged upstream.
$ git clone -b calibration_devel https://github.com/fmauch/universal_robot.git src/fmauch_universal_robot

# install dependencies
$ sudo apt update -qq
$ rosdep update
$ rosdep install --from-paths src --ignore-src -y
$ catkin_make

# activate the workspace (ie: source it)
$ source devel/setup.bash
```

2. 在示教器上安装相关配置文件

要与真实 UR 机械臂进行通信，除了在 PC 主机上下载安装驱动文件外，还需要在机械臂示教器上安装相关的配置文件（externalcontrol-1.0.5.urcap）。

配置文件（externalcontrol-1.0.5.urcap）可以在上述下载的驱动文件 Universal_Robots_ROS_Driver 中找到，找到后拷贝到 U 盘中，然后将 U 盘插在 UR 机械臂的控制箱的 USB 接口上。

接下来在示教器上进行如下操作：

1）在示教器主界面上（图 5-35）单击"Setup Robot"，然后单击"URCaps"进入 UR-Caps 安装界面，如图 5-36 所示。

2）单击底部的"+"打开文件选择器，单击后可以看到存储在机器人程序文件夹或插入的 USB 驱动器中的所有 .urcap 文件。选择 externalcontrol-1.0.5.urcap 文件，单击"打开"，最后单击"Restart"，重启示教器。

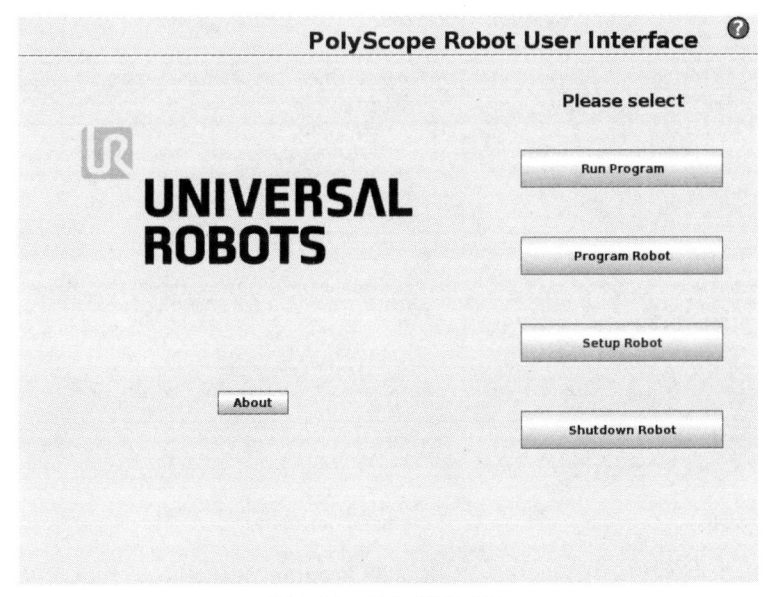

图 5-35　示教器主界面

图 5-36　Setup Robot 界面

3)示教器重启后,单击图 5-35 中的"Program Robot",然后在"Installation"选项卡中单击"External Control",如图 5-37 所示。在该界面设置 PC 主机的 IP 地址,该地址应该和 UR 机器人在同一个局域网中,端口为 50002。

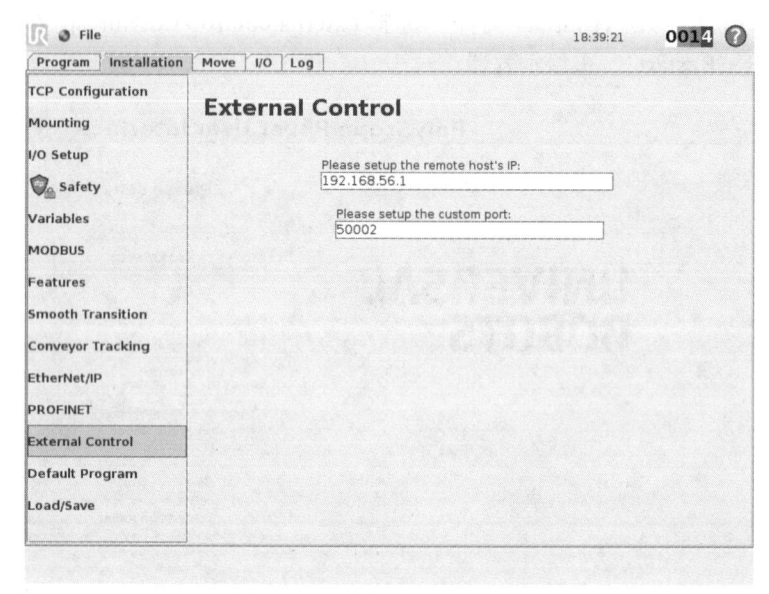

图 5-37 External Control 界面

4)创建一个空程序,在如图 5-38 所示的 Program Structure Editor 界面,将 External Control 程序节点插入程序树中。在如图 5-39 所示的 External Control 设置界面中,检查相关信息无误后,保存文件。

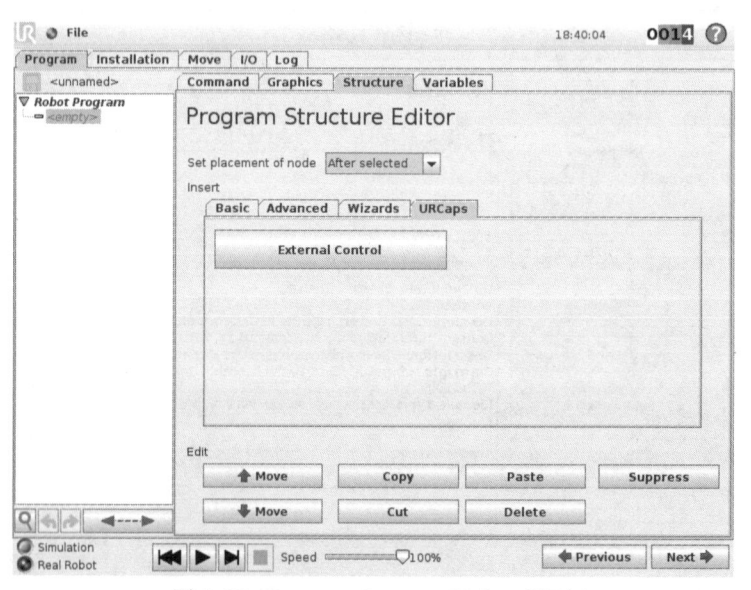

图 5-38 Program Structure Editor 界面

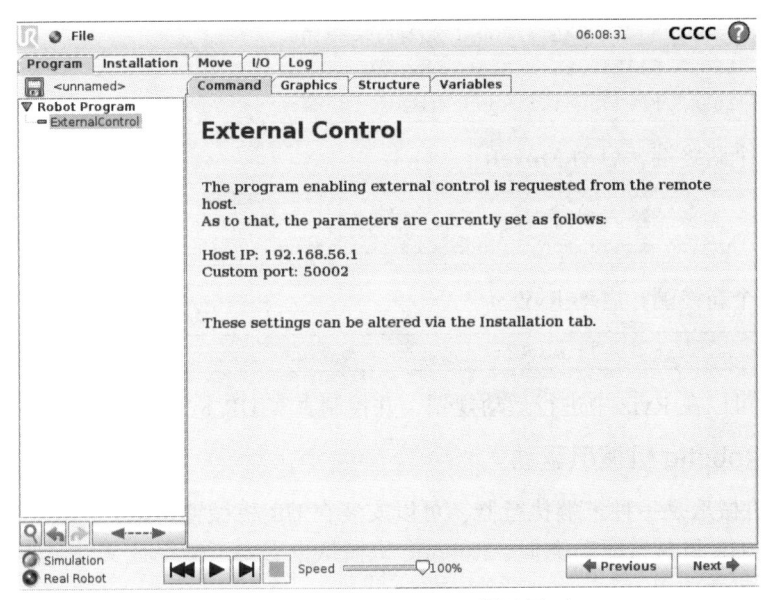

图 5-39 External Control 设置界面

5）设置 UR 机械臂的 IP 地址。上述步骤通过 .urcap 文件在示教器上设置了要通信的 PC 端的 IP 地址和通信端口，现在需要配置好机器人自身的 IP 地址。注意：机械臂需与 PC 端处于同一局域网内。

在示教器主界面上单击"Setup Robot"，进入机器人设置界面后单击"Network"，默认为禁用网络。可以先通过 DHCP 给机器人分配一个 IP 地址后，再将这个 IP 地址设置为静态，这样就可以将 UR 机械臂的 IP 地址固定下来。可以在 PC 主机上通过 ping IP_OF_ROBOT 来测试 PC 主机与机器人之间的网络连接。具体步骤如下：

①提取机械臂标定信息，IP_OF_ROBOT 为机器人的 IP 地址：

```
$ roslaunch ur_calibration calibration_correction.launch robot_ip:=IP_OF_ROBOT target_filename:="${HOME}/catkin_ws/src/fmauch_universal_robot/ur_description/config/ur5_calibration.yaml"
```

②开启一个终端，执行：

```
$ roscore
```

③再开启一个新终端，启动机器人驱动程序：

```
$ roslaunch ur_robot_driver ur5_bringup.launch limited:=true robot_ip:=IP_OF_ROBOT
```

④在机器人示教器界面上，单击"Run Program"，选择加载文件，然后选择前面保存的 .urcap 文件，打开并运行。之后可以看到运行驱动的终端显示：

```
[INFO] [1615715907.527568874]: Robot requested program
[INFO] [1615715907.527840385]: Sent program to robot
[INFO] [1615715907.564855461]: Robot ready to receive control commands.
```

⑤开启一个新终端，启动 MoveIt：

```
roslaunch ur5_moveit_config
ur5_moveit_planning_execution.launch limited:=true
```

⑥开启一个新终端，启动 Rviz：

```
roslaunch ur5_moveit_config moveit_rviz.launch config:=true
```

接下来就可以在 Rviz 中进行运动规划，并控制真实 UR 机械臂按照规划的路径运动。

3. 安装 Robotiq 机械爪驱动

Robotiq 机械爪是一种末端执行器，可以安装在 UR 机械臂末端，配合机械臂完成抓取操作。与安装 UR 机械臂驱动类似，Robotiq 机械爪也需要下载描述文件、驱动文件以及一些依赖包才能正常使用。

```
$ git clone https://github.com/ros-industrial/robotiq.git

$ rosdep install robotiq_modbus_tcp

$ sudo apt-get install ros-melodic-some

$ usermod -a -G dialout YOURUSERNAME
```

安装完成后，就可以通过 PC 端控制 Robotiq 机械爪。

控制机械爪需要提供连接 Robotiq 机械爪的设备名称。可以通过在终端中输入"dmesg | grep ttyUSB"，来获取连接机械爪的设备名称，一般为 ttyUSB0。得到设备名称后，就可以在终端中输入以下命令，连接并控制机械爪：

```
$ rosrun robotiq_2f_gripper_control Robotiq2FGripperRtuNode.py /dev/ttyUSB0
```

5.3.3 机械臂抓取的实现

通俗来讲，机械臂抓取就是通过视觉系统识别出工作空间中的物体，然后控制机械臂对识别出的物体进行抓取。由此可知，抓取系统包括姿态识别部分和抓取部分。机械臂抓取流程如图 5-40 所示。

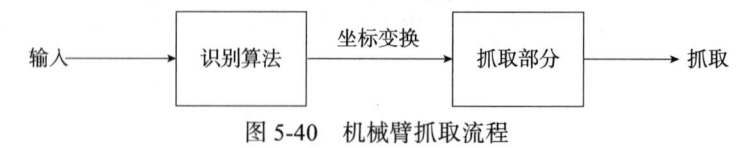

图 5-40 机械臂抓取流程

下面以一个具体的例子来进一步了解整个抓取过程。

1. 识别部分

识别算法实现的方式有多种，包括深度学习方法和非深度学习方法。关于这部分的研究也有很多，感兴趣的同学可以自行查找相关资料，这里就不具体展示了，识别部分的伪码如下：

```python
def object_detection(input):
    # 这里的识别算法可以是任意方法
    pose = recognition_algorithm(input)
    return pose
```

2. 坐标变换

坐标变换的原理和过程在5.3.1节已经介绍过了，这里就不再赘述，相关伪码如下：

```python
def coordinate_transformation (pose):
    # T 是通过手眼标定得到的机械臂基座坐标和相机坐标之间的变换矩阵
    T = eye_hand_calibration()

    # 将坐标从相机坐标转换到机械臂基座坐标系下
    pose_output = np.dot(pose, T)
    return pose_output
```

3. 抓取部分

经过坐标变换得到的姿态是一个 4×4 的齐次矩阵，需要先将其转换成 MoveIt 所使用的坐标形式，再通过 Python API 进行运动规划，控制机械臂抓取物体。

坐标转换好后，就可以进行抓取了。为了简化抓取过程，先定义 Arm 类和 Gripper 类。通过 Gripper 类控制机械爪开合，代码如下：

```python
def control_gripper(self, position, max_effort=100):
    # Create a goal to send (to the action server)
    goal = control_msgs.msg.GripperCommandGoal()
    goal.command.position = position        # From 0.0 to 0.085
    goal.command.max_effort = max_effort    # From 30 to 100
    self.client.send_goal(goal)
    self.client.wait_for_result()
    return self.client.get_result()
```

```python
class Gripper:
    def __init__(self):
        # Create an action client
        self.client = actionlib.SimpleActionClient(
```

```python
                    # namespace of the action topics
        '/gripper_controller/gripper_cmd',
         control_msgs.msg.GripperCommandAction   # action type
         )
        # Wait until the action server has been started and is listening for goals
        self.client.wait_for_server()
```

```python
from geometry_msgs.msg import Pose
from scipy.spatial.transform import Rotation as R

# matrix 4 × 4
def make_pose_from_matrix(matrix):
    # 旋转矩阵（3 × 3）转成四元数
    rotation = R.from_matrix(matrix[:3, :3])
    quat = R.as_quat(rotation)
    transform = matrix[:3, -1]
    result_pose = Pose()
    # 平移
    result_pose.position.x = transform[0]
    result_pose.position.y = transform[1]
    result_pose.position.z = transform[2]
    # 旋转
    result_pose.orientation.x = quat[0]
    result_pose.orientation.y = quat[1]
    result_pose.orientation.z = quat[2]
    result_pose.orientation.w = quat[3]

    return result_pose
```

通过 Arm 类控制手臂移动，代码如下：

```python
class Arm:
    def __init__(self):
        moveit_commander.roscpp_initialize(sys.argv)
        self.robot = moveit_commander.RobotCommander()
        self.arm = moveit_commander.MoveGroupCommander("manipulator")
        self.gripper = Gripper()
        self.end_effector_link = self.arm.get_end_effector_link()
        self.arm.allow_replanning(True)
        self.arm.set_pose_reference_frame('base_link')
        self.arm.set_goal_position_tolerance(0.001)
        self.arm.set_goal_orientation_tolerance(0.001)
```

```
    self.arm.set_goal_tolerance(0.001)
    self.arm.set_max_velocity_scaling_factor(0.5)
    self.arm.set_max_acceleration_scaling_factor(0.5)
  def move_arm_by_pose(self, target_pose):
    # 移动到目标位置
    self.arm.set_pose_target(target_pose)
    self.arm.go()
```

最终抓取部分的代码如下：

```
def grasp(start_pose, target_pose):
  # 初始化 ros node
    rospy.init_node("moveit_ik", anonymous=False)
  arm = Arm()
  gripper = Gripper(
  try:
      # 先打开机械爪
      gripper.control_gripper(0.085)
      # 移动到物体位置
      arm.move_arm_by_pose(start_pose)
      # 机械爪关闭
      gripper.control_gripper(0)
      # 移动到放置位置
      arm.move_arm_by_pose(target_pose)
      # 机械爪打开
      gripper.open_gripper(0.085)
      # 回到初始位置
      arm.move_to_home()
  except rospy.ROSInterruptException:
    print("Program interrupted before completion")
```

CHAPTER 6

第 6 章

四足机器人

随着驱动、智能控制等技术的高速发展，相对而言更加灵活机动的四足机器人成了研究热点。足式机器人相对于传统轮式机器人具有良好的灵活性，能适应各种路况地形，同时具有更好的平衡性能。目前，我国的足式机器人行业也有了长足发展，涌现出了宇树机器狗、云深处机器狗、小米 CyberDog、蔚蓝 AlphaDog 等产品，低成本地制造一台运动能力很强的多足机器人在中国已经不再是难事。

本章主要介绍了四足机器人发展历史和目前行业内四足机器人现状；随后对四足机器人运动控制方面进行讲解，讲述了四足机器人运动学正逆解问题；最后，用一个 ROS 仿真示例进行演示。

6.1 四足机器人简介

本节主要介绍四足机器人发展历史以及四足机器人发展现状两部分内容。

6.1.1 四足机器人发展历史

相较于传统的四轮式和履带式机器人，四足机器人有着无与伦比的优势，它在复杂环境中具有更高的机动性，对于抢险、救灾和探险任务具有比传统四轮机器人更大的潜力。为了实现更智能的机器人，首要任务是让机器人能够像人或动物一样自由行动。

有记载的第一部四足机器人是由 Chebyshev 于 1870 年建立的，如图 6-1 所示。图 6-1a 是 Chebyshev 的构造，包括姿态轨迹的构形（固体线）和摆动轨迹的构形（虚线）。它由一个基于四个杆的装置组成，当 Link1 绕轴 A1 旋转时，足端 P1 在 T1 部分遵循准直线轨迹，T2 部分离开地面；图 6-1b 是 Chebyshev 的平面草图，在这种机械结构中，四条腿按对角线划分为两组，使机器人既能够站立，又能够行走和小跑。然而，这种早期的行走机器人缺乏适应地形的机制,因此只能在平坦的地面上运动。

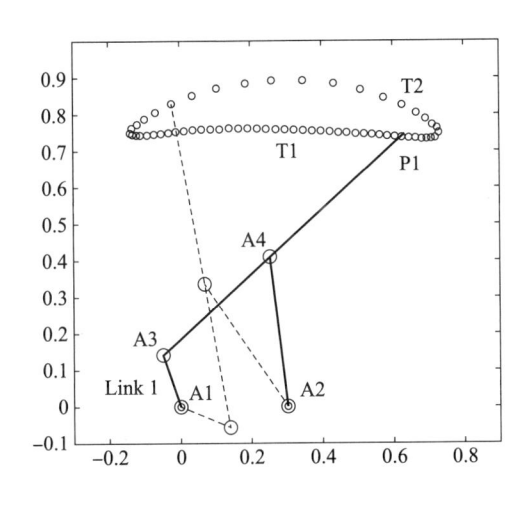

a)Chebyshev的构造

b)Chebyshev的平面草图

图 6-1　Chebyshev 示意图

另一个里程碑式的四足机器人是 L.A.Rygg 于 1893 年在美国专利局申请的一种骑马机,如图 6-2 所示。这台机器允许骑手通过踏板为机器提供动力,并利用连杆和曲柄传动来推动机器前进。这被认为是历史上第一项涉及足式机器的发明专利。

到了 20 世纪 40 年代,研究人员和工程技术人员开始积极探索行走机器人的潜在应用领域。军事和空间研究领域的专家被腿部运动所带来的新可能性所吸引,并提出了一些有趣的应用概念。在这方面,英国和美国的研究人员率先提出将四足机器人应用于战争和星际探索任务。

第一个正式的项目是由英国的 A.C. Hutchinson 和 F.S.Smith 开展的。他们认为,在处理重达 1000t 的载重车辆时,四足系统比轮式或履带系统更为可靠。因此,他们共同研发了一种具有水平和垂直解耦的单足系统,该系统由两个液压机构驱动。最终,他们按比例建造了一台高 0.6m 的四足机器人,该机器人拥有八个运动关节,可用于装甲车的测试。然而,当时的英国陆军部门对这个项目并不感兴趣,因此项目被终止。尽管如

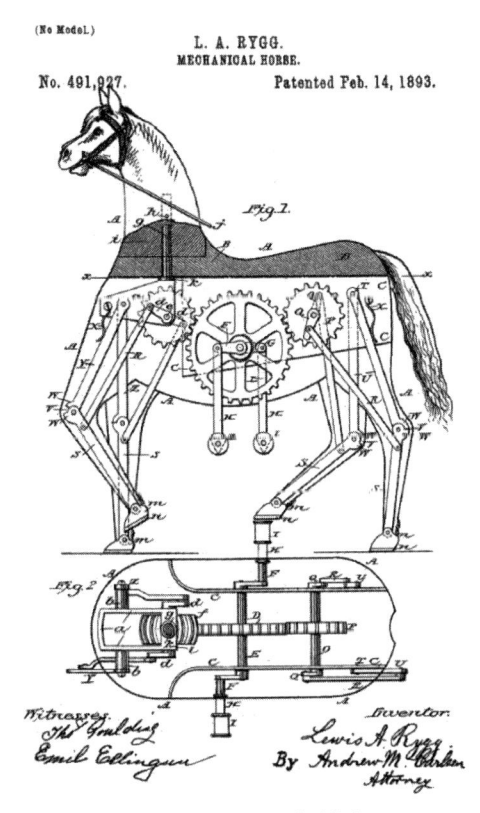

图 6-2　骑马机专利图

此，这个项目标志着第一次成功开发出具备地形适应能力的四足机器人。

在接下来的 20 年间，一些重要的理论研究都在 NASA 和美国陆军的资助下进行。波兰工程师 M. G. Bekker 在美国陆军坦克汽车（US Army Tank-Automotive）公司的研究尤其值得关注。这些研究工作为通用行走卡车（GE Walking Truck）的发展提供了关键推动力。通用行走卡车是一种庞大的机器人，全长达 3m，总重达 1400kg，由一个 90 马力（1 马力 =735W）的内燃机驱动。操作员坐在机器人上，需要同时控制众多手柄和踏板。尽管项目负责人声称只需接受 20h 的培训，人们就能熟练地驾驶这台机器人，但南加州大学的 R. McGhee 敏锐地认识到，这台机器人的操作过于复杂，因此需要一套自动化的循环操作系统来替代操作员。

1966—1969 年间，Bucyrus-Eire 公司建造了史上最大的足式机器人——Big Muskie。这台机器人是专门为露天矿山作业而设计的，重达 13500t，并且速度能够达到 270m/h。Big Muskie 的成功证明了 Hutchinson 的构想是可行的。令人惊讶的是，它一直工作到了 1991 年。

1966 年，McGhee 和 A. A. Frank 合作制造了一台名为 Phony Pony 的中型四足机器人，如图 6-3 所示，这台机器人的每条腿都有两个自由度，并由电机驱动。机器人的脚采用了倒 T 形结构，控制系统是一个具有六种同步状态的状态机，能够控制机器人进行爬行或对角小跑。

图 6-3 Phony Pony 机器人

Phony Pony 的研究激发了 McGhee 去创建一些在步行机器人历史上具有重要地位的机器，包括 OSU 六足机器人和自适应悬挂车辆（ASV），如图 6-4 所示。

图 6-4　OSU 六足机器人和自适应悬挂车辆（ASV）

OSU 六足机器人建于 1977 年，是第一台由计算机控制的行走机器人。它的腿采用了昆虫腿的设计，由电机驱动三个旋转关节。该机器人成为大量步态生成、机器人控制、力分配算法的实验平台。1986 年，McGhee 与 Waldron 合作建造并测试了 ASV 六足步行机，可能是有史以来建造的最大和最特别的地形适应性行走机器人。

1983 年，Odetics 发布了 ODEX I。这个机器人并没有提供任何重要的科学贡献，但是作为第一台商业化的足式机器人，它也被列入了里程碑。该系列中的一个先进的版本被用于检查核电站。

以上所有提到的机器人基本上都属于静态稳定的系统。第一台具备行走、奔跑且完全动态稳定的四足机器人是由麻省理工学院的 M. Raibert（1986 年）开发的。

大多数研究人员最初关注静态稳定性，然后才涉足动态系统的研究。但 M. Raibert 的研究路径与常规相反。作为一位学院派的创业者，他获得了麻省理工学院的博士学位后，创立了卡内基梅隆大学的 CMU 腿部实验室，并担任副教授。1986 年，M. Raibert 返回麻省理工学院，继续从事机器人的研发和研究。他坚信，首先应该解决单腿机器人的动态稳定问题，然后再将这些原理应用到具有两条、四条或更多腿的机器人上。最终，他成功实现了这一目标，并创立了波士顿动力公司。在随后的 30 多年中，波士顿动力公司一直处于全球足式机器人领域的领先地位。

1.Big Dog：踹不倒的机器人

2005 年，Big Dog 的发布就已经让波士顿动力公司名震一方，如图 6-5 所示。

Big Dog 的身高约为 1m，重约 109kg，能够背负 45kg 的有效负载并自由行走或奔跑。其最高移动速度可达 6.4km/h，最大爬坡角度可达 35°。此外，Big Dog 还能够适应多种复杂路况，包括雪地和泥泞，即便受到侧向外力的干扰，也能够迅速调整四肢动作以保持稳定，避免摔倒。这些卓越的性能得益于其精密的设计结构和精心规划的计算系统。

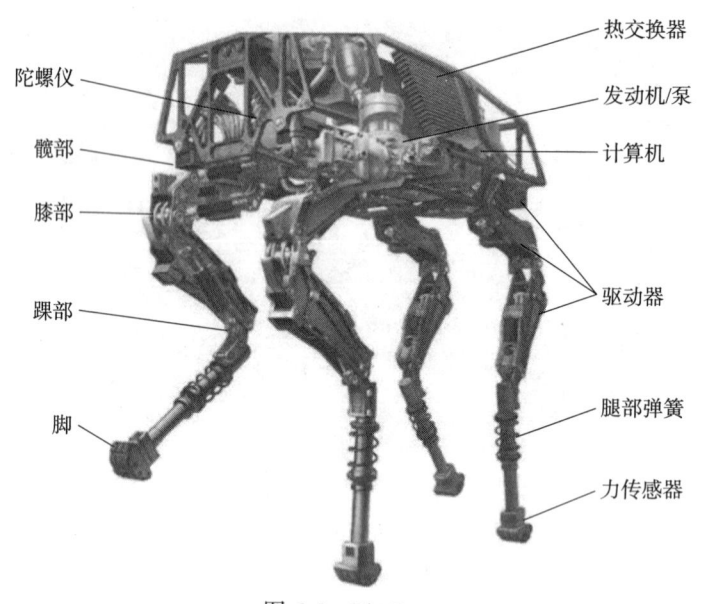

图 6-5 Big Dog

Big Dog 的设计灵感来自四足哺乳动物的身体结构，其机械组件经过精心组装。四肢拥有关节型结构，能有效地吸收冲击力，提供减振效果。整体机器拥有 16 个自由度，允许在横向和纵向两个方向自由运动。此外，Big Dog 由一台汽油发动机提供动力，发动机驱动液压系统，通过液压系统输出动力并控制每个肢体的运动，从而实现了身体的高度灵活性。

Big Dog 搭载的运动控制系统有效确保了机器人的自主运动，几乎不需要人工干预即可完成既定任务。这一运动控制系统使用传感器安装在关节和足底等位置，用于监测肢体状态信息。陀螺仪和惯性传感器有助于监测身体平衡稳定信息，使系统能够迅速响应任何平衡干扰，保持重心稳定，从而使机器人保持平衡并前进。

同时，Big Dog 还具备出色的导航智能性。它可以通过激光雷达和立体视觉传感器独立感知周围环境，构建虚拟地形模型，并使用搭载的计算机进行路径规划。它依赖运动控制系统沿着规划路径前进，直至达到目标点。

尽管 Big Dog 拥有强大的功能，但由于其运行过程中噪声较大，最终没有被美国军方采用。

2.LS3：能担能抗的大力士

LS3 又被称为"阿尔法狗"，其中 LS 是 Legged Squad 的缩写。LS3 机器人是波士顿动力公司继 Big Dog 之后推出的一款四足机器人，于 2012 首次公开亮相。与 Big Dog 相比，LS3 的体型更为庞大，负载能力更强，移动速度也更快，实用性能有了大幅提升，如图 6-6 所示。

图 6-6　LS3

在波士顿动力公司发布的宣传视频中，LS3 在携带重物的情况下，仍然可以迅速地爬上陡峭的山坡或通过崎岖不平的道路。

LS3 的高度约 1.7m，重约 509kg，可以背负 181kg 的有效负载进行自由行走和奔跑。实际测试表明，LS3 在平坦地面上曾成功背负 500kg 的负载进行自由行走，其最高移动速度可达 45km/h。在实际测试中，LS3 在崎岖的山路上也能保持相对较快的前进速度。它具有 12 个自由度，由燃气发动机或柴油发动机提供动力，液压系统驱动机器人的肢体运动。在燃料充足的情况下，LS3 可以连续运行 24h，行驶的最大里程为 32km。

LS3 继承了 Big Dog 的移动特性，利用地形感测、避障和 GPS 等技术确保了前进过程的安全性，使其能够顺利到达目标地点。此外，LS3 采用了计算机视觉技术，可以实现自动跟踪，无须搭载专门的驾驶员程序即可跟随目标人员前进。

尽管 LS3 参与了美国军方的作战训练任务，但由于其自身运行噪声问题未能得到有效解决，以及维修难度较大，最终被美国军方弃用。

3.Wild Cat：机器人领域的运动健将

Wild Cat，也被称为野猫机器人，是波士顿动力公司于 2013 年发布的一款四足机器人。它的前身是 Cheetah，即猎豹机器人。Cheetah 的机体上方连接着多根电缆，这注定了它只能作为一款实验室用的机器人，如图 6-7 所示。

在波士顿动力公司发布的宣传视频中，Cheetah 在跑步机上创下了 48km/h 的机器人奔跑速度记录。Cheetah 采用了关节型的背部结构，使得其背部能够在奔跑中灵活运动，以更好地协调整体姿态，提高步幅和奔跑速度。

在波士顿动力公司发布的宣传视频中，Wild Cat 可以在户外敏捷地奔跑，并且可以轻松跳过障碍物甚至在奔跑过程中实现急停、掉头等操作，如图 6-8 所示。

图 6-7 Cheetah

图 6-8 Wild Cat

可以将 Wild Cat 看作是 Cheerah 的"无线版本",它高度约为 1.17m,重约为 154kg,最快移动速度可达 32km/h。

Wild Cat 具有卓越的适应性,能够在各种地形上行进,即使在复杂的路况下,也能以约 16km/h 的速度前进。此外,Wild Cat 还能够执行快速跳跃和转身等动作,灵活性大幅提高,相较于 Big Dog 和 LS3 而言,性能有了显著提升。

该机器人拥有 14 个自由度,由一台甲醇发动机提供动力,通过液压系统控制每段肢体的动作,实现躯体的灵活运动。Wild Cat 还使用激光测距仪来准确测量机器人与地面的高度以及自身姿态等信息,并利用动态控制算法计算出四肢所需的动作,从而实现稳定的运动。

尽管 Wild Cat 采用了甲醇发动机,运行时噪声较大,但未来有望采用电池能源,以实现低噪声奔跑,提高其隐蔽性,在军事和其他领域发挥更出色的作用。

4. Spot：小巧灵活的机灵鬼

波士顿动力公司先后研发了 Big Dog、Cheetah 和 LS3 三款四足机器人，尽管这些机器人在性能方面都有着卓越的表现，但由于噪声问题较为突出，最终都没有得到广泛使用。在充分总结了过去的经验和教训的基础上，波士顿动力公司又打造了一款名为 Spot 的新型四足机器人，如图 6-9 所示。

Spot 是波士顿动力公司在 2015 年推出的一款四足机器人，其高度约为 0.94m，重约为 75kg，可背负 45kg 的有效负载进行自由行动或奔跑。从波士顿动力公司官方发布的视频来看，Spot 机器人实现了低噪声运行，可以借助两条肢体在原地跳跃而不摔倒，可以灵活上下楼梯，并且其爬坡速度较 Big Dog 更快，步伐更灵敏。

Spot 具有 12 个自由度，采用电池能源提供动力，通过液压系统实现躯体的灵活运动。采用电池能源可以有效降低机器人的运行噪声，但同时也会影响其运行时间。在充电状态下，Spot 可以连续运行约 45min，而 LS3 则可连续运行最长达 24h。

图 6-9 Spot

Spot 采用了激光雷达和立体视觉传感器，这些传感器用于感知周边路面信息，帮助机器人有效避开路面障碍，合理协调四肢动作。然而，Spot 的移动并不完全依赖于这一传感系统，有时它也会凭借自身的"感觉"。

在波士顿动力公司发布的官方视频中，有一幕展示了 Spot 攀爬台阶的情节。尽管每一节台阶都相对较低且宽，但 Spot 仍保持着相对高的步高和较短的步幅，导致在攀爬过程中出现了一次失误。这种情况表明，Spot 未能根据台阶的高度和宽度自动调整其步高和步幅。如果每一节台阶的高度和宽度都不同，Spot 的失误可能会更为显著。

这一失误的原因在于，Spot 在攀爬台阶时，激光雷达和立体视觉传感器未能完全捕捉到路面的详细信息。因此，Spot 需要根据有限的路面信息来估算其四肢的动作。尽管这一次失误对于 Spot 的整体通行能力来说影响较小，但它为波士顿动力公司提供了改进机器人行为能力的重要经验教训。

5. Spot Mini：执着的"独臂勇士"

2017 年 11 月，波士顿动力公司对外展示了其研发的最新一款四足机器人 Spot Mini。与 Spot 相比，Spot Mini 的外形更加小巧，并且在头部增设了一副机械臂，机械臂的顶端是一个夹手，可以灵活操控物体，如图 6-10 所示。

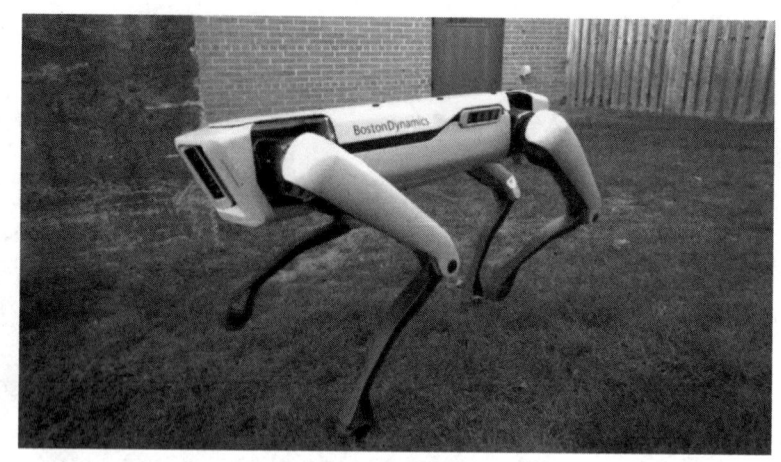

图 6-10 Spot Mini

在波士顿动力公司发布的宣传视频中，Spot Mini 在人类阻拦的条件下展示了其强大的能力。即使有人试图阻止，Spot Mini 仍然能够利用搭载的机械臂成功打开关闭的铁门。

Spot Mini 的高度约为 0.84m，重约为 30kg，可以携带 14kg 的有效负载，实现自由行动或奔跑。与 Spot 相同，Spot Mini 也采用电池能源来提供动力，通过驱动液压系统，以液压系统作为动力输出，从而控制每个肢体的动作，实现躯体的灵活运动。相比 Spot，Spot Mini 的单次运行时间有了显著提升，在充电状态下可以连续运行约 90min。

Spot Mini 继承了 Spot 的所有移动特性，具有 17 个自由度，其中 5 个自由度位于其顶部的机械臂上，其余 12 个自由度均分布在四肢上。机械臂不仅可以用于操纵物体，还可在 Spot Mini 摔倒时提供辅助，协助它重新站立。

Spot Mini 的机械臂上配备了摄像头，这有助于机械手准确地找到目标物体。此外，Spot Mini 的正前方还装备了一套 3D 立体摄像头，可帮助它更好地观察前方障碍物的情况。举例来说，当遇到桌子等障碍物时，Spot Mini 可以降低姿态，从障碍物下方轻松通过。因此，有理由相信，在进行像攀爬台阶等活动时，Spot Mini 可能会表现得比 Spot 更出色。

波士顿动力公司曾向特斯拉公司的首席执行官埃隆·马斯克（Elon Musk）赠送了一台 Spot 机器人。当埃隆·马斯克在户外操作这台机器人时，旁边有一只小狗一直对 Spot 疯狂吠叫，这一有趣的细节引发了对机器人外观设计的关注。由于 Spot 与 Spot Mini 的外观相似，可以合理猜测，宠物们对 Spot Mini 的态度可能也会不太友好。因此，如何设计机器人的外观以更好地被动物接受，成为机器人设计工作的重要考虑因素之一。

6.1.2 四足机器人发展现状

总体来说，四足机器人的发展趋势在不同技术层面和不同地区呈现不同的侧重方向。

从地区分布来看，国外对四足机器人的研究起步较早，拥有深厚的基础和高水平的技术。他们已经进行了各种技术探索和科学实验，涉及四足机器人的驱动方式、运动形式、稳定性评估等各个方面，多传感器融合技术也已初步验证。特别值得一提的是，由于美国军方的介入，他们的最新一代四足机器人样机已经接近实用化，因此在全球处于领先地位。相比之下，国内对四足机器人的研究起步较晚，基础相对薄弱，技术水平较低，存在较大的差距，特别在系统理念、关键器件、基础技术等方面。在四足机器人的行进速度、负载能力等硬性指标以及适应不同地形和扰动的自适应控制技术等方面与国外研究水平相比仍有很大差距。因此，国内需要加快迎头赶上，缩小这一差距。

从技术角度来看，四足机器人已经经历了从最初的完全人工操作到现在具有一定智能化程度的演进。相关技术领域，如计算机视觉、自动控制、人工智能、步态规划和能源供应等都取得了显著的进展。此外，四足机器人的行走模式也经历了长时间的发展，从最初的静态稳定步行到特定环境下的动态稳定步行，再到在非结构化环境中的较为实用的动态定步行。四足机器人在步行适应性方面已经取得了长足的进步。随着微处理器性能的不断提升，越来越先进的理论和算法被应用到四足机器人的步态控制中。通过控制系统、机械系统和环境之间的相互耦合关系，使四足机器人具有出色的稳定性和适应性。这一发展趋势为四足机器人的广泛应用和不断提升性能创造了有利条件。

目前国内外对四足机器人的研究都有所进展，国外性能最佳的四足机器人当属波士顿动力公司的四足机器人 Spot（图 6-9），从运动控制到机械结构都是行业顶尖水平。同时苏黎世联邦理工的 ANYmal 机器狗也是一种性能极佳的四足机器人，它是一种三关节机器狗，有别于大部分双关节机器狗，如图 6-11 所示。

图 6-11　苏黎世联邦理工 ANYmal 机器狗

国内领先的四足机器人厂家主要有宇树科技 Unitree 和云深处科技两家公司。近来，小米公司推出了自主研发的四足机器人 CyberDog，蔚蓝科技推出了四足机器人 AlphaDog，如图 6-12 所示。其中，宇树科技的四足机器人曾在 2021 年牛年春晚上演福牛表演。

a）Unitree四足机器人　　　　　　　b）云深处四足机器人

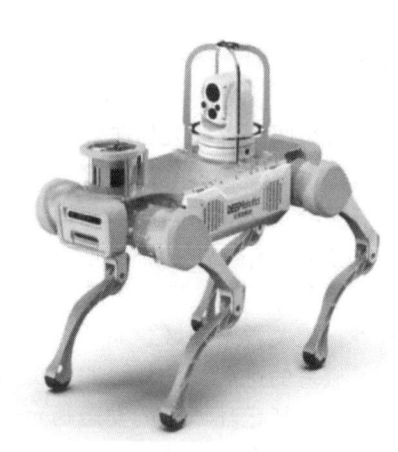

c）小米CyberDog机器人　　　　　　d）蔚蓝四足机器人

图 6-12　国内典型的四足机器人

6.2　四足机器人运动控制

本节主要包括四足机器人的结构设计、四足机器人运动学模型、运动学正逆解问题以及姿态控制仿真四部分内容。

6.2.1　四足机器人的结构设计

四足机器人的结构设计包括四足机器人的结构组成、硬件结构以及关节三部分内容。

1. 四足机器人的结构组成

四足机器人的结构组成包括四条可以自由活动的四肢和躯干，如图 6-13 所示。

四足机器人的腿部关节通常分为髋关节、膝关节和踝关节。通常情况下，每个自由度对应一个执行器，通常采用旋转关节执行器，如图 6-14 所示。然而，真实动物的关节通常可以具有多个自由度，因此需要采用新型执行机构，尤其是具备大力矩和多自由度的执行器，以更好地模仿四足动物的运动。

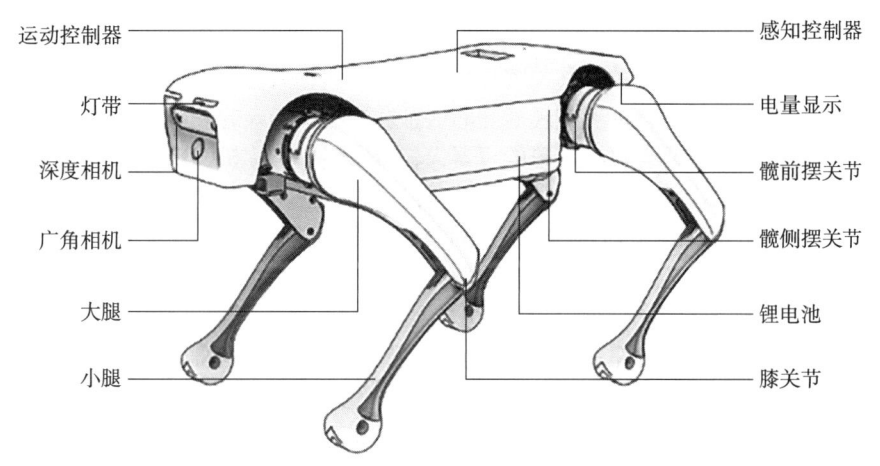

图 6-13 四足机器人的结构组成

四足动物的髋关节拥有 2 个自由度，分别用于左右横跨和前后摆动。左右横跨的自由度会为机器人带来额外的扰动，增加了机器人的控制难度，同时也增加了机器人的机械结构设计复杂度。膝关节通常具有前后摆动的自由度，但膝关节相对于腿部的旋转轴较远，因此膝关节的质量会在很大程度上影响整条腿的转动惯量。如果腿部的转动惯量过大，将不利于腿部的高速运动。踝关节通常拥有类似于髋关节的 2 个自由度。然而，由于踝关节在动物行走时的主要作用是调节足部与地面的接触，通常不提供动力。因此，在设计四足机器人时，通常将踝关节设计为被动的弹性关节。

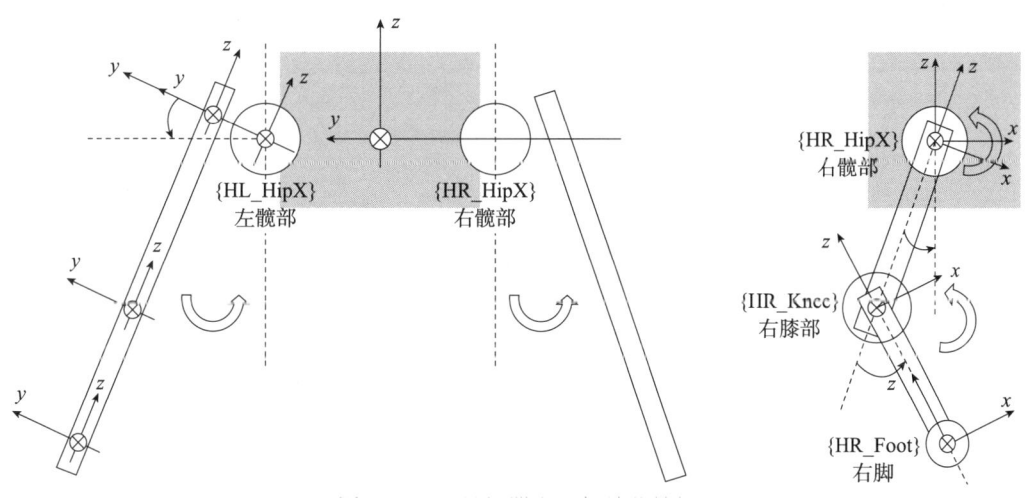

图 6-14 四足机器人腿部关节结构

2. 四足机器人的硬件结构

四足机器人的主要硬件结构包括主处理器、电控系统、关节驱动器和执行部件。

（1）主处理器　主处理器的作用是完成机器人的步态规划、环境感知以及定位导航等任务,它可以被视为机器人的大脑。主处理器需要读取来自机器人搭载的各类传感器的信息,如视觉传感器数据、关节编码器数据和关节转矩等数据,然后融合这些信息以完成机器人的步态规划和路径规划。随后,主处理器将规划好的信息发送给机器人的关节驱动器,以确保机器人能够稳定地行走并躲避障碍。对于简单的机器人,可以使用单片机、现场可编程门阵列(Field Programmable Gate Array,FPGA)等小型处理器;对于大型的复杂的四足机器人,通常需要搭载高性能的处理器,如Intel系列处理器,它们具备高速运算和搭载操作系统的能力。

(2)电控系统 电控系统的作用是为机器人的各个部件提供所需的能源。一个精心设计的电控系统能够确保机器人能够长时间安全地运行。

(3)关节驱动器和执行部件 关节驱动器和执行部件是机器人的关键组成部分,它们实际上是机器人的肌肉。这些部件的设计目标是能够输出足够的转矩,以推动机器人的运动关节。为了实现这一目标,通常在执行器和关节之间加入减速箱,将高速低转矩的执行器(如电动机)的输出转化为低速大转矩的关节输出。减速箱应尽量确保低减速比,以降低能量损耗并提高输出精度。此外,执行器和减速箱的整体设计体积也需要尽量小,例如ANYmal机器人的减速箱和伺服电动机。在机器人的关节驱动器接收到主处理器发送的运动信息后,为了实现高精度、低延迟的执行,执行部件的性能非常重要,其中关键是高转矩密度和高功率密度。例如,MIT自主研发的猎豹系列电动机,可以达到33N·m的转矩而质量仅1kg。然而,国内制造的电动机通常难以满足机器人高速运动所需的性能指标。

四足机器人整体硬件结构如图6-15所示。这一结构包括主处理器、电控系统和关节驱动器,它们协同工作以实现机器人的运动和控制。这个硬件结构是四足机器人的核心,关系到机器人的性能和功能。

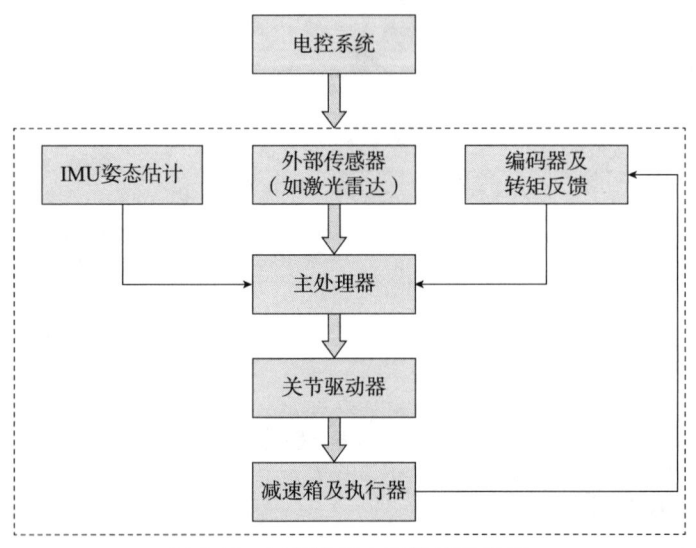

图6-15 四足机器人整体硬件结构

3. 四足机器人的关节

在很多自制的四足机器人中，常见舵机关节的应用。舵机实际上是低端的伺服电动机系统，也是最常见的伺服电动机系统之一。舵机通过将脉冲宽度调制（PWM）信号与可变电阻器的电压进行比较，从而实现固定控制增益的位置控制。这意味着舵机系统包括电动机、传感器和控制器，形成了一个完整的伺服电动机系统。虽然舵机价格便宜、结构紧凑，但其精度相对较低、位置稳定性也较差，通常适用于许多低端应用领域。相比之下，工业或商业机器人通常使用配备性能更强大的减速装置的同步电动机或伺服控制系统。下面简要介绍通用的舵机系统和高精度减速部件。

（1）电动机与舵机

1）电动机：通常用作动力源，带动工作机械完成各种任务。

2）舵机：通常用于帮助工作设备改变行进方向。舵机的主要构成部分包括外壳、电路板、驱动电机、减速器以及位置检测元件。

（2）常见电动机

1）步进电动机：这种电动机将电脉冲信号转换为角度或线性位移，是一种开环控制元件，通常通过电脉冲信号来控制角度和旋转圈数。由于缺乏传感器反馈，因此其停止时的位置可能存在一些误差，通常适用于低速应用。

2）伺服电动机：伺服电动机通过伺服控制电路和传感器的闭环反馈来控制电动机的转速和位置，因此它在位置控制方面非常精确，同时具有可变的转速特性。伺服电动机通常用于高速应用。

3）舵机：舵机通常是一种低端的伺服电动机系统，包括伺服电动机控制电路和减速齿轮组。有些舵机还配备了电位器来确定舵臂的转向角度。舵机的信号控制采用PWM信号，它可以轻松由微控制器生成。

（3）常见舵机类型

1）模拟舵机：这类舵机通常不带微控制单元（MCU）。

2）数字舵机：数字舵机配备了MCU，具有更快的响应速度，较小的无反应区间，高精度的定位以及强大的抗干扰能力。

3）总线伺服舵机：这类舵机实际上是数字舵机的一种进化版本，通常被称为串行总线智能舵机。它们拥有更美观的布线结构，较少的端口占用，更精准的控制，以及能够反馈位置、温度、负载、速度和电压等数据的能力。

四足机器人关节中最关键的部件是精密减速器，如图6-16所示。这是一种精密的动力传动机构，它使用齿轮的速度转换器，将电动机的回转速度降低到所需的速度，并获得更大的转矩。这种装置有助于减小速度、增加转矩，对于四足机器人的运动非常关键。

图6-16 精密减速器

目前,全球提供规模化且性能可靠的精密减速器生产企业相对较少,绝大多数市场份额都被日本企业所占领。特别在工业用机器人的关节上,日本企业 Nabtesco(纳博特斯克)产品的全球市场占有率达 60%,在中/重负荷机器人上,其 RV 减速器市场占有率高达 90%。Harmonica(哈默纳科)的谐波减速器在该市场约占 15% 的份额。

与传统的轮式或履带式机器人不同,四足机器人需要关节输出转矩以维持持续的站立、行走或平衡。这一过程需要运动控制来计算各个关节所需的不同力矩,并最终由各个关节的转矩模块来实施,四足机器人高转矩关节如图 6-17 所示。

图 6-17 四足机器人高转矩关节

高转矩永磁同步电动机,配合高效精密减速机构、高精度绝对式编码器和轻量化机壳的一体化设计,使得关节驱动模块具有极高的转矩密度、响应带宽和反向传动效率,适用于各类型高性能机器人的关节驱动和力控算法实现。

Nabtesco 是 2003 年 9 月成立的,实际上它是由帝人精机(Teijin Seiki,1944 年成立)和纳博克(Nabco,1956 年生产了日本第一个自动门)这两家日本公司强强合并组成。作为运动控制系统和零部件的生产商,这两家公司都在其特定的业务领域,掌握了高端核心技术,控制了很高的市场份额,所以 Nabtesco 一成立,就在同行业位居日本乃至全世界的首位,世界上大多数机器人制造商均从 Nabtesco 的专利 RV 减速器获益。

作为世界上最大的精密摆线针轮减速器制造商,Nabtesco 生产高性能减速器、中空轴减速器,以及单轴伺服执行器和控制器。其生产的精密设备具有高转矩、高刚性和高耐过载冲击荷载能力的同时,兼有高精密和非常低的回程间隙,被广泛应用于卫星、雷达天线、工业机器人、半导体和焊接技术等工业自动化领域,如图 6-18 所示。

图 6-18 RV 减速机

精密减速器是一个十分复杂，制造难度高，精度要求高的设备，本书不做过多讨论，仅作简要介绍。

精密减速器的设计使得线路可以方便地穿过减速器的空心部分，如图6-19所示。这种设计具有多重优势，包括更大的转矩、更高的压缩比、接近零侧隙，以及更大的动力输出。此外，还允许加载一组提供更大动量的部件，无须在设备内额外安装支撑轴来提供外部支撑。这些设计特点进一步降低了成本，并简化了最终用户的设计工作。

图 6-19 精密减速器

我国对工业机器人用精密减速器的研究相比国外较晚，技术不成熟，与国外先进技术存在较大差距，形成了精密减速器不能自给自足的局面，严重依赖进口。这严重制约了我国工业机器人的发展，特别是在我国工业机器人逐渐产业化时期，工业机器人精密减速器的关键技术突破显得更加迫切。国务院印发的《中国制造2025》提出"突破机器人本体、减速器、伺服电动机、控制器、传感器与驱动器等关键零部件及系统集成设计制造等技术瓶颈"。

6.2.2 四足机器人运动学模型

多体动力学是机器人研发中不可或缺的基础力学理论。机器人的动力学分析是实现机器人各个关节之间协同控制的关键。尽管使用运动学方法可以实现所需的功能，但相对于动力学控制而言，它通常会浪费更多的能量，并且响应速度较慢。在需要高动态响应的应用场合，通常需要采用动力学分析来实现更为高效的控制。

机器人的仿真和建模需要动力学模型，只有通过这些模型，才能更真实地模拟机器人的工作情况，确定机器人各个关节在动态过程中的输出情况，从而确定每个关节所需的电动机和驱动器性能。机器人运动学和动力学基础知识建议参考《ROBOTIS OP仿人机器人权威指南》一书。

运动学是描述物体位置随时间变化规律的力学分支，它主要从几何的角度研究物体的运动，而不考虑物体的物理性质和作用在物体上的力。运动学的研究基于对质点和刚体这两种简化模型的运动进行分析，并可以扩展到研究变形体（如弹性体、流体等）的运动。在研究变形体的运动时，需要将变形体微团的刚性位移和应变分开进行分析。点的运动学研究物体的运动方程、轨迹、位移、速度、加速度等运动特性，这些特性会根据所选择的参考系而有所不同。刚体的运动学研究刚体本身的旋转过程、角速度、角加速度等更为复杂的运动特性。

运动学与物体的质量和受力状态无关，它主要研究物体的运动特性，包括速度、加速度、位移、位置、角速度等参数。运动学的研究通常以质点为基本模型，而在研究质点的运动时，物体的质量通常不是一个重要的考虑因素，因为质点的质量代表了其惯性和受到的力的影响程度，而力通常是两个物体之间的相互作用。

运动学研究的问题分为两个部分，即运动学正解和运动学逆解。这两种解算方式，在不同的场景中有不同的应用途径。

1）正问题：已知作用在机器人机构上的力和力矩，需要求解机器人机构各关节的位移、速度和加速度。这种情况可以表达为 $F=ma$，其中 F 代表力，m 代表质量，a 代表加速度。这种解法通常用于确定机器人在受到一定力和力矩的情况下，如何移动和响应。

2）逆问题：已知机器人机构各关节的位移、速度和加速度，需要求解作用在各关节上的驱动力或驱动力矩。这可以表示为 $a=F/m$，其中 a 代表加速度，F 代表力，m 代表质量。这种解法通常用于确定机器人的关节需要受到多大的驱动力，以实现特定的运动或动作。

以上描述的运动学正逆解问题，有助于理解机器人的运动过程。将四足机器人的结构看作一个树状图，其中每条腿有三个连杆，四条腿连接在一个躯干上。通过坐标系之间的转换关系，可以确定躯干、躯胯关节和足端之间的位置关系。通过树遍历算法，可以建立四足机器人的运动学模型。使用运动学逆解，当给定躯干质心位置和足端位置时，可以求解出每个关节的角度。使用运动学正解，当给定躯干质心的位置和关节角度时，可以求解出足端的位置。这些运动学问题的解决方法帮助机器人控制其关节以实现特定的运动或动作。

6.2.3 运动学正逆解问题

为了更清晰的理解运动学正逆解的定义，给出如下问题的例子，方便读者进行思考，如图 6-20 所示。

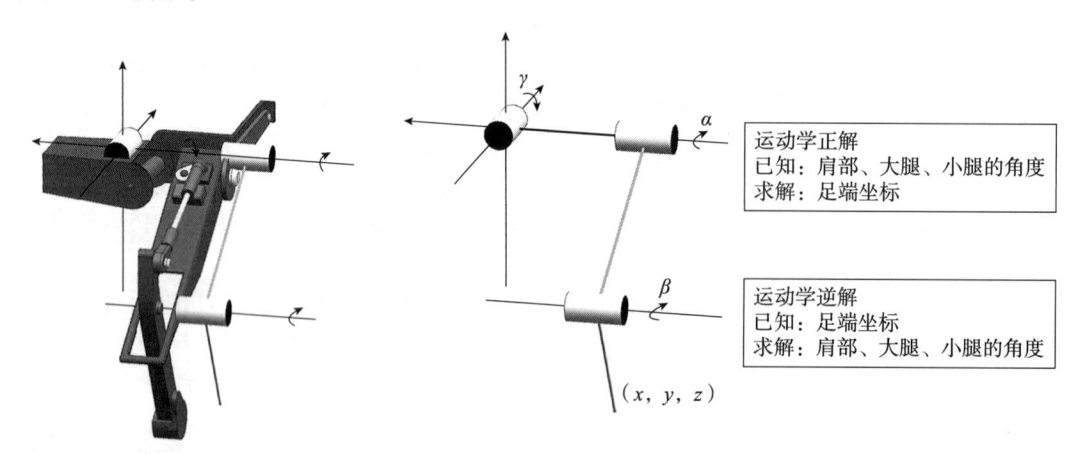

图 6-20 运动学正逆解

运动学正解：这个问题可以理解为从机器人的各个关节参数和连接方式出发，计算出机器人末端的位置和姿态。在四足机器人中，这意味着根据关节的长度、角度和连接方式，确定机器人足端所在的位置。运动学正解的结果对于步态规划等任务非常重要，因为它告诉机器人在给定关节角度下，它的末端应该在哪里。

运动学逆解：这个问题正好相反，它从末端的目标位置和姿态出发，求解机器人各关节的角度。在机器人学中，逆运动学是一项非常关键的任务，因为它允许机器人实现特定的末端运动。

一般机器人运动学逆解算法可分为以下几种：解析法（又称反变换法）、几何法和数值解法。解析法通常较为直观，但有时可能会涉及复杂的数学运算。几何法使用几何关系来求解逆运动学问题，而数值法通常涉及迭代过程，可以用于解决更复杂的问题。由 PAUL 等提出的反变换法求解过程直观，因而被广泛采纳，但其求解过程中需多次进行齐次变换矩阵的逆运算和 4×4 矩阵的乘积运算，导致求解过程复杂耗时。图 6-21 所示为运动学逆解示意图。

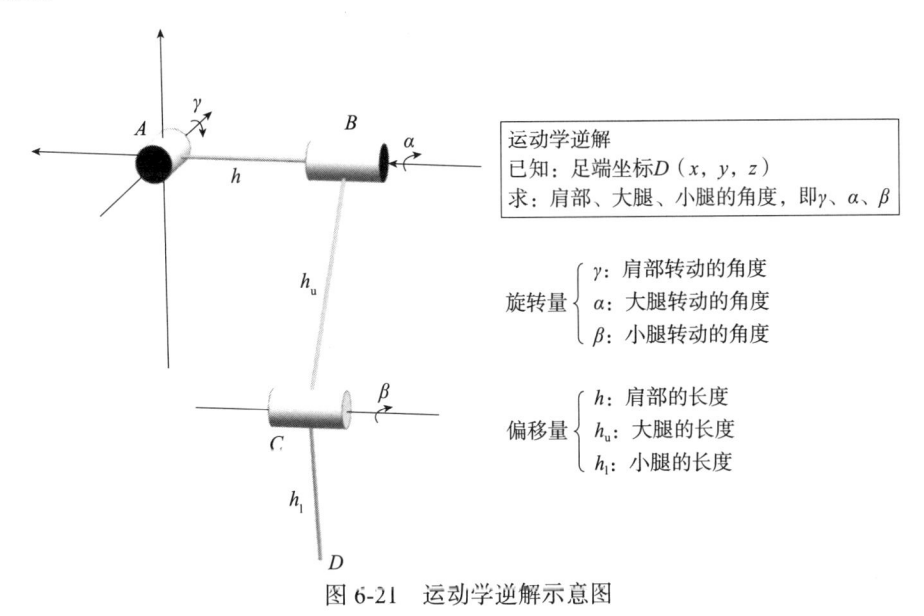

图 6-21 运动学逆解示意图

下面基于 D-H（Denavit-Hartenberg）法，建立四足机器人单腿运动数学模型。

（1）D-H 法原理　不区分支撑相和飞行相，采用足端位置跟踪的方法，先根据摆线曲线，使用正余弦或者多项式拟合的方式进行足端轨迹曲线规划，再根据 D-H 方法逆解出每个关节跟踪足端轨迹的对应角度，应用到的是正逆运动学进行数值解。

（2）D-H 法实现过程

1）首先基于标准 D-H 法为腿部各个连杆建立坐标系，之后获得各个连杆之间的变换矩阵，最后将变换矩阵依次相乘得到单腿的正运动学方程。

2）通过正运动学方程一系列的数学变换推导出逆运动学建模。

3)通过正运动学方程求偏导推导出雅可比矩阵。

（3）评价　这种方法采用位置控制而不是加速度控制（力控），运动精度比较高，但是柔顺性和抗干扰能力较差，更适合机械臂的工业环境。其次，该方法本质是轨迹的跟踪，没有自适应，只能根据规划的足端轨迹运动，适宜在平地运动，而在复杂环境中没有判断能力。

1. 四足机器人的建模规则、坐标系定义及实物参数确定

1）使用标准 D-H 法建立四足机器人三自由度串联构型的腿部运动学模型的各个旋转关节的坐标系 z 轴应当与关节旋转轴重合。坐标系的 x 轴沿相邻两关节 z 轴的公法线方向。y 轴遵从右手定则定义。

2）单腿运动学模型坐标系定义如图 6-22 所示。

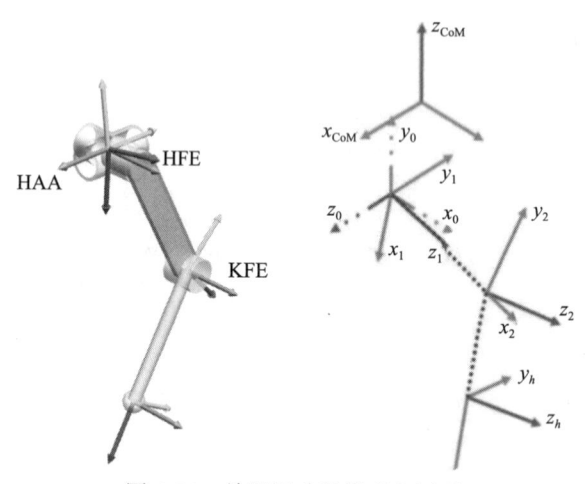

图 6-22　单腿运动学模型坐标系

在图 6-22 中，HAA 代表 "Hip Abduction and Adduction"，即髋关节的外展和内收。这是髋部关节的一个自由度，用于控制机器人腿在水平平面上的左右移动，就像人的大腿在髋部的运动一样。外展和内收的运动帮助机器人在水平面上保持平衡，特别是当机器人需要调整其支撑腿的位置时。HFE 代表 "Hip Flexion and Extension"，即髋关节的屈曲和伸展。这是髋部关节的另一个自由度，用于控制机器人腿的在前后平面上的运动，就像人的大腿在髋部的屈曲和伸展一样。这个运动允许机器人提升或放下其腿，帮助机器人适应不同高度的地形或执行不同的动作。KFE 代表 "Knee Flexion and Extension"，即膝关节的屈曲和伸展。这是膝关节的自由度，用于控制机器人腿在膝部的弯曲和伸展。这个运动允许机器人调整腿的长度，以适应不同高度的地形或执行不同的动作。机器人通常使用膝关节来实现弯曲和伸展的运动，就像人类的膝盖一样。

3）单腿运动学模型关节转动正方向定义示意图，如图 6-23 所示。

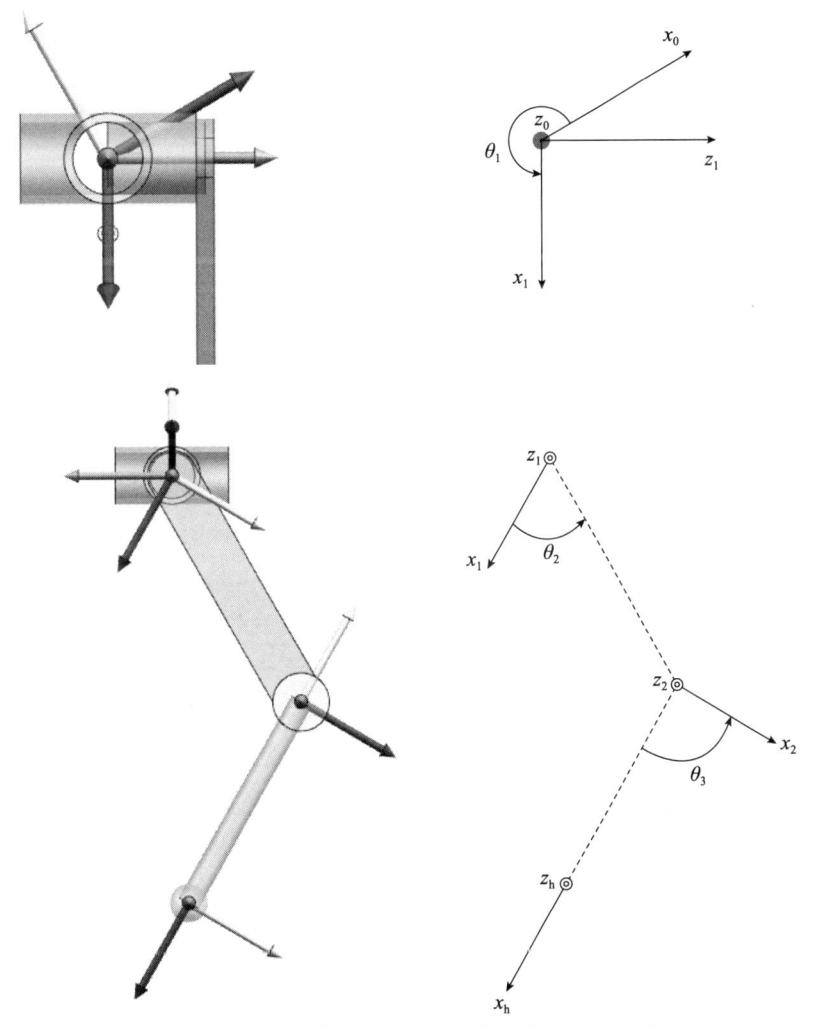

图 6-23 单腿运动学模型关节转动正方向定义示意图

4）四足机器人四条腿的坐标系示意图，如图 6-24 所示。

5）测量四足机器人实物的 D-H 参数，并绘制成一个 D-H 表。假设四足机器人的每条腿有三个关节，D-H 参数表将包括四个参数：a_i、α_i、d_i 和 θ_i。它们分别表示如下。

① a_i：前一个坐标系的 x 轴到当前坐标系的 x 轴的距离。
② α_i：前一个坐标系的 x 轴到当前坐标系的 x 轴的扭转角度。
③ d_i：沿着 z 轴的距离。
④ θ_i：围绕 z 轴的转角。

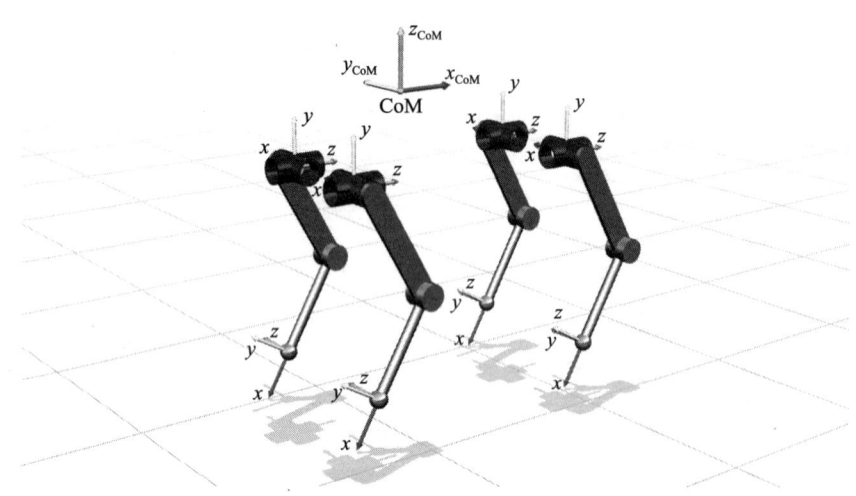

图 6-24 四足机器人四条腿的坐标系示意图

示例 D-H 参数表见表 6-1。

表 6-1 示例 D-H 参数表

连杆 i	a_i	α_i	d_i	θ_i
1	0	$\pi/2$	d_1	θ_1
2	a_2	0	0	θ_2
3	a_3	0	0	θ_3

其中，d_1 表示髋关节到膝关节的距离，a_2 表示膝关节到踝关节的水平距离，a_3 表示踝关节到脚的水平距离，θ_1、θ_2、θ_3 分别表示各关节的旋转角度。

2. 四足机器人的腿部正运动学方程推导

1）由标准 D-H 法的变换顺序，可以得到腿部各个关节之间的变换矩阵的通用表达式为

$$
{}^{i}_{i-1}T = \begin{bmatrix} \cos\theta_i & -\sin\theta_i & 0 & 0 \\ \sin\theta_i & \cos\theta_i & 0 & 0 \\ 0 & 0 & 1 & 0 \\ 0 & 0 & 0 & 1 \end{bmatrix} \begin{bmatrix} 1 & 0 & 0 & 0 \\ 0 & 1 & 0 & 0 \\ 0 & 0 & 1 & d_i \\ 0 & 0 & 0 & 1 \end{bmatrix} \begin{bmatrix} 1 & 0 & 0 & 0 \\ 0 & \cos\alpha_i & -\sin\alpha_i & 0 \\ 0 & \sin\alpha_i & \cos\alpha_i & 0 \\ 0 & 0 & 0 & 1 \end{bmatrix} \begin{bmatrix} 1 & 0 & 0 & \alpha_i \\ 0 & 1 & 0 & 0 \\ 0 & 0 & 1 & 0 \\ 0 & 0 & 0 & 1 \end{bmatrix}
$$

$$
= \begin{bmatrix} \cos\theta_i & -\sin\theta_i\cos\alpha_i & \sin\theta_i\sin\alpha_i & \alpha_i\cos\theta_i \\ \sin\theta_i & \cos\theta_i\cos\alpha_i & -\cos\theta_i\sin\alpha_i & \alpha_i\sin\theta_i \\ 0 & \sin\alpha_i & \cos\alpha_i & di \\ 0 & 0 & 0 & 1 \end{bmatrix}
$$

式中，T 为相连两个关节之间的位姿变换矩阵。

2）将 D-H 参数表中的值带入上式，可以得到单腿腿部各个关节之间的变换矩阵为

$$^0T_1 = \begin{bmatrix} \cos\theta_1 & 0 & -\sin\theta_1 & 0 \\ \sin\theta_1 & 0 & \cos\theta_1 & 0 \\ 0 & -1 & 0 & 0 \\ 0 & 0 & 0 & 1 \end{bmatrix}^T$$

$$^1T_2 = \begin{bmatrix} \cos\theta_2 & -\sin\theta_2 & 0 & a_1\cos\theta_2 \\ \sin\theta_2 & \cos\theta_2 & 0 & a_1\sin\theta_2 \\ 0 & 0 & 1 & d_0 \\ 0 & 0 & 0 & 1 \end{bmatrix}$$

$$^2T_h = \begin{bmatrix} \cos\theta_3 & -\sin\theta_3 & 0 & a_2\cos\theta_3 \\ \sin\theta_3 & \cos\theta_3 & 0 & a_2\sin\theta_3 \\ 0 & 0 & 1 & 0 \\ 0 & 0 & 0 & 1 \end{bmatrix}$$

3）将上述矩阵依次相乘，可以得到足末端坐标系 T_1 相对于腿基座坐标系 T_n 的坐标变换矩阵。提取变换矩阵的第 $(1,4),(2,4),(3,4)$ 元素可得

$$\cos\theta_1 p_x + \sin\theta_1 p_y = a_1\cos\theta_2 + a_2\cos\theta_{23}$$

$$-p_z = a_1\sin\theta_2 + a_2\sin\theta_{23}$$

$$\cos\theta_1 p_y + \sin\theta_1 p_x = d_0$$

对上述等式左右两侧取平方和，可得

$$p_x^2 + p_y^2 + p_z^2 = a_1^2 + a_2^2 + d_0^2 + 2a_1a_2\cos\theta_3$$

进一步化简可得

$$\cos\theta_3 = \frac{p_x^2 + p_y^2 + p_z^2 - a_1^2 - a_2^2 - d_0^2}{2a_1a_2}, \sin\theta_3 = \pm\sqrt{1-\cos^2\theta_3}$$

所以 θ_3 的计算解析式为

$$\theta_3 = \operatorname{atan2}(\sin\theta_3, \cos\theta_3)$$

4）从坐标变换矩阵中提取平移变换部分，即可得到四足机器人的腿部正运动学方程为

$$\begin{bmatrix} p_x \\ p_y \\ p_z \end{bmatrix} = \begin{bmatrix} -d_0\sin\theta_1 + a_1\cos\theta_1\cos\theta_2 + a_2\cos\theta_1\cos\theta_{23} \\ d_0\cos\theta_1 + a_1\sin\theta_1\cos\theta_2 + a_2\sin\theta_1\cos\theta_{23} \\ -a_1\sin\theta_2 - a_2\sin\theta_{23} \end{bmatrix}$$

5）至此，可以通过每个关节输入的角度，计算出机器人足端的位置。

3. 四足机器人的腿部逆运动学方程推导

（1）逆运动学模型的作用　四足机器人的逆运动学模型用于将腿部末端的位置与姿态

映射成为腿部各个关节的旋转角度。

（2）逆运动学方程推导方法　腿部的逆运动学模型可以通过其正运动学模型经过一系列的数学变换得到。相对于正运动学建模，四足机器人的单腿逆运动学模型的推导过程更为复杂，且存在多解情况。

（3）逆运动学方程推导过程　对于四足机器人的单腿逆运动学模型，其详细的推导过程如下。

1）计算变换矩阵，设

$$^{0}T_{h} = \begin{bmatrix} n_x & o_x & a_x & p_x \\ n_y & o_y & a_y & p_y \\ n_z & o_z & a_z & p_z \\ 0 & 0 & 0 & 1 \end{bmatrix},$$

由 $^{0}T_{h} = {^{0}T_{1}} \cdot {^{1}T_{2}} \cdot {^{2}T_{h}}$ 可得 T_h 为

$$T_h = \left({^{0}T_1}\right)^{-1} \cdot {^{0}T_h} = \begin{bmatrix} \cos\theta_1 n_x + \sin\theta_1 n_y & \cos\theta_1 O_x + \sin\theta_1 o_y & \cos\theta_1 a_x + \sin\theta_1 a_y & \cos\theta_1 n_x + \sin\theta_1 n_y \\ -n_z & -o_z & -a_z & -p_z \\ \cos\theta_1 n_x + \sin\theta_1 n_y & \cos\theta_1 O_x + \sin\theta_1 o_y & \cos\theta_1 a_x + \sin\theta_1 a_y & \cos\theta_1 n_x + \sin\theta_1 n_y \\ 0 & 0 & 0 & 1 \end{bmatrix}$$

通过变换矩阵相乘，同样可得 $^{1}T_h$ 为

$$^{1}T_h = {^{1}T_2}\,{^{2}T_h} = \begin{bmatrix} \cos\theta_{23} & -\sin\theta_{23} & 0 & a_1\cos\theta_2 + a_2\cos\theta_{23} \\ \sin\theta_{23} & \cos\theta_{23} & 0 & a_1\sin\theta_2 + a_2\sin\theta_{23} \\ 0 & 0 & 1 & d_0 \\ 0 & 0 & 0 & 1 \end{bmatrix}$$

2）计算关节的解析式，提取变换矩阵的第 (3,4) 元素可得

$$d_0 = \cos\theta_1 P_y - \sin\theta_1 P_x$$

设 $p_y = \rho\sin\phi, p_x = \rho\cos\phi$，其中 $\rho = \sqrt{p_x^2 + p_y^2}$，$\phi = \text{atan2}(p_y, p_x)$，于是上式可以变形为

$$d_0 = \rho\sin\phi\cos\theta_1 - \rho\cos\phi\sin\theta_1$$
$$= \rho\sin(\phi - \theta_1)$$

由上式可得，$\sin(\phi - \theta_1) = \dfrac{d_0}{\rho}$，$\cos(\phi - \theta_1) = \sqrt{1 - \left(\dfrac{d_0}{\rho}\right)^2}$，于是 θ_1 的计算解析式为

$$\theta_1 = \text{atan2}(p_y, p_x) - \text{atan2}\left(\dfrac{d_0}{\rho}, \sqrt{1 - \left(\dfrac{d_0}{\rho}\right)^2}\right)$$

3）计算关节角的解析式，提取变换矩阵的第 (1,4),(2,4),(3,4) 元素可得

$$\cos\theta_1 p_x + \sin\theta_1 p_y = a_1\cos\theta_2 + a_2\cos\theta_{23}$$

$$-p_z = a_1\sin\theta_2 + a_2\sin\theta_{23}$$

$$\cos\theta_1 p_y + \sin\theta_1 p_x = d_0$$

4）计算关节角的解析式，即

$$-p_z = a_1\sin\theta_2 + a_2\sin\theta_{23}$$

$$= (a_1 + a_2 + \cos\theta_3)\sin\theta_2 + a_2\sin\theta_3\cos\theta_2$$

设 $a_1 + a_2\cos\theta_3 = \rho'\sin\phi', a_2\sin\theta_3 = \rho'\cos\phi'$，其中

$$\rho' = \sqrt{(a_1 + a_2\cos\theta_3)^2 + (a_2\sin\theta_3)^2},\ \phi' = \mathrm{atan2}(a_1 + a_2\cos\theta_3, a_2\sin\theta_3),$$

于是上式可以变形为

$$-p_z = \rho'\sin\phi'\sin\theta_2 - \rho'\cos\phi'\cos\theta_2$$

$$= \rho'\cos(\phi' - \theta_2)$$

由上式可得，$\sin(\phi' - \theta_2) = \pm\sqrt{1 - \left(\dfrac{p_z}{\rho'}\right)^2}$，$\cos(\phi' - \theta_2) = -\dfrac{p_z}{\rho'}$，于是 θ_2 的计算解析式为

$$\theta_2 = \mathrm{atan2}(a_1 + a_2\cos\theta_3, a_2\sin\theta_3) - \mathrm{atan2}\left[\sqrt{1 - \left(\dfrac{p_z}{\rho'}\right)^2}, -\dfrac{p_z}{\rho'}\right]$$

5）归纳整理后的单腿逆运动学方程为

$$\cos\theta_3 = \dfrac{p_x^2 + p_y^2 + p_z^2 - a_1^2 - a_2^2 - d_0^2}{2a_1 a_2}$$

$$\sin\theta_3 = -\sqrt{1 - (\cos\theta_3)^2}$$

$$\rho = \sqrt{p_x^2 + p_y^2}$$

$$\rho' = \sqrt{(a_1 + a_2\cos\theta_3)^2 + (a_2\sin\theta_3)^2}$$

$$\theta_1 = \mathrm{atan2}(p_y, p_x) - \mathrm{atan2}\left(\dfrac{d_0}{\rho}, \sqrt{1 - \left(\dfrac{d_0}{\rho}\right)^2}\right)$$

$$\theta_2 = \mathrm{atan2}(a_1 + a_2\cos\theta_3, a_2\sin\theta_3) - \mathrm{atan2}\left[\sqrt{1 - \left(\dfrac{p_z}{\rho'}\right)^2}, -\dfrac{p_z}{\rho'}\right]$$

$$\theta_3 = \mathrm{atan2}(\sin\theta_3, \cos\theta_3)$$

先通过 D-H 法解出正运动学各关节的变换矩阵，再通过各关节的变换矩阵反解出各关节对应的角度，至此四足机器人的单腿逆运动学模型建立完毕。可以通过机器人足端的位置和 D-H 参数，计算出机器人每个关节输入的角度。

4. 四足机器人的腿部雅可比矩阵推导

（1）雅可比矩阵作用　雅可比矩阵属于运动学的范畴。在机器人运动学模型中，雅可比矩阵用于将关节的速度转换为有关点（如末端执行器）的速度。雅可比矩阵与关节角相关，若关节角度发生变化，雅可比矩阵各元素的大小也随时间变化。

（2）三关节单腿雅可比矩阵定义　对每一个单腿的正运动学方程的每个关节求偏微分，即可得到雅可比矩阵的定义表达式，即

$$J(\theta_1,\theta_2,\theta_3) = \begin{bmatrix} \dfrac{\delta p_x}{\delta \theta_1} & \dfrac{\delta p_x}{\delta \theta_2} & \dfrac{\delta p_x}{\delta \theta_3} \\ \dfrac{\delta p_y}{\delta \theta_1} & \dfrac{\delta p_y}{\delta \theta_2} & \dfrac{\delta p_y}{\delta \theta_3} \\ \dfrac{\delta p_z}{\delta \theta_1} & \dfrac{\delta p_z}{\delta \theta_2} & \dfrac{\delta p_z}{\delta \theta_3} \end{bmatrix}$$

（3）雅可比矩阵的计算方法　若想求单腿的雅可比矩阵，仅需对每一个单腿的正运动学方程的每个关节求偏微分。

四足机器人腿部的雅可比矩阵计算结果为

$$J(\theta_1,\theta_2,\theta_3) \begin{bmatrix} -d_0\cos\theta_1 - a_1\sin\theta_1\cos\theta_2 - a_2\sin\theta_1\cos\theta_{23} & -a_1\cos\theta_1\sin\theta_2 - a_2\cos\theta_1\sin\theta_{23} & -a_2\cos\theta_1\sin\theta_{23} \\ -d_0\sin\theta_1 + a_1\cos\theta_1\cos\theta_2 - a_2\cos\theta_1\cos\theta_{23} & -a_1\sin\theta_1\sin\theta_2 - a_2\sin\theta_1\sin\theta_{23} & -a_2\sin\theta_1\sin\theta_{23} \\ 0 & -a_1\cos\theta_2 - a_2\cos\theta_{23} & -a_2\cos\theta_{23} \end{bmatrix}$$

5. 通过约束条件解超定方程

（1）原理　基于约束条件来解超定方程与传统的 D-H 法不同。在这种方法中，首先进行足端轨迹曲线规划，然后利用机器人运动学建立超定方程，这些方程中未知参数的数量多于已知参数的数量。然后，通过添加设计的约束条件，将问题进行降维，从而得到最优解，也就是足端轨迹的对应关节角度。

（2）评价　这种方法的优点在于它可以通过约束条件获得最优解，而传统的 D-H 法通常无法做到这一点。需要指出的是，这种方法仍然继承了位控柔顺性差、抗干扰能力差以及缺乏自适应性等问题。此外，解超定方程通常需要较大的计算能力，因为它涉及大量的计算和约束条件的求解。

6.2.4　姿态控制仿真

本节将通过一个四足机器人模型来解释姿态控制的计算推导，目的是使读者初步了解四足机器人的姿态控制。

在四足机器人的运动过程中，身体部分的姿态会不断发生变化。当机器人的足端始终与地面接触，且相对位置不发生变化时，这个身体的姿态被称为站立姿态。

四足机器人的站立姿态控制本质上是一个并联机器人的逆解问题。不同的是，相较于并联机器人，四足机器人通常具有更多的自由度。因此，一旦解出了每条腿的位置向量，仍然需要进行逆解，而不是像并联机器人那样直接得到线性位移。这里默认单腿的逆解已知（详见 6.2.3 节）。

下面通过建立简单的机器狗模型，估算几个身体扭动位置下四足机器人的姿态。

1. 位置和姿态的表示

四足机器人结构简图如图 6-25 所示。

其中，结构参数 l 和 w 分别表示机器人足端在长度方向与宽度方向的距离，b 表示两前足基座原点之间的距离。为了方便观察，移除左后腿，如图 6-26 所示。

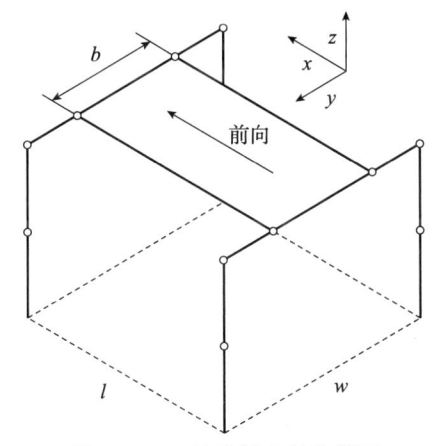

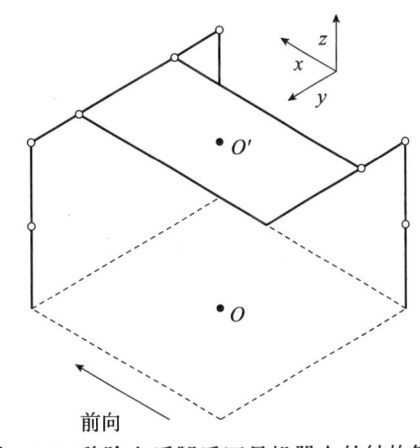

图 6-25　四足机器人结构简图　　图 6-26　移除左后腿后四足机器人的结构简图

其中，O 为地面坐标系原点，位于足端位置的对角线交点；O' 为身体部分几何中心。使用齐次变换矩阵 A 来表示机器人身体部分的位姿，即

$$A = \begin{bmatrix} & & & p_x \\ & \boldsymbol{R} & & p_y \\ & & & p_z \\ 0 & 0 & 0 & 1 \end{bmatrix}$$

其中，P_n 为向量 $\overrightarrow{OO'}$ 的坐标分量，表示位置，即

$$\overrightarrow{OO'} = (p_x, p_y, p_z)$$

R 为身体相对于地面的旋转矩阵，表示姿态（RPY 为欧拉角），即

$$\boldsymbol{R} = \text{rot}x(R) \cdot \text{rot}y(P) \cdot \text{rot}z(Y)$$

$$= \begin{bmatrix} 1 & 0 & 0 \\ 0 & \cos R & -\sin R \\ 0 & \sin R & \cos R \end{bmatrix} \begin{bmatrix} \cos P & 0 & \sin P \\ 0 & 1 & 0 \\ -\sin P & 0 & \cos P \end{bmatrix} \begin{bmatrix} \cos Y & -\sin Y & 0 \\ \sin Y & \cos Y & 0 \\ 0 & 0 & 1 \end{bmatrix}$$

单腿末端位置向量的求解，标出求解左前腿末端位置 A_1B_1 所必要的向量，如图 6-27 所示。

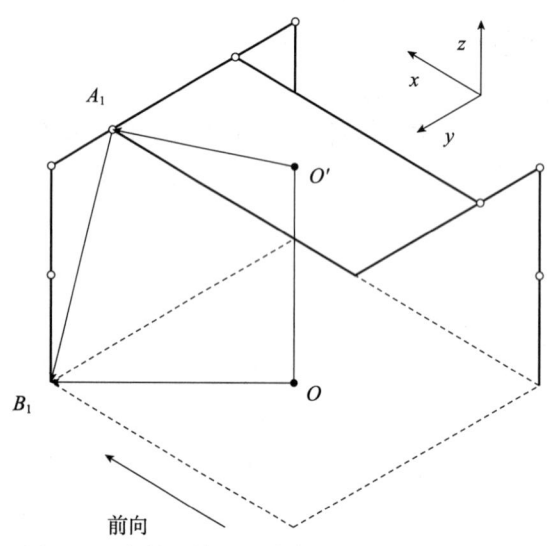

图 6-27 求解左前腿末端位置 A_1B_1 所必要的向量

其中，A_1 为左前腿基座原点；B_1 为左前腿足端原点。

根据向量加法可得

$$\overrightarrow{OB_1} + \overrightarrow{B_1A_1} = \overrightarrow{OO'} + \overrightarrow{O'A_1}$$

由于位姿矩阵 $\boldsymbol{A}$ 已知，即 $\overrightarrow{OO'}$ 已知。结构参数已知，即 $\overrightarrow{OB_1}$ 为已知恒量。

尤其需要注意的是，虽然 $\overrightarrow{O'A_1}$ 会随着身体姿态的变化发生改变，但身体坐标系 O' 下的 $\overrightarrow{O'A_1}$ 是只由结构参数决定的恒量。因此可以用其左乘旋转矩阵 $\boldsymbol{R}$ 来表示，即

$$\overrightarrow{O'A_1} = \boldsymbol{R} \cdot \overrightarrow{O'A_{1\text{身体}}}$$

因此，式（6-1）中除了 $\overrightarrow{B_1A_1}$ 以外其余三个向量均已知，可改写为

$$\overrightarrow{A_1B_1} = -\overrightarrow{OO'} - \boldsymbol{R} \cdot \overrightarrow{O'A_{1\text{身体}}} + \overrightarrow{OB_1}$$

其余三腿同理，可以得到四足机器人站立姿态下单腿末端位置向量 $\overrightarrow{A_nB_n}$ 的通用表达式，即

$$\overrightarrow{A_nB_n} = -\overrightarrow{OO'} - \boldsymbol{R} \cdot \overrightarrow{O'A_{n\text{身体}}} + \overrightarrow{OB_n} \quad (n=1,2,3,4)$$

将 $\overrightarrow{A_nB_n}$ 带入单腿的运动学逆解，即可得到腿部各关节角度的取值。利用 Python 的 numpy 模块，可以很方便地进行姿态控制中的向量和矩阵运算：

修改目标位置向量 pos 和目标姿态向量 rpy（欧拉角，角度制）的值，即可计算得到对应位姿下四条腿的位置向量 $\overrightarrow{AB}$（3 行 4 列矩阵，每一列为一个三维向量）。

2. 姿态控制操作结果

```python
import numpy as np
import math
import matplotlib.pyplot as plt
from mpl_toolkits.mplot3d import Axes3D
def calculate_body_structure(rpy):
    # 将欧拉角转换为旋转矩阵
    R, P, Y = rpy[0], rpy[1], rpy[2]
    rotx = np.mat([[1, 0, 0],
            [0, math.cos(R), -math.sin(R)],
            [0, math.sin(R), math.cos(R)]])
    roty = np.mat([[math.cos(P), 0, -math.sin(P)],
            [0, 1, 0],
            [math.sin(P), 0, math.cos(P)]])
    rotz = np.mat([[math.cos(Y), -math.sin(Y), 0],
            [math.sin(Y), math.cos(Y), 0],
            [0, 0, 1]])
    rot_mat = rotx * roty * rotz
    # 结构参数
    body_struc = np.mat([[l / 2, b / 2, 0],
            [l / 2, -b / 2, 0],
            [-l / 2, b / 2, 0],
            [-l / 2, -b / 2, 0]]).T
    body_struc = rot_mat * body_struc
    return body_struc

if __name__ == '__main__':
    b = 0.4    # 定义结构参数
    w = 0.8    # 定义结构参数
    l = 0.4    # 定义结构参数
    pos = np.mat([0.0, 0.0, 0.3]).T    # 目标位置向量
    rpy = np.array([0.0, 0.0, 0.0]) * math.pi / 180    # 欧拉角,化为弧度值
```

```
body_struc = calculate_body_structure(rpy)
footpoint_struc = np.mat([[l / 2, w / 2, 0],
                          [l / 2, -w / 2, 0],
                          [-l / 2, w / 2, 0],
                          [-l / 2, -w / 2, 0]]).T
# 计算单腿末端位置向量 AB
AB = np.mat(np.zeros((3, 4)))
for i in range(4):
    AB[:, i] = -pos - body_struc[:, i] + footpoint_struc[:, i]
# 打印 AB 向量
print(AB)
```

通过上述程序，可以通过运动学逆解，求出输入不同身体位姿点，得到仿真机器人对应腿向量并绘图。

1）零位，此时的仿真机器人向量图如图 6-28 所示。

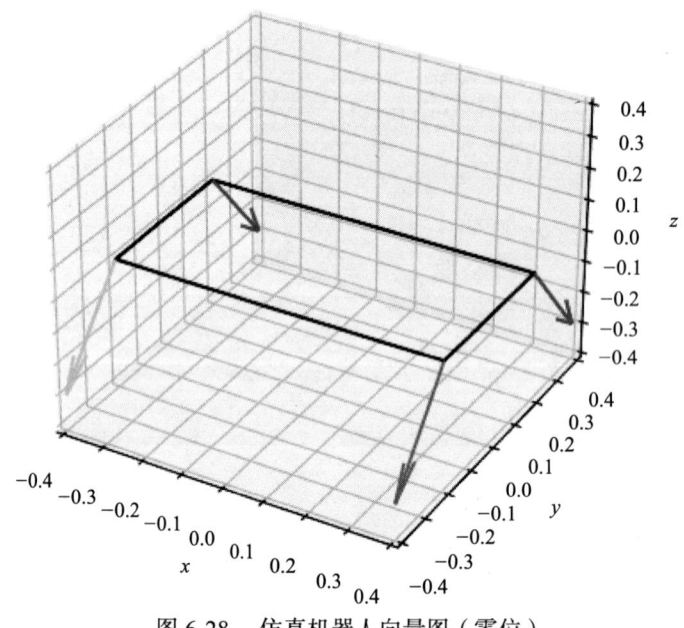

图 6-28　仿真机器人向量图（零位）

2）x 方向平移 0.2，此时的仿真机器人向量图如图 6-29 所示。

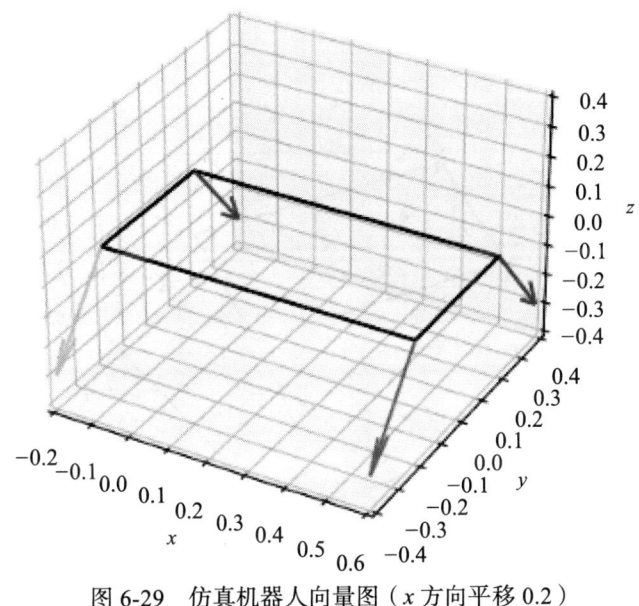

图 6-29 仿真机器人向量图（x 方向平移 0.2）

3）y 方向平移 -0.3，此时的仿真机器人向量图如图 6-30 所示。

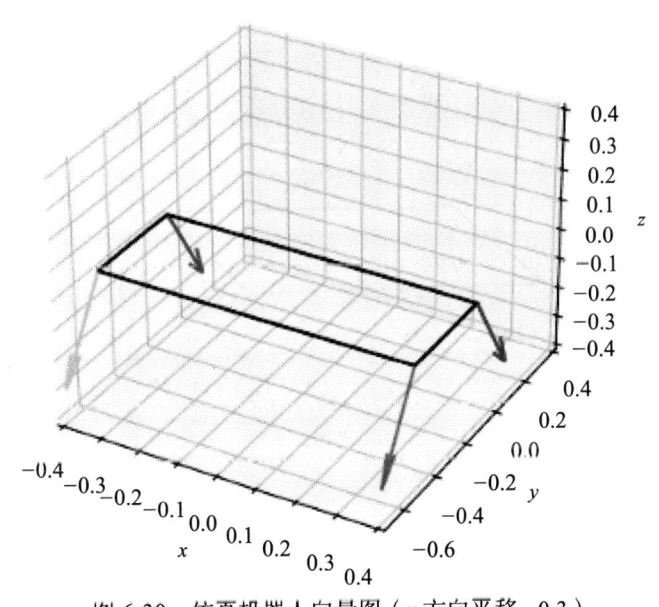

图 6-30 仿真机器人向量图（y 方向平移 -0.3）

4）绕 x 轴旋转 30°，此时的仿真机器人向量图如图 6-31 所示。

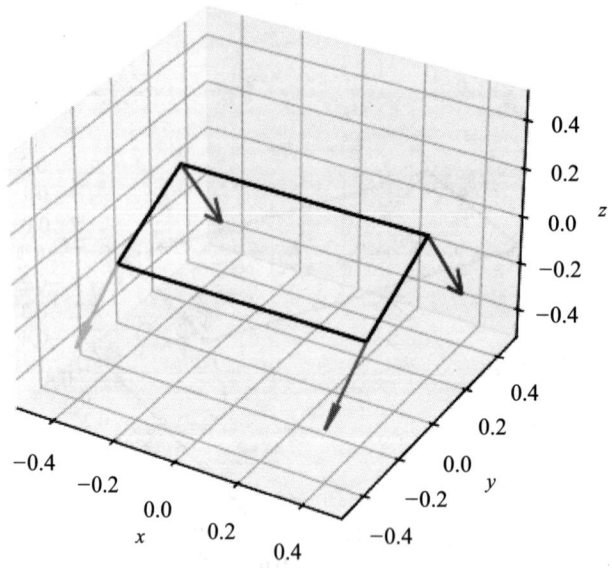

图 6-31 仿真机器人向量图(绕 x 轴旋转 30°)

5)绕 y 轴旋转 20°,此时的仿真机器人向量图如图 6-32 所示。

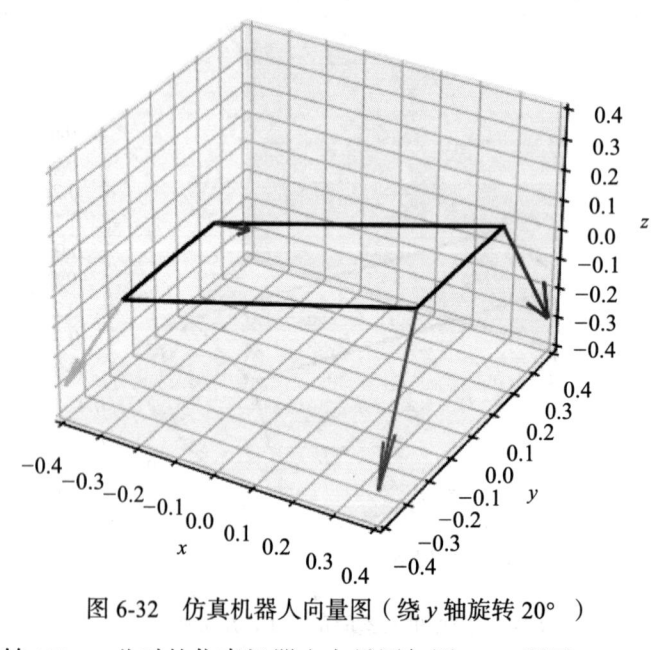

图 6-32 仿真机器人向量图(绕 y 轴旋转 20°)

6)绕 z 轴旋转 15°,此时的仿真机器人向量图如图 6-33 所示。

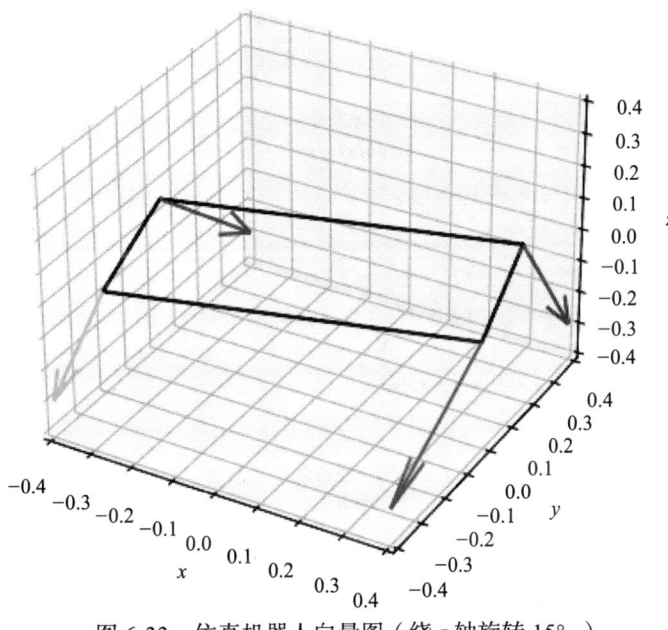

图 6-33　仿真机器人向量图（绕 z 轴旋转 $15°$ ）

3. 机器人平衡策略

四足机器人的平衡策略与二足机器人的平衡策略有些相似，实际上，四足机器人的平衡可以看作是对角线上两个双腿机器人平衡的组合。这是实际应用中常见的方法。接下来，简要介绍一些单腿平衡策略，基于这些策略可以开发出适用于四足机器人的平衡控制方法。至于六足或更多足的机器人平衡策略会更加复杂，这里不做深入讨论，有兴趣的读者可以进一步研究。

单腿机器人的单腿弹跳控制通常基于倒立摆模型。这种控制方法涉及在跳跃时以一定速度离地，并确保在落地时将机器人的落脚点控制在合适位置。关键在于控制落脚点相对于中性点（Neutral Point, NP）的位置。

如果机器人需要继续前进，它会控制落脚点在 NP 附近着陆。如果需要加速，就会控制落脚点在 NP 之前着陆。如果需要减速，就会让落脚点在 NP 之后着陆。这种策略使得机器人可以在不倒下的情况下保持平衡，如图 6-34 所示，这对于四足机器人来说非常关键。

双足平衡（图 6-35）按照应对扰动量的大小依次可分为 4 种策略：踝策略、髋策略、跨步策略以及安全倒策略。

1）踝策略：当机器人受到外部扰动后，如果身体的质心投影位置（CoM）仍然位于脚掌范围内，那么机器人会通过扭动踝关节的方式来将身体恢复到原来的位置。这个策略主要用于应对轻微的扰动。

2）髋策略：如果外部扰动导致机器人的 CoM 超出了脚掌范围，那么机器人将采用髋关节的作用，即通过扭动身体来将 CoM 重新拉回到脚掌范围内。这种策略用于更大的扰动情况。

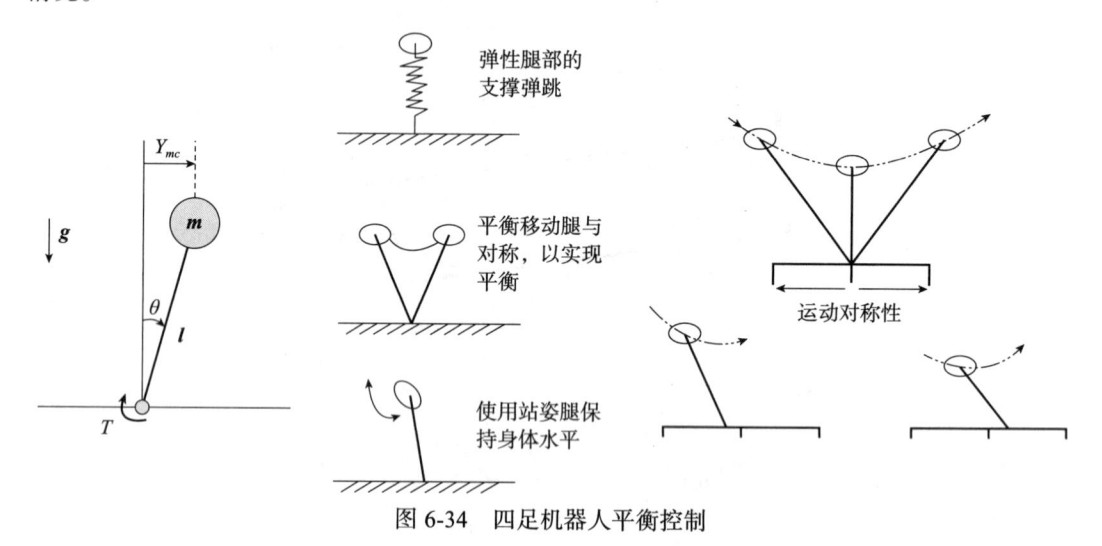

图 6-34 四足机器人平衡控制

3）跨步策略：当外部扰动的幅度较大，以至于髋策略无法有效应对时，机器人将采用跨步策略。这意味着在下一步行进时，机器人会有意识地迈出更大的步伐，以调整身体的运动状态，使 CoM 重新回到稳定范围内。

4）安全倒策略：如果扰动过于剧烈，以至于机器人无法保持平衡，那么机器人将采取安全倒策略。在这种情况下，机器人会迅速采取措施，将自身姿态调整到一个安全的位置，以减少倒地受损的可能性。

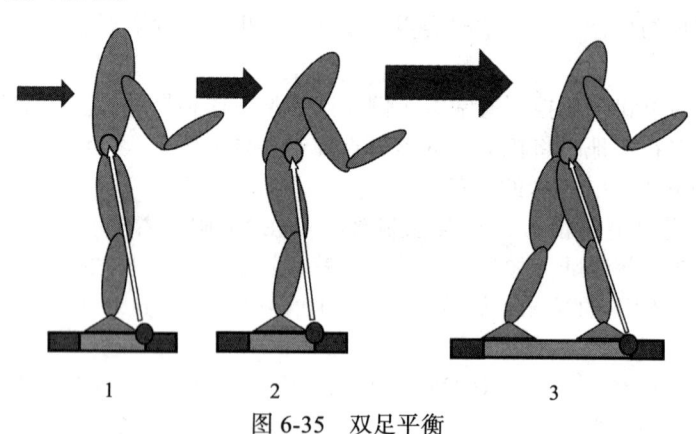

图 6-35 双足平衡

经典的双足平衡模型为基于零力矩点（ZMP，Zero Moment Point）的平衡控制模型，如图 6-36 所示。ZMP 可以理解为几项力的和（地面的支撑力、重心受到的引力、加速度）为 0，身体不受转矩，或者说不跌倒。

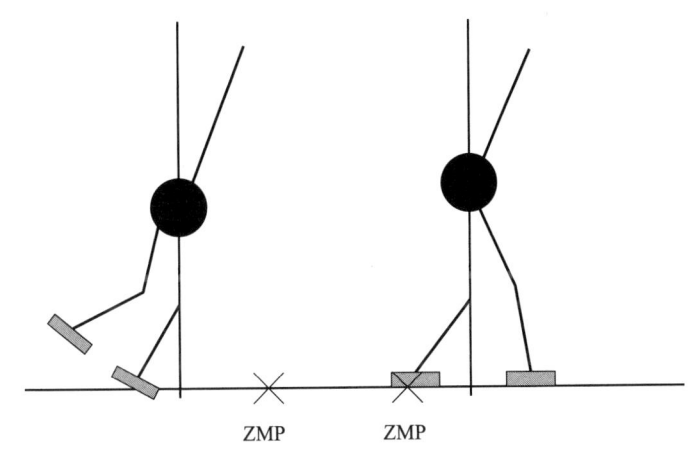

不稳定姿态　　　　　稳定姿态

图 6-36　基于 ZMP 的平衡控制模型

4. 运动控制仿真

KangKang Yin 等在重力环境下,采用 PD 控制器调节躯干和摆动腿向目标角运动,以维持运动平衡。以有限状态机方式实现不同形式的走、跑运动。

HartmutGeyer 等研究采用肌肉力模型驱动双足运动的控制方法,更为逼真的模拟真实人体神经肌肉的运动方式,如图 6-37 所示。

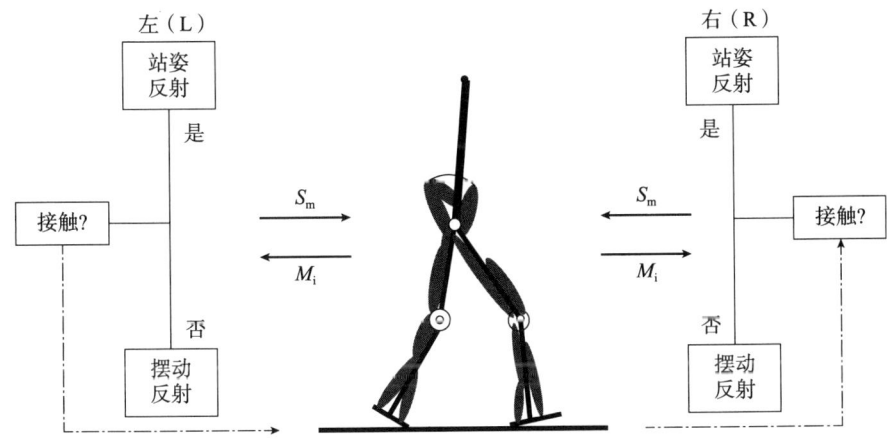

图 6-37　肌肉力模型驱动双足运动的控制方法

DeepMind 团队、OpenAI 团队等,使用深度学习(Deep Learning)、强化学习(Reinforcement Learning)、模仿学习(Imitation Learning)、元学习(Meta Learning/Learning to Learn)等人工智能算法实现虚拟角色物理环境下的自主学习运动。

6.3 四足机器人运动控制实例

对于 ROS 新手而言，可能会有疑问：学习机器人操作系统，需要实体机器人吗？显然是没必要的。机器人通常价格昂贵，维护成本也不低，而且机器人的调试和学习可能会面临很多挑战。因此，在 ROS 中提供了强大的仿真工具，能够在虚拟环境中进行机器人开发和测试，从而降低了学习和实验的成本。本节主要围绕"仿真"展开，如介绍如何创建并显示机器人模型、如何搭建仿真环境、如何实现机器人模型与仿真环境的交互等。

6.3.1 ROS 下的四足机器人

本节主要介绍仿真概念、仿真的优缺点以及相关组件三部分内容。

1. 仿真概念

机器人系统仿真是一种通过计算机技术对实际机器人系统进行模拟的方法。在 ROS 中，实现仿真通常涉及机器人建模（URDF）、仿真环境创建（Gazebo）以及环境感知（Rviz）等系统性实现。

2. 仿真的优缺点

仿真在机器人系统研发过程中占有举足轻重的地位，在研发与测试中较实体机器人实现，仿真有以下几点的显著优势。

1) 低成本：当前机器人成本居高不下，仿真可以大幅降低成本，减小风险。
2) 高效：搭建的环境更为多样且灵活，可以提高测试效率以及测试覆盖率。
3) 高安全性：仿真环境下，无须考虑耗损问题。

尽管仿真在机器人开发中非常有用，但它也存在以下局限性。

1) 失真：仿真环境无法完全模拟真实物理世界，因此存在一些失真。例如，仿真器的物理引擎可能无法完全准确地模拟真实世界的物理情况。
2) 理想化情况：仿真通常建立在理想的假设之上，不考虑实际硬件的缺陷或一些特殊情况。它模拟了理想的关节驱动器、传感器和信号通信，但不能模拟硬件缺陷或一些临界状态。

3. 相关组件

1) URDF：URDF（Unified Robot Description Format，统一机器人描述格式）。它采用 XML 格式，用于描述机器人各个组成部分的结构，包括底盘、摄像头、激光雷达、机械臂和不同关节的自由度等。URDF 文件可以通过 C++ 内置的解释器转换成可视化的机器人模型。在 ROS 中，URDF 是实现机器人仿真的重要组件。

2) Rviz：Rviz（ROS Visualization Tool），即 ROS 的三维可视化工具。它的主要用途是以三维方式显示 ROS 消息，从而实现数据的可视化呈现。例如，它可以显示机器人模型，无须编程即可显示激光测距仪（LRF）测得的距离到障碍物的数据，来自三维距离传感器如 RealSense、Kinect 或 Xtion 的点云数据（PCD，Point Cloud Data），以及从相机获取的图像等。

3）Gazebo：Gazebo 是一款三维动态模拟器，用于显示机器人模型并创建仿真环境。它可以在复杂的室内和室外环境中准确有效地模拟机器人的行为。类似于游戏引擎提供高保真度的视觉模拟，Gazebo 提供高保真度的物理模拟。它还提供了一整套传感器模型，以及用户友好的交互方式，使用户能够与仿真环境进行交互。Gazebo 在 ROS 中广泛用于机器人仿真和测试。

6.3.2 四足机器人仿真模型的搭建

本节将利用 Gazebo 搭建一个简单的四足机器人仿真模型，并利用键盘控制其运动。大致过程如下：

（1）创建工作空间

（2）编写 URDF 文件　在文件夹 pig_dog_description\urdf\ 创建一个新文件并命名为 pig_dog.urdf，并向其中写入机器人的各参数，构建机器人模型。

1）常见标签说明：

①连接（Link）标签见表 6-2。

表 6-2　连接标签

标签	功能
<link>	连接的可视化、碰撞和惯性属性设置
<visual>	设置连接的可视化属性
<collision>	设置连接的碰撞计算属性
<inertial>	设置连接的惯性属性
<geometry>	输入模型的形状。提供 box、cylinder、sphere 等形态
<origin>	设置相对于连接相对坐标系的移动和旋转
<material>	设置连接的颜色和纹理
<mass>	连接质量（单位：kg）的设置

②关节（Joint）标签见表 6-3。

表 6-3　关节标签

标签	功能
<joint>	与连接的关系和关节类型的设置
<parent>	关节的父连接
<child>	关节的子连接
<origin>	将父连接坐标系转换为子连接坐标系
<axis>	设置旋转轴
<limit>	设置关节的速度、力和半径（仅当关节是 revolute 或 prismatic 时）

③传输（Transmission）标签见表6-4。

<transmission>是与ROS-CONTROL一起运行所必需的标签，它输入关节与舵机之间的命令接口。

表6-4 传输标签

标签	功能
<transmission>	设置关节和舵机之间的变量
<type>	设置力的传递方式的形状
<joint>	设置关节信息设置
<hardwareInterface>	设置硬件接口
<actuator>	设置舵机信息
<mechanicalReduction>	设置舵机与关节之间的齿轮比

注意：这里的起点位置是相对于父连杆的位置，并不是绝对坐标。另外，连接又称连杆。

2）URDF文件格式

有两种用于描述机器人几何结构的基本字段：连接（Link）和关节（Joint）。

```
<link name="body">
  <inertial>
    <mass value="5"/>
    <origin rpy="0 0 0" xyz="0 0 0"/>
    <inertia ixx=" 0.166667" ixy=" 0" ixz=" 0" iyy=" 0.166667" iyz=" 0" izz=" 0.166667" />
  </inertial>
```

```
<collision name="pig_dog__collision">
  <origin rpy="0 0 0" xyz="0.35 0   0.5"/>
  <geometry>
    <box size="1.5 0.5 0.3"/>
  </geometry>
</collision>
<visual name="pig_dog__visual">
  <origin rpy="0 0 0" xyz="0.35 0   0.5"/>
  <geometry>
    <box size="1.5 0.5 0.3"/>
  </geometry>
  </visual>
</link>
```

① link name：定义连接名称为 body。
② visual：让定义的物体结构可见。
③ geometry：定义几何形状（圆柱体、立方体、球体和网格）为 box，尺寸为 1.5m × 0.5m × 0.3m。
④ origin：rpy 定义起点位置无位移，xyz 定义绕 z 轴旋转。

使用以下代码定义关节：

```
<joint name="body_lf_joint" type="continuous">
  <parent link="body"/>
  <child link="left_front_leg"/>
  <origin rpy="0 0 0" xyz="-0.35 -0.3   0.65"/>
  <axis xyz="0 1 0"/>
  <dynamics damping="0.7"/>
</joint>
```

① joint name：定义关节名称为 body_lf_joint，类型为转动关节。
② parent link：父连接是 body。
③ child link：子连接是 left_front_leg。
④ origin：起点位置相对父连接无位移。
⑤ dynamics damping：动力学阻尼。

3）关节类型。
① fiexd：固定关节，不允许运动的特殊关节。
② continuous：转动关节，可以绕单轴无线旋转。
③ revolute：旋转关节，类似于 continuous，但旋转角度有限。
④ prismatic：滑动关节，沿某一轴线移动的关节，带有位置极限。
⑤ floating：浮动关节，允许进行平移、旋转运动。
⑥ planar：平面关节，允许在平面正交方向上平移或者旋转。

4）物理属性和碰撞属性。

如果想要在 Gazebo 或者其他仿真软件上进行机器人仿真，就需要添加物理属性和碰撞属性。这意味着需要设定几何尺寸米计算可能的碰撞，如设定质量才能够计算惯性等。

需要保证模型文件中的所有连接都有这些参数，否则就无法对这些机器人进行仿真。

在下面的代码中，向名为 body 的连接添加这两个属性：

```
<link name="body">
      ...
<inertia ixx="0.166667" ixy="0" ixz="0" iyy="0.166667" iyz="0" izz="0.166667"/>
   </inertial>
 <collision name="pig_dog__collision">
   <origin rpy="0 0 0" xyz="0.35 0   0.5"/>
   <geometry>
```

```
    <box size="1.5 0.5 0.3"/>
  </geometry>
 </collision>
 ...
</link>
```

要为所有连接添加 collision 和 inertial 属性,否则 Gazebo 将无法使用这些模型。

注意:对于复杂的机器人模型,可以在 SolidWorks 中进行建模并导出 URDF 文件。

(3)控制模型运动 利用自定义 ros_control 控制四足机器人模型运动。

1)yaml 文件:发布所有的节点信息。需要定义 joint_state_controller 和 joint1_position_controller,并设置 pid 参数,代码如下(部分)所示:

```
pig_dog:
 joint_state_controller:
  type: joint_state_controller/JointStateController
  publish_rate: 50
 joint1_position_controller:
  type: position_controllers/JointPositionController
  joint: body_lf_joint
#pid: {p: 100.0, i: 0.01, d: 10.0}
.........
........
 pig_dog/gazebo_ros_control/pid_gains:
  body_lf_joint: {p: 100.0, i: 0.0, d: 10.0}
.....
```

2)launch 文件:将联合控制器配置从 YAML 文件加载到参数服务器。

3)控制文件:

① Teleop_control.py 实现键盘控制。

② Pos_pub.py 关节。

③ kinematics_algorithm.py 运动学算法,前进后退、左转右转、保持步态算法函数定义。

其中,基本控制流程:Teleop_control.py 向 pos_pub.py 发布按键消息,pos_pub.py(import kinematics)进行相应的响应,并将 joint_pos_pub 的参数传递给 launch 文件的相应关节。

(4)编写 launch 文件启动 Gazebo

(5)基本结构 到此我们创造的功能包整体结构已经完成,基本结构如下:

```
├── pig_dog_control
│   ├── config
│   │   └── pig_dog_control.yaml
│   ├── launch
│   │   └── pig_dog_control.launch
```

```
|       └── src
|              ├── kinematics_algorithm.py
|              ├── pos_pub.py
|              └── teleop_control.py
├── pig_dog_description
|       └── urdf
|              ├── pig_dog.gazebo
|              └── pig_dog.xacro
└── pig_dog_gazebo
        ├── CMakeLists.txt
        ├── launch
        |      └── pig_dog_world.launch
        ├── Makefile
        ├── manifest.xml
        └── worlds
               └── pig_dog.world
```

（6）运行展示

1）要在 Gazebo 中运行这个简单的四足机器人，输入以下命令运行 launch 文件：

```
$ roslaunch pig_dog_gazebo pig_dog_world.launch
```

2）控制这个简单的四足机器人，输入以下命令运行控制的 demo：

```
$ rosrun pig_dog_control teleop_control.py
```

3）在终端窗口中可以根据提示利用按键来控制机器人运动：

```
Use WASD keys to control the robot
Press Caps to move faster
Press q to quit
```

4）可以使用 rostopic list 命令来查看正在发布或订阅的各种话题，代码如下所示（部分）：

```
/action_command
/clock
 /gazebo/link_states
/gazebo/model_states
/gazebo/parameter_descriptions
/gazebo/parameter_updates
/gazebo/performance_metrics
/gazebo/set_link_state
/gazebo/set_model_state
/pig_dog/gazebo_ros_control/pid_gains/body_lb_joint/parameter_descriptions
/pig_dog/gazebo_ros_control/pid_gains/body_lb_joint/parameter_updates
```

```
/pig_dog/gazebo_ros_control/pid_gains/body_lf_joint/parameter_descriptions
/pig_dog/gazebo_ros_control/pid_gains/body_lf_joint/parameter_updates
```

5）为了获得详细的节点和话题信息，可以运行 rqt_graph，如图 6-38 所示。

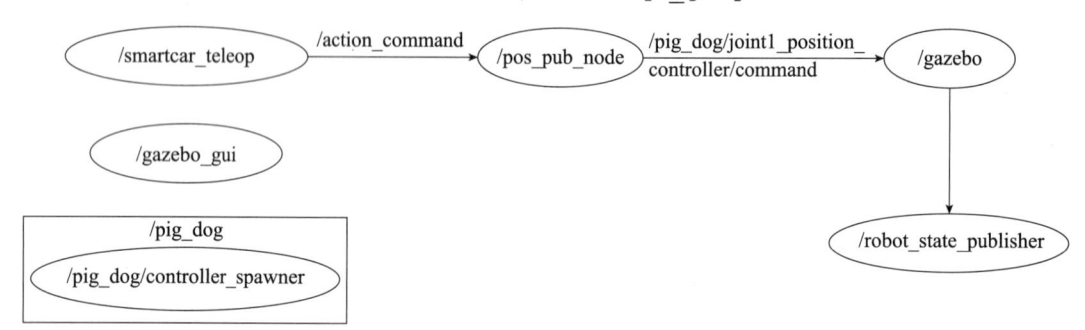

图 6-38　运行结果

6）效果展示如图 6-39 所示。

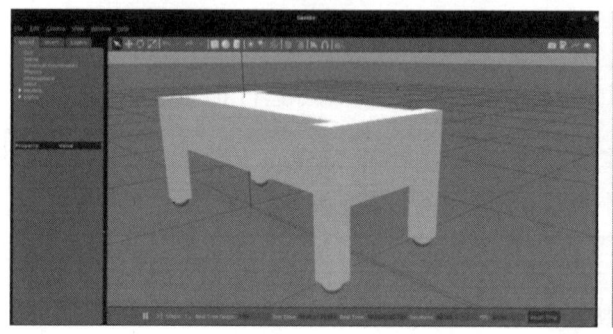

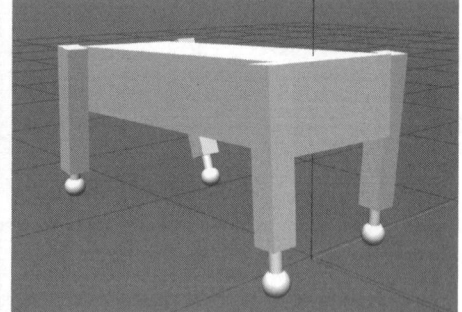

图 6-39　效果展示

6.3.3　四足机器人仿真模型的改进

6.3.2 节中搭建了一个简单的四足机器人，但其与前文的提到的当前行业内的四足机器人还相差甚远，因此对其进行改进。改进从以下两个方面进行：

1）增加腿部关节，使腿部能够有 z 向的旋转自由度。

2）将移动关节改为旋转关节。

具体实现过程如下：

1）为了实现在 ROS 中实现对仿真机器人的控制，首先要创建 ROS 工作区间，同时创建一些 ROS 功能包。

2）创建 URDF 文件。对于复杂的机器人模型，可以在 SolidWorks 中进行建模并导出 URDF 文件。

3）在 Rviz 里查看 3D 模型：

①新建 launch 文件 display.launch

②在 robot1_description/launch 文件夹下新建 display.launch 文件。
③运行 launch 文件，代码如下：

```
$ roslaunch protbot_dog_description display.launch
```

④运行上述指令之后，就可以在 Rviz 中显示模型。

Rviz 环境如图 6-40 所示。

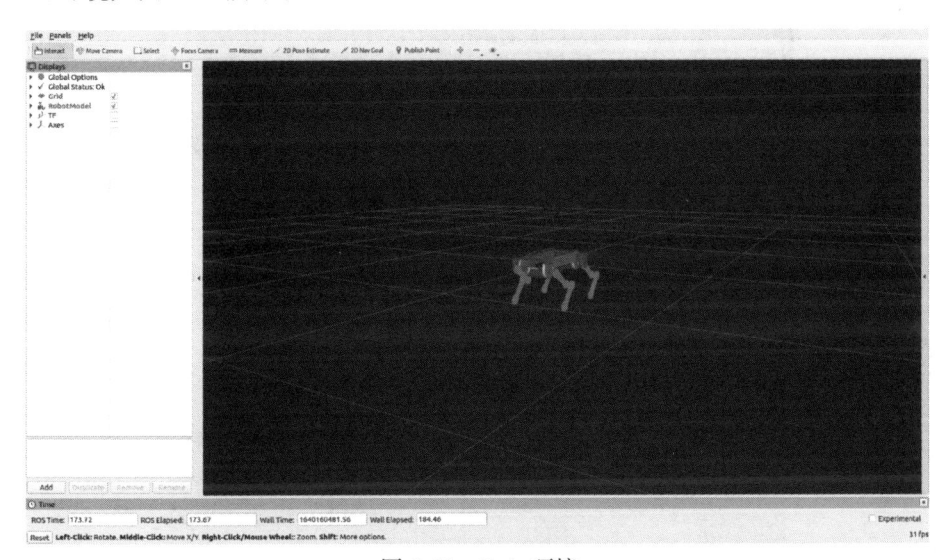

图 6-40　Rviz 环境

4）创建话题节点功能包，执行运动学逆解。创建运动学逆解程序，定义各个关节的话题消息，同时可以根据步态规划，反解出各个关节的角度。在 protbot_dog_leg_ik/src 中创建名为 protobot_protobot_dog_leg_ik_node.cpp 的文件，用作于处理控制信息的节点。

5）创建控制 demo。这里建立了蹲下、站起和爬行三个 demo。

至此整个功能包已经创建完成，其整体结构如下：

① protobot_dog_description: 模型文件包。
② protobot_dog_leg_ik: 腿部姿态逆解包，订阅落脚点话题，发布关节位置命令话题。
③ protobot_dog_controll: 四条腿行走轨迹控制包，发布每一条腿的落脚点轨迹话题。
④ protobot_dog_simulation: 启动 Gazebo 并加载关节控制器包，订阅每一关节位置命令话题。

运行展示：

1）启动 Gazebo，默认暂停仿真，代码如下：

```
$ roslaunch protobot_dog_simulation protobot_dog_simulation.launch
```

启动的 Gazebo 仿真环境如图 6-41 所示。

2）启动运动学逆解程序，代码如下：

```
$ roslaunch protobot_dog_leg_ik protobot_dog_leg_ik.launch
```

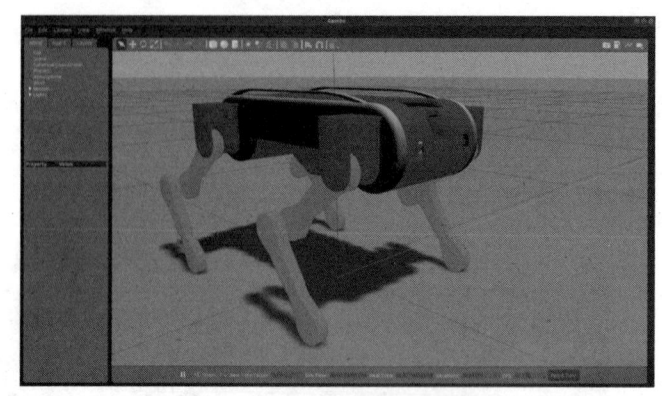

图 6-41　Gazebo 仿真环境

3）发布运动控制 demo。

①上下蹲起，代码如下：

```
$ rosrun protobot_dog_controll simple_demo.py
```

"蹲下""站起"的运行结果分别如图 6-42 和图 6-43 所示。

图 6-42　蹲下

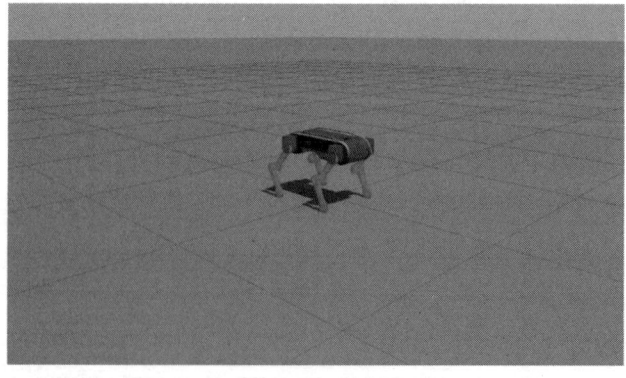

图 6-43　站起

②爬行，代码如下：

```
$ rosrun protobot_dog_controll walk_demo.py
```

"爬行"的运行效果如图 6-44～图 6-47 所示。

图 6-44　爬行（一）

图 6-45　爬行（二）

图 6-46　爬行（三）

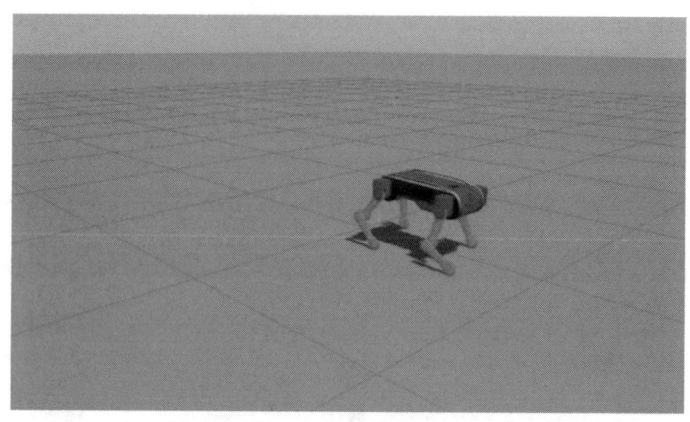

图 6-47　爬行（四）

6.3.4　Unitree robots 四足机器人仿真

在 6.3.3 节中搭建了一个更为合理与完美的四足机器人仿真模型，本节将对目前行业内的四足机器人 Unitree robots 的仿真模型进行探索。

（1）创建工作空间

（2）功能包结构

1）unitree_legged_control。它包含用于 Gazebo 模拟的关节控制器，允许用户控制具有位置、速度和转矩的关节。有关不同模式下的联合控制示例，请参阅 unitree_ros/unitree_controller/src/servo.cpp。

2）unitree_gazebo & unitree_controller。可以使用以下命令启动 Gazebo 模拟：

```
$roslaunch unitree_gazebo normal.launch rname:=a1 wname:=stairs
```

其中，rname 代表机器人名称，可选择 laikago、aliengo、a1 和 go1；Wname 代表世界的名称，可选择 earth、space 和 stairs。

① Stand controller。启动 Gazebo 模拟后，使用以下命令可以开始控制机器人：

```
$rosrun unitree_controller unitree_servo
```

使用以下命令可以添加外部干扰，如推或踢：

```
$rosrun unitree_controller unitree_external_force
```

② Position and pose publisher。

在这里，演示了如何在没有控制器的情况下控制机器人的位置和姿势，这在 SLAM 或视觉开发中非常有用。

然后在另一个终端中运行位置和姿势发布者：

```
$rosrun unitree_controller unitree_move_kinetic
```

机器人将绕原点转动，即世界坐标系下的运动。在源文件 move_publisher.cpp 内部，还提供了使用机器人坐标框架移动的方法。可以将 def_frame coord::WORLD 的值更改为 def_framecoord::ROBOT，然后再次运行 catkin_make，然后机器人将在其自己的坐标框架下移动。

```
def_framecoord::ROBOTunitree_move_publisher
```

（3）查看 3D 模型　在 Rviz 中查看 3D 模型，可视化效果如图 6-48～图 6-50 所示。

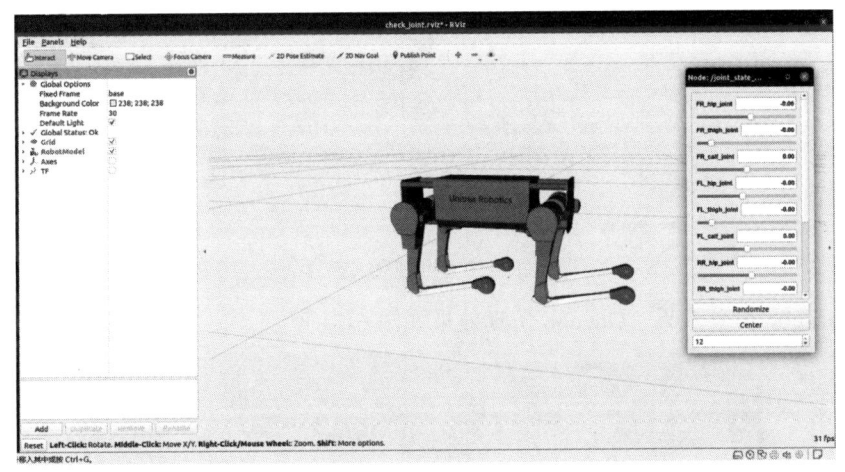

图 6-48　可视化（一）

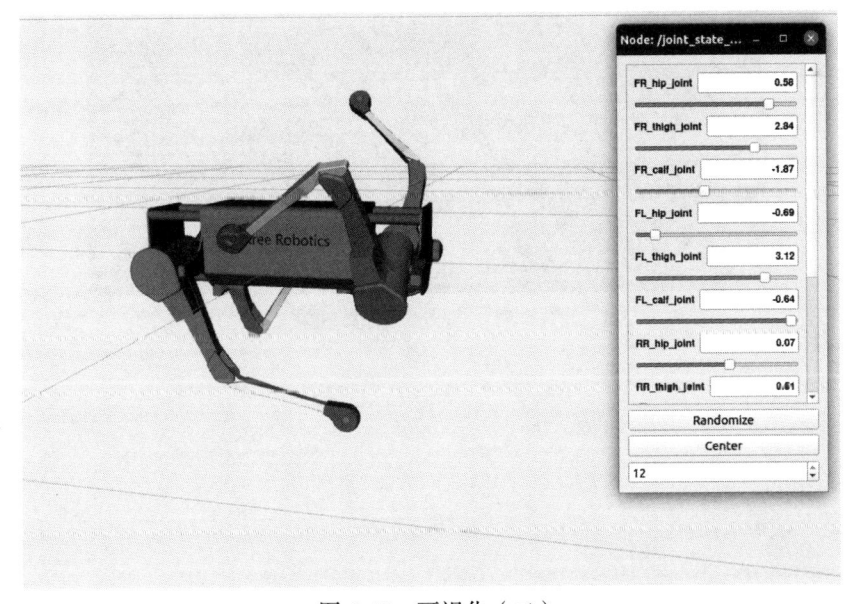

图 6-49　可视化（二）

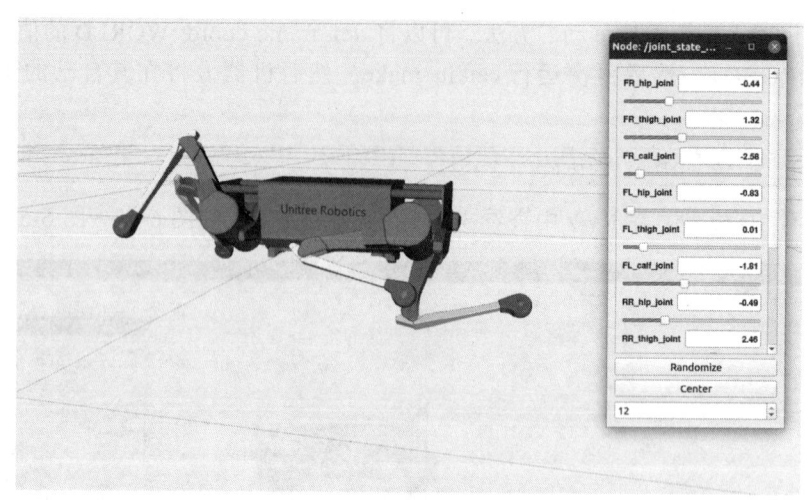

图 6-50　可视化（三）

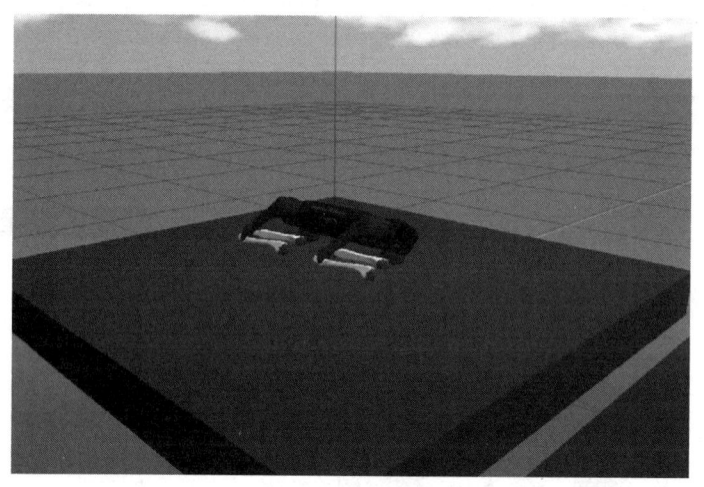

（4）Gazebo 仿真效果　Gazebo 仿真效果如图 6-51 所示。

图 6-51　Gazebo 仿真效果

CHAPTER 7

第 7 章

人形机器人

人形机器人代表了机器人工程和人工智能领域的高度融合。与传统的工业机器人相比，人形机器人在形态和功能上更接近于人类的特性，这使它们能够更好地模拟人类行为，适应人类环境。人形机器人是高度仿生的机器设备，它们不仅模仿人类的外观，更模仿人类的动作和感知能力。这种机器人通常具有两腿行走的能力，能够进行复杂的手部操作，甚至能够通过人工智能技术进行决策和学习，从而执行复杂任务。本章将从人形机器人的内涵与构成、人形机器人的发展现状与政策支持、人形机器人肢体、人形机器人大脑和小脑这四个方面来介绍人形机器人的相关知识。

7.1 人形机器人的内涵与构成

1. 人形机器人的内涵

人形机器人是双足机器人和人工智能的结合，主要探讨双足机器人如何整合人工智能技术。人形机器人的核心在于它们是双足机器人与人工智能技术的结合体，这种结合使得机器人不仅能模仿人类的行走和其他物理动作，还能通过机器学习和模式识别技术，自主地进行决策和学习。这一进步大幅提高了机器人的自主性和应用的灵活性。

2. 人形机器人的构成

人形机器人由机器人头部、机器人大脑、机器人小脑和机器人肢体四部分构成，每个部分均承担着特定的功能，共同协作使机器人能够执行复杂的人类动作和任务。以傅利叶智能 GR-1 人形机器人为例，人形机器人的构成大致如图 7-1 所示。

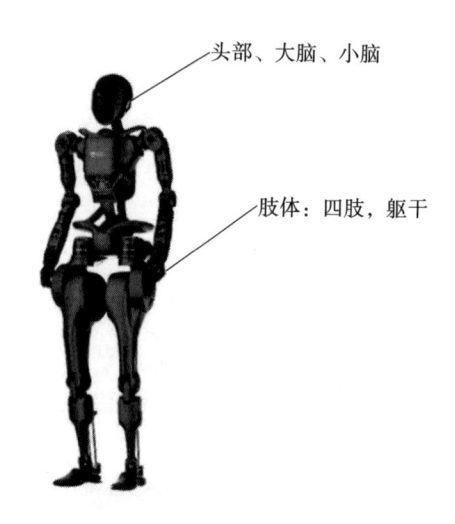

图 7-1 人形机器人的构成

1）机器人头部：机器人的头部装配了高级传感器和摄像头、激光雷达，类似于人类的眼睛和耳朵，负责实时收集环境中的声音、光线和图像数据。这些传感器不仅能够捕捉细微的环境变化，还能对人脸和其他重要视觉标志进行识别，这对于机器人与人的自然交互至关重要。头部的设计考虑了美观和实用性，确保机器人在与人交互时显得更加友好和自然，同时也保证了信息采集的高效性和准确性。

2）机器人大脑：机器人大脑是控制中心，负责处理通过头部传感器和摄像头收集的所有数据。它采用基于大模型的先进算法，解析复杂的环境信息并理解人类语言的语境和意图。大模型使机器人大脑能够在接收到指令后迅速做出反应，制定详尽的策略和行动计划，以支持机器人在多变环境中的自主操作。这种智能化处理不仅提升了决策的准确率，还增强了机器人适应新环境和任务的能力。

3）机器人小脑：机器人小脑专注于运动协调和平衡调节，在机器人执行需要高度协调性的复杂任务时扮演重要角色。它通过算法精确调节机器人肢体的每一个动作，确保机器人的动作流畅且精确。在行走或搬运物品等需要高度平衡能力的任务中，小脑的作用尤为关键，它能够实时调整机器人的姿态，以适应不平坦的地形或突发的动态变化，保持机器人的稳定性。

4）机器人肢体：即人形机器人的四肢和躯干，机器人的四肢和躯干构成其主体支撑结构，不仅支撑整个机器人的质量，还整合了动力系统和大部分传感器。四肢的设计使机器人能够进行行走、抓取和其他物理操作，躯干则装配了能量系统和处理器，为机器人的所有操作提供必要的动力和数据处理支持。这一设计确保了机器人在执行任务时的高效性和灵活性。

7.2 人形机器人的发展现状与政策支持

随着科技的快速发展，人形机器人已从科幻走向现实，成为技术革新和产业应用的前沿阵地。这些机器人模拟人类的外观和动作，不仅在复杂的工业环境中表现出色，也逐渐融入日常生活的多个方面，如医疗、教育及服务业。然而，人形机器人技术的进步并非孤立现象，它的发展离不开全球范围内的各国相关政策支持和资金投入。本节将介绍全球人形机器人的发展现状，以及各国政府促进人形机器人技术研发和商业化的政策支持等内容。通过梳理和对比不同国家的政策框架，可以更好地理解这些政策如何影响技术创新与产业发展，以及未来人形机器人技术的发展趋势和机遇。

7.2.1 全球人形机器人的发展现状

人形机器人技术在全球范围内迅速发展，多个国家展示了其在该领域的先进产品和研究成果。以下是一些有代表性的人形机器人。

1）美国，波士顿动力（Boston Dynamics）公司的电力驱动人形机器人 Atlas。Atlas 是由波士顿动力公司开发的高级人形机器人，以其卓越的机动性和平衡能力闻名，如图 7-2 所示。

2）美国，特斯拉公司的 Optimus 2 人形机器人。特斯拉的 Optimus 2 是一款旨在执行工厂自动化任务的人形机器人，其设计目标是提高生产效率并降低制造成本。人形机器人 Optimus 2 强调与人类工人无缝协作的能力，提供安全而高效的自动化解决方案，如图 7-3 所示。

图 7-2　人形机器人 Atlas

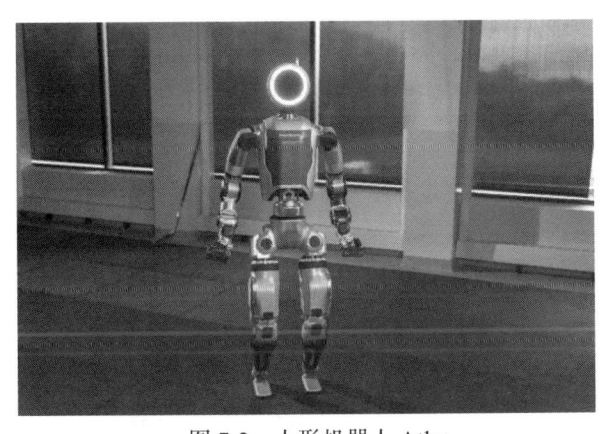

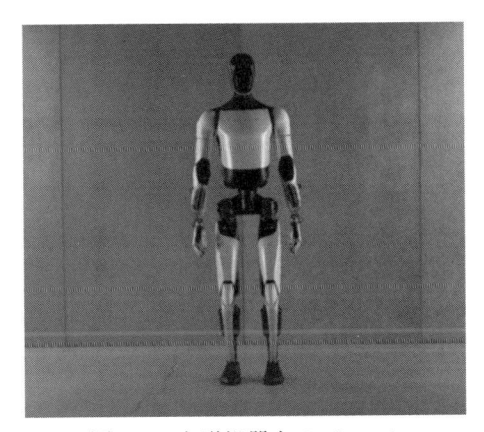

图 7-3　人形机器人 Optimus 2

3）美国，人形机器人初创公司 Figure 的 Figure 01 人形机器人。Figure 01 是 Figure 公司与 OpenAI 合作开发的人形机器人，结合了 OpenAI 的聊天机器人技术。这款机器人能够执行接收人类指令的任务，如递送物品、整理垃圾等，展示了高级自然语言处理能力，如图 7-4 所示。此外，Figure 01 也将被投入宝马工厂中进行车间生产实训。

4）美国，Apptronik 公司的人形机器人 Apollo。Apollo 是由 Apptronik 公司开发的人形

机器人,专注于执行多样化的服务和工业任务。人形机器人 Apollo 被设计用于高度互动的环境,能够进行复杂的物体操控和人机协作,如图 7-5 所示。

图 7-4　人形机器人 Figure 01

图 7-5　人形机器人 Apollo

5)美国,Agility Robotics 公司的人形机器人 Digit。Digit 是 Agility Robotics 公司开发的人形机器人,被设计用于递送和物流领域,能够在室内外环境中搬运包裹。Digit 的特点是稳定性高,可以在不平坦的地面上行走,如图 7-6 所示。

6)中国,宇树科技公司的人形机器人 Unitree H1。Unitree H1 是宇树科技公司 2023 年推出的通用人形机器人,主要面向商业和娱乐市场,强调人机交互能力和娱乐功能。H1 中的关节电动机是宇树科技自研的 M407 关节电动机,关节最大扭矩可达 360N·m。人形机器人 Unitree H1 如图 7-7 所示。宇树科技于 2024 年 5 月发布了人形机器人 Unitree G1,如图 7-8 所示。

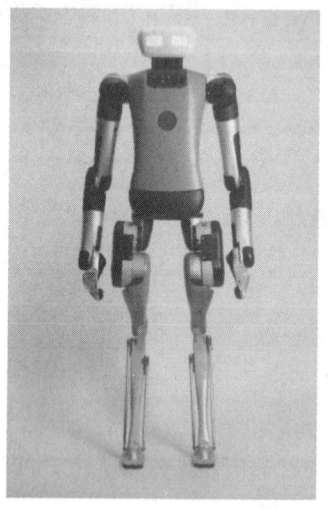

图 7-6　人形机器人 Digit

图 7-7　人形机器人 Unitree H1

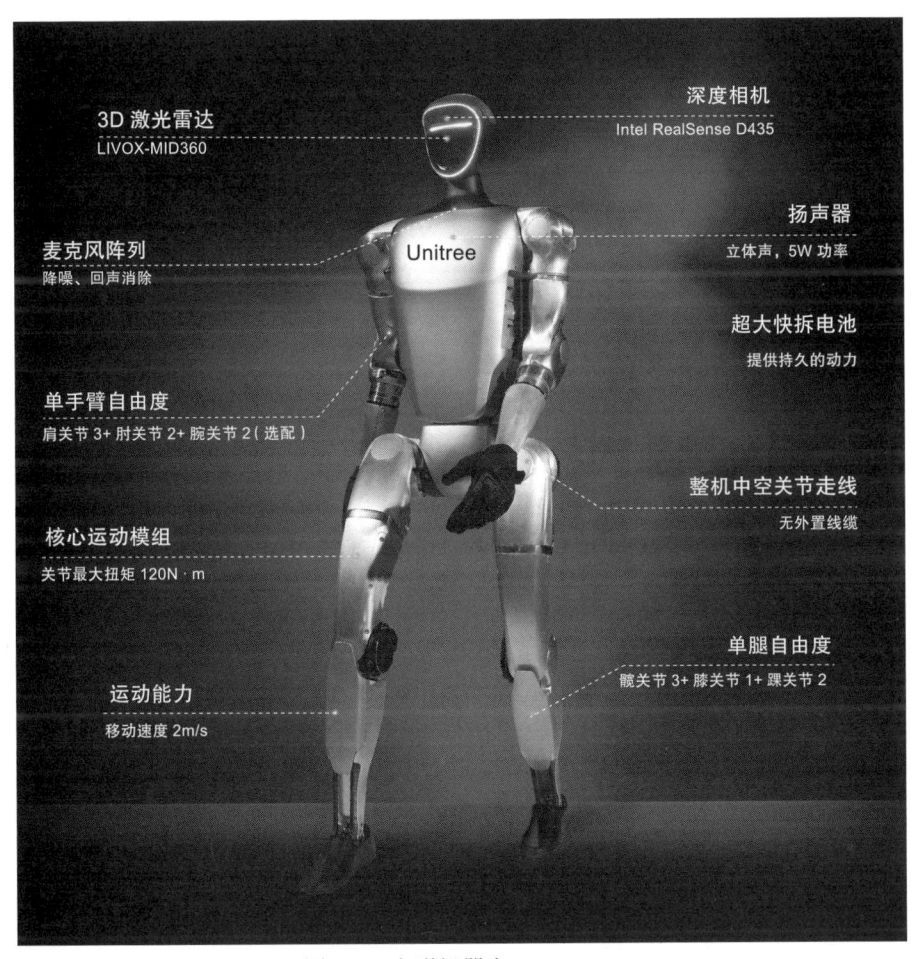

图 7-8 人形机器人 Unitree G1

7)中国,傅利叶智能科技有限公司的人形机器人 GR-1。GR-1 是傅利叶智能科技有限公司开发的高级人形机器人,专为复杂的工业应用设计,能够在极端工业环境中执行精密任务,如装配和质量检查。人形机器人 GR-1 如图 7-9 所示。

8)中国,优必选科技公司的人形机器人 Walker X。目前,Walker X 已经进入蔚来汽车、东风汽车工厂实训。此外,优必选公司联手百度公司,将百度文心大模型接入 Walker X 中,增强了 Walker X 的语言处理和认知决策能力,使其在执行复杂的工业任务时更加智能和高效。人形机器人 Walker X 如图 7-10 所示。

9)加拿大,SanctuaryAI 公司的人形机器人 Phoenix。Phoenix 是由 SanctuaryAI 公司开发的人形机器人,具备高度智能和自适应能力,能够执行多种复杂任务。Phoenix 的设计目标是成为高度互动和适应性强的机器人,适用于研究和服务领域,如图 7-11 所示。

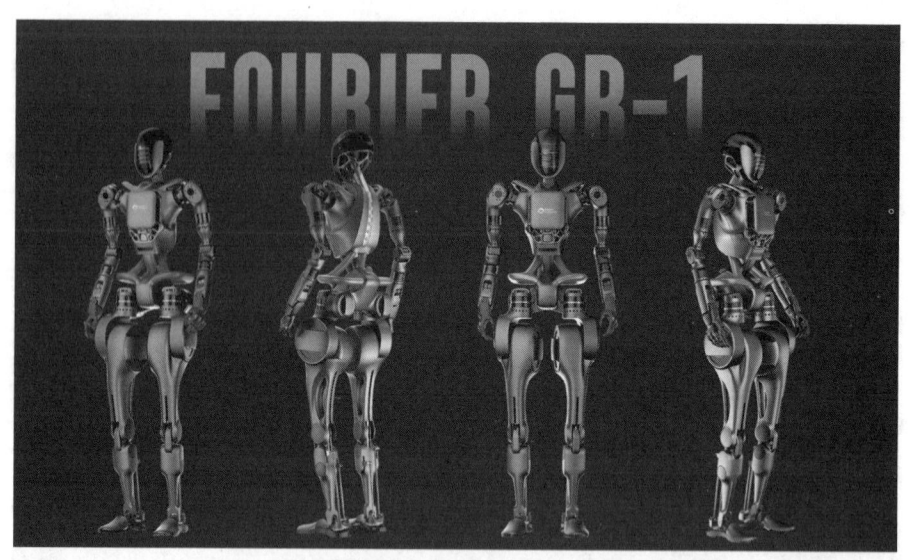

图 7-9　人形机器人 GR-1

图 7-10　人形机器人 Walker X 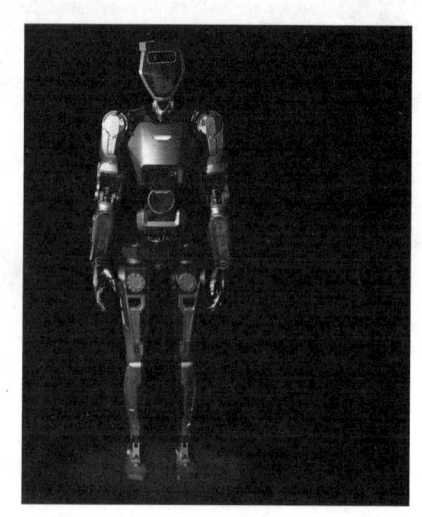　　　图 7-11　人形机器人 Phoenix

10）挪威，1X Technologies 公司人形机器人 Eve 和人形机器人 NEO。（获 OpenAI 投资的）挪威机器人公司 1X Technologiess 推出的 Eve 和 NEO 是两款人形机器人，分别专注于职场和家庭辅助任务。Eve 被设计用于办公室和客户服务环境，而 NEO 则作为家庭助手，帮助进行家务和日常管理。人形机器人 Eve 和人形机器人 NEO 如图 7-12 所示。

11）日本，日本东京工业大学的 Suzumori Endo Robotics 研究实验室开发出仿生肌肉驱动的人形机器人，如图 7-13 所示。

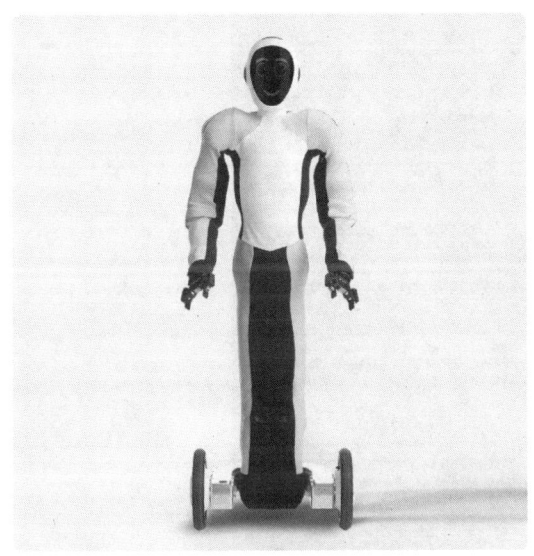

a）人形机器人 Eve   b）人形机器人 NEO

图 7-12　人形机器人 Eve 和 人形机器人 NEO

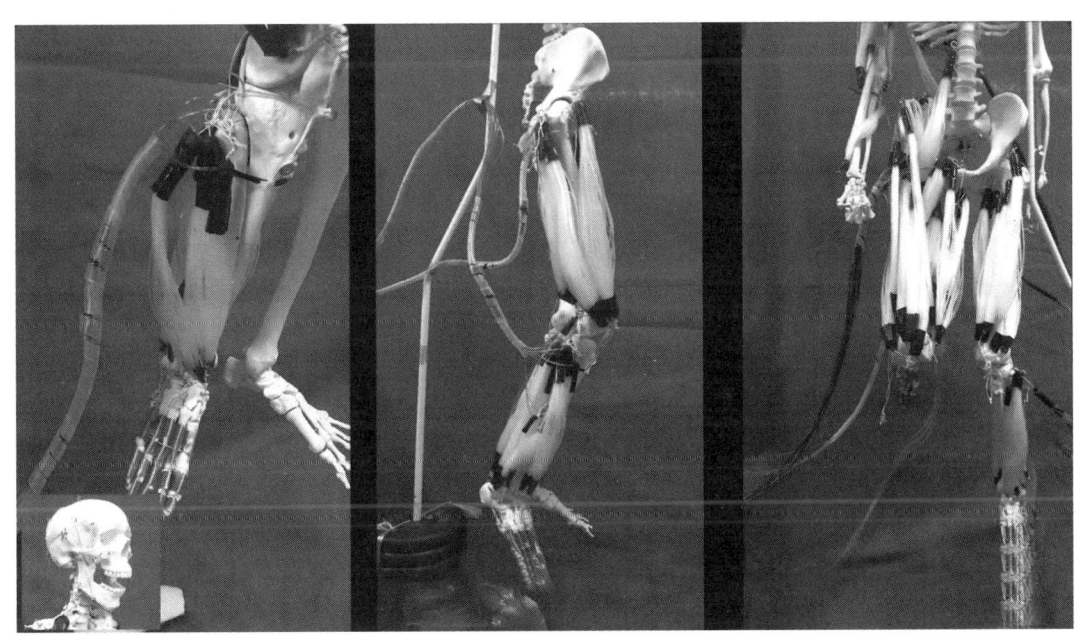

图 7-13　仿生肌肉驱动的人形机器人

12）英国，人形娱乐机器人公司 Engineered Arts 开发的人形机器人 Ameca。Ameca 表情细腻丰富，逼真到与真人无异，但成本高昂，如图 7-14 所示。

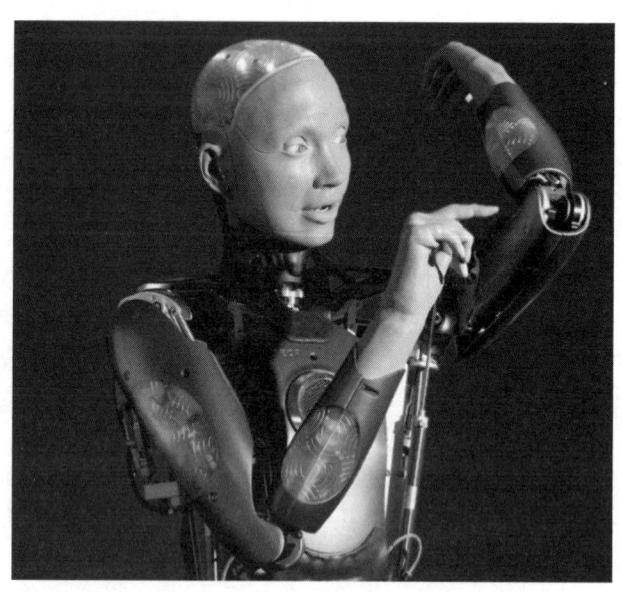

图 7-14 人形机器人 Ameca

13）2024 年 7 月世界人工智能大会（WAIC）上的人形机器人：

①人形机器人青龙。人形机器人青龙是国家地方共建人形机器人创新中心自主研发的全尺寸通用人形机器人，如图 7-15 所示。人形机器人青龙高 185cm，重 80kg，集成了 43 个主动自由度，实现了从头部到手部、臂部、腿部、腰部和踝部的全尺寸设计。其腿部系统追求轻量化、高刚度和低关联，搭载了高扭矩密度的轴向电动机，能够确保青龙在复杂地形中的稳态行动能力。同时，人形机器人青龙配备了 7 自由度机械臂与集成触觉感知能力的五指灵巧手，为精细操作和复杂任务提供了有力支持。在算力与控制方面，人形机器人青龙搭载了 400TOPS 高算力的具身智能控制器，集成了"视、听、触、嗅、动"五感融合设计，使其能够深度感知并融合周围环境信息，实现更为智能的自主决策与控制。通过"朱雀"具身大脑和"玄武"小脑模型的协同工作，人形机器人青龙能够独立完成从语言理解到动作执行的全过程。大会现场展示了青龙人形机器人在感知、规划、决策及控制方面的能力。

②达闼公司的最新一代人形机器人 XR4（又名"七仙女"小紫），如图 7-16 所示。该机器人搭载了具身智能大模型 RobotGPT，主要应用于科研场景。据介绍，这款高 168cm、采用碳纤维复合材料打造的全尺寸双足机器人，不仅拥有超过 60 个智能柔性关节，还能以 3.5km/h 的速度移动，手臂可承载 10kg 的重物。

③Kuavo（夸父）是国内首款搭配鸿蒙操作系统的全尺寸人形机器人，如图 7-17 所示。其质量约为 45kg，步速最高可达 4.6km/h，快速连续跳跃高度超过 20cm。据悉，它是最早产业化落地的一款机器人，由乐聚公司打造，目前已经量产，场景包括工业、科研等。

图 7-15 人形机器人青龙

图 7-16 人形机器人"七仙女"小紫

本届 WAIC 共吸引了 500 余家企业参展,展品数量超过 1500 项。其中,机器人专区成为本届大会的展览重点,共展出 25 款人形机器人。这些机器人在展会上列阵,组成"十八金刚",如图 7-18 所示。它们不仅是展示品,还有具体的售价,价格区间在十万元至三十多万元不等,比多数新能源汽车更贵,但尚未达到奢侈品机器人的价格水平。

图 7-17 人形机器人夸父

图 7-18 人形机器人"十八金刚"

14)"天问"和"MVR-1 号"人形机器人。武汉大学研发了两款人形机器人,其中武汉大学工业研究院研发的"天问"机器人(见图 7-19a)高 1.7m,重 65kg。整个机器人有 36 个自由度,其中灵巧手的自由度就高达 7 个。灵巧性与可操作性是衡量机器人灵活性和功能性的重要指标。"天问"的柔性手指以腱绳驱动,简单灵巧,不仅能够实现对脆弱物品的柔性抓取,还能针对不同尺寸、外形、材质的物体调整抓取姿态和最佳力度。

武汉大学机器视觉与机器人实验室研发的"MVR-1 号"人形机器人(见图 7-19b)包含 19 个自由度。这款机器人小脑采用双螺旋架构强化学习控制模型,能有效模仿人的步态,适应多种复杂地形的行走;这款机器人大脑采用多模态大模型辅助的具身智能感知和认知框架，高效执行场景理解和任务分解与规划。

a）"天问"人形机器人　　　　　b）"MVR-1号"人形机器人

图 7-19　武汉大学"天问"人形机器人和"MVR-1号"人形机器人

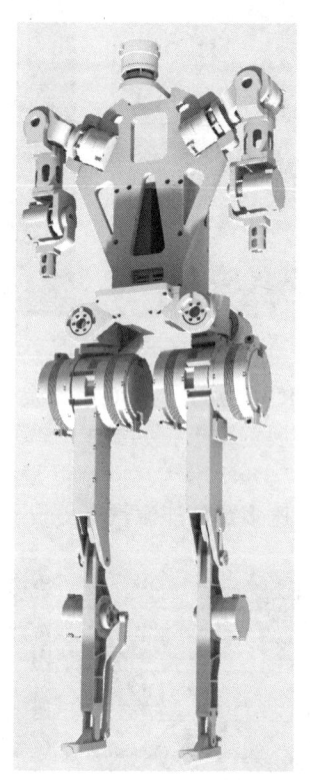

2024年3月，英伟达展示了多模态人形机器人通用基础模型GROOT，可作为机器人的大脑。GROOT驱动的机器人能够理解自然语言，通过观察人类行为来快速学习，显示了人形机器人在认知智能方面的巨大潜力。

人形机器人发展浪潮迅猛，机器人正从简单的自动化任务执行者转变为能够进行复杂决策和交互的智能系统。大模型和深度学习技术的整合是推动这一进步的核心，这些技术使机器人能够更好地理解和适应复杂的环境，执行更为复杂的任务。人形机器人的发展正向着更高自主性、更强交互能力和更广泛的应用场景迈进。在全球范围内，美国和中国在人形机器人的研发和应用方面居于领先地位，主要发展面向工业和服务行业的机器人，展示了其实用性和多功能性。同时，欧洲和日本也在此领域显示了强烈的创新意识，尤其是在提高机器人自主性和安全性方面进行了许多突破性的研究。

7.2.2　国家政策和战略

各国政府在推动人形机器人技术的发展方面采取了不同的政策和战略，这些政策不仅影响了技术的进步速度，还塑造了机器人技术的应用领域和市场趋势。

（1）美国　美国在人形机器人的研发和应用方面采取了多层次的策略，这些策略涵盖了从联邦政府到私营部门的广泛支持和资助，旨在保持其在全球人形机器人技术领域的领先地位。美国政府通过多个机构，如国防高级研究计划局（DARPA）和国家科学基金会（NSF）提供资金支持，推动人形机器人技术的基础研究和开发。美国政府积极推动与私营企业和学术界的合作，通过公私合作伙伴关系（PPP）模式，促进人形机器人技术的创新和商业化。美国通过各种机制促进大学和研究机构的创新成果向企业转移。联邦技术转移计划（Federal Technology Transfer Program）和小型企业创新研究计划（SBIR）支持小企业与国家实验室和大学合作，开发和商业化新技术。美国强调高等教育体系在人形机器人技术领域的重要作用，多所领先的大学，如麻省理工学院（MIT）、斯坦福大学和加州大学伯克利分校等都设有先进的机器人研究项目，培养未来的机器人技术专家。美国积极参与国际机器人技术的标准制定和政策对话，以确保其技术和产品能够在全球市场中保持竞争力。通过国际标准组织和多边论坛，美国推动了关于人形机器人安全、伦理和互操作性的国际标准制定。

（2）中国　我国对人形机器人技术的发展给予高度重视，并制定了一系列国家策略来推动此领域的科技创新和产业成长。这些策略包括政策支持、资金投入、产学研合作等多个方面，目标是在全球范围内建立技术和市场的竞争优势。

2023年10月，工业和信息化部印发的《人形机器人创新发展指导意见》指出，以大模型等人工智能技术突破为引领，在机器人已有成熟技术基础上，重点在人形机器人"大脑"和"小脑"、"肢体"关键技术、技术创新体系等领域取得突破。突破关键技术包括：

- **打造人形机器人"大脑"和"小脑"**。开发基于人工智能大模型的人形机器人"大脑"，增强环境感知、行为控制、人机交互能力，推动云端和边缘端智能协同部署。建设大模型训练数据库，创新数据自动化标注、清洗、使用等方法，扩充高质量的多模态数据。科学布局人形机器人算力，加速大模型训练迭代和产品应用。开发控制人形机器人运动的"小脑"，搭建运动控制算法库，建立网络控制系统架构。面向特定应用场景，构建仿真系统和训练环境，加快技术迭代速度，降低创新成本。

- **突破"肢体"关键技术**。用好现有机器人技术基础，系统部署"机器肢"关键技术群，创新人体运动力学基础理论，打造仿人机械臂、灵巧手和腿足，突破轻量化与刚柔耦合设计、全身协调运动控制、手臂动态抓取灵巧作业等技术。攻关"机器体"关键技术群，突破轻量化骨骼、高强度本体结构、高精度传感等技术，研发高集成、长续航的人形机器人动力单元与能源管理技术。

我国强调构建完整的人形机器人产业链，从基础材料、核心组件到高端制造设备。政府支持行业内的技术创新，包括新材料的开发、高精度传感器、智能控制系统等。同时，通过建立产业园区和创新中心，促进产学研用紧密结合，加速技术成果的产业化。

（3）加拿大　加拿大已经认识到人形机器人技术在未来经济和社会发展中的重要性，并采取了一系列策略来推动该领域的增长。加拿大的策略不仅着重于技术创新，还包括培养相关技术人才、支持创新生态系统的发展，以及鼓励公私合作。加拿大鼓励建立技术创新生态系统，支持各种科技创业孵化器和加速器项目，如马赛克制造创新中心（MaRS Discovery District），这些机构提供资源、指导和资金，帮助初创企业和研究团队将人形机器人技术转化为实际产品。

（4）瑞士　瑞士在人形机器人技术发展方面采取的策略突出了其在精密工程、自动化技术以及创新驱动的教育系统的长期投资。瑞士在制造、医疗和服务行业拥有强大的工业基础，政府鼓励这些行业与机器人技术领域的协同发展。瑞士积极参与国际机器人技术和人工智能的研究项目和合作。瑞士政府通过提供资金、税收优惠和创业支持服务来促进创新和技术商业化。

（5）日本　长期以来，日本在人形机器人技术上一直处于领先地位，重点发展用于服务业和娱乐业的人形机器人，如 Honda 的 Asimo 和 SoftBank 的 Pepper。日本政府支持通过政府资助的研发计划和与学术机构的合作来推动技术创新。

（6）欧洲　欧盟在推动人形机器人技术的发展方面采取了一系列综合性策略，旨在通过促进技术创新、国际合作和规范立法等多个维度，加速人形机器人技术的研发和市场应用。重点在于提升机器人的自主性、安全性和伦理性，强调人机协作和机器人技术的可持续发展。

7.3　人形机器人肢体

人形机器人的肢体包括躯干和四肢，它们不仅是结构的核心，也是整合高级功能的关键部分。这些组件的设计兼顾了机械强度、灵活性和功能性，确保机器人能够在各种环境下稳定运行，并支持复杂的人类动作模仿。本节将介绍人形机器人躯干和四肢设计的相关内容，关注其肢体设计、关节和运动机构、躯干和四肢结构、材料选择与制造技术。

7.3.1　人形机器人肢体设计

人形机器人的肢体设计主要包括人形机器人躯干设计和四肢设计。

1. 躯干设计

躯干是人形机器人的主要支撑结构，承载着关键的机械和电子系统，包括动力源、传感器和控制模块。有效的躯干设计应考虑以下关键方面：

（1）模块化　设计应允许快速更换或升级关键组件，如电池、驱动模块或传感器。这种模块化不仅提高了维护和升级的效率，也增强了机器人的适应性，使其能根据不同的任务需求灵活调整。

（2）紧凑性　通过减少机器人体积和质量来提高能效和灵活性。紧凑的设计使机器人能在狭小或复杂的环境中更灵活地操作，同时减少能量消耗，延长工作时间。

（3）稳定性　在设计时确保机器人在执行各种活动，特别是在不平坦的地面上或执行复杂动作时，能够保持平衡。这通常需要通过精确的重心位置设计、姿态控制技术和动态平衡算法来实现，以保证机器人在各种操作中的安全性和可靠性。

2. 四肢设计

四肢设计关键在于实现与人类相似的灵活性和力量，同时保证足够的机械强度和精确控制。四肢通常包括多个关节和伺服电动机，使机器人能够进行精细的动作控制，如走路、抓取或搬运物品。有效的四肢设计应考虑以下关键方面：

（1）关节灵活性　关节设计必须能够模仿人类关节的运动范围，同时保持足够的力量和速度，以执行各种复杂任务。

（2）力量与精度的平衡　四肢的电动机和传动系统需精心设计，以便在保证足够力量的同时，也能进行精细的速度和位置控制。

（3）感应与反馈　在四肢的关节中集成高级传感器，如扭矩传感器和位置传感器，可以实时监测和调整机器人的动作，确保动作的准确性和对环境变化的适应性。

7.3.2　关节和运动机构

关节和运动机构的设计在人形机器人的开发中扮演着核心角色，因为它们不仅需要模仿人类关节的运动范围和精度，还必须保证机器人在执行任务时的力量和稳定性。

1. 伺服电动机

伺服电动机是人形机器人关节中最常用的驱动元件，它提供精确的角度控制和强大的扭矩，使机器人能够进行精细的动作调整。这种电机具有高度的可控性，能够快速响应指令变化，非常适合需要高精度和高可靠性的应用场景。伺服电动机的选择和配置对实现机器人的流畅和自然运动至关重要。

2. 电力系统

电力系统为人形机器人的关节和运动机构提供必需的能量。为了保证足够的功率和持续的操作能力，电力系统通常包括高效能的电池或超级电容，这些电源解决方案必须优化以适应机器人的能耗需求和质量分布。此外，电力系统也需要智能设计，以优化能量使用效率和保证机器人在执行长时间任务时的能量稳定性。

3. 传感反馈系统

为了增强人形机器人的交互能力和动作精确性，关节中通常集成了多种传感器来提供实时的力量和位置反馈。

1）头部视觉传感器，用于捕捉环境图像和进行深度感知，帮助机器人更好地理解周围环境。

2）手部力/扭矩传感器，使机器人能够感知抓握和操作时的力度，避免对物体造成损害。

3）足部力/扭矩传感器，用于监测行走或站立时的压力分布，帮助机器人保持平衡。

4. 核心零部件丝杠

丝杠是一种将旋转运动转换为直线运动（或反之）的高精度机械零件，通过旋转丝杠，螺母沿着丝杠的轴向移动，如图 7-20 所示。丝杠在机器人领域尤其重要，常用于关节和运动机构的传动，以实现精确的运动控制，丝杠主要有三种类型：梯形丝杠、滚珠丝杠和行星滚柱丝杠。

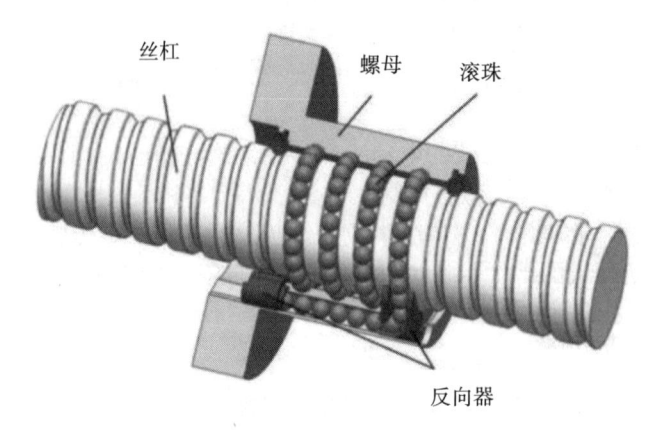

图 7-20 丝杠示意图

1）梯形丝杠。这种丝杠利用梯形螺纹进行运动转换。当丝杠旋转时，螺母会沿着丝杠的方向前进或后退，从而实现机械传动。这种类型的丝杠结构简单，但精度相对较低。梯形丝杠如图 7-21 所示。

2）滚珠丝杠。这种丝杠相对螺母旋转时，其旋转面通过滚珠的循环滚动推动螺母轴向移动，化旋转运动为直线运动，丝杠和螺母之间的滑动摩擦转变为滚珠与丝杠、螺母之间的滚动摩擦，传动效率高、精度较高。滚珠丝杠如图 7-22 所示。

图 7-21 梯形丝杠　　　　　图 7-22 滚珠丝杠

3）行星滚柱丝杠是一种高精度的传动机构，它利用丝杠的旋转作为驱动力。当丝杠旋转时，滚柱围绕丝杠进行行星式运动，并通过螺旋传动原理，将丝杠的旋转运动转化为螺母的直线往复运动。这种设计特点使行星滚柱丝杠具备高承载能力、小体积和高精度等优势。行星滚柱丝杠如图 7-23 所示。

图 7-23 行星滚柱丝杠

5. 先进的关节和关节设计

为了提高机器人的灵活性和适应性,关节设计必须模仿人体的结构,同时也要考虑到机械的耐用性和维护的便捷性。

1)旋转关节,允许机器人的手臂和腿部进行旋转运动,模拟人类的自然运动。旋转关节如图 7-24 所示。

图 7-24 旋转关节

2)直线关节,在某些特定应用中使用,如在机器人脊柱部分,提供直线移动以支持机器人身体的弯曲和伸展。直线关节如图 7-25 所示。

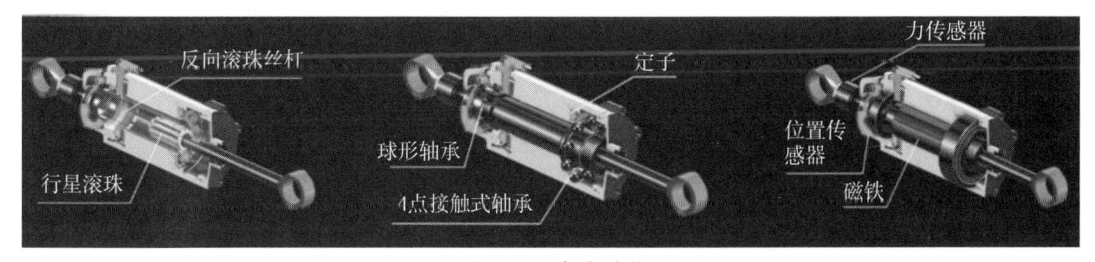

图 7-25 直线关节

3)空心杯关节,这种特殊设计的关节可以在不增加额外质量的情况下提供更大的运动自由度。空心杯关节如图 7-26 所示。

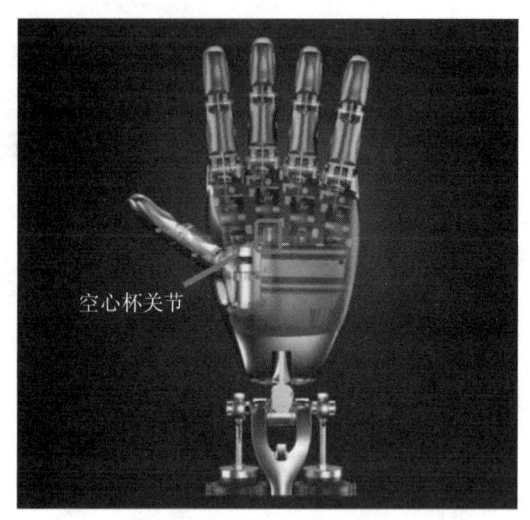

图 7-26　空心杯关节

6. 灵巧手

人形机器人的灵巧手旨在模仿人类手部的功能，实现精细的抓取和操作任务，其复杂的设计和高精度的控制系统使得它能够执行与人手相似的多样化功能。人形机器人灵巧手如图 7-27 所示。

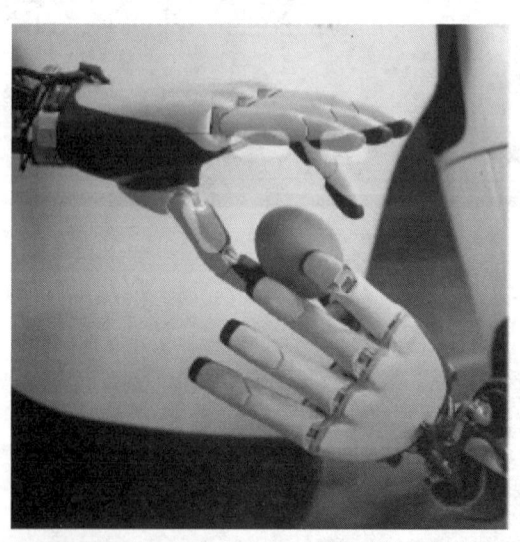

图 7-27　人形机器人灵巧手

灵巧手作为机器人新型末端执行器，是机器人研究的重要课题。自 20 世纪 70 年代起，国内外对灵巧手进行了大量研究，从三指到五指，从工业到生活，从简单的抓取到复杂操作，相关市场主体不断推动灵巧手的研究成果，以解决日益复杂的实际作业问题。近年来，国际上代表性的灵巧手厂商有 SCHUNK、Shadow Robot、qb Robotics、Clone Robotics 等；

国内代表性的灵巧手厂商或实验室则有蓝胖子机器智能（Dorabot）、因时机器人、腾讯 Robotics X 实验室等。随着人形机器人产业化的加速，国内外对灵巧手领域的研究也呈现加速趋势。典型的灵巧手系统在集成度和机电一体化程度上有了显著提高，能够更准确地完成一些人类手的基本功能。

（1）灵巧手在运动控制和交互中起关键作用

1）灵巧手的重要性：灵巧手在机器人运动控制和环境交互中具有至关重要的作用。通常，机器人与环境的交互包括移动行走、视觉信息获取和决策执行输出。末端执行器是机器人执行任务的部件，通常安装于机器人腕部末端，直接执行任务。末端执行器在提升机器人柔性和易用性方面极为重要，其性能在很大程度上决定了机器人的整体工作性能。

2）灵巧手的结构与功能：灵巧手模仿人手的结构和功能，在机器人与环境的交互中起关键作用。"灵巧"指的是手的姿势可变性，这种可变性越高，手就越灵巧。

3）两指夹持器：两指夹持器模仿手指的夹持运动，能够在执行某些动作的同时夹住和松开目标物体。应用于机器人末端的夹持器通常采用电机或气缸作为驱动，机构原理以多连杆机构和气缸为主。例如，德国 SCHUNK 公司的气动平行爪夹持器、FESTO 公司的气动夹持器、亚德客的手指气缸等。

4）多指抓持手：多指抓持手通常为三指或四指，主要包括联动型抓持手、多关节手指抓持手和软体多指抓持手等。其基本原理与两指夹持器相同，由多连杆或气缸驱动实现多指同步运动。例如，Righthand Robotics 公司的 ReFlex TakkTile 三指手、苏州钧舵机器人有限公司的均巧三指手、德国 SCHUNK 公司的 SDH 三指手等。

5）多指灵巧手：多指灵巧手具有多指多关节结构，手指数目通常为 3~5 个，每个手指具有 3 个关节，关节运动采用转动副。其主要驱动方式包括液压驱动、电机驱动、气压驱动和形状记忆合金驱动。例如，日本"电子技术实验室"的 Okada 灵巧手、美国斯坦福大学的 Stanford/JPL 灵巧手、美国麻省理工学院和犹他大学联合研制的 Utah/MIT 灵巧手等。

6）传动方式：灵巧手常见的传动方式有腱绳传动、连杆传动、齿轮传动和带传动，其中腱绳传动应用最为广泛。腱绳传动模拟人手的肌腱结构，使得大型驱动器远离执行机构，减轻了末端负载和惯量，提升了抓取速度和灵活性。尽管腱绳传动具有高效、灵活的优势，但也面临负载能力较弱、预紧力变化大、负载越大效率越低等挑战。

（2）机器人灵巧手深度仿生　多指灵巧手最初在结构上模仿人手的设计，随着复杂应用需求的增加，研究逐渐深入人手的内在结构、驱动和传动原理等方面的仿生设计，并扩展到复合材料和智能材料的开发。智能材料的研究反过来也影响了多指灵巧手的仿生设计。此外，对人手操作过程的研究在很大程度上决定了多指灵巧手的仿生程度，并成为评估其仿生性能的重要指标。

1）柔性感知技术：由于人手结构复杂、功能多样且感觉丰富，实现仿生的机器人灵巧手需要具备类似于人类皮肤的柔性感知技术和传感器。这些触觉传感器用于实时传输与物体接触的信息，但目前仍面临诸多挑战。

2）理解高级语义信息：机器人需要从低级感官数据中提取出任务需求和人类偏好等高级语义信息，首先要识别被操作的对象并确定所需的操作类型，即任务要求。

3）跨模态算法：人类通过整合多种感官信息（如触觉、视觉、声音等）来理解物体。视觉数据提供几何属性，触觉数据提供物理属性（如质量或硬度），两者互补共存。整合多种感知模式的传感器能够解决单一传感器的局限性，获得更丰富的环境信息，但需要进一步探索如何建立不同模态信息的统一特征表示和关联关系。

4）探索中的安全性问题：在机器人手与物体的物理交互和触觉探索过程中，需要保证机器人手及其周围环境的安全。一方面，要及时采集触觉信号并传递给控制器，并具备避免不必要伤害的能力。另一方面，由于对象模型未知，机器人可能会违反一些关键约束。具有一定自愈能力和拉伸能力的系统，可以在勘探过程中发生意外损伤时保持安全性。

5）提升触觉传感器的灵活性：由于机器人手的表面通常是不规则的，柔性传感器比刚性传感器更容易与手的表面集成。柔性传感器可以覆盖整个手掌表面，而不仅限于指尖，从而提供更丰富的接触信息。触觉传感器的其他性能也需要进一步提高，如自愈能力和自供电能力。具有自修复能力的触觉传感器可以提高其对非结构环境的适应能力。

6）新材料的应用：许多灵巧手的研究通过骨架结构和橡胶等软体材料模拟人手的外形，虽然可以有效完成抓、握、捏、拧等日常手部动作，但在实际应用中仍存在包络性、灵活性和稳定性差等问题。为了保持灵巧性和抓取的稳定性，需要根据仿生学模拟生物体的环境适应性、高效能和合理的身体结构，开发新型材料并用于灵巧手的研发，以最大化利用生物优势。目前，国内外专家通过还原肌肉纤维和结构组织的研发，在拾取装置中已经取得了良好效果，多层次的人手和机器人手结构对比如图7-28所示。

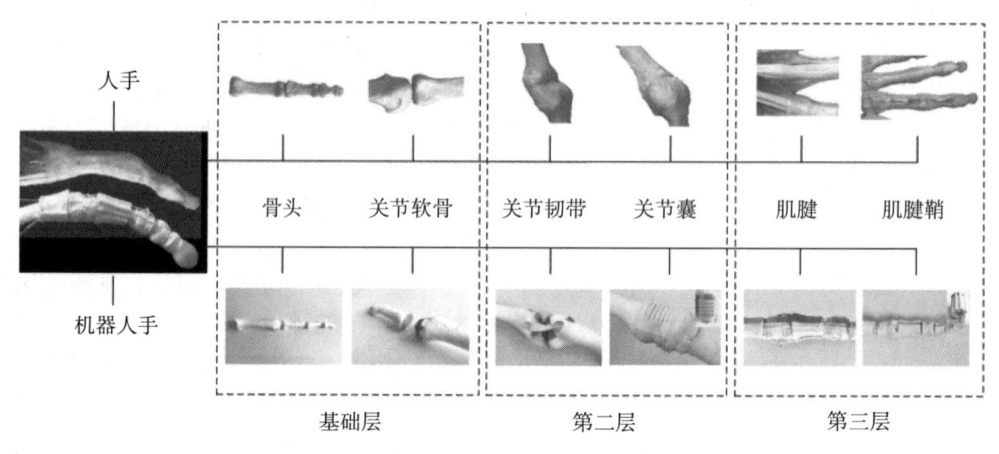

图7-28 多层次的人手和机器人手结构对比

（3）灵巧手的核心矛盾

1）灵巧手性能评价：灵巧性、可靠性和抓取能力是衡量灵巧手性能的三大要素，不同应用场景各有侧重。在工厂的货物搬运中，灵巧手需具备高抓取能力；在复杂工况中，对灵巧手的可靠性要求较高；在日常家庭应用中，需要综合兼顾这三方面的要素。

①灵巧性：由自由度和执行器数量共同决定，可分为全驱动和欠驱动两种方式。自由度数目越高，灵巧手能实现的抓取动作越多样。根据《手部姿态估计方法综述》，人手共有

26个自由度，其中手指和手腕分别有20个和6个自由度。现有灵巧手方案主要实现各手指关节的旋转自由度和拇指向内闭合的自由度。执行器数量决定了能独立控制的自由度数目。全驱动灵巧手每个自由度都能独立控制，灵活性更高。根据多项数据显示，智元机器人的单手具有12个自由度和7个执行器，特斯拉一代机器人具有11个自由度和6个执行器，而Shadow协作灵巧手具有24个自由度和20个执行器。

②抓重比：抓重比是衡量灵巧手抓取能力的重要指标，指灵巧手垂直抓握物体的质量与自身质量的比值。人的单手质量约为体重的0.58%，假设一位70kg的成年人（单手质量约为0.4kg）单手可以抓起一个5kg的物体，抓重比超过12。目前，机器人灵巧手的抓重比远小于人手。根据Shadow Hand产品手册，Shadow灵巧手质量为4.3kg，可抓取5kg的物体，抓重比约为1.2。

③可靠性：指灵巧手在长时间运作和各种条件下性能稳定、故障率低。以目前广泛使用的绳驱方式为例，其在大负载下的功能实现和使用寿命与人手有较大差距，实现高可靠性需要更多的执行器或更复杂的传感方案。

2）性能与成本的博弈：驱动、传动和传感装置是灵巧手的三大组成要素，共同决定其性能和成本。灵巧手通过驱动装置提供动力和扭矩，经过传动装置控制手指运动位置，传感装置感知并反馈内外部信息，三者协作实现抓取功能。

①从场景出发的结构选型：灵巧手的极致性能和成本不可兼得。要实现精确控制和高抓取能力，需要选用高性能的驱动、传动和传感方案。例如，Agility灵巧手专注于工厂装卸货等简单任务，其灵巧手仅为简单的夹具，而下半身需要跨越障碍，因此设计重点在下半身。Shadow灵巧手主要用于航空航天、核能工业、生物医药等领域，其驱动端采用微型直流电机和气动柔性驱动（PMA），传动端通过两组腱和一个PMA控制每一个自由度。多项数据显示，Shadow灵巧手使用六轴陀螺仪、加速度计、角度传感器、力矩传感器、触觉传感器、电流传感器和温度传感器等共计129个传感器，因此成本最高达80.1万元人民币。

②人形机器人灵巧手的实用性需求：设计需模仿人手的尺寸和形状，受限于空间和质量。过重的灵巧手会影响其操控性，过大的尺寸不利于与人交互。例如，达闼人形机器人Ginger广泛用于接待等场景，其7自由度灵巧手能够完成握手、抓取、操作工具等精细动作，且尺寸与人手类似，亲人性强；而Shadow灵巧手宽13.5cm，高44.8cm，重4.3kg，尺寸约为人手的两倍，亲人性较差，因此主要应用于科研等特种场景。

（4）市场现状

1）国产灵巧手有较大的价格优势。

①国外灵巧手的价格及应用领域：由于灵巧手技术壁垒较高，国外一些灵巧手技术先进，但设计难度大，零部件多，因此价格昂贵，通常用于科研领域。例如，Shadow灵巧手的报价约为220万元/只。用于假肢领域的仿生灵巧手虽然灵活程度稍差，但价格也相对较低，如德国的Bebionic仿生灵巧手价格至少为32万元/只。

②国内灵巧手的价格优势：国内灵巧手生产商包括因时机器人、浙江强脑科技、思灵机器人、蓝胖子机器智能等。其中，浙江强脑科技的BrainRobotics仿生灵巧手主要应用于假肢行业，标准版价格为10.8万元/只。因时机器人是国内商业级五指灵巧手的龙头企业，

其灵巧手与特斯拉灵巧手具有类似的关节数和相同的电机数目,目前价格为 5 万元 / 只。未来,国内灵巧手生产商有望凭借成本价格优势进入特斯拉等人形机器人本体生产商的供应链。国内外灵巧手对比见表 7-1。

表 7-1 国内外灵巧手对比

灵巧手	特斯拉灵巧手	因时灵巧手	Shadow 灵巧手	BrainRobotics 仿生灵巧手	Bebionic 仿生灵巧手
外观					
厂家	特斯拉(国外)	因时机器人(国内)	Shadow Robot(国外)	强脑科技(国内)	Ottobock(国外)
关节数目	11	12	24	10	10~12(估算)
电机数目	6	6	20	6	5
应用领域	人形机器人	人形机器人	科研	假肢	假肢
价格	未知	5 万元 / 只	约 220 万元	10.8 万元 / 只	至少 32 万元 / 只

2)国内灵巧手可实现灵活抓取。

①人手的抓取操作:人手的运动具有极高的灵活性,能够执行各种需要抓握力的任务。人手有十三种基本功能,其中抓取操作包括勾拉、侧捏、动态操作、球形抓握、球形指夹握、柱状抓握、二指夹捏和多指夹捏八种,如图 7-29 所示。

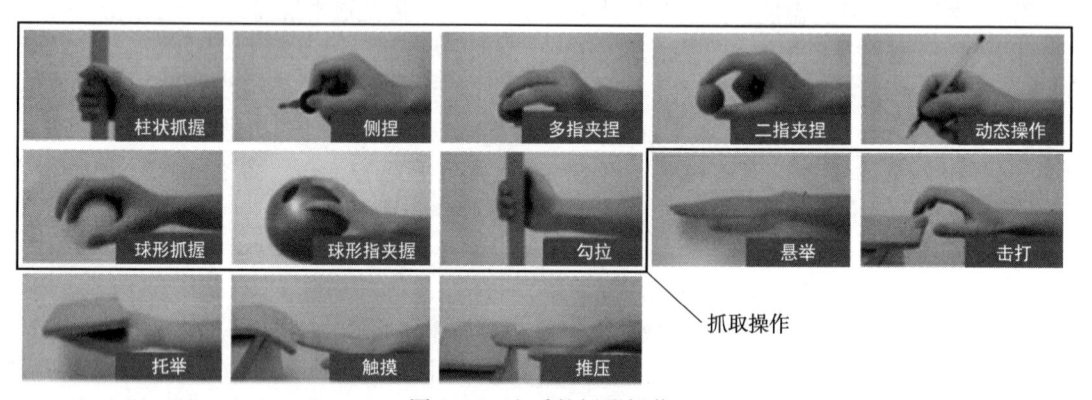

图 7-29 人手的抓取操作

②因时灵巧手的灵活抓取:虽然国外灵巧手在性能上高于国内灵巧手,如 Shadow 灵巧手比因时灵巧手关节更多、自由度更高、传感器更多,但国内的因时灵巧手在功能上也能够实现灵活抓取,可以复现人手的主要抓取操作。以因时灵巧手为代表的国内灵巧手能够满足人形机器人对灵巧手的基本要求,有望凭借价格优势实现一定的市场占有率。因时灵

巧手的灵活抓取如图 7-30 所示。

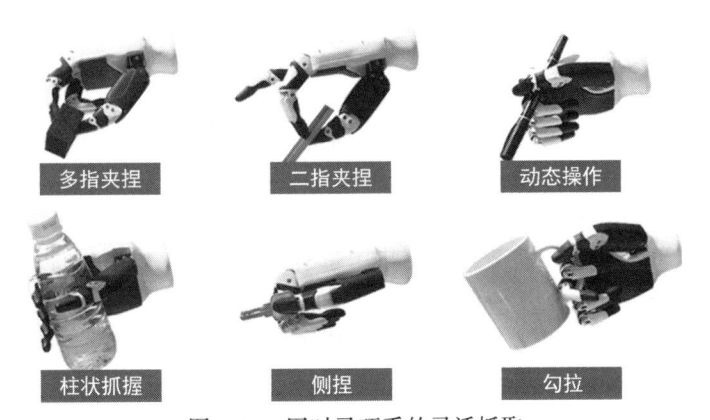

图 7-30　因时灵巧手的灵活抓取

（5）有代表性的先进灵巧手的实现方案

1）智元灵巧手实现方案：融合连杆与齿轮结合的方案。智元机器人的单个灵巧手指可实现摆动和弯曲的动作设计且融合连杆及齿轮传动方案。

手指左右摆动：通过连杆系统实现。驱动组件位于掌心部位，连接多个传动连杆，这些连杆的另一端连接到每根手指的根部。手指根部通过基座结构与手掌主体相连。当驱动组件产生顺时针的驱动力时，传动连杆带动右侧手指逆时针摆动，左侧手指顺时针摆动，实现手指的"并拢"动作。该设计通过一个驱动组件控制多根手指的摆动，节约了空间，提高了结构紧凑性。可选方案中，连杆传动可以替换为腱-轮传动，输出轴通过传动带带动指根连接的转动件转动，实现指关节左右摆动。智元灵巧手手指左右摆动示意图如图 7-31 所示。

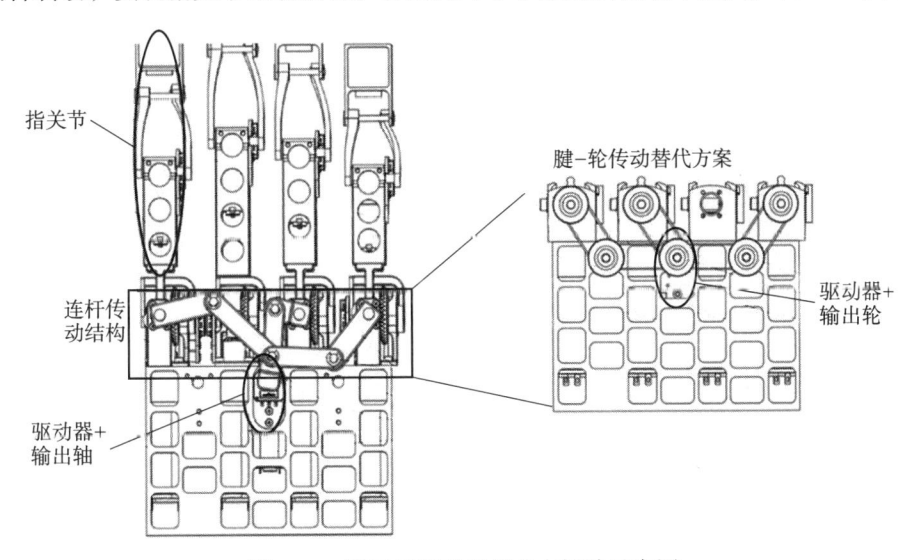

图 7-31　智元灵巧手手指左右摆动示意图

手指弯曲：由齿轮和轴承部件传动完成。专利设计了两节指关节弯曲方案（对应2个主动自由度）。近指根关节转动和指中关节弯曲的实现步骤如下。

步骤① 驱动模组安装：在手掌内埋设驱动模组，驱动模组末端连接齿轮机构。

步骤② 齿轮结构：采用"L"型排布的两个齿轮。第一齿轮直接与驱动模组连接，第二齿轮与第一齿轮啮合并内嵌驱动轴，通过齿面啮合改变输出力矩方向。

步骤③ 驱动轴：第二齿轮中心镂空，嵌入一根驱动轴，带动驱动件和主体结构的转动连接点，实现指根关节和指中关节的弯曲。

步骤④ 指关节转动：指关节根部结构中带有镂空结构，供驱动件嵌入，伴随驱动件转动带动指根关节和指中关节的弯曲。

传感和控制：传动轴部位安装有电位计，用于检测驱动轴的转动角度，并将其转化为电信号反馈给驱动模组，从而控制手指的弯曲角度。指中关节的上端与指尖关节相连，但为非同轴设置，当指中关节受指根带动转动时也会带动指尖关节转动。

高级抓取功能：一侧指中关节配置了驱动电机，能够带动一侧指中关节进一步转动，实现指尖关节的二次弯曲，以便于抓取物品。指中关节的电机同样配备电位计，能够检测驱动电机的输出轴角度和指尖关节的转动角度。同时，指尖关节上还设置了触觉传感器，提供更精确的操作反馈和控制。智元灵巧手手指间关节细节如图7-32所示。

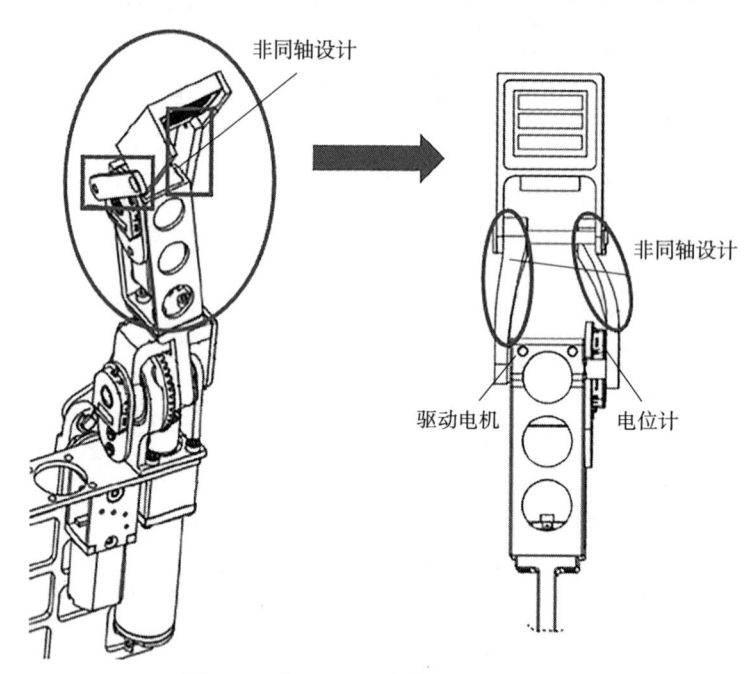

图7-32 智元灵巧手手指间关节细节

2）特斯拉灵巧手技术路线。

电机驱动：特斯拉灵巧手采用电机驱动。根据驱动方式的不同，灵巧手可以分为电机驱动式和气动驱动式。电机驱动是目前多指灵巧手的主流驱动方式，特斯拉灵巧手采用空心杯电机。驱动源（如电机）为灵巧手的活动提供动力，是影响灵巧手体积和质量的重要因素。为了减小电机尺寸，特斯拉 Optimus 和优必选 Walker 的灵巧手都采用了空心杯电机。特斯拉 Optimus 灵巧手空心杯关节位置如图 7-33 所示。

传感器
触觉传感器等

5个蜗轮蜗杆+腱绳传动
驱动器通过齿轮或蜗轮蜗杆将旋转变成直线运动，控制手指动作

多级行星减速箱：在较小空间获得较大手指抓握力

空心杯电机：定子线圈无铁心，高速低扭矩

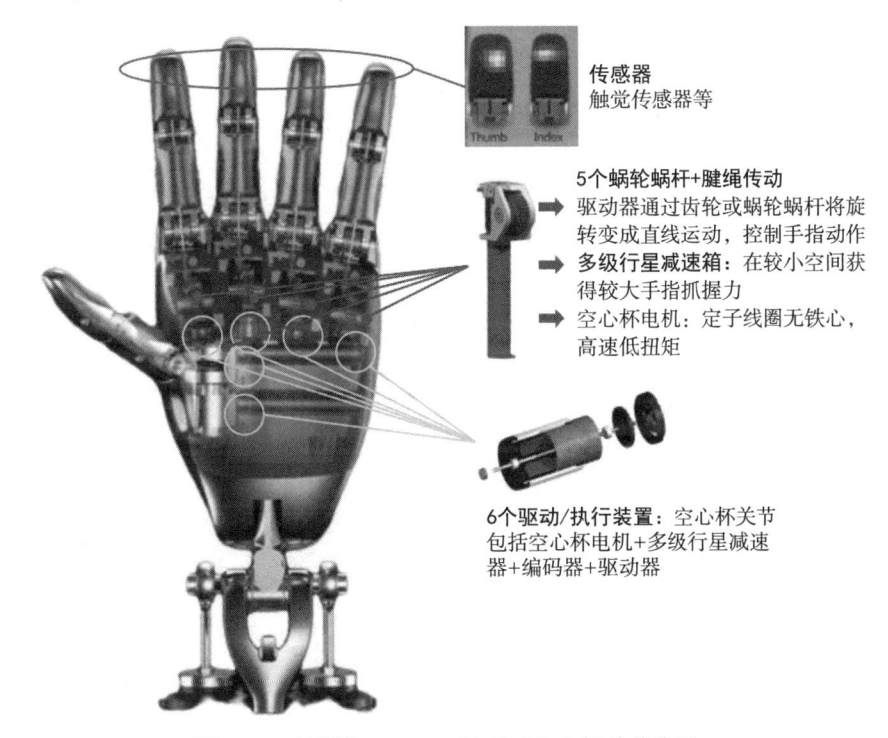

6个驱动/执行装置：空心杯关节包括空心杯电机+多级行星减速器+编码器+驱动器

图 7-33　特斯拉 Optimus 灵巧手空心杯关节位置

内置式设计：灵巧手结构可分为外置式和内置式。外置式灵巧手的电机放置在手掌外，而内置式灵巧手的电机则安装在手掌内。随着电机尺寸的减小，灵巧手逐渐从外置式发展为内置式。特斯拉 Optimus 的灵巧手为内置式，控制电机和传感器信号接收器均位于手掌内部。我国优必选 Walker 机器人的灵巧手也是内置式，实现了模块化设计，显著增强了灵巧手的互换性和可维护性，降低了人形机器人的维护成本。然而，内置式设计对电机尺寸要求更高，空心杯电机因此成为首选。

腱绳传动：灵巧手按传动机构可分为腱绳传动、齿轮传动和连杆传动。特斯拉灵巧手采用腱绳传动，模仿人手肌腱的工作方式。腱绳传动灵巧手具有控制灵活、结构简单、柔性高等优点。特斯拉灵巧手通过配备蜗轮蜗杆的空心杯电机拉动金属腱绳，带动手指关节运动。特斯拉灵巧手金属腱绳如图 7-34 所示。

欠驱动：尽管全驱动灵巧手能够更好地模仿人手运

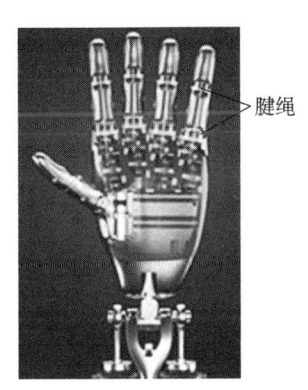

腱绳

图 7-34　特斯拉灵巧手金属腱绳

动,但因为每个手指关节都能主动控制,但目前大多数灵巧手采用的是欠驱动设计。特斯拉灵巧手也是欠驱动,通过 6 个电机实现 11 个自由度。欠驱动灵巧手是电机数量少于自由度数目,一个电机控制多个关节;全驱动灵巧手则是电机数量与自由度数目相等,每个电机控制一个关节。

7.3.3 躯干和四肢结构

在人形机器人的设计中,躯干和四肢的结构设计是确保其能够支持所有预期活动的关键,同时必须保持足够的机械强度和灵活性。这不仅要求机器人的动作模拟人类的自然运动,还必须确保在各种操作环境下的稳定性和耐久性。

1)生物力学模仿:人形机器人的躯干和四肢设计深受人体生物力学的启发。通过研究人类的运动机制,设计师能够将这些生物力学原理应用于机器人的结构设计中,使机器人的动作更加符合自然规律。这种模仿不仅提高了机器人动作的自然度,还增强了执行复杂任务时的效率和流畅性。例如,通过模拟人类关节的结构和功能,可以设计出能够灵活移动且具有高度自适应性的机械关节,从而使机器人能够执行更为复杂的手臂和腿部运动。特斯拉 Optimus 系列人形机器人的演变如图 7-35 所示。

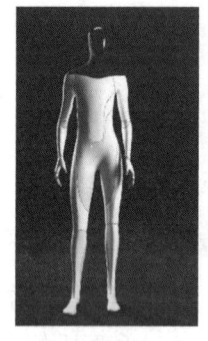

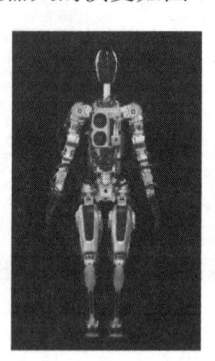

a)概念图　　b)bumblebee　　c)Optimus1　　d)Optimus2

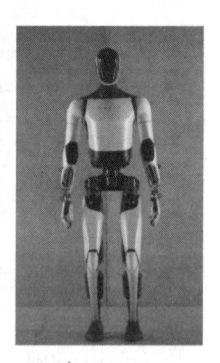

图 7-35　特斯拉 Optimus 系列人形机器人的演变

2)结构优化:为了确保人形机器人的躯干和四肢在日常使用中能够承受负载和冲击,达到高强度和耐用性的要求,运用计算机辅助设计(CAD)和有限元分析(FEA)技术进行结构优化是至关重要的。CAD 提供了精确的三维建模环境,使设计师能够细致地构建机器人各个部件,并进行详细的修改和调整以达到预期的设计标准。FEA 用于模拟结构在各种负载条件下的响应,包括静态负载、动态负载和疲劳分析等。通过 FEA,设计师可以预测材料在实际使用中可能出现的失效模式,并据此调整设计,避免潜在的结构问题。例如,通过分析机器人躯干在承受重物时的应力分布,可以优化支撑结构,确保机器人在执行举重等高负载任务时的安全性和稳定性。

3)材料的选择和应用:在人形机器人的躯干和四肢的设计中,选择合适的材料同样关键。高性能材料如轻质合金、高强度塑料和复合材料不仅减轻了机器人的整体重量,还提供了必要的强度和柔韧性。这些材料的选择应基于其性能特性及与机器人设计要求的匹配度,如重量强度比、抗腐蚀性以及加工和维护的便利性。

7.3.4 材料选择与制造技术

在人形机器人的设计和制造中,选用合适的材料和采用先进的制造技术是至关重要的,这直接影响到机器人的功能性、耐用性以及成本效率。本节详细介绍人形机器人躯干和肢体的材料选择与制造技术。

(1)材料选择　选择适当的材料对确保机器人结构的强度、重量和灵活性至关重要。以下是几种常用于人形机器人制造的关键材料。

1)轻质高强度材料:如铝合金、钛合金和碳纤维复合材料。这些材料因其优越的强度对重量比而被广泛应用于机器人的主要承载结构和移动部件中,有助于减轻整体重量,提高能效和机动性。

2)工程塑料:如聚碳酸酯(PC)和聚酰胺(PA,俗称尼龙),这些材料不仅重量轻,而且具有良好的耐磨性和冲击强度,常用于机器人的外壳和非承重部件。

3)橡胶和软质材料:用于机器人的接触面,如手掌和脚底,以增加摩擦和缓冲能力,提高机器人处理物体时的精确性和稳定性。

(2)制造技术　采用先进的制造技术不仅可以提高生产效率和精度,还可以降低成本和提高机器人部件的性能。以下是一些关键的制造技术。

1)3D打印技术:也称为增材制造,能够直接从数字模型生成复杂形状的部件,这对于制造复杂、定制化的机器人结构尤其有用。3D打印允许设计师快速迭代设计,同时减少材料浪费。

2)数控机床加工技术:对于需要高精度和高耐用性的金属部件,如关节和驱动系统的核心组件,通常采用数控机床加工。这种技术能够精确地切割和塑形金属材料,确保部件符合严格的公差和规格要求。

3)注塑成型技术:对于大批量生产的塑料部件,注塑成型是一种成本效益高、效率高的制造技术。它可以快速生产出均质且复杂的塑料部件,适用于机器人的外壳和内部支架。

4)表面处理技术:包括喷涂、电镀和阳极氧化等,用以改善部件的外观、耐腐蚀性和表面硬度。这些处理不仅提升了机器人的美观和耐用性,还提高了其抗环境侵蚀的能力。

7.4　人形机器人大脑和小脑

在人形机器人的设计中,大脑和小脑不仅是智能处理的中心,也是实现高级功能和复杂任务的关键。机器人大脑负责感知、决策和控制,而机器人小脑则确保运动的精确、稳定和协调。这两者的协同工作使得人形机器人在执行任务时更加自主和高效。本节将继续介绍人形机器人大脑和小脑部分的内容。

7.4.1 人形机器人大脑

人形机器人大脑是一个高度复杂的算法系统,它的核心功能包括智能感知、决策规划、智能控制和智能存储，如图 7-36 所示。

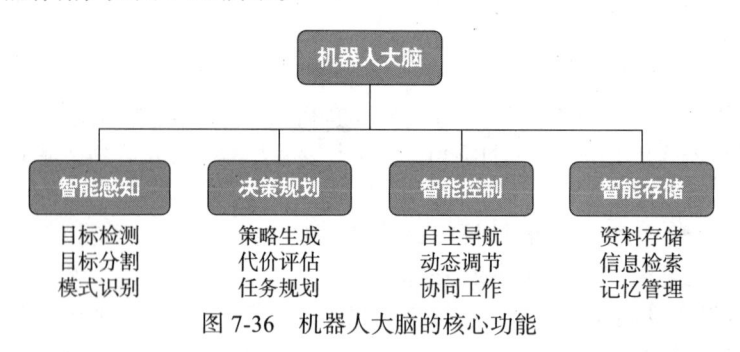

图 7-36　机器人大脑的核心功能

1. 机器人大脑的发展

过去几十年里，机器人大脑的发展已成为科技进步的一个重要里程碑。早期的机器人主要依赖简单的预设指令和基本的反射机制进行操作，但现代机器人则装备了高度复杂的认知系统。

智能控制阶段（20 世纪 90 年代—21 世纪）：引入自适应控制算法、模糊逻辑和神经网络等技术使机器人能够根据环境的变化自动调整控制策略。

机器学习和人工智能时代（21 世纪）：将机器学习技术应用于机器人控制，使机器人能够从经验中学习，提高其性能和适应性，能够在更少的人为干预下独立完成任务，构建机器人具身智能。同时，机器人之间的协同也越来越多地被研究和应用。机器学习和人工智能时代的多机器人智能系统如图 7-37 所示。

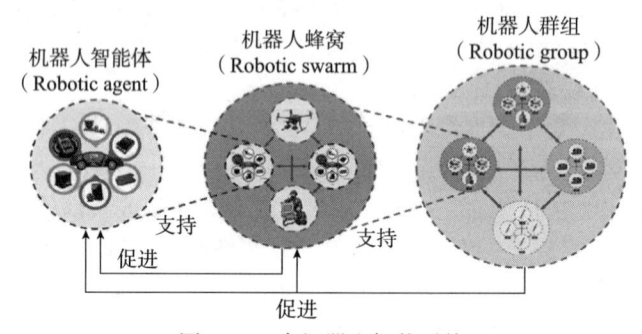

图 7-37　多机器人智能系统

这些机器人系统的进步主要得益于"大模型"和"具身智能"等先进技术，使得机器人能够处理大量数据、做出复杂决策，并与人类及其他机器人有效互动。

（1）大模型　大模型指拥有超大规模参数（通常在十亿个以上）、超强计算资源的机器学习模型，能够处理海量数据，完成各种复杂任务，如自然语言处理、图像识别等。一般大模型会支持多任务学习，具有一定的通用性。

1) 语言大模型：通过在大规模文本数据集上的预训练，学习了丰富的语言表示和语境关系，从而具备了理解和生成人类语言的能力。这些模型在以下几个方面表现出色。

①复杂对话系统:它们能参与并维持具有上下文连贯性的对话,理解对话意图,并做出适当反应。

②机器翻译:通过理解多种语言的语法结构和文化差异,这些模型能够进行高质量的语言翻译。

③文本生成:利用其强大的语言生成能力,语言大模型能够创作具有文学价值的作品,如诗歌、散文和短篇小说,其内容富有创意且语言流畅。

目前发布的有代表性的语言大模型见表7-2。

表7-2 有代表性的语言大模型

	大模型	版本	公司	发布时间	参数量	API
国内	文心一言	V4.0	百度	2023.10	2600亿	付费使用
	星火	V3.0	科大讯飞	2023.10	1750亿	付费使用
	通义千问	V2.0	阿里巴巴	2023.10	1000亿	付费使用
国外	GPT	V3.5	OpenAI	2022.11	175亿	免费使用
	LLaMA	V2.0	Meta	2023.7	700亿	开源
	Claude	V3.0	Anthropic	2024.3	1400亿	付费使用
	PaLM	V2.0	Google	2023.5	5400亿	开源
	Grok	V1.0	X AI	2024.3	3140亿	开源
	DBRX	V1.0	Databricks	2024.3	1320亿	开源

2)视觉大模型:通过在大量图像数据上进行训练,这些模型学习了识别和解释图像内容的能力。它们在图像处理领域的应用包括以下几方面。

①物体识别和分类:从复杂的背景中识别出不同的物体,并将它们分类到预定义的类别中。

②场景重建:利用从多个图像捕获的信息,这些模型可以重建三维场景,提供更全面的空间理解。

③高级视觉理解:不仅识别图像中的物体,视觉大模型还能理解这些物体之间的关系,如它们的交互作用和相对位置,以及场景的整体语境。

目前发布的视觉大模型包括以下几种。

1)分割领域:SAM(Segment Anything Model)。由Meta AI Research于2023年4月5日发布。SAM是一个通用的图像分割模型,能够在不同场景和应用中实现高效的图像分割。该模型的亮点在于其强大的适应性和鲁棒性,可以处理各种复杂的图像内容,广泛应用于医学影像分析、自动驾驶以及图像编辑等领域。

2)文字生成视频:Sora。由OpenAI于2024年2月15日在网络上发布了一段利用文字提示生成视频的演示demo。Sora能够将文字描述转换为动态视频内容,展示了强大的多模态生成能力。该模型的发布标志着视频生成技术的重大突破,能够在影视制作、虚拟现实、教育和娱乐等方面带来新的可能性。

3）文字生成图片：Stable Diffusion 3。由 StabilityAI 开发的文字生成图像的视觉大模型，于 2024 年 2 月 22 日发布。Stable Diffusion 3 通过改进的扩散模型技术，实现了更高质量的图像生成，能够生成清晰、细腻且富有创意的图像。该模型在艺术创作、广告设计、游戏开发等方面有着广泛的应用前景。Stable Diffusion 3 生成的图如图 7-38 所示。

图 7-38　Stable Diffusion 3 生成的图

2024 年 3 月 26 日，腾讯提出了一种新颖的框架 AniPortrait，用于通过音频和参考肖像图像生成高质量的动画。AniPortrait 提供了三种不同的模式，极大地扩展了音频与图像结合的应用场景。

（2）具身智能　具身智能指的是一种智能系统或机器能够通过感知和交互，与环境进行实时互动的能力。这种智能不仅依赖于传统的计算和数据处理，还包括对物理世界的感知、理解和操作。具身智能系统能够在复杂、多变的真实环境中执行各种任务，并在这些任务的执行过程中不断学习和优化自身的行为和决策。

具身智能具有以下核心特点。

1）感知能力：具身智能系统配备了多种传感器，如视觉传感器、触觉传感器、声学传感器等，用于感知环境中的各种信息。这些传感器使机器人能够感知环境的变化、识别物体和检测障碍物，从而做出相应的反应。

2）物理交互：具身智能系统能够与环境进行物理交互。这意味着它们不仅能"看"和"听"，还能"做"。例如，机器人可以抓取物体、移动、跳跃或与其他物体互动。这种交互能力使得机器人能够执行一系列复杂的任务，如搬运货物、装配零件或提供服务。

3）实时决策：具身智能系统具备实时决策的能力。这种决策不仅依赖于预先编程的算法，还通过实时感知环境变化，动态调整策略。例如，自动驾驶汽车需要在行驶过程中不断感知道路状况、识别行人和其他车辆，并实时调整驾驶策略。

4）持续学习和优化：具身智能系统能够在任务执行过程中不断学习和优化。这种学习不仅限于实验室中的训练数据，还包括在真实环境中的交互和经验积累。通过不断地试错和调整，系统能够优化其行为策略，提高任务执行的效率和准确性。

2. 机器人大脑的关键技术

随着人工智能技术的迅猛发展，机器人大脑已经在多个方面取得了突破性的进展。其中，"大模型"技术的运用尤为关键，它不仅强化了机器人的感知交互能力，还提升了决策制定和具身控制的精确性和效率。机器人大脑的关键技术如图 7-39 所示。

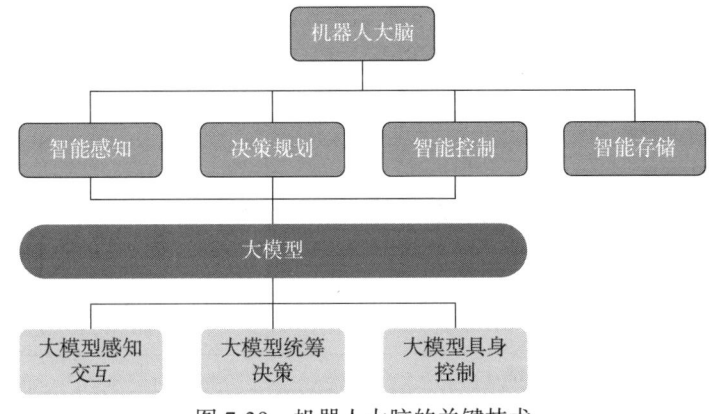

图 7-39 机器人大脑的关键技术

以下是对这些技术细节的详细介绍。

（1）大模型感知交互

1）视觉感知：机器人通过视觉大模型可以精确识别和分类其视野中的各种对象。利用深度学习算法，机器人能够处理和解析复杂的视觉数据，从而进行场景理解和物体检测。

① ViT（Vision Transformer）。ViT 是计算机视觉领域的一项创新，传统的图像处理任务长期依赖基于卷积神经网络（CNN）的模型。尽管 CNNs 在图像处理方面表现优异，但它们主要关注局部信息的处理，对整体信息的整合能力相对有限。与此相对，Transformer 模型在自然语言处理（NLP）领域因其有效处理序列数据和捕捉长距离依赖的能力而取得了显著成功。ViT 将最初应用于 NLP 任务的 Transformer 架构引入计算机视觉任务中，这标志着机器视觉领域的一个重要转变。ViT 展示了纯粹基于 Transformer 架构在图像分类和其他视觉任务中的巨大潜力，表明其在整体信息整合方面的优势。ViT 模型结构如图 7-40 所示。

② OWL-ViT。OWL-ViT 的核心思想是使用一个统一的 Transformer 网络来处理图像和文本输入，从而实现视觉和语言的联合理解。与传统的 ViT 不同，OWL-ViT 设计为同时接受图像和文本的输入。图像通过标准的 ViT 流程处理，即将图像分割成多个小块（patches），然后通过线性投影转换成向量形式。文本输入则通过嵌入层转换为向量。这些向量随后被送入一个共享的 Transformer 编码器中，在编码器中，图像和文本的信息通过自注意力机制进行整合，使模型能够同时考虑视觉和语言信息。OWL-ViT 在图像分类或目标检测任务中，能够利用文本信息来更准确地理解场景内容。例如，在识别图像中的对象时，模型可以参考相关描述性文本，从而提高识别准确性。对于图像描述生成任务，OWL-ViT 可以利用其对视觉信息的理解生成相关文本，描述图像内容。通过这种联合处理能力，OWL-ViT 在多模态任务中展示了显著优势。OWL-ViT 模型结构如图 7-41 所示。

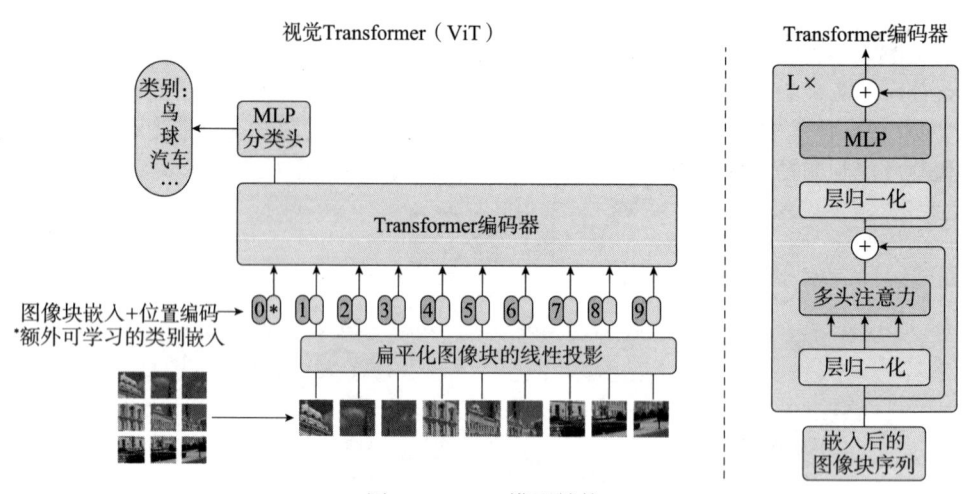

图 7-40 ViT 模型结构

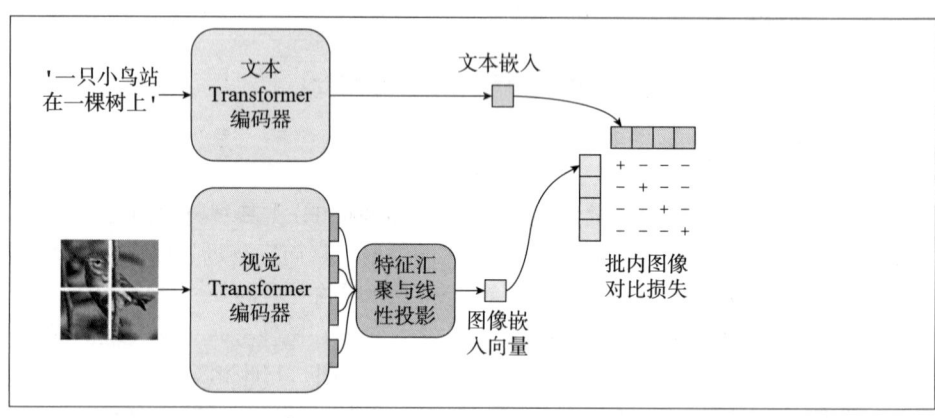

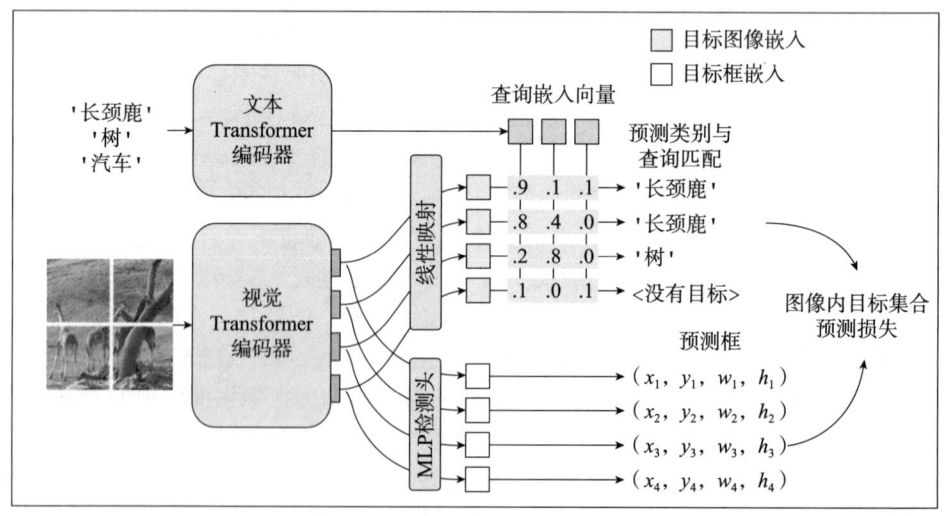

图 7-41 OWL-ViT 模型结构

③ Swin Transformer。Swin Transformer 设计了一个层次化结构,使其能够构建多尺度的表示。它将图像划分为多个小块(称为窗口),在这些窗口上应用自注意力机制,然后逐渐合并这些窗口以捕获更大范围的上下文信息。这种结构不仅保留了局部信息,还能有效捕捉全局信息。通过交错窗口的位置来连接相邻窗口的信息流,在每个 Transformer 层之后,窗口会进行位移,使得原本在一个窗口中的像素在下一层转移到相邻的窗口中。这种策略有效扩展了模型的感受野,提高了信息整合效率。由于其高效的信息处理能力和优异的时间连续性表现,Swin Transformer 适用于视频处理任务,如动作识别和视频分类。在处理与空间信息相关的任务中,Swin Transformer 也表现出强大的性能,如在增强现实应用和三维场景重建中。Swin Transformer 通过其创新的层次化和移动窗口结构,不仅提高了计算效率,还扩展了模型的应用范围,成功地将 Transformer 架构从纯文本处理领域扩展到复杂的视觉领域,为未来的视觉任务提供了新的解决方案。Swin Transformer 模型结构如图 7-42 所示。

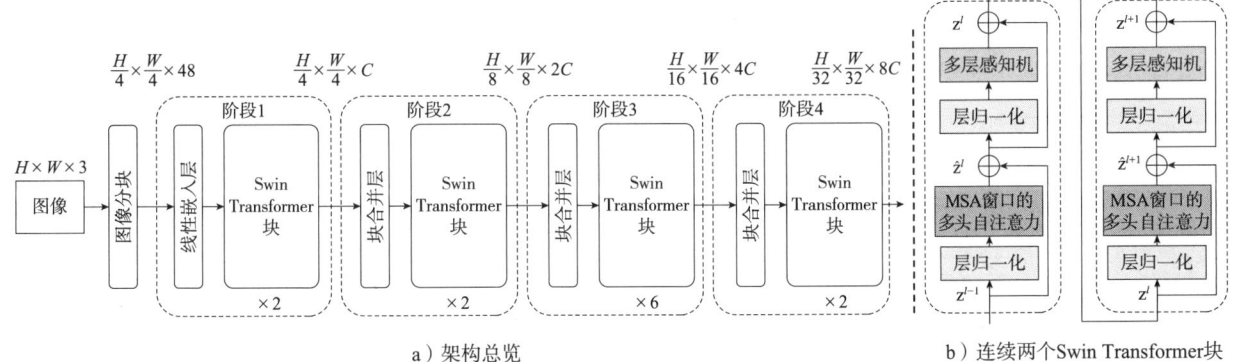

图 7-42 Swin Transformer 模型结构

2)语义感知:语义感知涉及理解和解释环境中的语言和符号。通过自然语言处理技术,机器人能够解析语言指令、感知语调和语境,进而理解人类的意图和情感。

① CLIP。CLIP(Contrastive Language-Image Pre-training)旨在通过对齐和理解图像与文本的关系,提高视觉模型的泛化能力。CLIP 的设计理念基于对视觉和文本内容的联合理解,使其能够处理广泛的视觉任务,而不仅限于特定的数据集或先验训练。CLIP 包括两个主要组件:视觉编码器和文本编码器。视觉编码器通常基于修改后的 Vision Transformer 或 ResNet,用于从输入图像中提取特征。文本编码器基于 Transformer 结构,处理输入的文本描述并将其转换为嵌入向量。CLIP 的训练采用对比学习策略,通过大量图像和相关文本描述来训练模型。CLIP 模型结构如图 7-43 所示。

CLIP 的一个重要特性是其零样本学习能力。由于在大规模数据集上学习了视觉和文本之间的广泛关系,CLIP 能够在没有显式训练的情况下对新的视觉概念进行分类和理解。这使得 CLIP 在处理不常见或未见过的对象和场景时,仍能表现出色。CLIP 可以应用于广泛的图像分类任务,包括那些在训练中未直接接触过的类别。利用 CLIP 的强大语义理解能力,可以实现基于自然语言查询的图像和视频内容检索。尽管 CLIP 主要用于理解任务,但其多模态特性也可以辅助生成与图像内容相匹配的文本描述。CLIP 可用于自动标注新的数据集，或对现有数据集中的标注进行验证和改进。

（1）对比预训练

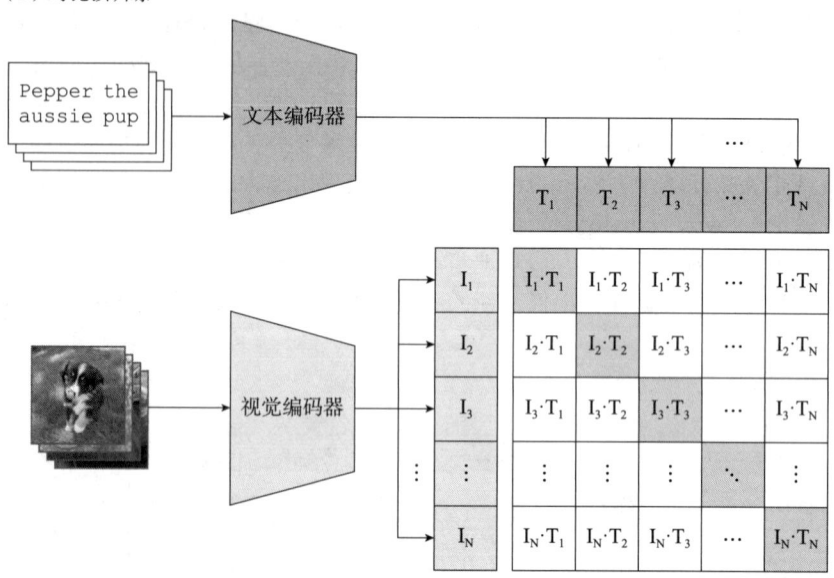

（2）从标签文本创建数据集分类器

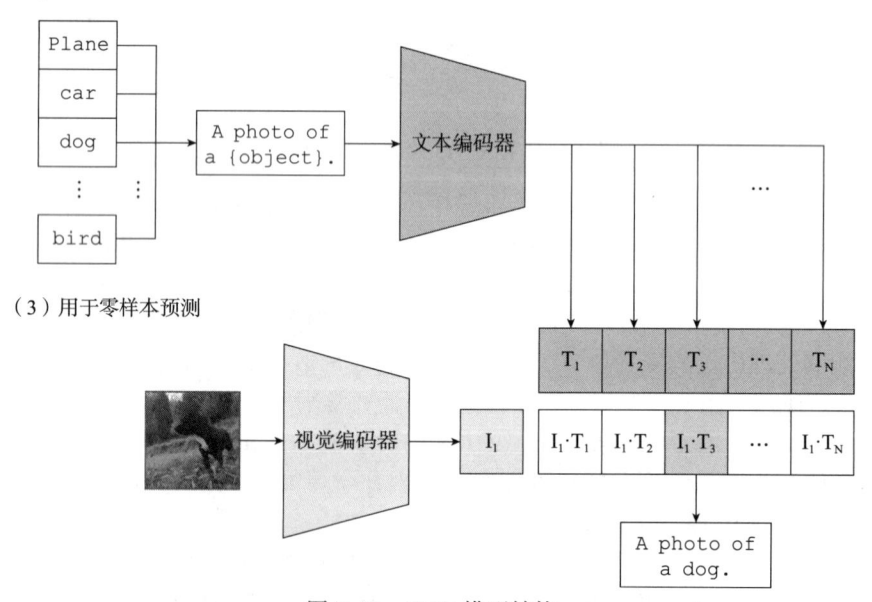

（3）用于零样本预测

图 7-43　CLIP 模型结构

② DALL E2。DALL E2 能够根据文本描述生成高质量、高分辨率的图像，在艺术创作、视觉内容生成和多模态学习领域显示出巨大潜力。DALL E2 使用了更复杂的神经网络架

构，包括改进的 Transformer 和自回归模型，使其能够生成更加细致和真实的图像。相比于其前身，DALL E2 在细节处理和图像真实性方面有显著提升。除了从头生成图像，DALL E2 还具备图像编辑和修饰能力。它可以接受现有图像的部分内容，并根据用户的文本指令添加或修改特定部分，使用户能够进行更具创造性和定制化的图像生成。DALL E2 引入了一种名为"Inpainting"的技术，可以在保持背景一致性的同时，填补或替换图像中的特定区域。这一功能特别适合于创造性的图像设计和视觉内容的快速迭代。用户可以通过详细的文本描述精确控制生成图像的各个方面，从物体的样式、颜色到场景的布局和环境氛围。DALL E2 提供了前所未有的生成控制能力，使其成为一个极具表现力的视觉内容生成工具。DALL E2 模型结构如图 7-44 所示。

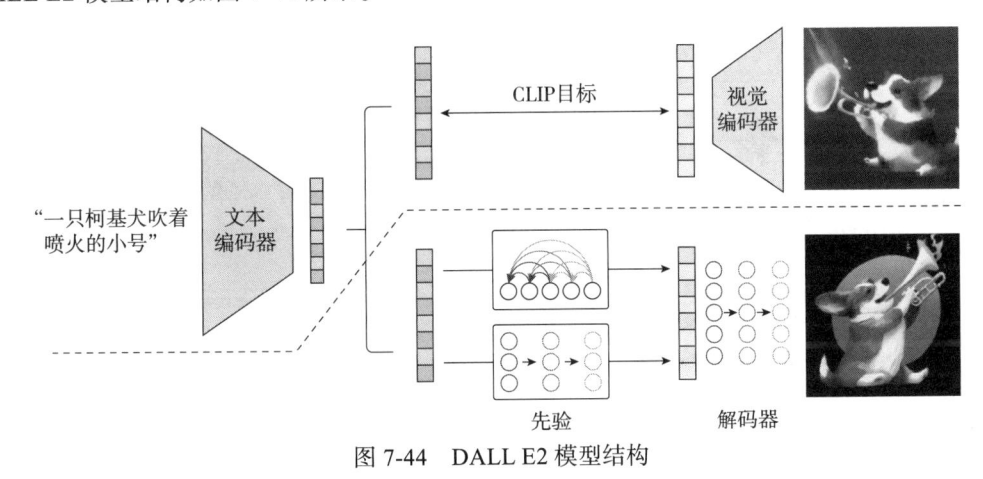

图 7-44　DALL E2 模型结构

3）交互感知：交互感知是指机器人通过观察和分析人类的行为模式来优化自身的响应策略。这包括读取人类的面部表情、身体语言和交互历史，从而实现更加自然和流畅的互动体验。

R3M（Reusable Representations for Robotic Manipulation）旨在通过对视觉数据的深度理解来提高机器人的操作能力和智能。它特别关注利用 3D 环境的时空信息，以改善机器人在现实世界中的操作精度和效率。R3M 通过分析视频或实时摄像头数据中的 3D 动态，学习物体的运动模式和交互。这种对 3D 空间动态的理解能力允许机器人预测物体的未来状态，并根据这些预测来优化其动作。该模型通过整合时间上的连续帧来捕捉物体的运动特征，使机器人能够理解和预测物体在时间上的演变。这种时空特征的提取对于机器人执行复杂任务（如抓取移动物体）至关重要。R3M 结合了强化学习和模仿学习技术，不仅使机器人能够从先前的成功经验中学习，还能模仿人类操作者的行为。这样的学习策略大大加速了机器人的训练过程，并提高了其任务执行的灵活性和适应性。

R3M 在学习时重点关注 3D 环境中的普遍物理规律和运动特征，其学习到的模型能够在多个不同任务之间迁移和适用，这使得 R3M 特别适合需要机器人快速适应新任务的场景。R3M 使用 Ego4D 数据集进行预训练，该数据集包含多种人类活动视频和自然语言注释，通过这种预训练，R3M 能够泛化机器人感知表征。模型通过掩码自回归模仿学习视觉 - 语言-动作的表征，根据语言指令和视觉观察生成对应的机器人动作，从而实现机器人跨模态的指令跟随和技能学习。R3M 模型结构如图 7-45 所示。

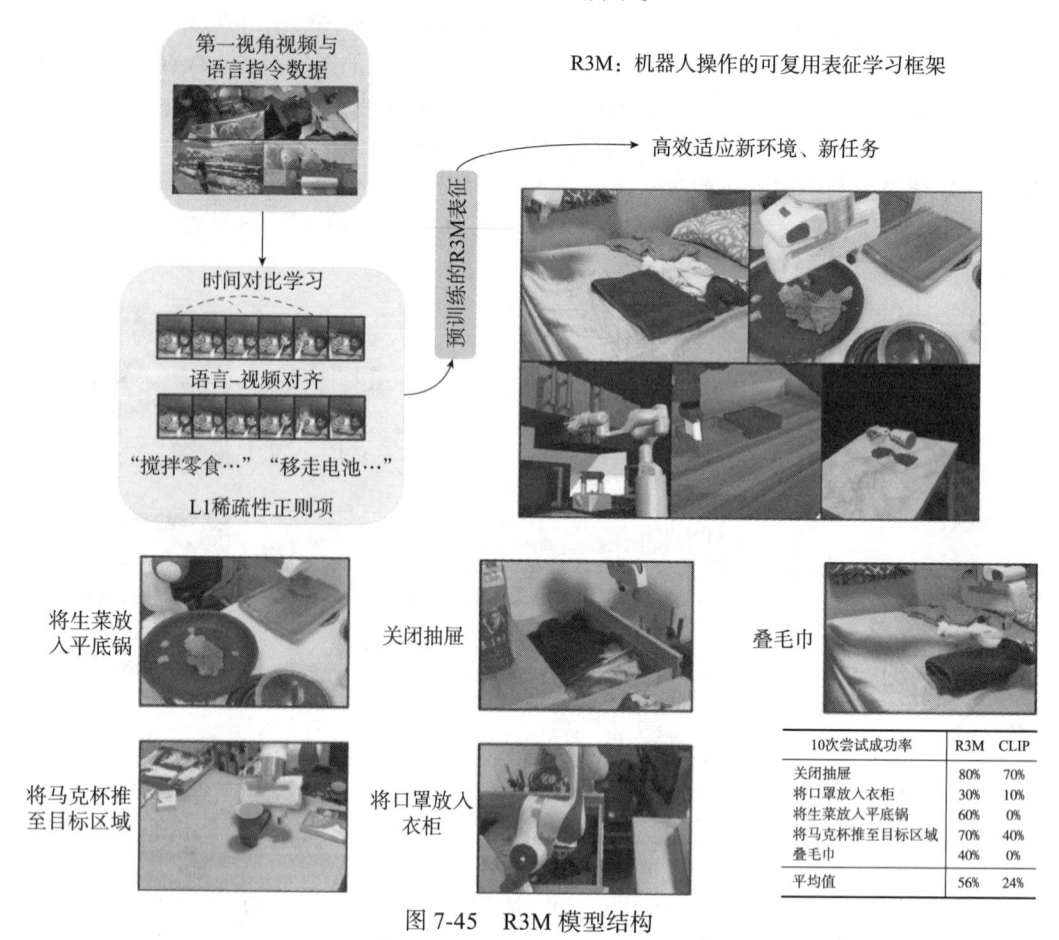

图 7-45 R3M 模型结构

10次尝试成功率	R3M	CLIP
关闭抽屉	80%	70%
将口罩放入衣柜	30%	10%
将生菜放入平底锅	60%	0%
将马克杯推至目标区域	70%	40%
叠毛巾	40%	0%
平均值	56%	24%

（2）大模型统筹决策

1）任务规划：机器人利用大数据和机器学习模型对即将执行的任务进行全面规划，优化任务执行的顺序和资源配置，确保效率和效果。

SayCan 是一个革命性的机器学习模型，通过将复杂的人工智能系统与物理机器人平台相结合，提高了机器人在执行日常任务中的自主性和效率。SayCan 使用高级规划和决策技术，基于当前环境和给定的任务目标生成实际的操作序列。它能够从用户提供的自然语言命令中理解具体任务，并结合环境感知信息生成详细的动作计划。这种计划包括一系列具体步骤，每一步都是为达成最终目标而精心设计的。SayCan 设计有感知系统，能够实时识别和分析操作环境，包括识别物体、理解物体间的空间关系及其功能属性，机器人可以根据环境变化调整行动策略，以确保任务成功执行。SayCan 拥有预定义的"技能库"，即一组可在多种情境下复用的动作或任务序列，能够从中选择最合适的技能来组合和执行，提高了其适应不同任务的能力。模型还基于概率进行决策，考虑多种可能的执行路径，并计算每种路径的成功概率，选择成功概率最高的路径执行，优化任务执行的可靠性。SayCan的综合方法显著增强了机器人在复杂环境中的自主性、适应性以及执行多样化任务时的效率和可靠性。SayCan 模型结构如图 7-46 所示。

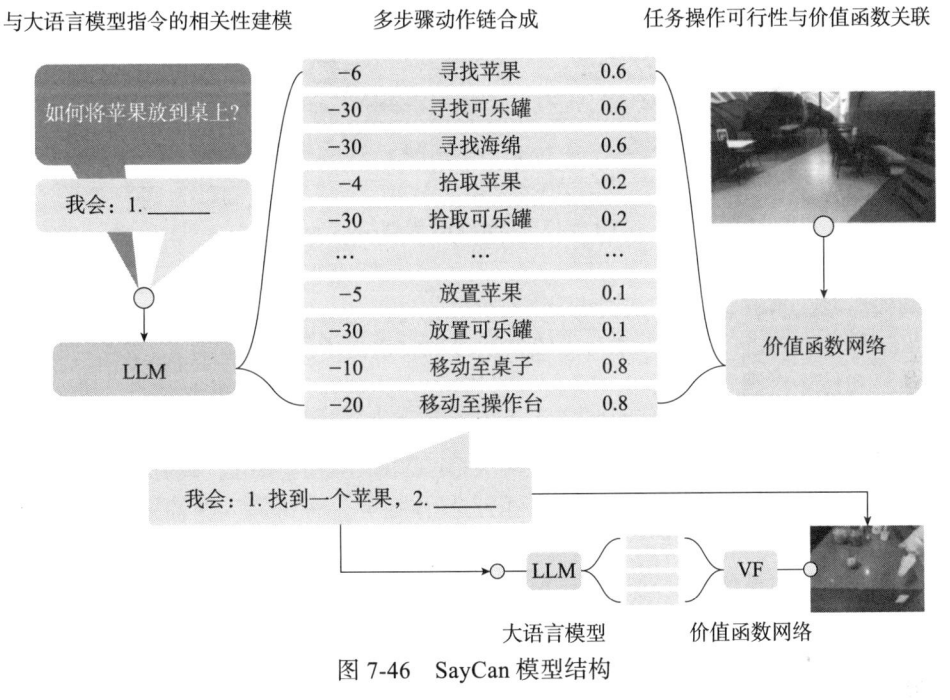

与大语言模型指令的相关性建模	多步骤动作链合成		任务操作可行性与价值函数关联
如何将苹果放到桌上？ 我会：1._____ LLM	−6 寻找苹果 0.6 −30 寻找可乐罐 0.6 −30 寻找海绵 0.6 −4 拾取苹果 0.2 −30 拾取可乐罐 0.2 … … … −5 放置苹果 0.1 −30 放置可乐罐 0.1 −10 移动至桌子 0.8 −20 移动至操作台 0.8		价值函数网络

我会：1. 找到一个苹果，2._____

LLM — VF

大语言模型　价值函数网络

图 7-46　SayCan 模型结构

2）运动规划：在物理环境中，机器人需要精确计划其动作以适应复杂多变的条件。运动规划算法使机器人能够预测和调整其动作轨迹，以避免障碍物并优化运动效率。

DiffSkill 是一种创新的机器人技能学习模型，结合了深度学习和反向扩散技术（通常用于生成模型中）来生成平滑和自然的机器人动作轨迹。这种技术特别适用于需要机器人执行复杂、流畅且高度精确动作的应用场景。DiffSkill 将机器人的各种技能编码为一组潜在变量，每个变量代表一个特定的技能或动作序列。利用反向扩散的方法，模型可以从这些潜在变量中生成连续的、高质量的动作轨迹，这些轨迹不仅平滑自然，而且符合实际物理世界的动力学约束。反向扩散作为一种强大的随机过程，通常用于生成模型如 Diffusion Models 中，在 DiffSkill 中用于逐步细化和完善机器人的动作轨迹。从一个较粗略的轨迹开始，通过逐步引入细节和调整，最终生成符合预期的精确动作。通过控制反向扩散过程中的噪声减少和数据细化步骤，DiffSkill 能够确保生成的轨迹不仅在视觉上平滑，而且在动力学上可行。这种平滑性通过优化轨迹以减少突变和非自然运动来实现，兼顾了机器人行为的语义一致性和逻辑。DiffSkill 的这种综合方法显著增强了机器人在复杂操作任务中的能力，使其能够执行更流畅和自然的动作，从而在各种应用场景中表现出色。DiffSkill 模型结构如图 7-47 所示。

3）统筹规划：统筹规划涉及将所有相关的决策因素，如时间、成本、风险和资源纳入

任务1：拿起-擀面　　　　　　任务2：收集-转运　　　　　　任务3：切割-重排

图 7-47　DiffSkill 模型结构

考虑，确保所有决策和行动计划协同高效地执行。

VIMA 是一个先进的机器人学习系统，通过视觉模仿学习增强机器人的操作能力。它利用深度学习和计算机视觉技术，让机器人通过观察人类执行任务的视频来学习和复制这些动作，直接从视觉数据中提取操作知识，无须复杂编程或手动示教。VIMA 基于 Ravens 模拟器构建了 VIMA-BENCH 数据基准，涵盖 17 种代表性元任务，通过预编程的 oracle 生成大量专家轨迹进行模仿学习。它将元任务泛化为具体任务，将机器人操控任务转化为序列建模问题，采用编码器-解码器的 Transformer 架构，其中 CLIP 编码器接收文本和视觉提示，解码器自回归地输出最优控制动作，并将图像解析为对象 Token 序列，以处理多模态提示定义的操控任务。VIMA 使用先进计算机视觉算法分析视频中的动作序列，识别人类肢体动作、理解物体交互及其目的，通过行为克隆技术学习抓取物体、操纵工具和复杂手部操作。它构建了一个模仿学习框架，不仅复制动作，还理解动作的意图和目标，能够在类似情境中调整和应用所学技能。VIMA 通过学习多种任务和环境，提高了泛化能力，能够适应并执行未见过的任务，自动调整行为策略以适应新环境。这种综合方法显著增强了机器人在复杂操作任务中的能力，使其在各种应用场景中表现出色。VIMA 模型结构如图 7-48 所示。

4）策略学习：通过策略学习，机器人能够自主学习如何在特定环境中做出最优决策。这种方法通常通过模拟不同的决策结果并选择最佳路径来实现。策略学习的核心在于强化学习算法的应用，机器人通过不断试验和错误来优化其行为策略，以最大化累积奖励。在策略学习过程中，机器人会在虚拟或真实环境中进行大量的交互。每次决策后，机器人都会收到反馈，这些反馈可以是正面的奖励或负面的惩罚。通过这些反馈，机器人逐渐调整其策略，以提高决策的有效性和效率。强化学习中的策略梯度方法、Q 学习和深度 Q 网络（DQN）等技术，都是用于实现策略学习的重要工具。此外，策略学习还强调机器人在面对复杂和动态环境时的适应能力。例如，在自主驾驶、游戏对战和机器人导航等应用中，策略学习使机器人能够应对各种不确定性和变化，做出实时的最优决策。通过策略学习，机器人不仅能在给定的任务中表现出色，还能不断提升其在不同情境下的决策能力，变得更加智能和自主。

（3）大模型具身控制

1）轨迹跟踪控制：轨迹跟踪控制使机器人能够准确地按照预定轨迹移动或操作。这要

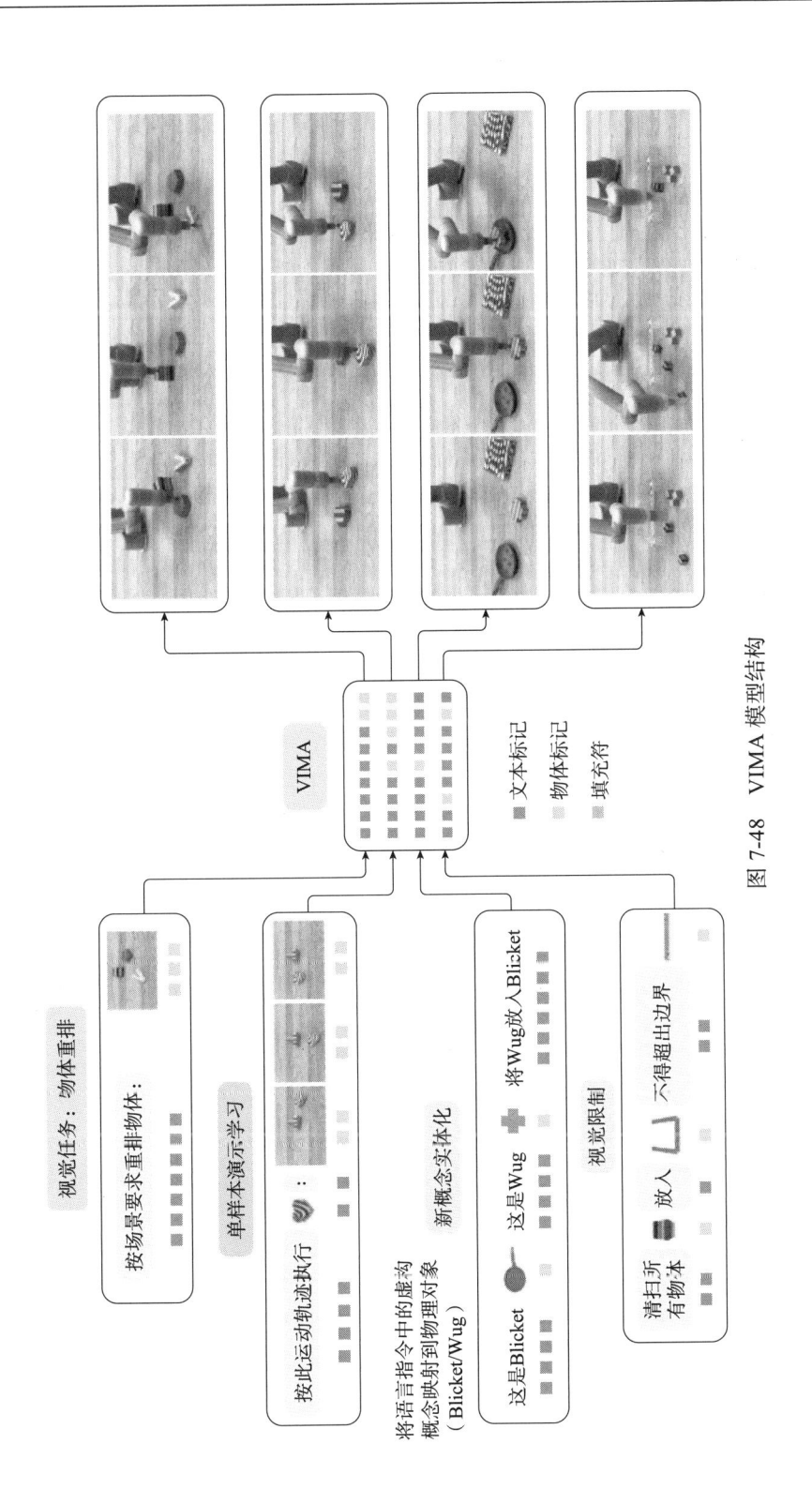

图 7-48　VIMA 模型结构

求机器人对其动态环境有高度的感知能力和即时反应能力。

  DiffTraj 是一个旨在提高机器人在执行复杂任务时精确性和流畅性的创新系统，特别适用于需要精细操控和细致动作的应用。该系统结合了深度学习和随机过程，尤其是扩散过程，用于生成机器人的运动轨迹。DiffTraj 采用类似于生成模型中的扩散模型框架，通过控制扩散过程逐步生成目标轨迹。这一过程始于一个随机或粗略定义的轨迹，通过添加微小的、受控的变化逐步精细化轨迹，直至达到所需的精度和流畅度。在轨迹生成过程中，DiffTraj 通过逆向扩散步骤来优化轨迹。这一迭代优化过程涉及对轨迹的微调，以确保其符合机器人的动力学约束和任务要求，逐步减少轨迹中的噪声和不必要的动作，从而增强其实用性和效率。DiffTraj 结合了机器学习方法，能够从过去的成功轨迹中学习，并在未来的轨迹生成中应用这些知识。此外，通过持续的反馈和评估，DiffTraj 能够不断优化其生成算法，以适应不断变化的任务和环境条件。跨模态技术使 DiffTraj 能将语言指令转换成平滑、准确的机器人轨迹，提高了机器人控制的灵活性和易用性。通过这种方法，DiffTraj 大幅提升了机器人在各种复杂任务中的操作能力，确保其在精细操控和细致动作方面的表现更加出色。DiffTraj 模型结构如图 7-49 所示。

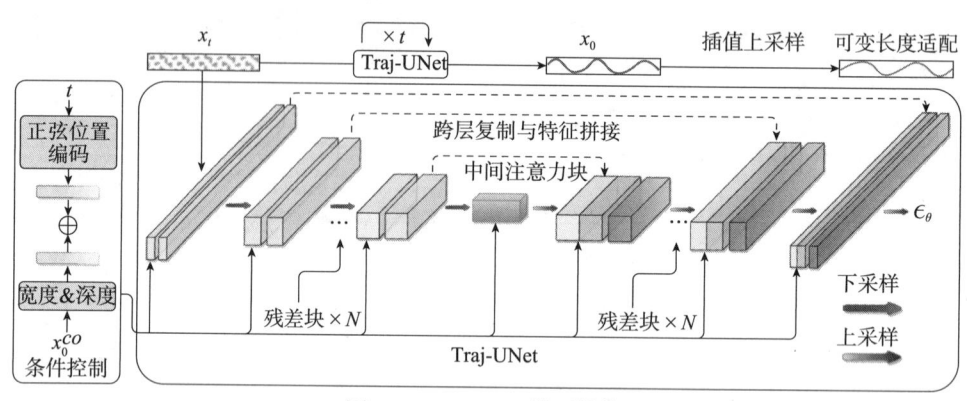

图 7-49 DiffTraj 模型结构

  2）强化学习：通过强化学习，机器人可以通过试错来自主优化其行为策略，不断调整其行动以达到最佳的奖励效果。

  Adaptive Agent 是一个创新的机器人系统，通过引入先验知识和提高样本效率来加速复杂任务的学习。它的核心特征在于长期学习和适应能力，能够根据任务描述生成抽象的行动计划，并将这些计划嵌入状态空间，辅以分层强化学习的智能体进行训练。这种方法不仅提高了机器人在执行复杂任务时的效率，还增强了其在多变环境中的适应能力。Adaptive Agent 利用先验知识实现高效学习，生成的抽象行动计划在状态空间中为智能体提供明确的指导，通过分层强化学习，智能体能够在不同层次上优化其策略，处理更复杂的任务和环境变化。通过持续的学习过程，系统不断整合新信息，调整认知模型和行为策略，以适应环境的变化，使代理能够在完成一系列复杂和未知任务的同时维持或提升其性能。与专为特定任务设计的系统不同，Adaptive Agent 面向开放式任务空间，要求系统具备高度的灵活性和创新能力，以应对不断变化的任务和新的挑战。这种综合方法显著增强了机器人在多变和复杂环境中的操作能力，使其在广泛的应用场景中表现出色。Adaptive Agent 模型结构如图 7-50 所示。

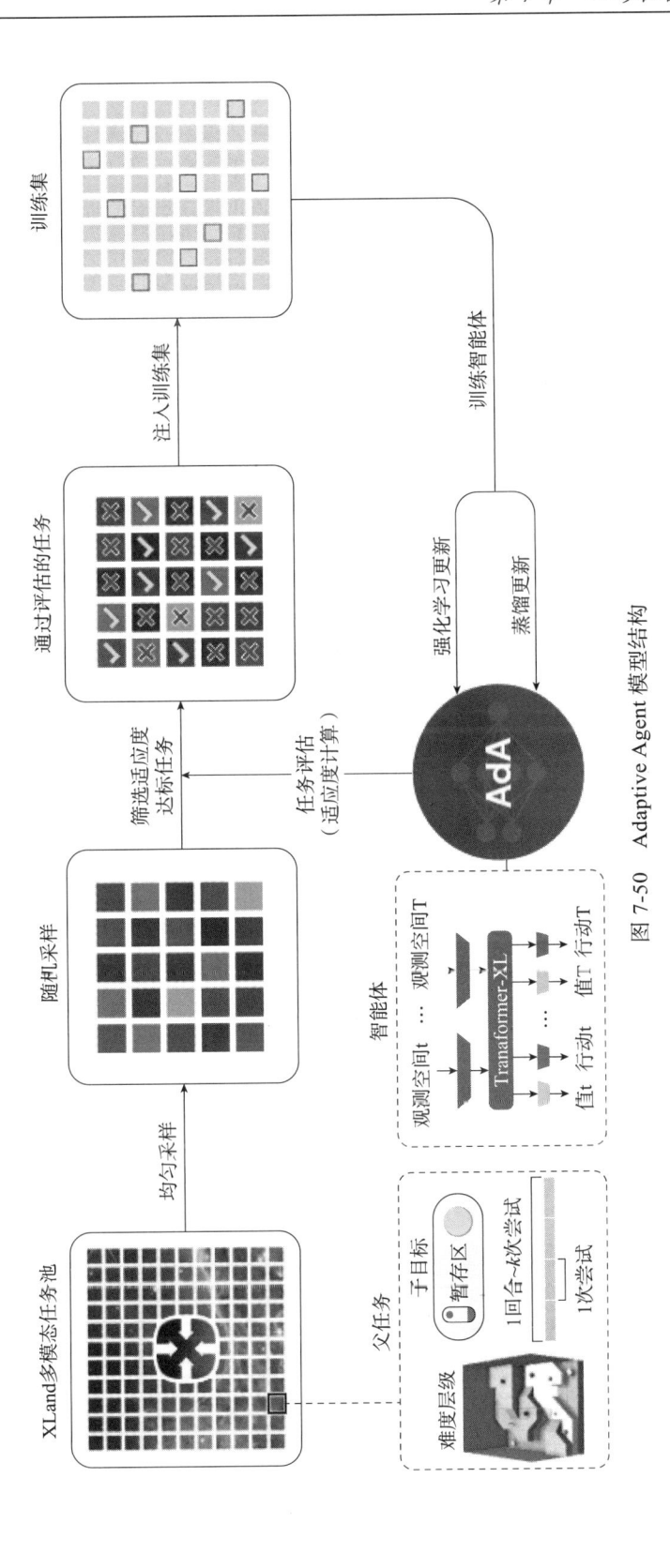

图 7-50 Adaptive Agent 模型结构

3）模仿学习：模仿学习是一种通过让机器人观察和模仿人类行为来学习特定技能的方法。这种方法尤其适用于复杂任务，如手工艺或其他需要精细操作的活动。在模仿学习过程中，机器人通过视觉和感知系统捕捉人类动作的细节，然后通过算法将这些观察到的动作转化为自身的行为。模仿学习不仅可以加快机器人的学习速度，还可以使其掌握一些难以通过传统编程实现的技能。此外，模仿学习还能够提高机器人的适应性，使其能够在动态和变化的环境中表现得更加出色。

① Perceiver-Actor。Perceiver-Actor 是一种专为机器人操控任务设计的多任务 Transformer 模型，通过集成感知和行动功能来处理多样的操控任务，旨在通过一个统一的框架处理从低级控制到高级决策的各种任务，从而提高机器人在复杂环境中的自主性和灵活性。Perceiver-Actor 的核心特性是将感知（Perceiver）和行动（Actor）功能整合到一个统一的模型中。感知部分负责从高维度的传感器输入（如视觉、触觉等）中提取关键信息，而行动部分则根据感知结果生成适当的动作指令。这种集成设计减少了模块间的通信延迟，提高了处理速度和效率。模型基于 Transformer 架构，这使得它能够有效处理序列化数据，并通过自注意力机制捕获输入数据中的长距离依赖关系。这对于理解复杂的场景动态特别重要，如在不断变化的环境中进行物体操控。Perceiver-Actor 能够同时处理多种机器人操控任务，包括抓取、移动、装配等。这得益于其灵活的架构和对不同任务共享底层特征的能力。这种多任务处理能力不仅提高了训练效率，还增强了模型对新任务的泛化能力。通过这种统一框架，Perceiver-Actor 显著提升了机器人在复杂环境中的自主性和灵活性，使其能够在各种应用场景中表现出色。Perceiver-Actor 如图 7-51 所示。

② CLIPORT。CLIPORT 基于 Ravens 模拟器，采用 CLIP 编码视觉输入为语义特征，以理解任务的抽象概念。它使用 Transporter 模型来处理空间精确度和位置判断，确保能够准确执行空间操作。通过利用大量的语言指令和动作序列进行模仿学习训练，CLIPORT 能够在模拟或真实世界环境中将指令转化为操作动作。它根据语言指令和视觉观察，预测并执行关键帧动作，从而学习复杂的长期技能。CLIPORT 具有很强的泛化能力，能够根据不同的指令组合多种技能。这种结合了语言理解和精确空间操作的系统，使得 CLIPORT 在处理复杂任务时表现出色。通过模拟环境中的训练，CLIPORT 可以将这些技能应用到现实世界中，提高了机器人在执行多样化任务时的灵活性和适应性，其基于语言和视觉输入的预测和执行能力，使得机器人能够根据不同任务需求迅速调整和优化其行为策略。这种多模态、多任务的处理框架，使 CLIPORT 成为一个强大而灵活的机器人操控系统，在复杂环境中展现了卓越的操作性能。CLIPORT 模型如图 7-52 所示。

4）终身学习：终身学习框架使机器人能够持续学习和适应新的环境和任务，即使在训练初期未曾遇到过的情况下也能有效应对。通过持续的多模态交互学习，机器人能够在开放世界中建立视觉、语言和动作之间的新型映射关系。动态优化与迭代使得机器人可以基于新的观察和交互不断调整和改进自身的学习策略，从而提高其智能和适应性。深度个性化与自我进化则允许机器人根据自身的经验进行自我调整和进化，形成独特的行为模式和解决问题的方式。这种能力使得机器人不仅能够解决当前的问题，还能在面对未知挑战时表现得更加灵活和高效。终身学习框架的应用有助于机器人在长期使用中变得越来越智能，并且能够不断提升其性能和能力。

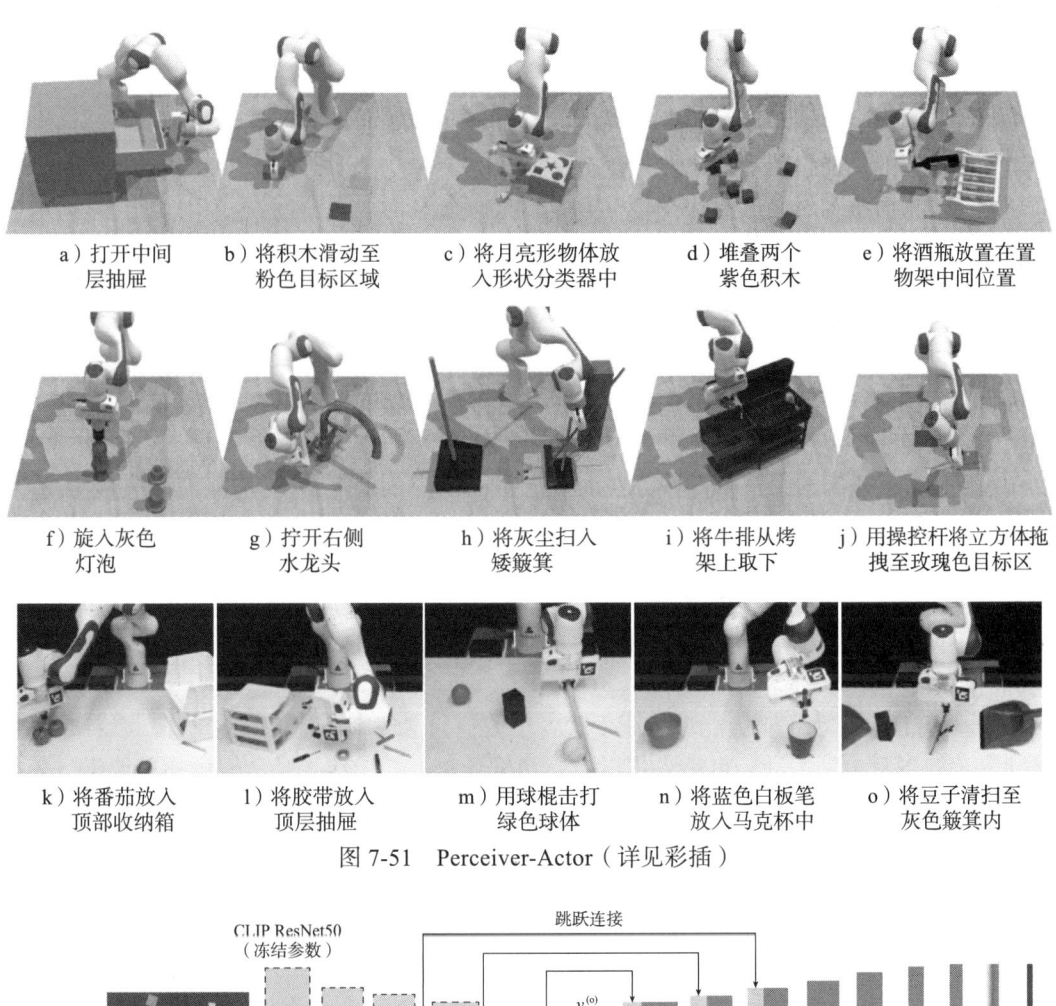

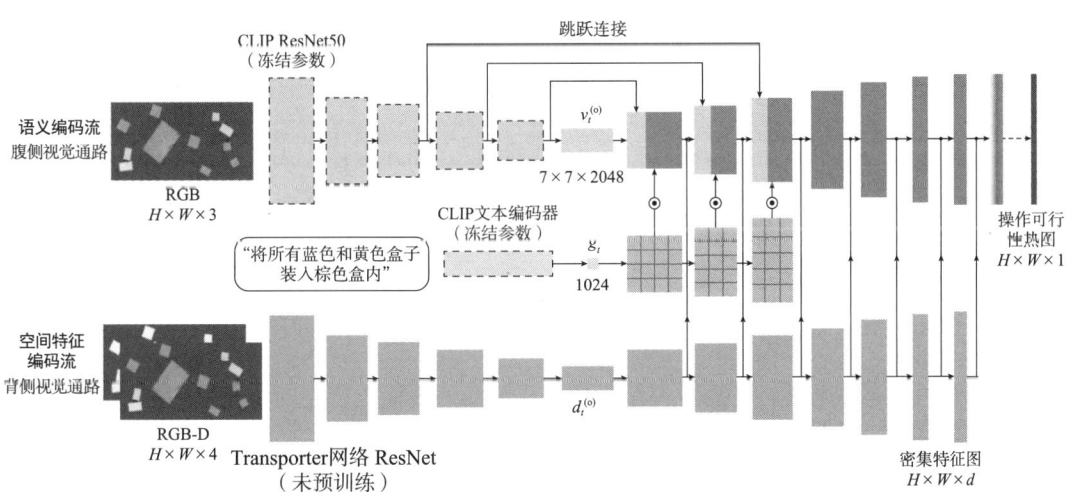

a）打开中间层抽屉　b）将积木滑动至粉色目标区域　c）将月亮形物体放入形状分类器中　d）堆叠两个紫色积木　e）将酒瓶放置在置物架中间位置

f）旋入灰色灯泡　g）拧开右侧水龙头　h）将灰尘扫入矮簸箕　i）将牛排从烤架上取下　j）用操控杆将立方体拖拽至玫瑰色目标区

k）将番茄放入顶部收纳箱　l）将胶带放入顶层抽屉　m）用球棒击打绿色球体　n）将蓝色白板笔放入马克杯中　o）将豆子清扫至灰色簸箕内

图 7-51　Perceiver-Actor（详见彩插）

图 7-52　CLIPORT 模型

7.4.2 人形机器人小脑

小脑是机器人控制系统的关键部分，专注于协调和平衡机器人的运动。它包括人形机器人运动控制算法库、网络控制系统等，用于接收来自大脑的指令，并将其转化为机器人的动作。小脑的功能包括运动规划、姿态控制、动态平衡等。通过实时感知机器人的状态和环境信息，小脑可以调整机器人的动作，使其能够稳定地行走、跑步、跳跃等。小脑还可以根据环境的变化和任务的需求，自动调整机器人的运动策略，以实现更高效和灵活的运动控制。人形机器人小脑模拟了生物小脑的功能，通过复杂的计算和控制算法来优化机器人运动。机器人大脑、小脑示意图如图7-53所示。

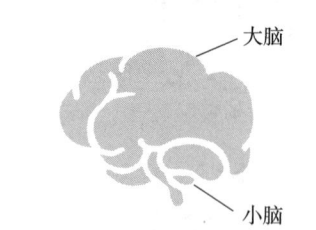

图7-53 机器人大脑、小脑示意图

人形机器人小脑的主要职责和功能如下。

（1）精确控制 小脑通过高级算法优化机器人动作，确保其运动的流畅性和精确性。主要功能包括以下几个方面。

1）步态调整：在机器人行走时，小脑实时计算和调整每一步的步幅和步态，以确保行走的稳定性和自然感。它精确控制每一步的长度、速度和方向，使机器人能够适应不同的地形，如平地、斜坡和楼梯。

2）手臂运动控制：小脑能够协调手臂各个关节，实现流畅且精确的动作，从简单的抓取到复杂的多自由度运动。机器人可以执行精细任务，如操作工具、搬运物品或进行装配工作。

3）头部运动协调：小脑负责头部的旋转和倾斜控制，确保视觉传感器或其他头部装置能够稳定地捕捉环境信息。这对于机器人导航、目标识别和环境感知至关重要，确保其在动态环境中能够实时调整视角以获取最佳信息。

（2）平衡调节 小脑持续监控机器人的姿态和地面条件，实时调整机器人的体重分布和姿态，以维持稳定性。具体功能包括以下几个方面。

1）姿态监控：小脑使用传感器数据（如陀螺仪和加速度计）来监控机器人的姿态，并根据需要进行调整。这些传感器能够实时检测机器人的倾斜角度和加速度变化，帮助其保持平衡。

2）动态平衡调整：在机器人行走或站立时，小脑能够通过调节各个关节的力矩和位置，来优化体重分布，确保平衡。例如，当机器人搬运重物时，它会调整腿部和腰部的姿态以防止倾倒。

3）不平坦地形应对：当机器人在不平坦或移动的地面上行走时，小脑可以快速响应并调整姿态，防止跌倒或失衡。通过识别地形变化并迅速调整脚步，机器人能够在崎岖不平的环境中稳定行走。

（3）自我学习 小脑不仅执行预设的动作程序，还能根据过往经验调整控制策略，提高动作的效率和适应性。自我学习能力具体体现在以下几个方面。

1)反馈学习:通过不断接收传感器反馈,小脑可以评估每次动作的效果,并根据这些反馈调整未来的动作策略。这种机制类似于人类通过试错过程改进技能的方式。

2)经验积累:小脑能够记忆和分析机器人在不同环境中的表现,从而优化运动控制。例如,机器人在经过多次尝试后,能够更好地适应斜坡、台阶或其他复杂地形。积累的经验使机器人在面对类似环境时能够迅速调整行动。

3)动态调整:在任务执行过程中,小脑能够实时调整控制参数,以应对环境的变化或任务的需求。这种动态调整能力使机器人能够在多变的环境中表现出色。例如,机器人可以在搬运过程中根据负载变化调整步态和姿态。

(4)综合协调 小脑还起到综合协调的作用,确保机器人各部分动作的一致性和协调性。它不仅关注单一关节或肢体的运动,还统筹整个机器人身体的协调。

1)全身协调:确保机器人在执行复杂动作时,各个部位能够协调一致。例如,在搬运重物时,小脑会协调手臂、躯干和腿部的动作,确保重心稳定。全身协调不仅提高了机器人动作的效率,也减少了因不协调而导致的能量浪费。

2)多任务处理:在执行多任务时,小脑能够有效分配和调整资源,确保每个任务都能够顺利完成。例如,在行走时同时进行抓取操作,小脑能够平衡行走的稳定性和抓取的精确性。这种多任务处理能力使机器人在复杂环境中能同时完成多个操作,提高工作效率和灵活性。

人形机器人小脑的运动控制算法库包含如下内容。

(1)运动协调算法

1)运动规划算法:小脑使用运动规划算法,如逆运动学(Inverse Kinematics, IK)和运动学(Kinematics)算法,来计算机器人关节的角度和位置,从而实现目标动作。逆运动学算法通过目标位置计算所需的关节角度,而运动学算法则通过关节角度计算出机器人末端的空间位置。

2)姿态控制算法:姿态控制涉及使用比例-积分-微分(PID)控制器和模糊逻辑控制等算法。PID控制器通过调节关节力矩来维持稳定的姿态,而模糊逻辑控制则通过处理非线性和复杂系统中的不确定性,提供更为灵活的控制策略。

3)动态平衡算法:动态平衡使用零力矩点(Zero Moment Point, ZMP)和模型预测控制(Model Predictive Control, MPC)等算法。ZMP算法确保机器人在运动过程中重心保持在支撑面内,MPC算法则通过预测未来运动状态来进行实时优化,确保机器人在复杂环境中稳定行走。

4)自我学习机制:自我学习通过强化学习(Reinforcement Learning, RL)和深度强化学习(Deep Reinforcement Learning, DRL)等技术实现。机器人在试错过程中通过奖惩机制优化策略,DRL则结合深度学习和强化学习,提高机器人在高维状态空间中的决策能力。

(2)反馈机制

1)视觉反馈:通过摄像头捕捉环境信息,实时分析图像数据,帮助机器人感知周围环境和物体,从而调整运动策略。

2)力反馈:通过力传感器检测接触力和转矩,实时监控和调节机器人与物体之间的交互力，确保动作的精确性和安全性。

3）位置反馈：通过编码器检测关节角度和位置，实时反馈机器人各部位的位置信息，帮助小脑调整关节角度和运动路径。

这些运动协调算法和反馈机制，使得小脑在机器人运动控制中发挥了至关重要的作用，确保机器人能够高效、稳定地执行复杂任务，并具备自我学习和适应环境的能力。通过与大脑的协调配合，小脑提升了机器人的整体性能，使其在各种应用场景中表现出色。

机器人小脑和大脑协同工作才能发挥更优异的性能，需要以下技术支撑。

1）分布式控制架构：小脑和大脑之间通过高速通信网络进行数据交换和控制指令传递。分布式控制架构确保了系统的响应速度和处理能力，使机器人能够实时调整动作和策略。

2）云端与本地协同计算：通过云端计算资源，大脑可以处理复杂的计算任务和大规模数据分析，而小脑则负责本地的实时控制和反馈机制。这种结合提高了系统的计算效率和灵活性。

3）数据同步与协调：小脑和大脑之间的数据同步机制确保了机器人在不同任务和环境中的一致性和协调性。协同工作使得机器人能够在复杂任务中表现出色。

CHAPTER 8

第 8 章

智能机器人发展趋势与挑战

智能机器人具有广阔的发展前景，目前机器人的研究正处于第三代智能机器人阶段，尽管国内外对此进行的研究已经取得了许多成果，但其智能化水平仍然不尽人意。本章主要介绍智能机器人在未来几十年的发展趋势，以及面临的挑战。

8.1 智能机器人发展趋势

8.1.1 技术创新趋势

随着机械动力、材料电子、人工智能等技术的不断迭代创新，未来的智能机器人可能在以下几方面着力发展。

1. 低噪声与低功耗

2005 年，波士顿动力公司与 Foster-Miller、美国宇航局喷气推进实验室和哈佛大学共同创建了 Big Dog，如图 8-1a 所示，是世界上第一台动态稳定的四足军用机器人，但由于其运行噪声过大，不适合一些应用场景，该项目被搁置。如今，南京蔚蓝公司发布的个人机器人产品——阿尔法机器狗（AlphaDog），如图 8-1b 所示，克服了噪声和功耗的挑战。AlphaDog 具有卓越的性能，包括行走速度超过 3m/s，同时具备安静和节能的特点。这使得 AlphaDog 成为世界上首个成功量产的四足机器人。它不仅在为盲人导航、快递交付、工厂巡检等任务中提供了出色的表现，而且以资源节约和环境友好的特性，融入了人们的日常生活。AlphaDog 的成功展示了低噪声和低功耗在机器人技术中的可行性，并为智能机器人的量产、部署和应用提供了有力的发展方向。这一趋势将不仅对军事领域有所贡献，还将为更广泛的领域，包括个人、商业和工业，带来创新和效率提升。随着技术的不断进步，低噪声和低功耗将继续在机器人领域发挥重要作用，推动其应用范围的扩大。

a）Big Dog　　　　　　　　　b）AlphaDog

图 8-1　四足机器人 Big Dog 与 AlphaDog

2. 机器人网络化

借助通信网络技术将各种机器人连接到计算机网络上，从而实现远程监控、远程操作和数据共享。这种互联性不仅提高了机器人的协同工作能力，还为跨地理位置的协同任务提供了便捷的解决方案；智能控制方法中的软计算技术，如模糊逻辑、基于概率论的推理、神经网络、遗传算法和混沌理论，相对于传统的硬计算方法，具备更高的鲁棒性、易用性和计算效率。将这些软计算方法应用到机器人技术中，有助于提高机器人的问题求解速度，更好地处理多变量和非线性系统的复杂问题。例如：

1）模糊逻辑可以帮助机器人处理不确定性信息，神经网络可以用于机器学习和感知任务，遗传算法可以优化机器人的行为策略。

2）云计算和大数据技术为智能机器人提供了强大的计算和数据存储能力。机器人可以通过云平台访问大量数据，从中学习和改进自身的表现。此外，云计算还可以用于协同机器人的任务分配和协作。

这个趋势在各种应用领域中得到广泛应用，包括：

1）工业机器人，它们在制造业中提高了生产效率和质量。

2）云机器人，将机器人与云计算平台相结合，以实现更高级的计算和数据处理，扩展了机器人在各个领域的应用，从智能交通到农业自动化，都有潜在的机会。

3）医疗机器人，手术机器人可以通过网络实现遥控手术，将专业医生的技能引入偏远地区。

3. 机器人智能化

机器学习算法的广泛应用推动了人工智能的不断发展。强化学习、蚁群算法、免疫算法等算法可以成功用于机器人系统，使机器人具备类似人类的学习能力。这使得机器人能够适应日益复杂、不确定和非结构化的环境，不断改进其性能和决策能力。人机交互需求日益朝着简单化、多样化、智能化和人性化的方向发展，因此研究和设计各种智能人机接口变得至关重要。这包括多语种语音识别、自然语言理解、图像识别等技术，以更好地适应不同用户和不同应用任务的需求。机器人智能化的一些典型应用如下：

1）智能语音对话机器人，一种基于人工智能和自然语言处理技术的机器人系统，它具备能够理解和产生自然语言对话的能力，可以与人类用户进行语音交互，回答问题、提供信息、执行任务和提供支持，而不需要键盘输入或触摸屏操作。

2）家庭服务机器人，一种专门设计用于在家庭环境中执行各种任务的机器人。这些机器人旨在提供便利、增加生活质量和减轻家庭中的日常任务。

3）导盲机器人，协助视障人士导航和移动，帮助他们安全地穿越环境并避免障碍物。这些机器人利用各种视觉传感器和导航技术，以提供视障人士的定位、方向指导，如图8-2所示。

图8-2 杭州亚残奥运动会上的机器导盲犬

4）无人驾驶汽车，又称自动驾驶汽车、自动驾驶车辆或自动驾驶车，是一种搭载自动化驾驶系统的汽车，可以在没有人类司机的情况下自主地感知环境、决策和执行驾驶任务。图8-3所示为百度Apollo无人驾驶汽车。

图8-3 百度Apollo无人驾驶汽车

4. 机器人小型化

精巧和灵活的微型机器人能够更好地应对严峻的环境和局限条件。它们具备小巧的体积和轻量化的特点，却能够完成超出其自身尺寸和质量的任务。这种小型化技术在机器人领域日益成为研究和应用的焦点，微型机器人在多个领域具有巨大的潜力，如搜救、探测和医疗手术。例如，在灾难搜救中，微型机器人可以轻松进入狭小的缝隙，代替人类执行搜救任务；

在外科医疗手术中，由于约束条件非常严格，微型机器人的尺寸和质量至关重要。

1）微型机器人 HAMR-JR 如图 8-4 所示，它在国际机器人与自动化会议（ICRA2020）上亮相。尽管它的质量仅为 0.32g，但它却能够背负 3.5g 的质量，其负载量达到了其自身质量的 10 倍。这种微小机器人的出现开辟了无限的应用潜力。

2）医疗微纳机器人，旨在进入人体并在细胞或组织水平上执行特定的医疗任务。这些微纳机器人通常在微米或纳米尺度上操作，具有高度精确的控制和导航能力，可以用于多种医疗应用。图 8-5 所示为医疗微纳机器人操作红细胞。

图 8-4　HAMR-JR 微型机器人 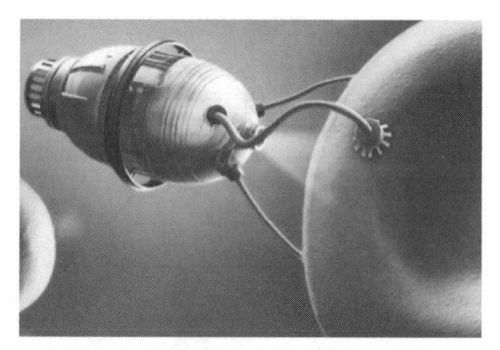　　图 8-5　医疗微纳机器人操作红细胞

3）DNA 纳米机器人如图 8-6 所示，是一种利用 DNA 分子构建的微小机器人，可以在纳米尺度上执行各种任务。这些机器人的构建和操作涉及 DNA 分子的自组装和自识别特性，使它们能够执行复杂的分拣和运输任务。

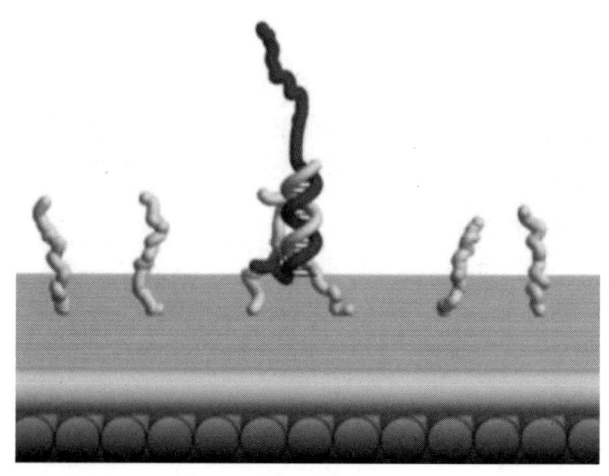

图 8-6　DNA 纳米机器人

5. 机器人集群

机器人集群的主要目标是组织和控制多个机器人，使它们能够协同工作，完成单个机器人无法独立完成的复杂任务。这种集群协作的方式在面对大规模任务或紧急情况时尤为

重要，如自然灾害救援、医疗支援和基础设施建设等。机器人集群需要在复杂和未知的环境中实现实时推理和反应，这要求机器人能够根据环境的变化和任务需求做出智能决策，以确保任务的顺利完成；机器人集群需要实现群体决策和操作，这包括群体路径规划、资源分配、任务分工和通信协议的设计，以实现高效的协同工作。未来的社会将面临更多的挑战和需求，如自然灾害、突发事件、医疗紧急情况等，机器人集群将成为应对这些挑战的有力工具。人与智能机器人的协作将显著提高生存率，而敏捷和精准的任务布局将成为国家实力的重要衡量标准。目前，机器人集群的应用领域包括自动化仓储管理、军事任务、农业、采矿、环境监测和灾害响应等，它们还被用于研究群体行为和人工智能领域的实验。

1）自动化仓储管理，机器人集群通常用于搬运、分拣和排序货物。它们可以在仓库内协调工作，快速而精确地将货物从一个地点移动到另一个地点，并根据订单将产品分类和分拣。

2）机器人采矿，机器人集群可以协同工作以执行采矿任务。

3）农业机器人，机器人集群可以应用于农作物种植和作物收割等工作。

4）无人机集群，由多个无人机协同工作的系统，它们能够在多种应用中发挥重要作用，如搜索和救援、农业和林业、环境监测、交通管理、通信和网络覆盖等。

6. 仿生机器人

仿生机器人是一种具有仿生学特点的机器人，其发展在当前社会背景下具有重要意义。在许多国家面临人口老龄化的背景下，发展仿生机器人能够弥补劳动力短缺，特别是在家庭服务和医疗领域。这将有助于解决老龄化社会所面临的社会问题，如照顾和护理需求。仿生机器人的发展不仅能够解决实际问题，还可以开创新的产业和创造新的就业机会，包括机器人的研发、制造、维护和操作等各个领域，为经济增长和创新提供了潜在机会。下面介绍几种具有一定代表性的仿生机器人。

1）软体机器人，其外部结构和构造与传统硬件机器人不同，它采用柔软、可变形的材料和结构来执行任务。图8-7所示为仿生"象鼻手臂"。

2）人造皮肤（图8-8）是一种材料，设计用于模拟人类皮肤的外观、触感和功能。它通常由多种材料构成，以实现与天然皮肤相似的性质。人造皮肤在医疗、机器人技术、仿生学和材料科学领域有广泛的应用。

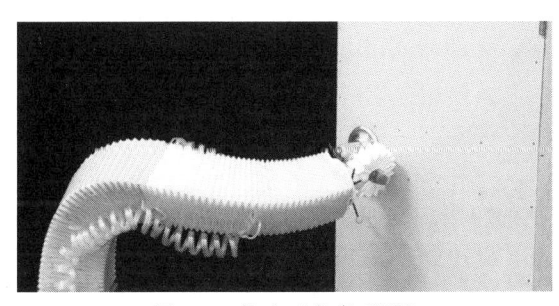

图8-7 仿生"象鼻手臂"

图8-8 人造皮肤

3）人造肌肉是一种人工制造的材料或结构，旨在模仿天然肌肉的功能和性质。它通常由弹性或可收缩的材料构成，以模拟肌肉的运动和柔韧性，其在机器人技术、医疗、生物学和工程领域有广泛的应用，如图8-9所示。

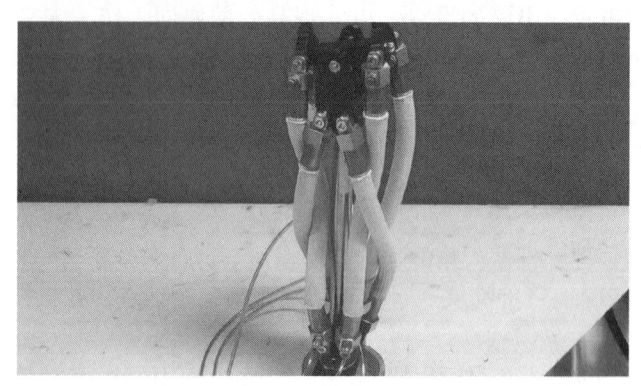

图 8-9　人造肌肉

4）外骨骼机器人，一种可穿戴机器人，它被设计为佩戴在人体外部，旨在增强人体的力量、灵活性和功能。这些机器人通常由金属框架、电动机、传感器和电池组成，能够协助用户完成各种任务。

5）宠物机器人，一类被设计和制造用于模拟宠物的机器人。它们旨在提供用户与真实宠物类似的陪伴和互动体验，而无须承担真实宠物的责任和护理。另外，还有各种动物的仿生，如仿生蛇、仿真蜘蛛、仿生鸽、仿生蝴蝶、仿生鱼等。

7. 机器人脑机接口

机器人脑机接口（Brain-Computer Interface，BCI）技术建立了一种直接连接人类大脑和外部设备（如计算机、机器人或其他智能系统）之间的通信通道。BCI 技术使人们能够通过思维或脑电信号来控制外部设备，或者将信息从外部设备传输到人类大脑。这种接口的发展为医疗、康复、娱乐和其他领域带来了巨大的潜力。BCI 技术的关键有：①脑信号检测，BCI 系统通常通过脑信号检测来捕获大脑活动。这些信号可以是脑电图（EEG）、功能性磁共振成像（fMRI）、近红外光谱等。不同类型的 BCI 系统使用不同的信号检测方法，具体取决于应用和目标。②信号处理，一旦脑信号被检测到，它们需要进行信号处理，以提取有用的信息。这通常涉及噪声滤除、特征提取和数据解码等技术，以将脑信号转化为命令或输出。③脑控制设备，BCI 系统可以控制各种外部设备，如电动轮椅、假肢、计算机游戏、机器人和智能家居。通过 BCI，用户可以使用他们的思维来操作这些设备，而无须运动肌肉。

机器人 BCI 的应用主要包括：

1）医疗应用，BCI 技术在医疗领域有广泛的应用。例如，它可以帮助肢体残疾患者重获行动能力，以及为中风患者提供康复治疗，图 8-10 所示为机器人脑机接口帮助偏瘫患者重新站立行走。

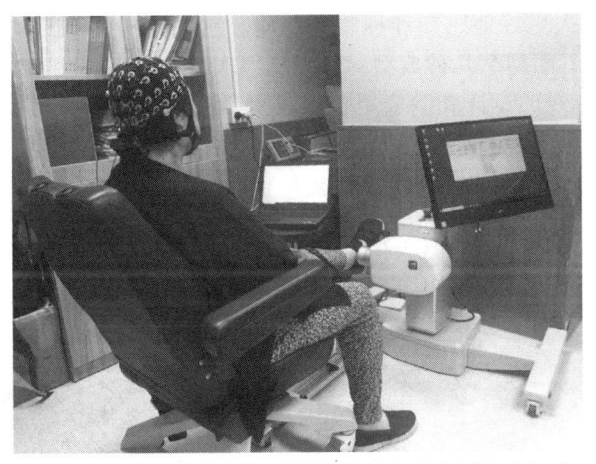

图 8-10　机器人脑机接口帮助偏瘫患者重新站立行走

此外，BCI 还用于研究神经科学，以更好地理解大脑的功能和疾病。

2）娱乐和通信，BCI 技术还用于娱乐和通信领域。例如，某些游戏和虚拟现实系统允许玩家使用脑波来控制游戏中的角色或操作虚拟对象。图 8-11 所示为人通过脑机接口控制机器人。

图 8-11　人通过脑机接口控制机器人

此外，BCI 还可以用于以文字或符号的形式进行脑-机器间的交流，帮助那些无法言语或运动的人进行沟通。

8. 特种机器人

特种机器人是一种面向特定任务设计的机器人，由于当前人工智能尚未提供智能机器的完整理论和方法，因此其设计通常需要限定机器要完成的任务。这有助于利用已有的人工智能技术，依赖领域知识来实现。特种机器人的目标是在特定任务领域中发挥作用，通过任务的明确定义，已有的人工智能技术可以更好地应用，从而使开发这种类型的智能机器人成为可能。特种机器人的性能和效能在很大程度上依赖于传感技术，因此发展更好、更先进的传感器处理方法以及寻找新型传感器至关重要。同时，集成技术的提高可以增加信息的融合，使机器人更好地感知和理解其环境。这些技术的不断改进对于特种机器人的任务执行至关重要。下面列举几种典型的特种机器人。

1）救援机器人，专门设计和制造用于应对紧急救援、灾害响应和危险环境中任务的机器人。它们被用于提供帮助、搜索和救援受困人员，以减轻救援人员的风险和加速救援工作，如图8-12所示的（震后）废墟搜救机器人。

图8-12 （震后）废墟搜救机器人

2）水下机器人（图8-13），为服务类机器人，具有60多年的发展历程。水下机器人的研究方向以无人化为主，使其可在高危险、被污染以及零可见度的水域环境下工作，配备声呐系统、摄像机、照明灯和机械臂等装置，可以完成实时视频传输、声呐图像绘制、抓起重物等各种专业操作。目前，水下机器人已经在海洋探索、渔业养殖、水下检测维修、搜救、消费娱乐、军事、教育等领域广泛应用。

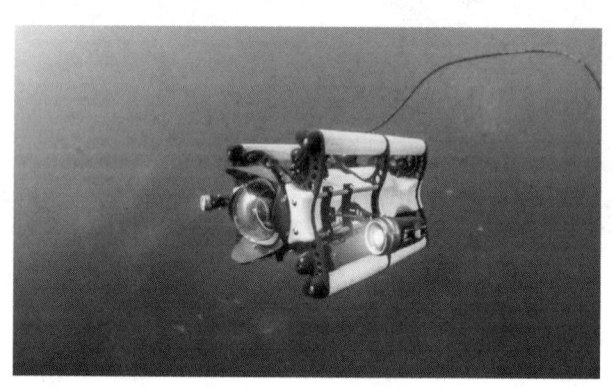

图8-13 水下机器人

3）太空机器人，专门设计和制造用于太空探索和研究的机器人。其中，火星车是一种特殊类型的太空机器人，被用于探索火星表面，研究其地质特征、大气条件和潜在生命迹象，如图8-14所示的"天问一号"火星车。

9. 类脑计算机器人

类脑计算机器人是融合了视觉、听觉、思考和执行等能力的综合智能机器人，它能够以类似于人脑工作的方式运行。它以计算建模脑神经机制和认知行为机制，以能够更好地

图 8-14 "天问一号"火星车

模拟和理解人类的认知过程,从而具备更智能的行为和决策能力。类脑智能系统通过软硬件协同工作,实现机器的智能。类脑计算机器人的目标是使机器以类脑的方式实现各种人类具有的认知能力及其协同机制,最终达到或超越人类智能水平。这代表了人工智能领域的前沿,具有广阔的研究和应用潜力。浙江大学联合之江实验室研制出了中国首台基于自主知识产权类脑芯片的类脑计算机。这台计算机包含 792 颗达尔文 2 代类脑芯片,支持 1.2 亿脉冲神经元和近千亿神经突触,其规模与小鼠大脑神经元数量相当。这一系统的典型运行功耗仅为 350~500W,展示了类脑计算机在能效方面的潜力。

10. 大模型驱动的智能机器人

近年来,人工智能领域的飞速发展催生了一系列高度复杂的大型预训练模型(通常被简称为大模型),这些模型以其庞大的参数数量和对计算资源的高需求而著称。语言大模型 ChatGPT、GPT-4(可以理解图片、生成图片)、文心一言;视觉大模型 SAM;文生图大模型 Stable Diffusion、DELL E;文字生成视频大模型 Sora 等大模型的发展,为智能机器人带来了深远的影响,具体如下。

1)增强的自然语言处理能力:ChatGPT 等语言大模型在理解和生成自然语言方面取得了显著进展,极大提升了智能机器人与人类用户之间的交流能力。这种进步不仅优化了用户交互体验,还使得机器人在客户服务、教育支持等领域的应用变得更加广泛和有效。大语言模型与机器人深度结合的主要特点和优势包括:

①具备多个领域的基础知识。
②对自然语言具备较好的理解能力。
③基本可用的连续对话与持续交互能力。
④强大的零样本/小样本学习能力。

2)卓越的视觉识别技术:视觉大模型如 SAM,在图像分类、目标检测、图像分割等领域展现了前所未有的性能,显著提高了智能机器人的视觉处理能力。这使得机器人在复杂环境下的导航、实时监控、精准的医疗影像分析等任务中表现出更高的准确度和效率。

视觉大模型与智能机器人的深度结合带来的主要优势包括：
①高精度的图像识别能力。
②实时视觉监控和分析能力。
③精准的医疗图像处理能力。
④复杂环境下的导航能力。

3）复杂决策与执行能力的提升：大模型的推理能力使得智能机器人在执行复杂任务时更加高效，如自动化路径规划和策略制定。这种能力的提升，特别是在自动化生产和物流配送等领域，极大地提高了作业的效率和准确性，主要优势包括：
①高效的问题解决能力。
②灵活的策略制定。
③自动化路径规划。
④提高生产和配送的准确性。

4）加速的学习与适应性：借助于大模型的泛化和迁移学习能力，智能机器人能够迅速适应新环境和未知任务。这种快速的学习和适应性提高了机器人在多变场景中的应用灵活性和工作效率，主要优势包括：
①快速学习新技能。
②强大的迁移学习能力。
③动态环境下的灵活应对。
④提升工作效率。

5）多模态交互的增强：大模型对多模态数据（如文本、图像、语音）的处理能力，使得智能机器人可以实现更丰富和自然的用户交互体验。这种多模态融合能力，特别是在提供复杂信息和服务时，极大地扩展了机器人的应用领域。例如，Sora这样的视频生成模型，可以结合文本描述和图像信息来生成高质量的视频内容。这种多模态融合能力为智能机器人提供了一个更加全面和综合的信息处理平台，使其能够在教育、娱乐、辅助生活等多个领域提供更加人性化的服务，主要优势包括：
①提供丰富的交互方式。
②增强的信息理解能力。
③提升用户体验。
④扩展应用领域。

8.1.2 国际合作趋势

研发有利于人类社会的智能机器人，离不开国际合作。在全球面临一系列严峻挑战的背景下，如气候变化、人工智能滥用等，"构建人类命运共同体"这一重要议题得到越来越多的认可。构建人类命运共同体是人类社会发展的现实需求。

1）实现全球共同发展：构建人类命运共同体是追求全球共同繁荣和发展的理念，使各国和民族能够平等、和谐地共享发展成果，推动整个人类社会的进步和繁荣。

2）促进全球合作与和平：构建人类命运共同体强调国际关系的平等、互助和共赢，通过加强国际合作、共同应对全球性挑战,推动世界各国共同维护和平与安全。

3)保护环境和可持续发展:人类命运共同体理念强调了人与自然的和谐共生,呼吁全球各国共同保护地球环境,推动可持续发展,保护和传承给子孙后代一个美丽的家园。

4)推动文化多样性和文明交流:构建人类命运共同体还强调尊重不同国家、不同民族和不同文化之间的多样性,促进文明的交流与对话,增进相互理解、尊重和友谊。

因此,"构建人类命运共同体"的主张为智能机器人的发展指明了方向。通过智能机器人的应用,推动全球的科技发展、经济繁荣和社会进步,实现人类命运的共同体。为了实现这一目标,智能机器人的研究和发展可以从以下几个方面入手。

1)倡导和实践伦理原则:建立智能机器人的伦理框架,确保其在运作和使用中遵循人类价值观和道德准则。机器人应该被设计成能够尊重人类的尊严和权利,不能侵犯人类的隐私和自由。

2)加强国际合作:智能机器人的研究和发展应该是全球范围的合作努力。国际社会应该共同制定标准和规范,以确保机器人的互操作性、可持续性和安全性。同时,各国应该加强信息共享和技术交流,避免重复研发和资源浪费,提高研究与开发的效率。

3)提升机器人智能水平:通过加大对人工智能和机器学习的研究力度,提高智能机器人的感知、认知和学习能力。这将使机器人能够更好地理解和适应人类的需求,提供更加智能化和个性化的服务。

4)关注机器人与人类的互动:在研发智能机器人的过程中,应该注重机器人与人类的互动和交流。机器人应该被设计成能够理解人类的语言和表情,与人类建立起更加自然和紧密的联系。同时,也要确保机器人的行为和决策符合人类的期望和需求。

5)探索机器人在各个领域的应用:智能机器人在医疗、教育、交通等领域具有巨大的潜力,可以提升人类生活质量和社会效益。因此,应该鼓励和支持机器人在这些领域的研究和应用,推动机器人技术对社会发展的积极贡献。

总之,通过以上的研究和发展方向,可以逐步推动智能机器人技术的进步和应用,为构建人类命运共同体做出更大的贡献。

8.2 智能机器人面临的挑战

在当前阶段,尽管智能机器人领域取得了显著的进展,但仍然面临一些技术难题和挑战。这些挑战包括结构与动力设计、机器学习、人机交互、伦理与法律、安全与隐私保护等方面。

1. 结构与动力设计方面的挑战

(1)结构设计挑战

1)材料选择:选择合适的材料以满足机器人结构的强度、刚度和质量要求。这需要考虑材料的特性、可靠性和可持续性。

2)结构优化:设计复杂的机构和连接方式,以实现机器人的稳定性、精度和灵活性。

3)系统集成:将各个组件和模块高效地集成到机器人结构中,使其具备协调的运动和功能。

(2）运动与动力设计挑战

1）精密电动机设计：设计高精度、高效、低噪声的电动机系统，以满足机器人运动的需求。这需要考虑电动机的功率、效率、控制精度和系统稳定性等因素。

2）运动规划和控制算法：开发适应机器人应用的运动规划和控制算法，以实现机器人的精准运动和操作。

3）多关节机器人动力学：解决多关节机器人的运动学和动力学模型，以实现机器人复杂姿态和动作的控制。

(3）加工制造挑战

1）精密加工：开发高精度的加工工艺，如数控机床与加工技术，以制造机器人部件和构件，并确保其精度和质量。

2）精细装配：精确装配机器人各个组件和部件，确保机器人的运动和功能的精准性和可靠性。

3）工艺控制和质量验证：设计和实施严格的工艺控制和质量验证流程，确保机器人的制造质量和性能。

(4）资源和能源效率挑战 资源和能源的效率：研发高能量密度、长寿命和快速充电的电池，以满足机器人长时间工作的需求。此外，还需关注能源的节约和可再生能源的应用。

2. 机器学习方面的挑战

1）训练数据不足：机器学习算法需要大量的训练数据来进行学习和训练。然而，在某些领域或特定任务中，获取到的训练数据可能很有限，导致模型的泛化性能不佳。解决这个问题需要寻找更多的数据来源，或者设计更好的数据增强技术。

2）样本不平衡：某些情况下，训练数据中不同类别的样本数量存在不平衡。这会导致机器学习算法在分类或回归任务中对于少数类别的学习不足。应该采取合适的策略来处理样本不平衡问题，如采用重采样技术、调整损失函数权重等。

3）模型的解释和可解释性：在某些应用中，机器学习模型的解释性和可解释性是至关重要的，如医疗诊断、金融风险评估等领域。然而，许多机器学习算法如深度学习模型可能缺乏解释性，使得难以理解和解释模型的决策过程。应该研究和开发可解释的机器学习算法，以提高模型的可理解性和可解释性。

4）模型的鲁棒性和通用性：机器学习算法对于输入数据的变化和干扰性很敏感，特别是在面对异常数据、迁移学习和领域自适应等场景中。如何提高模型的鲁棒性和通用性，使其在不同环境和应用场景中都能表现良好，是一个重要的研究方向。

3. 人机交互方面的挑战

1）自然交互：实现与智能机器人的自然交互是一个挑战。传统的输入方式如键盘、鼠标和触摸屏等不一定适合智能机器人。开发出更加直观、自然、可识别的交互方式，如语音识别、手势识别、面部表情识别等，对于提高人机交互的质量至关重要。

2）情感交互：智能机器人需要能够识别和理解人类的情感，并能够做出相应的反应。实现情感交互需要机器人具备情感识别和生成能力，能够识别人类的语音、面部表情、语气等。此外，机器人还需要能够适当地表达情感，通过语音、面部表情或姿势等方式来与人类进行情感交流。

3）隐私和安全：智能机器人需要处理和存储大量个人数据，包括语音、图像、位置信息等。保护用户的隐私和数据安全是一项重要的挑战。机器人需要有严格的数据保护措施，确保用户信息不被滥用或泄露。

4）适应个体差异：人类在交流和理解上存在个体差异，智能机器人需要能够适应不同用户的需求和交流方式，需要具备个性化的交互能力，能够根据每个用户的偏好和需求来进行交互。

5）兼容性：不同的智能机器人和智能设备之间存在兼容性问题。为了实现无缝的人机交互体验，智能机器人需要具备与其他设备和系统的兼容性，能够与智能手机、智能家居等设备进行协同工作。

4. 伦理与法律方面的挑战

1）隐私和数据保护：智能机器人需要收集和处理大量的个人数据，如语音、图像和位置信息等。这涉及个人隐私和数据保护的问题，需要制定合适的法律框架和规范，确保机器人在数据处理过程中遵守隐私权和数据保护原则。

2）责任和安全：智能机器人具有一定的自主性和决策能力，在与人类互动和执行任务时可能产生意外或造成损害。这引发了责任和安全的问题，需要明确智能机器人和使用者之间的责任分工和法律责任，以及确保机器人的安全性和可控性。

3）人工智能的道德问题：智能机器人所依赖的人工智能技术具有一定的伦理问题。例如，机器学习算法可能受到人类的偏见影响，导致不公平或歧视性的决策。这需要制定相关法律和伦理准则，确保人工智能的开发和应用符合道德和公正原则。

4）伦理决策和权衡：智能机器人在某些情况下需要做出伦理决策，并在不同的价值观和利益之间进行权衡。例如，自动驾驶汽车在遇到危险时应该优先保护乘客还是行人。这需要制定伦理准则和法律规定，以指导智能机器人在伦理决策上的行为。

5. 安全与隐私保护方面的挑战

1）数据隐私：智能机器人需要收集和处理大量的个人数据，如语音、图像和位置信息等。这涉及个人隐私的问题，需要确保机器人在数据处理过程中遵守隐私权和数据保护原则，防止个人数据被滥用或泄露。

2）系统安全：智能机器人的操作系统和网络连接可能面临安全威胁，如黑客攻击、恶意软件和数据篡改等。需要采取相应的安全措施，确保智能机器人的系统和数据不受到未授权的访问和损害。

3）人身安全：智能机器人在与人类互动和执行任务时可能产生意外或造成伤害。需要确保智能机器人的操作和动作安全可靠，避免对人类的身体或心理造成损害。

4）人工智能的攻击和滥用：智能机器人所依赖的人工智能技术也可能受到攻击和滥用。例如，恶意用户可能通过篡改训练数据或操纵算法来使机器人做出错误的决策。需要采取相应的安全措施，确保人工智能系统不受到恶意攻击和滥用。

参考文献

[1] REILLY K. From automata to automation: the birth of the robot in RUR(Rossum's Universal Robots)[M]. London: Palgrave Macmillan, 2011:148-176.

[2] 刘俊阳，王佳楠. 具有越障能力的机器人综述[J]. 装备制造技术，2022, 3(3):127-130.

[3] 薛景颢. 人工智能全球化——机器人代替人工趋势[J]. 科技视界，2018(11):58-59.

[4] WU J, TANG S Y, FANG T, et al. A wheeled robot driven by a liquid-metal droplet[J]. Advanced Materials, 2018, 30(51):1805039.1-1805039.7.

[5] WANG Y P, YANG X B, CHEN Y F, et al. A biorobotic adhesive disc for underwater hitchhiking inspired by the remora suckerfish[J]. Science Robotics, 2017, 2(10): eaan8072.

[6] ZHANG C, ZHANG Y, WANG W, et al. A manta ray-inspired biosyncretic robot with stable controllability by dynamic electric stimulation[J]. Cyborg and Bionic Systems, 2022:1-13.

[7] CADENA C, CARLONE L, CARRILLO H, et al. Past, present, and future of simultaneous localization and mapping: toward the robust-perception age[J]. IEEE Transactions on Robotics, 2016, 32(6):1309-1332.

[8] YOUNES G, ASMAR D, SHAMMAS E, et al. Keyframe-based monocular SLAM: design, survey, and future directions[J]. Robotics and Autonomous Systems, 2017, 98:67-88.

[9] QUIGLEY M, BERGER E, NG A Y. Stair: hardware and software architecture[C]// AAAI Robotics Workshop. Vancouver:[s.n.], 2007:31-37.

[10] QUIGLEY M, CONLEY K, GERKEY B P, et al. ROS: an open-source Robot Operating System[C]// ICRA Workshop on Open Source Software. Kobe:[s.n.], 2009, 3(3.2):5.

[11] MARUYAMA Y, KATO S, AZUMI T. Exploring the performance of ROS2[C]//2016 International Conference on Embedded Software. Pittsburgh:[s.n.], 2016:1-10.

[12] PAJAZITI A. SLAM–map building and navigation via ROS[J]. International Journal of Intelligent Systems and Applications in Engineering, 2014, 2(4):71-75.

[13] SALIMPOUR S, KERAMAT F, QUERALTA J P, et al. Decentralized vision-based byzantine agent detection in multi-robot systems with IOTA smart contracts[C]//International Symposium on Foundations and Practice of Security. Ottawa:[s.n.], 2022:322-337.

[14] KRISHNAN A B, KOLLIPARA J. Intelligent indoor mobile robot navigation using stereo vision[J]. Signal and Image Processing, An International Journal, 2014, 5(4):45.

[15] HELMKE U, HÜPER K, LEE P Y, et al. Essential matrix estimation via Newton-type methods[C]// Proceedings of the MTNS. Leuven:[s.n.], 2004.

[16] FENG S J, ZUO C, ZHANG L, et al. Calibration of fringe projection profilometry: a comparative review[J]. Optics and Lasers in Engineering, 2021, 143:106622.
[17] PADMANABHAN P, ZHANG C, CHARBON E. Modeling and analysis of a direct time-of-flight sensor architecture for LiDAR applications[J]. Sensors(Basel, Switzerland), 2019, 19(24):5464.
[18] 陈敬业，时尧成. 固态激光雷达研究进展[J]. 光电工程，2019, 46(7):41-51.
[19] CIUI B, MARTIN A, MISHRA R K, et al. Chemical sensing at the robot fingertips: toward automated taste discrimination in food samples[J]. ACS Sensors, 2018, 3(11):2375-2384.
[20] DUAN S S, SHI Q F, HONG J L, et al. Water-modulated biomimetic hyper-attribute-gel electronic skin for robotics and skin-attachable wearables[J]. ACS Nano, 2023, 17(2):1355-1371.
[21] WU Y C, BEKER L, KARAKURT I, et al. High resolution flexible strain sensors for biological signal measurements[C]//2017 19th International Conference on Solid-State Sensors, Actuators and Microsystems(TRANSDUCERS). New York:IEEE, 2017:1144-1147.
[22] HORNUNG A, WURM K M, BENNEWITZ M, et al. OctoMap: an efficient probabilistic 3D mapping framework based on octrees[J]. Autonomous Robots, 2013, 34(3):189-206.
[23] GRISETTI G, STACHNISS C, BURGARD W. Improved techniques for grid mapping with Rao-Blackwellized particle filters[J]. IEEE Transactions on Robotics, 2007, 23(1):34-46.
[24] BURRI M, OLEYNIKOVA H, ACHTELIK M W, et al. Real-time visual-inertial mapping, re-localization and planning onboard MAVs in unknown environments[C]//2015 IEEE/RSJ International Conference on Intelligent Robots and Systems(IROS). New York:IEEE, 2015:1872-1878.
[25] MARTON Z C, RUSU R B, BEETZ M. On fast surface reconstruction methods for large and noisy point clouds[C]//2009 IEEE International Conference on Robotics and Automation. New York:IEEE, 2009:3218-3223.
[26] OPDENBOSCH D, SCHROTH G, HUITL R, et al. Camera-based indoor positioning using scalable streaming of compressed binary image signatures[C]//IEEE International Conference on Image Processing(ICIP). New York:IEEE, 2014:2804-2808.
[27] FUKUJU Y, MINAMI M, MORIKAWA H, et al. DOLPHIN: an autonomous indoor positioning system in ubiquitous computing environment[C]//IEEE Workshop on Software Technologies for Future Embedded Systems. New York:IEEE, 2003:53-56.
[28] HAHNEL D, BURGARD W, FOX D, et al. Mapping and localization with RFID technology[C]//IEEE International Conference on Robotics and Automation(ICRA). New York:IEEE, 2004, 1(1):1015-1020.
[29] AITENBICHLER E, MUHLHAUSER M. An IR local positioning system for smart items and devices[C]//International Conference on Distributed Computing Systems Workshops. New York:IEEE, 2003:334-339.
[30] WANG X Y, GAO L J, MAO S W, et al. CSI-based fingerprinting for indoor localization: a deep learning approach[J]. IEEE Transactions on Vehicular Technology, 2017, 66(5):763-776.
[31] WANG Y P, YANG X, ZHAO Y T, et al. Bluetooth positioning using RSSI and triangulation methods[C]//2013 IEEE 10th Consumer Communications and Networking Conference. New York:IEEE, 2013:837-842.
[32] 谢恩德，洪毅. 室内定位方法综述[J]. 电脑知识与技术，2021, 17(11):231-234；244.
[33] 沈天盛，陈文莹，朱彬斌，等. 基于 AOA 算法的低功耗蓝牙室内定位系统[J]. 单片机与嵌入式

系统应用，2023, 23(3):42-45.

[34] 高翔，张涛，等. 视觉 SLAM 十四讲：从理论到实践 [M]. 2 版. 北京：电子工业出版社，2019.

[35] NEWCOMBE R A, IZADI S, HILLIGES O, et al. Kinectfusion: real-time dense surface mapping and tracking[C]//IEEE International Symposium on Mixed and Augmented Reality. New York:IEEE, 2011:127-136.

[36] WHELAN T, KAESS M, JOHANNSSON H, et al. Real-time large-scale dense RGB-D SLAM with volumetric fusion[J]. The International Journal of Robotics Research, 2015, 34(4; 5):598-626.

[37] MUR-ARTAL R, MONTIEL J M M, TARDOS J D. ORB-SLAM: a versatile and accurate monocular SLAM system[J]. IEEE Transactions on Robotics, 2015, 31(5):1147-1163.

[38] LABBÉ M, MICHAUD F. RTAB-Map as an open-source LiDAR and visual simultaneous localization and mapping library for large-scale and long-term online operation[J]. Journal of Field Robotics, 2019, 36(2):416-446.

[39] MUR-ARTAL R, TARDÓS J D. ORB-SLAM2: an open-source SLAM system for monocular, stereo, and RGB-D cameras[J]. IEEE Transactions on Robotics, 2017, 33(5):1255-1262.

[40] RUBLEE E, RABAUD V, KONOLIGE K, et al. ORB: an efficient alternative to SIFT or SURF[C]//IEEE International Conference on Computer Vision. New York:IEEE, 2011:2564–2571.

[41] ZOU Q, SUN Q, CHEN L, et al. A comparative analysis of LiDAR SLAM-based indoor navigation for autonomous vehicles[J]. IEEE Transactions on Intelligent Transportation Systems, 2022, 23(7):6907-6921.

[42] HESS W, KOHLER D, RAPP H, et al. Real-time loop closure in 2D LiDAR SLAM[C]// IEEE International Conference on Robotics and Automation(ICRA). New York:IEEE, 2016:1271-1278.

[43] CONG Y Z, CHEN C, YANG B, et al. 3D-CSTM: a 3D continuous spatio-temporal mapping method[J]. ISPRS Journal of Photogrammetry and Remote Sensing, 2022, 186:232-245.

[44] SICILIANO B, KHATIB O, KRÖGER T, et al. Springer handbook of robotics[M]. 2nd ed Berlin: Springer, 2016.

[45] NIKU S B. Introduction to robotics: analysis, control, applications[M].3rd ed.Hoboken: John Wiley and Sons Ltd, 2020.

[46] YOU, E, HAUSER, K. Assisted teleoperation strategies for aggressively controlling a robot arm with 2D input[C]//International Conference on Robotics: Science and Systems. Cambridge:MIT Press, 2012.

[47] JIANG R, WANG Z P, HE B, et al. Vision-based deep reinforcement learning for UR5 robot motion control[C]//IEEE International Conference on Consumer Electronics and Computer Engineering. New York:IEEE, 2021.

[48] CORKE P, JACHIMCZYK W, PILLAT R. Robotics, vision and control: fundamental algorithms in MATLAB[M]. 3rd ed. Berlin: Springer, 2011.

[49] CHITTA S, SUCAN I, COUSINS S. Moveit！ [ros topics][J]. IEEE Robotics and Automation Magazine, 2012, 19(1):18-19.

[50] DE SANTOS P G, GARCIA E, ESTREMERA J. Quadrupedal locomotion: an introduction to the control of four-legged robots[M]. Berlin: Springer, 2006.